# 解 药
## 走进制药新世界

The Antidote

Inside the World of New Pharma

巴里·沃思 著
By Barry Werth

钱鹏展 译

上海科技教育出版社

# 推 荐 语

"你只有拼尽全力奔跑,才能保证留在原地。"红桃皇后对爱丽丝讲的这句话,无疑概括了福泰制药30年的历史。在本书前作《十亿美元分子》中,我们已经见识到了制药业竞争之残酷,而本书的药物主角替拉瑞韦,被誉为"有史以来上市最快的药物",在上市后的第二年即2012年销售额就超过10亿美元,成为一个重磅炸弹级药物。然而,它却在2014年10月黯然退市。但福泰今日依然是成功的,2021财年年报披露其营业收入为75.74亿美元。其管线已经转向了遗传病治疗,主要收入来自治疗囊性纤维化的产品,并正在积极布局基因治疗领域。本书正是从一个个细节剥茧抽丝,给我们讲述了福泰保持其基业长青的奥妙。

——尹烨,华大集团CEO

《十亿美元分子》为我们讲述了生物医药创新的原动力和福泰公司诞生的精彩故事,《解药》则充分展示了福泰在成长过程中不断修正航向、克服艰难困苦并取得商业成功的跌宕起伏。《十亿美元分子》与《解药》共同构成了一个对"创新是什么"的完美诠释:产生创意,经过有效的实践过程,创造价值。

——邵黎明,复旦大学药学院教授,
上海市药物研发协同创新中心主任

在本书中,福泰制药用创业梦想网罗英才,凭借创新激情,与世界上最强大的制药公司在艾滋病、丙肝和囊性纤维化等难治愈疾病上展开新药研发竞争。

二十余年常走到山穷又坐看云起。福泰的成长故事,有新药研发的柳暗花明,有资本市场的跌宕起伏,更有商业营销的云谲波诡,值得研究生、科研从业人员和创业者仔细一读。

——周剑,华东师范大学教授,
上海分子治疗与新药创制工程技术研究中心主任

如果说福泰制药在《十亿美元分子》中的故事是峰回路转、跌宕起伏,那么《解药》里它则是杀出重围、在竞争极其激烈的制药界占得一席之地。

在创业的过程中,成功与失败这两种可能性始终伴随左右,甚至交织在一起。机会转瞬即逝,决定生死攸关,而信息又永远是不完全的,只有在事后方能厘清头绪。正因为如此,重温福泰制药的创业史就变得非常有意思了。

——梁贵柏,资深制药人,
专栏作家,《新药的故事》作者

福泰制药和美国囊性纤维化基金会(CFF)合力在2012年研发上市了Kalydeco,CFF作为一家非营利患者组织也因此获得巨额财务回报。没有哪个罕见病药品的研发,能比这个案例更让人兴奋,它不仅是制药公司与患者组织合作的典范,也是商业价值和社会价值双赢的完美体现,为包括中国在内的更多国家和地区在推动罕见病药物研发上提供了一个学习案例和努力目标。

——黄如方,罕见病患者,
蔻德罕见病中心(CORD)创始人,瑞鸥公益基金会联合创始人

本书讲述了将革命性产品带向市场的激动人心的商业活动。

——《波士顿环球报》(*The Boston Globe*)

沃思细致地观察了艰难的药物研发,以及挣扎其中的人。《解药》只记录了

一家公司一小段时间内的故事,但是任何持续创新的公司都会遇到类似的问题。沃思没有就如何管理生物制药公司发表说教,也没有刻意为福泰内外发生的事情营造矛盾,这些都不需要,因为《解药》生动丰富的细节已经让它是一本记录现代企业成长和科技发展的精彩小说。

——《华尔街日报》(*The Wall Street Journal*)

沃思讲述了一群怪才如何将福泰制药做大、做强,对制药业感兴趣的读者一定会喜欢这本有深度、有趣味的书。

——《柯克斯书评》(*Kirkus Reviews*)

在《十亿美元分子》出版近20年后,沃思重返福泰制药,带着读者们在快节奏的故事中感受制药研究的起起伏伏……当有希望的药物失败时,读者会感同身受;当多年的研究和临床试验终于成功时,读者也会一同兴奋。对制药界研发细节感兴趣的读者必读此书。

——《出版人周刊》(*Publishers Weekly*)

沃思精彩的写作将读者带进了福泰的核心,直面生物制药先驱以及我们所有人共同的困境。

——Fortune.com

本书是分子科学、表现型人格,外加大把的金钱混调而成的烈酒。

——《自然》(*Nature*)

制药是个高风险、严监管的行业,是交织着科学与政治的商业活动,胆小者慎入。本书将带我们细品福泰如何扬帆其间。

——《匹兹堡论坛评论报》(*Pittsburgh Tribune Review*)

沃思巧妙地抓住了制药界的戏剧性时刻……作者以难得的内部视角，观察了制药界如何工作。他描绘了从业人员的精神与情绪，与研发成功及失败相伴的公司日常，以及与其他公司的合作或者并购等活动……清晰而且充实。

——《纽约书评》(*New York Journal of Books*)

在《解药》一书中，沃思没有回避技术细节，如果你熟悉制药界，这本书有许多内容能让你"会心一笑"。沃思将这些知识作为背景，在这个大舞台上问了一个更大、更哲学的问题：不是如何将一家小公司培养为大药企，而是小公司想成长为什么……或许未来某个时候，某地的某位生物制药CEO会读到这本书，并备受鼓舞地踏上征程。

——Pharmagellan.com

节奏快，情节曲折，令人手不释卷。

——Chemjobber.com

沃思讲述了一个快节奏的故事，将福泰描写为老旧制药体系（尤其是默沙东）的解药。书中充满了戏剧性的情节，新药审评会尤其精彩。

——《经济学人》(*The Economist*)

献给我的母亲希尔达·沃思

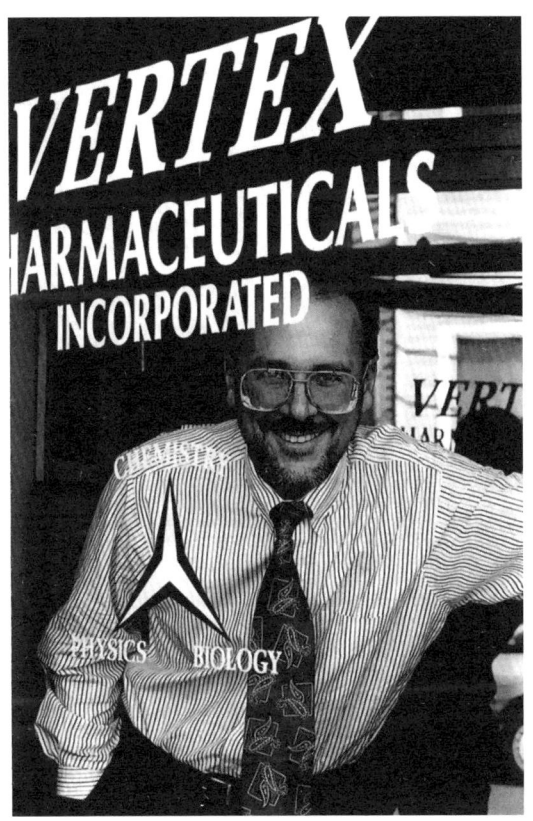

乔舒亚·博格

(福泰制药提供,摄于约1994年)

# 目　录

中文版序 / I

主要人物简介 / VII

福泰的主要分子与药物 / IX

临床试验分期概念简介 / XI

引言　我为什么重返福泰 / 1

第一部分　饲喂巨兽 / 11

第二部分　挑灯夜战 / 101

第三部分　好戏上场 / 217

后记 / 351

致谢 / 355

文献与资料 / 358

附录1:年表 / 372

附录2:人名译名对照表 / 380

译后记 / 385

# 中文版序

创造重要新药无疑是人类最复杂、最冒险也最不可能的挑战。想想看,口服或者注射外来物质,干预人类的疾病进程,这种想法是多么离经叛道,它无疑是人类认知的一次巨大跃进!而研发新药往往需要成百上千人二三十年的协作,本身就堪称奇迹。

与研发新药相比,将人类送上火星,并建立永久的殖民地,是一件几乎肯定能成的事:**仅**需要意志、金钱与能工巧匠。只要有这些资源,火星殖民地指日可待。我们已经知道关键步骤的要诀了,没有理由认为这事做不成。类似地,安全可控的核聚变发电技术——长期来看这是最可能普及的绿色能源——也必将实现。毕竟太阳上每分每秒都在发生核聚变,只需要弄明白如何在地球上实现它就成了。我相信,30年内,我们就能在这两方面取得进展。

但是,没有理由认为每一种疾病(比如阿尔茨海默病)都必然有"解药"。至少我们还不清楚,阿尔茨海默病的"解药"应该是什么样的。如何在实验室模拟人类需要一生才能发展出的疾病?实验室模型一般是为了在短期得到结果,因此很难模拟那些日积月累的微小变化。在临床上,应该什么时候开始治疗疾病?症状出现时,是不是已经有不可逆转的损伤了?调节人体哪些生化途径才能延缓病程,这样做会不会引起难以预料的不良反应?我们总是(没有证据地)假设一定存在**一种**解药。但如果需要两种药物才能治疗疾病,且每一种药物单独作用都不够强,我们如何才能发现这种组合?或许有效的"解药"要在症状出现之前很久就开始用于治疗。如果是这样的话,我们怎么知道何时该对何人进行治疗?如何开展耗时数十年的临床试验?**这可能无法做到。**

**直到真的被做到。**

药物开发的真正故事鲜为人知,因为这个过程跨越了漫长的时光,涉及了太多人。好莱坞对"秘密配方"诞生传奇的描绘一般是,一位孤独的科学家,在昏暗且与世隔绝的实验室中,灵光一闪,然后发现。你可以说这是马后炮般的简化,或者说是瞎扯淡。真正的故事涉及一群人,或者几群人,他们花费几十年的时间,享受集体创造中理想主义的喜悦,热情拥抱对复杂体系的科学研究。这些有幸参与的科学家成就了他们任何个人都无法独自实现的壮举。从某种意义上,他们不朽了:每一款重要新药都永久性地造福了人类。

有些愤世嫉俗的人会认为研发新药的动机"全是为了钱",但至少这不是我的感受。对于那些乘机进来捞一笔就跑的人来说,或许的确如此。但对于核心研发团队而言,他们花费20年的时间,死咬一件事,如果只是为了最后赚点钱,那么这实在是最蠢的致富路线。明明有更轻松便捷的生财之道,比如搞个可供消磨时间的手机软件,或者当网红。参与新药研发绝对不适合那些没定力的人。

新药被"研究"与"开发"之后,还有一个不可或缺、充满创意的环节鲜少被谈及。重要新药不光能提供客观的数据,更应该改变看待疾病的视角、治疗疾病的方法、医务人员的预期,以及最重要的——患者的预期。重要新药应该能重新定义疾病,改变疾病对人类的影响,甚至会引发新的社会问题。但药物本身只是药物,无论药效如何,都不能自动做到这些。在新药上市前后,让这些改变得以发生的活动一般被称为"市场营销",这与大众认知中的"卖药"有很大不同。"销售"一款突破性药物,可以说是一家创新公司承担起将正确的药物送到正确患者手中的重任——没有销售创新的新药创新是不完整的。

基于以上原因,不难理解为何只有极少的新药研发被完整地记录,毕竟寻找新药、开发新药、上市新药的旅途动辄跨越20年,涉及数百人,不能奢望这一切能由一位中立客观的观察者及时记录。但是,巴里·沃思在《解药》及其前篇《十亿美元分子》中做到了。

如果新药是奇迹,那么志在不断开发出新药的公司则更为不可能。重要新药很少是一次性开发成功的。能开发出重要新药的公司总会同时开展多项有前景的项目,其间须承担巨大的不确定性,平衡资源,竭尽全力。平衡资源可不是单纯的会计行为,这将改变数百人的研究方向、职业生涯以及他们的一生。管理包括研究、开发及商业项目的资产组合,不仅靠分析,更需要直觉;不仅是制订计划或依照计划行事,更须持之以恒地追求科学价值和人类价值。开发新药更是创造一种独特的科研环境:招揽热情专注的人才,组建项目团队,形成接受甚至享受不确定性的科研文化。

这种环境并非所有人都适合。新药开发需要对"造福患者"这个共同目标持续投入,并尽可能无视沿途各种蝇头小利(比如个人职业生涯或者公司短期收益)的干扰。最后,当你拿出一款重要而成功的新药时,几乎所有的贡献者,不论从个人层面还是职业层面,都会获益颇丰。但是,通向成功之路需要专注、灵活、技巧……并坚持数十年。

当然运气也很重要。允许好运来临是新药开发的关键。运气或许不是必需的——如果你有无限的时间和资源。有句正确的废话是"如果你有无限的钱,你就能打败蒙特卡罗的赌场"。不管是在赌场还是在实验室,这在实践上都是不可能的。要想"击败概率",我们先要"下注"尽可能多的研究和开发项目。不过每个项目成功的概率着实很低,成功将药物送到患者手中的概率在1/30到1/100之间(取决于你怎么定义"成功"),有多个项目也不能保证成功。哪怕是最大的药企也不可能有这么多项目。既然建立多个项目不能保证"击败概率",如何才能成功呢?

建立多个项目并不能确保成功,但能提高"好运气"的概率,也就是小概率事件发生的概率。对药物研发这个高度理性、讲究科学、充满高精尖技术的行业而言最为讽刺的是,我们其实最依赖不理性的运气。创造允许好运发生,并能识别、利用这些好运的环境和文化,就是不断击败概率的方法,就是成功的关键。

想要正确并不断地开发重要新药(虽然很少有人能做到),还需要夸张地相信并尊重个体的热情与集体的力量。价值观与环境的配合能吸引有助于成就这般野心的人才:他们都对自己**以及**团队非常有信心。我们不能指望好运在需要时出现,但是,允许好运发生并发现这些机会的文化是可以培养的。这样的文化接纳有热情的人才,允许他们失败并依然支持他们,能在意外的时机带来巨大的惊喜。

这些就是《十亿美元分子》以及《解药》的主旨。在福泰的早期,我们经常开玩笑说,福泰进行的与其说是科学和技术的实验,倒不如说是社会实验。技术、技巧以及思路都是新药研发的关键试剂,但是成功与失败的分界往往是能否形成一种文化,这种文化能孕育愿意融入集体并在其中积极作出贡献的个体,充满这样个体的团体终能挑战不可能。

现实总是混乱的,故事总是回顾性的,只有部分的复杂现实能够被讲述。《解药》及其前篇的故事性是无与伦比的,但就像大部分的故事,为了让故事成为故事,难免简化了现实,强调个别人的成就。在每个被仔细刻画的人物背后,都有10个或者更多未被描述的人也作出了卓越的贡献。不过请理解,这不是本书的缺陷,这是所有故事的局限性,所以解读不能太片面。本书没有描述许多枯燥而无法逃避的琐碎工作,也没有那些我们都读腻了的没有结果的工作。

相反,本书讲述了在一家超越个体的企业中,穿行于恐惧与乐趣间的精彩旅程。"恐惧与乐趣"是一次为期数日的公司年度活动的标题。公司上上下下,不论是实验室的科学家,还是仓库的搬运工,都来进行海报展示,讲述这一年激动人心的事。新来的人往往不理解这个活动的意义。他们都很喜欢"乐趣"但是害怕"恐惧"。我们想表达的是,伴随"恐惧"的是强烈的乐趣,这是**只有**在赌注够大,大到有个人风险,大到可能一败涂地时才能体会到的乐趣。我们不害怕努力、不害怕失败,我们真正害怕的是平庸。没有恐惧的乐趣就像是在迪士尼乐园乘坐假独木舟在人造水渠中玩"激流勇进",而不是在真正的湍流中跌宕起伏。迪士尼乐园"有趣"的游戏没有任何风险可言,感官刺激是刻意的,线路是一样的,结果是固定的,那是给孩子们的。在真正的"激流勇进"中,你希望并祈祷结果是好的,但是你需要为之努力。人的主观参与让真正的激流漂流有趣多了。

  我很荣幸能够参与本书描述的不可能的漂流。我们自然是幸运的,旅程也是绝对有趣的。

乔舒亚·博格

于马萨诸塞州,波士顿

2022年2月9日

(本文经博格本人授权发表)

# 主要人物简介

括号内年份为人物在福泰任职时期。原书于2014年出版，人物职务可能有变动。

**约翰·阿拉姆** 福泰医学发展执行副总裁，首席医学官（1997—2006）。

**马修·埃门斯** 福泰总裁，CEO，董事会主席（2005—2012）。

**理查德·奥德里奇** 福泰资深副总裁，首席商务官（1989—2000）。

**埃里克·奥尔森** 福泰副总裁，囊性纤维化项目领导（2001—2013）。

**鲍勃·比尔** 囊性纤维化基金会CEO与总裁。

**杰弗里·波格斯** 投资银行伯恩斯坦的生物技术资深分析师。

**肯·博格** 福泰法务总顾问（2001—2011），乔舒亚·博格的哥哥。

**乔舒亚·博格** 福泰创始人，曾任CEO（1992—2009）与董事会主席（1997—2006），董事（1989—2017）。

**罗杰·邓** 福泰药物研发副总裁（1989—2004）。

**弗雷德·范古尔** 福泰囊性纤维化项目生物学主管（2001—　）。

**拉斯·弗莱舍** FDA抗病毒部门资深临床分析师，替拉瑞韦（商品名Incivek）的主审评官。

**翠西·赫特** 福泰药剂开发资深副总裁（2004—　）。

**南希·怀森斯基** 福泰销售总监（2009—2011）。

**宾克·加里森** 福泰资深副总裁，"催化剂"，主持福泰的价值观与愿景项目（2004—2009）。

**约翰·康登** 福泰制药生产与运营资深副总裁（2005—　）。

罗伯特·考夫曼　福泰首席医学官,资深副总裁(1997—　)。

亚当·科佩尔　溪畔资本执行董事,福泰重要投资人。

邝达仪　福泰副总裁,主管丙型肝炎药物开发(1997—2012)。

亚历山大·昆博　福泰销售副总裁,替拉瑞韦销售团队领队(2010—2012)。

杰弗里·莱登　福泰总裁,董事会主席,现任CEO(2012—　)。

约翰·麦克哈奇森　替拉瑞韦的外部临床研究者,后任吉利德肝病治疗资深副总裁。

彼得·米勒　福泰首席科学家,全球研发执行副总裁(2002—　)。

马克·慕克　福泰首席技术官,科学顾问委员会主席(1990—2011)。

保罗·内古列斯库　福泰科研副总裁,圣迭戈分部主管(2001—　)。

迈克尔·帕特里奇　福泰投资者关系副总裁(1997—　)。

阿米特·萨奇戴夫　福泰资深副总裁,主管全球政府策略、市场渠道与价值(2007—　)。

维姬·萨托　福泰总裁(1992—2005)。

查尔斯·桑德斯　福泰董事会主席(1996—2010)。

伊恩·史密斯　福泰执行副总裁,首席财务官(2001—　)。

约翰·汤姆森　福泰研发网络策略副总裁(1989—　)。

杰克·威特　福泰药物注册副总裁(2009—2011)。

基思·约翰逊　囊性纤维化患者,参与Kalydeco的临床试验。

# 福泰的主要分子与药物

一种药物会有多个名称。药物被合成出来后,会有一个化学名,反映其化学结构。部分化学名有简称,如抗艾滋病药物叠氮胸苷的化学名英文简写是AZT。药物在实验室阶段会有一个以药企名称开头的代号,如VX-950。如果药企认为这个药物值得进一步开发,会为其注册通用名(即非专利药名),如telaprevir,向世界卫生组织申请并获得核准的可作为全球通用的唯一性名称,被称为国际非专有药名(International Nonproprietary Names,简写作INN)。药物通用名的中文名译自INN并经审定,如telaprevir经审定的INN中文通用名为替拉瑞韦。药物在即将上市时,药企会为其再设计一个更利于大众记忆的商品名,如福泰为替拉瑞韦设计的商品名是Incivek。由于仅在进入中国市场时,厂家才会设计中文商品名,因此没有中文商品名时译文将保留英文原名。

**福泰主要分子与药物信息表**

| 实验室代号 | 靶点 | 适应证 | 合作伙伴 | 通用名 | 商品名 |
| --- | --- | --- | --- | --- | --- |
| VX-330 | HIV 蛋白酶 | 艾滋病 | —* | — | — |
| VX-478 | HIV 蛋白酶 | 艾滋病 | 宝来惠康 | 氨普那韦 (amprenavir)** | Agenerase |
| VX-740 | ICE | 风湿性关节炎,银屑病 | 鲁塞尔-于克勒夫 | 普那卡生 (pralnacasan) | — |
| VX-745 | p38激酶 | 风湿性关节炎,银屑病 | 橘生 | — | — |

(续表)

| 实验室代号 | 靶点 | 适应证 | 合作伙伴 | 通用名 | 商品名 |
| --- | --- | --- | --- | --- | --- |
| VX-175 | HIV蛋白酶 | 艾滋病 | 葛兰素，橘生 | 呋山那韦（fosamprenavir） | Lexiva |
| VX-497 | IMPDH | 丙型肝炎 | — | 美泊地布（merimepodib） | — |
| VX-950 | 丙肝病毒蛋白酶 | 丙型肝炎 | 三菱，强生 | 替拉瑞韦（telaprevir） | Incivek |
| VX-770 | CFTR门控突变 | 囊性纤维化 | 囊性纤维化基金会 | 艾伐卡托（ivacaftor）*** | Kalydeco |
| VX-809 | CFTR折叠突变 | 囊性纤维化 | 囊性纤维化基金会 | 芦马卡托（lumacaftor） | 与VX-770组合形成Orkambi |
| VX-661 | CFTR折叠突变 | 囊性纤维化 | 囊性纤维化基金会 | 替扎卡托（tezacaftor） | 与VX-770组合形成Symdeko |
| VX-222 | 丙肝病毒聚合酶 | 丙型肝炎 | — | — | — |
| VX-765 | caspase-1 | 癫痫 | | | |
| VX-509 | JAK3 | 风湿性关节炎 | | | |
| VX-787 | — | 流感 | — | | |
| ALS-2200 | 丙肝病毒聚合酶 | 丙型肝炎 | Alios | — | — |

\* "—"表示暂无。

\*\* amprenavir经审定的INN中文通用名为"氨普那韦"，部分国内新闻与文献将其译为"安瑞那韦"。

\*\*\* ivacaftor经审定的INN中文通用名为"艾伐卡托"，但此前部分国内新闻与文献已经将其译为"依伐卡托"。

# 临床试验分期概念简介

临床试验一般分为4期,在本书中以罗马数字表示,其中完成Ⅲ期临床试验后可以申请上市,但上市一款新药所需的临床试验往往不止3个。随着制药行业发展,近年临床试验的分期已经与教科书中的经典概念有一定差异。

Ⅰ期临床试验(早期临床试验)通常为药物在人体中的首次试验。主要研究药物在人体内的安全性以及药物代谢动力学性质,一般招募少数健康受试者进行测试,其中又分为Ⅰa期和Ⅰb期,分别测试不同的剂量。由于治疗恶性肿瘤等疾病的药物引起的不良反应通常较大,Ⅰ期临床试验一般不招募健康志愿者,而是直接面向患者。在近年的临床试验中,也尽可能地在Ⅰ期试验就初步测试药物效果,比如在Ⅰb期纳入患者,衔接Ⅱ期试验,或者直接融合为Ⅰb/Ⅱ期。

Ⅱ期临床试验(中期临床试验)主要探索药物对患者是否有效,又分为Ⅱa期和Ⅱb期。对于很多药物而言,Ⅱa是第一次测试药物是否有效,因此也被称为"验证概念性试验"。Ⅱb期将会确定最终的药物剂量。

Ⅲ期临床试验(后期临床试验)会招募更多的患者,在更大的范围内确证药物的安全性和有效性,还要确定最终上市的药物剂型。Ⅲ期临床试验的结果是最终决定药物是否能够获批上市的关键依据,因此被称为"关键性试验"(pivotal trial)。药企为了拓展适应证和用药人群、适应不同地区监管需求,可能会在新药上市前进行不止一项Ⅲ期临床试验。在药物上市后,还可能会进行Ⅳ期临床试验,进一步评估药物的安全性和有效性。

大型临床试验一般会有代称,如福泰为VX-950进行的三项Ⅲ期临床试验分别被命名为"先进"(ADVANCE)、"实现"(REALIZE)和"启明"(ILLUMINATE)。这些代称有时候是临床试验的英文全名缩写,比如REALIZE是**Re**-treatment of Patients with Telaprevir-based Regimen to Optim**ize** Outcomes(基于替拉瑞韦方案对患者进行再治疗以优化结果)的缩写——这样的临床试验英文全名也是为了凑出特定的缩写而设计的。

引言

# 我为什么重返福泰

20年前，我见证并记录了一次惊险的勇敢远征，那是一群富有冒险精神的年轻科学家的故事。他们离开了世界上最好的制药公司——那家多年蝉联"美国最受敬仰的企业"之称的公司——因为他们相信自己从头开始干会更加高效。他们在马萨诸塞州剑桥市一座旧厂房里成立公司，立志于逐个原子地设计出更好的药物。业界大多数人认为，他们想大幅增加药效、改变无数患者生命轨迹的目标简直是天方夜谭，这无疑是资金的黑洞，自我毁灭的傲慢，狂妄而浮夸的表演，偏离正道的愚蠢。

"你不认为再等5年会更好吗？"公司的创始人、总裁兼首席科学家乔舒亚·博格曾经常被问道。"或许吧，"他这么回答，"但5年之后我们就又晚了5年。"

在他们努力启动资金短缺的公司的那几年间，我见识了他们崇高的志向与激昂的斗志，以及对科学与自我的热忱信念，真是一段激动人心又让人大开眼界的经历。那时对先导化合物的追逐非常激烈，他们不光要对付"默沙东老妈"，更要与学术界一众顶尖的实验室对决，其中一些实验室由他们自己的科学顾问领导,而顾问们可能会把福泰最珍贵的创意泄露给对手。当博格终于在发表论文上和一位哈佛的对手打成平手后,他说:"我还能接受这个结果,但我更想踩着他的脑袋,把他的鼻子按进土里!"

在生物制药的新秩序里,合作与竞争,瞬息万变。尽管近距离目睹资本与科研的激烈交锋让我颇有不适,但的确是这些力量(而不是利他主义)驱动人们发现了救命的新药,成就了福泰早期的传奇。博格组建了一支由生物学家、化学家、生物物理学家还有计算机科学家组成的科研团队,他们才智过人且干劲十足,博格本人则和他的副手跳着踢踏舞般满世界去筹集对抗制药巨头的资金。虽然博格的对手有着远比他雄厚的人力与资金,但博格并不急着直接指挥自己的成员,而是让他们自行组织,允许他们不断失败,直到他们自己找到出路。他自己则为他们设立崇高的目标,振奋他们的士气。

福泰在4年内克服重重困难,证明了他们能在药物发现的最前沿,与制药界的领袖在多个领域同时竞争,最终上市并受华尔街热捧。在福泰成立以前,数百家药企已经雇用了数万位同样富有才华和激情的科学家,投入了数千亿美元的研发资金,然而发现新药依然越来越难。福泰挑战并改变了这种局面,我觉得这是真正有价值的壮举。

这就是我在《十亿美元分子》中讲述的故事。我被福泰的进展所激励,也很高兴《十亿美元分子》一书因深入探索了制药界而广受赞誉。但我也知道我报道的那个"看起来很有前途的创业公司"不是故事的全部,甚至不是故事的主要部分。博格的目标是建立一家制药公司,但是那时候福泰还没有产出新药,甚至离能生产任何药物都很远。对博格以及其他制药公司的领导者而言,组织一个能够研发更好的药物的课题组不算什么,建立一家企业,与世界上最强大的制药公司在最难治愈的疾病上,利用资本市场最复杂的科学技术和风险最大的营销技巧针锋相对,才是他们最大的追求。

我之前记述的仅是战役开始前的遭遇战,而非大战本身。

◆

现代制药业源自20世纪最伟大的科学胜利。20世纪40年代以前也有药企与药物,但是那时他们还没有发明积极发现新药和开发新药的方法。那时制药界的利润被认为是不道德的,为世人所不齿,药厂的工作可以说只是在生产精细化工品。由于他们的产品可能治病,也可能有毒,道德就成了关键的问题。之后,学术界的实验室发展了一种新方法:筛选微生物。制药界因此得以系统地从"好细菌"中收集大量的化学产物,然后将这些化学产物喂给"坏细菌",根据实验数据筛选出高活性的药物,终于为患者带来了第一代经过主动探索和开发得来的抗生素。

自此之后,竞赛开始了:新的疾病、新的测试策略、商业机会、科学家、医生盟友、声誉与金钱。就像美国其他的所有事情一样,第二次世界大战成为最大的催化剂。当各家公司都在调整他们的研发力量去解决各种疾病时,政府将他们征召到了战争中。1941年,有传言称纳粹德国已经分离出了可的松,他们的飞行员服用后变得兴奋、无畏。战场上的创伤,以及蔓延在前线和后方的传染病,都需要更好的抗菌药、疫苗、止痛药和手术器具。制药界团结一致,应对医学上的"军备竞赛"。到了20世纪中叶,美国的药企已经不再仅满足于政府的需要,而是大步向前,互相竞争,开发新产品。利润随之而来,华尔街也开始注意制药界。药企们飞速成长,默沙东更成为业界的典范。

博格在哈佛大学获得博士学位,并在诺贝尔奖得主让-马里·莱恩手下做了一轮博士后,之后于1979年加入默沙东。默沙东代表了当时业界的最高水准,他们重视患者,研发能力无人能敌。不过默沙东并不是最能盈利的药企——辉瑞等企业更赚钱——但默沙东在新泽西和费城的研发基地吸引了最有才华的科学家。那里是科学家最向往的地方,制药界金字塔的塔尖。

20世纪70年代和80年代,美国政府在"向癌症宣战"计划中大力资助科研。大学和华尔街都意识到生命科学是一座亟待发掘的金矿。那时候人们对医学的了解日新月异,摘取了很多较容易取得的成果。默沙东的实验室研发了第一代或第二代重要的降血脂药物、降血压药物、抗骨质疏松药物、哮喘药物,以及后来被称为COX-2抑制剂的一系列止痛药。在默沙东等药企中,科学家在多个新领域的前沿做出了开创性的工作。但在经理办公室和董事会议室中,科研成功反而让他们变得保守:他们不再勇于冒险,而是畏缩不前,满足于能"快速上市"的小改进,开发了许多依赖激进营销的慢性病药物。

博格对这种渐进改良的方法没有好感。"我不是说为市场带来某种略好的药物有什么错,他们不是坏人,"他说,"但是人生苦短,我就是单纯不想这么做。"生物技术公司此时也加入了竞争。顶级大学的教授或者政府机构的科学家,凭着惊人的想法就能筹集到数百万美元。有了这笔钱,他们就能尝试他们的想法,然后上市!他们需要做的仅是卖给投资者一个理论,至于他们的商业模式,唯一能确定的就是会连续多年以越来越快的速度亏损。华尔街对生物医药时热时冷,一会儿沉迷于基因研究的新突破和传说中的"奇迹疗法",一会儿又恢复冷静。默沙东欣赏博格的才华(也可以说是买断了他综合运用生物技术、软件、图像技术设计新药的创意),鼓励他去做自己感兴趣的研究,还让他领导一支免疫学团队,但博格还是很快就无法忍受默沙东了。

到了20世纪80年代末期,他终于忍无可忍了。这也是制药界的多事之秋,尤其是艾滋病流行。这是制药界第一次忽视流行病,因为他们认为艾滋病的市场很小。勉强能用的药物低效且毒性强。当默沙东进入这个领域时,很多医生、公共卫生官员,甚至一些社会活动家都认为是骑士团来拯救他们了。博格的科研密友,年轻有为的生物学家欧文·西加尔领导默沙东的抗艾滋病药物研发,博格甚至清空自己研究组的桌子帮助他。默沙东的首席执行官(CEO)罗伊·瓦格洛斯宣称他对未来"很他妈的乐观"。不幸的是,1988年底,西加尔从欧洲开会回来时,搭乘了泛美航空的103航班,飞机被恐怖分子藏在货仓里的炸弹化作苏格兰洛克比上空的一团火球,一共259位乘客遇难,他那时年仅35岁。这样的损失就算是默沙东也很难承受。

不到一个月,博格也离职了。

## 引言 我为什么重返福泰

❖

福泰在一家旧厂房中成立,准备挑战巨头时,我来了。我看到的是各种鲜明对比。大药企装备精良,资金雄厚,却举步维艰。他们产出的重要新药越来越少,定价却越来越高,他们重视利润胜过患者的形象在艾滋病流行期间愈加典型。"对癌症宣战"计划已经启动15年了,可是癌症依旧猖獗。生物技术企业这时候还没开始盈利,华尔街对他们的高失败率以及以10年计的漫长回报周期很是不满。就是在这样的情况下,博格带领他年轻的公司乘风破浪。

时间跳到了2011年初:世界艰难地从80年来最严重的金融危机中恢复,奥巴马医改风波不断,媒体充斥着有关制药界耸人听闻的新闻,说他们深陷危机。福泰这时候已成立22年了,一共亏损36亿美元,正要上市自己的第一款药物,为丙肝治疗带来重大突破。他们还针对欧美最常见的罕见病,开发了革命性的疗法,这个药物也即将获批。在陷于困境的世界中,福泰高歌猛进。还有哪儿比在福泰更适合见证医学、资本和社会的大冲撞?

我回到福泰去了解他们如何在科学和商业上取得成功,更是去了解他们如何创造更好的未来。一群朝气蓬勃、意志坚定的人如何改变一个被华尔街主导、由利益驱动的行业?真心相信制药研究应该去改变无数患者的命运、应该以病人为先的人,能在这个行业中立足吗?他们的对手或者倾向于研发仅有微弱好处的药物,然后通过营销抢夺市场,就像辉瑞那样——辉瑞的阿托伐他汀钙片(商品名立普妥)虽然是制药史上最畅销的药物,但已经是**第五个降血脂的他汀类药物**;或者像安进那样,在2013年的"财政悬崖"时,凭着自己77人的游说大军,从医保中挣得5亿美元\*;或者支付非专利药药厂超过4200万美元的巨款,让他们不要生产你的专利药的便宜版本,这样你就能继续卖你贵10倍的药物,就像最近闹到最高法庭的联邦贸易委员会诉阿特维斯案(FTC v. Actavis)那

---

\* 2013年时,美国政府面临财政危机,因此出台了一系列政策,其中就包括暂缓对一些药物进行价格限制,安进从这个政策中受益达5亿美元。——译者

样。基因组学时代，开哪种药或许会更依赖患者的基因，福泰还能坚持之前的原则吗？

我在寻找什么？其实是希望。总值3250亿美元的处方药市场是美国最具挑战性同时也是利润最高的行业。它在任何阶段都比其他行业更艰难、冒的风险更大。每一项实验都有生物学上的不确定性，随时准备吞噬一切。每30个精挑细选出来的候选药物，只有一个能进入临床试验。而一个成功上市的药物，耗资将超过10亿美元。制药界受到的严格监管仅次于核能行业，小公司还要经受更多的考验：华尔街的交易文化重视短期，忽视长期持有以及未来价值，但小公司很依赖华尔街，因此必须在这样的文化中找到出路。商业上的每一点进展都需要艰苦繁重的努力，这个过程充满了未知，总会花费远超出预期的时间，还可能随时土崩瓦解。

我想知道福泰如何渡过这些难关，我想知道博格的愿景成了什么样，它是否代表了制药界在这个充满无限希望又有很多未知的生物学新纪元中的发展方向？博格从默沙东离职时，没有带走任何人，也没有任何人保证会跟随他。他回到家中，在白板上像写俳句一样写下三个目标：**研发更好的药物，而且更快；建立21世纪的生物制药企业；成为下一个默沙东，但是更好**。博格认为这需要花费20年时间与10亿美元。现在20多年过去了，福泰已经花了近40亿美元，才刚刚到达他理想的边缘。

2011年春天，博格对福泰的销售团队这么说："我后来常被问到的一个问题是，'天哪，你以前想到过现在的一切吗？'"几天前，本·拉登在巴基斯坦被击毙，宣告了持续10年之久的追猎的结束，福泰则即将与默沙东在制药史上利润最丰厚的市场上一决雌雄。"我的回答是，'当然，必须的。'我知道很多人对这个答案并不满意。对于其他同样傲慢的人，我曾说过，只有豪言壮语不能兑现时，傲慢才是个问题。如果他有资格，他的傲慢就是一种坚持。"

我在福泰见证了生物医学研究的热度屡创新高。或许有人会说其他颠覆性技术行业中的竞争也同样激烈，但这样的对比是不够的。在硅谷，人们努力研制更好的产品,但那并不是囊性纤维化或者帕金森病的解药,制药界的成功与失败往往关乎人命。抗艾滋病药物的研发可以说建立了生物医学新秩序,福泰在那场试炼中的表现值得称道,但胜利代价高昂,几乎得不偿失:虽然他们开发出了药物,但药物是由葛兰素销售的,福泰并没有随之登场。现在福泰即将要修正这样的偏差,开始他们的首秀:上市第一款自行研发的药物,出售第一款贴着自己商标的药物。更重要的是,福泰已经成长为一个近2000人的组织,在过去20年间受到不断变化的医疗卫生经济、制药界以及博格等成员的多重塑造,这也将是福泰这个组织的首秀。

博格对傲慢的理解是正确的。我们或许不喜欢别人对我们傲慢,但只有当豪言壮语无法兑现时,傲慢才是真正的问题。

# 第一部分

# 饲喂巨兽

# 第一章

*1993年4月28日*

  不同于纽约世贸中心,波士顿世贸中心不是财富与权力的秀场,只是水边一处修缮过的市场。它坐落于老港口的码头,从那里向城区望去,好像在欣赏一张明信片。福泰制药的创始人、CEO,现年42岁的乔舒亚·博格,在250名有些焦虑的企业高管的注视下走上了马萨诸塞州生物技术协会年会的讲台。过去4年间,他那"几乎不可能成功"的创业公司从麻省理工学院附近一座由旧仓库改造的实验室起家,成长为拥有110名员工、5000万美元储备资金的上市公司。他们发表了一系列高质量论文,是基于靶点蛋白结构设计药物的领军者,在多个疾病领域的研究中兵强马壮。即使那些认为他们长远目标无异于海市蜃楼的人,也得承认他们目前的进展。

  制药界当下的情绪很是悲观。2月,比尔·克林顿在入主白宫一个月后,宣布他的妻子希拉里将主管全国医疗改革。他俩一起访问了弗吉尼亚州的一家诊所,克林顿在那里谴责药价"高得惊人"。他引用数据,证明制药界对营销的投入比对研发的投入多,并要求做出改变,同时暗示,如果业界置之不理,他可能会提议价格管制。一位分析师评论,克林顿总统要与制药界"开战"——毕竟药物费用是急速攀升的医疗支出中的大头。几天后,国会的研究报告也批评了药企的"超额利润"。之后两个月,药企不管大小,股价平均跌去了1/3。

"我觉得天上很快就要下青蛙了*。"博格说。

博格身高约1.9米,瘦瘦高高,棱角分明,又硬又直但略显稀疏的棕发耷拉在他宽阔的额头上。棕色的飞行员眼镜挡不住他锐利的目光和有点奇怪的皱眉。他说话的语调有一种北卡罗来纳州小镇男孩的感觉。小时候,他就经常给一些迟钝的老人解释东西。受邀展望行业未来时,博格认为接下来的日子不会太好过。他告诉参会的高管们,只有最智慧、最敏捷、适应性最强的公司才能在新时代中取得胜利——比如福泰这样为多种重大疾病研发突破性新药而烧掉数亿美元的公司。为什么呢?"我们更有动力,我们更敬畏死亡与上帝。"演讲的最后,博格笑了一下,稍显放肆地以一张《纽约客》(New Yorker)上的漫画作为幻灯片的结尾,画面中药企的高管对穿着白大褂的科学家说:"我喜欢这个药物,为它找个适应证吧。"

严格地说,福泰不是一家生物技术公司:不是通过操纵基因来开发新产品,即所谓的生物制品。他们志在合成小分子药物——用博格的话讲就是"装在瓶子里的小药片,上面盖着一团白棉花"——这种制药界的传统研发模式久经时间考验。但从商业角度来说,他们疯狂地烧钱,不知何时才能发售自己的产品,总之肯定还需要很久,跟生物技术公司无异。博格有时打趣说,在投资银行基德尔皮博迪(Kidder Peabody)助他们上市之前,他都不知道福泰是一家生物技术公司。

虽然整个行业前景黯淡,但他可以乐观点,这归功于他此前不畏艰难地开拓,当然运气与魅力也很重要。博格已经证明了不管市场多么消沉,他都能把福泰的故事卖出去。两周以前,福泰与日本新兴药企橘生制药(Kissei Pharma-

---

\* 博格以《圣经》中埃及十灾中的青蛙灾作比喻。——译者

ceutical Co.)签订了一份价值2000万美元的协议,为远东市场开发抗艾滋病药物。企业家永远在四处寻找资本,但橘生制药这个意料之外的追求者,却在几个月前从天而降般主动联系了他们。1月底时博格和福泰的首席商务官理查德·奥德里奇正在东亚四处推销他们其他的研究,这样的"死亡行军"他们每年要进行两次。当时日本境内还没有发现艾滋病,更不要说担忧其严重性,但是福泰的商务联络官依然督促他们去拜访位于松本市的橘生制药。松本市位于距东京6小时车程的多雾高地上。"长途旅行,还得换乘。"奥德里奇回忆说,"我们不了解他们,我们不想去,但联络官说:'别这样,他们真的很想见你们,这值得一去。'而当我们到达后,坐着车四处参观实验室时,坐在前排的橘生的员工转过身来对乔舒亚说:'博格博士,您就是橘生的上帝。'于是理所当然,乔舒亚立刻就喜欢上了橘生。到那儿45分钟之后,我们就和他们的高管进入一间小屋,立刻开始谈起钱和协议来。"

这样的好运与恭维几乎冲昏了博格的头脑,但他始终谨记着融资那无穷无尽的压力。他们只有极少的资源,需要尽可能多地启动项目,尽可能快地找到合作伙伴——但就像药物研发,90%的努力都会失败。而艾滋病及其病原体人类免疫缺陷病毒(HIV)正是福泰为医生和患者开发药物的绝佳机会。

博格演讲之后,福泰的资深科学家马克·慕克振奋人心地介绍了福泰如何设计新型直接抗艾滋病药物——HIV蛋白酶抑制剂,福泰希望借助这个项目闯入世界顶尖制药公司的行列。慕克现年33岁,是最后几个从默沙东转投福泰的科学家之一,也是博格花了最大精力去争取的:他发动科学家们每隔一天就给他打电话,这样持续了三个月,慕克才答应跳槽到福泰。自那以后,他渐渐成为博格的技术先知、密友与心腹。他敦实,老练,声音低沉,是桑丘*式的人物。博格一开始并不想进入艾滋病领域,是慕克等人说服了他。

慕克在幻灯片中插入了许多精美的计算机模拟的三维分子结构图,配上惊

---

\* 《堂吉诃德》(*Don Quijote de la Mancha*)中堂吉诃德的侍从。——译者

人的新数据,讲述了一个以前所未有的速度和效率开发药物的故事,还顺便大开传统研发方法的玩笑。蛋白酶是一种能切割其他蛋白质的酶,HIV蛋白酶对HIV的复制非常重要。理论上来说,如果某个小分子能够堵住HIV蛋白酶的活性位点,它就能阻止病毒复制。HIV蛋白酶是个前途无量的药物靶点,默沙东等几家公司已经开展了临床试验,目前还没有报道药物效果。更重要的是,这个靶点是福泰第二个项目。福泰最初的项目在众目睽睽之下失败了,该项目中,他们针对另一个分子机制设计了很多抑制剂,但那个机制最终被证明是没有医学价值的*。默沙东对抗艾滋病药物投入了前所未有的精力,数百位化学家参与这个项目。而福泰,据慕克所说,只有5位化学家投身其中。

  福泰需要将他们的化合物快速投入临床试验——这是他们从未涉足过的领域,必须寻找一个合作伙伴。福泰资源不多,他们的核心资产是博格,一群像博格一样坚定而热忱的科学家(大多数来自默沙东),以及自负的公司文化,他们决心"正确地研发"。奥德里奇会对潜在的合作伙伴或投资人说,他们是"默沙东的顶级团队,利用电脑攻克最难的疾病"。若想基于结构设计药物,首先需要有能可靠地反映靶点蛋白在体内状态的三维模型,这样才能直观地了解核心机制。福泰开发了一整套流程来分离并纯化蛋白质,然后获得非常精细的蛋白质-小分子复合物结构,以显示不同的药物分子是如何与靶点蛋白结合的。慕克的团队则在此基础上建模计算,预测在药物分子上增减原子能否提高药效。基于这种"循环反馈",慕克告诉听众,福泰仅凭一小群化学家就能作出比默沙东的化学家军团更正确的选择。

  并不是所有人都买账。午餐之后,会议主讲人、默沙东研发主管爱德华·史考尼克博士从主席台上一张过小的椅子起身,做了题为"默沙东的药物设计方法"的演讲。慕克坐在他右边,一脸坏笑。史考尼克是个有名的硬骨头。他曾主持开发了第一款他汀类降血脂药物,价值10亿美元的分子洛伐他汀(商品名

---

  \* 即福泰对FK-506的改进,参见《十亿美元分子》,上海科技教育出版社出版。——译者

Mevacor)。这个药物曾面临严峻的毒性问题,默沙东投入了巨额的经费,通过毒理学研究,使美国食品药品监督管理局(FDA)确信动物实验中的癌变迹象其实并不是癌,从而允许他汀类药物的临床试验在暂停三年后重启。现在史考尼克领导默沙东抗艾滋病药物的研发。虽然HIV蛋白酶的结构最初由默沙东解析(做出这项成果的科学家后来对默沙东太过失望,转投博格),但史考尼克认为结构信息对药物研发的帮助有限。

"虽然题目是这个题目,"史考尼克说,"但接下来才是我真正要讲的。"他转而谈起制药界的研发使命以及药物价格,"比较一下我们的贡献以及我们的收费。"默沙东的CEO瓦格洛斯博士早在1990年就宣布一些药物不再涨价,他们也敦促业界自愿执行价格控制,避免克林顿政府介入。史考尼克为另一些没有控制价格的药物辩解:自青霉素和可的松上市50年以来(默沙东在这两种药物的开发中都作出了巨大的贡献),美国制药界为患者、医生、社会与投资者带来了无可估量的益处,他们的产品因此当然值这个钱。在演讲的最后,他坚定地为保列治(通用名非那雄胺)辩护,这是默沙东开发的抗前列腺肥大药物。由于台下的听众都是业内人士,这样的内容着实令人意外。

1992年,默沙东的市值停滞在200亿美元,不小程度上归咎于保列治疲软的上市表现,博格推断史考尼克路演式的演讲暗示,即使是行业巨擘也力不从心了。博格还在默沙东时,史考尼克曾大力支持他与他的项目,也对他的离去很恼火。史考尼克曾对记者说:"福泰有什么项目最初不是在默沙东成型的吗?"不过默沙东并没有因为知识产权起诉博格。默沙东曾经给予转投福泰的人多达一个月的时间办理离职事宜,或许希望他们回心转意,但马克·慕克离职时,他只得到了四天。

博格说史考尼克的演讲"离奇",但几天后他收到了史考尼克的亲笔贺信:"致乔舒亚,再次见到你真好,看来你的公司正茁壮成长,马克的演讲也很精彩,我期待你们的表现。"博格看完后喜形于色。尽管他叛离了默沙东的组织,但默沙东的**理念**依然能激起博格的想象力,默沙东高层的认可让他心满意足。

❖

靶点为王，福泰在设计药物时最需要的就是受体蛋白的三维模型。药物的本质是化学分子。它们进入机体后，能与疾病病理过程中的关键受体结合，药物会找到受体在细胞表面和细胞内寻找能与其亲和性结合的部位，通过化学结合，影响受体的活性。自20世纪40年代以来，几乎所有的小分子药物都是依靠运气与蛮力开发的。药物化学家针对可能的生物学靶点，根据分子形状、电荷分布、亲水疏水等性质，筛选庞大的分子库，寻找"活性化合物"，再加以化学改造，幸运的话就能得到药物。博格评论这种方法为"给猴子打字机"*。

博格希望带领福泰掀起一场基于靶点蛋白结构设计药物的革命，这场革命将始于追寻几种新型候选化合物，利用大量精确的原子级信息颠覆老方法。想要理解这种方法，最常见的比喻是锁与钥匙：如果知道了一把锁的内部结构，你就能设计打开这把锁的钥匙。蛋白酶是一类质量较大、多次折叠的**活性**分子，它们像剪刀一样，将遇到的一切蛋白质残暴地剪碎。想抑制它们的功能——将分子剪刀的刀锋粘住，小分子药物最好能模拟短肽（即一小段氨基酸链）的形状。这样的分子被称为拟肽分子，但它们在肠胃中会被消化酶破坏，无法做成口服药。业界很多人觉得，根本无法抑制蛋白酶，即使能抑制，抑制的量也是微不足道。

自福泰实验室开张以来，提取大量超纯活性蛋白的任务就落在了无畏的澳大利亚生物物理化学家约翰·汤姆森肩上，这些蛋白质对蓬勃发展的公司而言至关重要。在福泰最初霉运不断的项目中，汤姆森像奴隶般工作，终于提供了足够的酶，使得当时还只是一家创业公司，距行业领导者的工作完成度尚有数个月差距的福泰，得以超越默沙东，与哈佛的实验室不分伯仲地同时解析出靶点蛋白的结构。汤姆森有时需要在只有4℃的冷室中长时间工作，但往往只穿

---

\* 法国数学家埃米尔·博雷尔提出的假说，即给无数只猴子配以打字机，它们终有一天能凭运气凑出一部莎士比亚全集。——译者

着T恤衫、牛仔裤和跑鞋。蛋白质越难分离纯化,汤姆森就越是长时间地钻研。有一次,他决心从牛的胸腺中分离出某个蛋白质,于是在实验室待了整整8天。他的脚因为日夜站立而肿胀,他的手因为数小时地清洗玻璃器皿而酸痛,他的双眼被化学溶剂熏得刺痛。最终他失去了意识,等他苏醒时,他发现自己戴着墨镜,恍恍惚惚直挺挺地坐在公司餐厅的长椅上。他仅是回家洗了个澡,又回来接着工作了。

"我们明年的主要目标之一是,"奥德里奇曾经这么说,"保证约翰活着。"骄傲而不惜一切代价地努力工作是汤姆森的座右铭,是他对蛋白质科学最纯粹的追求。

生物过程堪称奇迹:一串无活性的原子接受另一串无活性原子的信息后,便知道了何时应当如何折叠,准确地形成有活性的物质,再与其他物质相互作用,最终形成了生命。每个细胞都是一个小宇宙,有许多生产蛋白质或使蛋白质相互作用的自动工厂,每秒钟执行成千上万种、数十亿次的精确化学反应。生命科学的首要目标就是理解生物活性,用于探索的宝贵试剂是科学家们最珍视的。汤姆森将第一批纯化活性蛋白交给生物物理学家们,供其解析结构的那一天,同样坚信基于结构的药物设计并且赞赏动手实干精神的慕克提议,创造一个新的计量单位:1汤姆森,即100毫克超纯蛋白质。

抗艾滋病药物研发最大的挑战在于生产蛋白质。如果难以从机体中分离天然蛋白质,科学家会尝试"基因重组"方法,即利用微生物作为微小的自动"蛋白质打印机"。基因包含了合成特定分子的指导信息,将这些基因导入细菌后,它们就会源源不断地产生成熟的蛋白质,供科学家收集使用。但HIV蛋白酶不一样。"细菌生产越多的蛋白酶,"汤姆森说,"对细菌的危害就越大。你让细胞制作太多的剪刀,这些剪刀就会戳破细胞、毁掉细胞。"他接着说:

> 所以你得想点巧招。一种在当时还很新的方法是让细胞持续生产不完全正确的蛋白质,这样它们就会因为折叠错误、没有用处而被

细胞扔掉。它们没有活性。科学家可以收集这些没有活性的蛋白质,使其重新折叠。具体做法就是将其泡在某种不适宜的溶液中,即"变性溶液",然后将变性溶液移除,这些蛋白质就会重新折叠为它们最喜欢的状态,即有活性的状态。

我说:"我不想任何人再接着提取天然蛋白质了,我希望一次就生产大量的蛋白质,然后通过化学方法激活它。"这个方法成功了,我们原来一次仅能获得几微克蛋白质,只够做几次结晶实验,现在我们有了足以供整个项目使用的量。

从波士顿的生物技术协会年会回来几周后,博格和慕克、汤姆森等人坐在一间没有窗户的会议室内,这是HIV项目工作组的一次紧急会议。项目工作组是博格的创意之一。他希望各个学科的科学家能够分享知识、各抒己见,他认为组织科学家最理想的方式就是让他们自己组织与领导自己。但他今天有些焦急。

这间会议室不比会议桌大多少,里面除了几把椅子、一个书柜,就是墙上的富士山风景画,这是橘生制药的礼物。晶体学家尤妮斯·金正在展示一种强效抑制剂的新结构,这个小分子深深地插入折叠的蛋白质中。她从汤姆森那里得到酶后,将其结晶,再用X射线照射。X射线会因为晶体的晶格散射开来,在屏幕上显示衍射图像,她就能根据这些衍射图像逆向分析出蛋白质的结构。几个月来,化学家们不断合成出更好的化合物,金也压缩了她的周转时间,以尽快告诉他们分子是如何与蛋白酶活性位点结合的。她只花了5天时间,就得到了最新的VX-328的结构。

博格打趣道:"你为什么花了那么久?"

"VX-330的结构在哪?"维姬·萨托也开玩笑地问,好像在说金的最新速度已经让过去的她显得太慢了。萨托是福泰的科研主管,她负责将实验室中的分子推向临床。她所说的VX-330是化学家几天前刚提交的一个分子,虽然药效仅有VX-328的1/5,但是耐受肠道消化、在血液中持续存在的能力令人瞩目。开发蛋白酶抑制剂最难之处在于如何让它们在体内存在足够长的时间,好让它们能够接触并抑制病毒。金之前提供的结构揭示了应该如何提高生物利用度(分子口服后在体内能被利用的程度),这些特征被应用到VX-330的设计中。药物设计团队**主动**牺牲了部分药效以换取更好的成药性。相较于之前的分子,VX-330只是在一个以纳米计的结合口袋中添加了一个氮原子。

HIV工作组现在要从6个分子中选一个进行临床试验,这是复杂而昂贵的一步,需要公司上下每一级的通力合作,跨越性地提高效率。博格为这事催促了科学家们好几个月,但首席化学家罗杰·邓顶住压力,坚持要求花更多的时间以获得更多的数据。6月,他将带着福泰的代表团去柏林参加重要的艾滋病大会,公开展示福泰的研究成果,他希望到时候能讲一个完整的故事。

"在之前的比赛中,我们不得不用下等马撑场面,这没问题。"博格插话道,"而当我们有了好马时,我不想把它关在围栏里,只因为我们想让下等马跑完最后一圈,让它好受点。我想要好马立刻出击。"

博格认为,赶在默沙东首次公布他们的HIV蛋白酶抑制剂的临床试验结果前,让福泰的化合物获得FDA的临床试验批准是当务之急。博格相信,福泰的药物分子量更小,更易于合成,更能透过血脑屏障,直击HIV藏身之所。但如果默沙东的药物药效显著,哪怕仅在少数患者中进行了试验,就一切都完了。世界急需更好的抗艾滋病药物,其他的药企也在开展蛋白酶抑制剂研究,比如雅培、罗氏、瑟尔制药/孟山都(Searle/Monsanto),甚至另一家同样主打基于结构设计药物的创业公司阿格隆制药(Agouron Pharmaceuticals)也开始临床试验了。但是他们争夺市场的能力远逊于默沙东,博格也对他们不屑一顾。

"扔飞镖吧。"萨托说。

他们又讨论了几分钟后,工作组决定选择VX-330。博格一分钟也不想浪费,以一阵大笑庆祝后,他让大部分科学家各忙各的去了。他、萨托还要与其他几位资深科学家一起研究怎么进行毒理学实验、动物实验、联合用药实验、直接对比研究、药物递送剂型研究、血药浓度测试、超纯大规模生产……按照博格的计划,必须要在今年(1993年)年底或是次年第一季度进行面向艾滋病患者的临床试验,在此之前他们还有很多事要忙。

现在已经是艾滋病爆发的第13个年头了,艾滋病传播得越来越广,情况越来越糟,征服艾滋病希望渺茫。在柏林的会议上,数千位神情严肃的公共卫生官员、医生、护士、学者、记者、患者组织代表听着一系列令人心惊肉跳的疫情报告,非洲的情况尤其不容乐观,疫苗的研发前景也相当黯淡。除了蛋白酶抑制剂还能让人有些许的期望,制药界迄今为止的行动都没什么成效,最近各种实验性药物的数据似乎证明,制药界甚至连渐进性的改进成果都无法取得。

欧洲最新的研究提供了迄今最具决定性的证据,指出AZT(通用名齐多夫定,AZT是其化学名简称)不能延长艾滋病患者的寿命。这个药物是最基础的抗艾滋病药物,曾经给予人们抗艾滋病药物能够被开发出来的希望。相较没有接受治疗的人,用药的患者更晚发展出皮肤癌或肺炎等致命并发症,但是他们的预期寿命并没有因此延长。艾滋病病毒是RNA病毒,更是反转录病毒,会利用反转录酶来制造携带自身遗传信息的DNA。AZT能部分抑制反转录酶,人们普遍相信,如果能加上第二种反转录酶抑制剂,疗效会更好。但是在美国进行的第一次临床研究显示,联合用药不能改善患者哪怕一丝症状。

"只有最坚定的乐观主义者,"《纽约时报》(*New York Times*)在一篇长文开头写道(这篇文章完全没提到蛋白酶抑制剂),"才会在参加了上周的第九届国际艾滋病大会后依然相信新的药物很快就能上市。"

# 第二章

*1993 年 8 月 22 日*

黛博拉·皮蒂是公司分子生物学小组的领导,她与汤姆森和萨托一起讨论启动丙型肝炎(下文简称丙肝)项目的可能性。丙肝是由病毒导致的传染病,它对公共卫生的巨大威胁最近才被人们知晓,而现有的治疗方法不够好。与艾滋病不同,丙肝疫情隐秘得多。它传播得很慢,也没什么症状,患者得过上几十年才会发病。20 世纪 60 年代,有些患者会在输血后发生肝炎,人们这才发现丙肝,最初称其为"非甲型非乙型肝炎"——它的发现者\*认为这"对命名学而言不算很好的创新"。直到最近,即丙肝被发现 20 多年后,它才被认为是公共卫生问题。

丙肝令病毒学家和医生都很困惑,再加上患者群体势单力薄,因此没有引发公众的关注,大多数人甚至不知道自己得了病。3 年前,凯龙制药(Chiron Corporation)的科学家\*\*找到了致病的病毒,使血液检测成为可能,之后医生发

---

\* 即 2020 年诺贝尔生理学或医学奖得主哈维·奥尔特。——译者

\*\* 即 2020 年诺贝尔生理学或医学奖得主迈克尔·霍顿,以及两位华人科学家朱桂霖和郭劲宏。——译者

现了大量无症状感染者。与此同时,接近四成的携带者声称他们从未接受过静脉注射或输血,也没有其他通过血液感染的可能。患者的总数尚不清楚,加之他们谜一样的差异性,可能也无法估计。

萨托和汤姆森对此很着迷。丙肝的靶点也是一种病毒蛋白酶,这是个急需解决方案的医学问题,更是个重大机遇,而且他们觉得福泰可以解决这个问题,他们很喜欢这种感觉。但是福泰自己不能独立启动这个项目,一是目前对这个病毒的研究还很少,二是虽然他们的HIV项目成功了,但他们没有自己的病毒学团队。皮蒂查阅了大量文献,得知有三家实力不相上下的实验室正在研究该病毒的基因图谱,识别主要结构以及各个功能域,在丙肝的研究中遥遥领先。其中两家已经有了合作伙伴,分别是默沙东和罗氏制药。第三家尚没有伙伴的实验室由华盛顿大学圣路易斯分校医学院的助理教授查尔斯·赖斯* 领导。

8月下旬,皮蒂飞到了圣路易斯,那时她已经怀上了第一个孩子。她在福泰期间深深喜欢上了科研商业化("这是一种能协调科学界的力量"),最近被哈佛商学院录取了。一方面,她并不期望赖斯(就像其他许多科学家)会对与一家小型且尚未赢利的公司合作太感兴趣;另一方面,她知道赖斯的选项并不多。丙肝病毒,即HCV,不像HIV那么"时髦"。大学和政府科研基金都不想赞助这些研究新疾病的科学家。

大部分学者一直深耕于他们自己感兴趣的领域,或者因为一些挑战和外在因素被某个领域所吸引,赖斯则是被召唤来研究丙肝的。他本是美国顶尖的黄热病专家,一位FDA的科学家打电话问他能否为丙肝开发疫苗。因为黄热病病毒和丙肝病毒都属于黄病毒,那位科学家希望赖斯能发现两者有什么结构上的相似性。经过仔细研究,赖斯的实验室发现,丙肝病毒来自一个很大的多聚蛋白前体,这个前体能自我裂解成至少10个小单元。他的课题组发现了丙肝病毒蛋白酶,还发现它需要与另一种较小的病毒蛋白结合才能发挥最佳活性。他

---

* 他也获得了2020年诺贝尔生理学或医学奖。——译者

们还发现这种蛋白酶能切割多个位点,进而推测,如果能够抑制蛋白酶,丙肝病毒就无法存活*。他们还预测了其他可能的药物靶点。

但赖斯陷入了困境,他从常规渠道只能得到非常少的支持,没有经费继续研究。"当你想做点新的东西时,你就得把自己举起来。"他说,"我们做了好些研究后,尝试申请一项大学内部的启动基金。评审意见说:'你们的工作很重要,取得了很大的进展。你们的工作足以申请RO-1基金[即美国国立卫生研究院基金]**,所以我们决定不给你们发钱。'"

初次接触很顺利。皮蒂和赖斯简单谈了谈能否合作解析丙肝病毒蛋白酶的结构,双方很快就将合约提交给了各自的专利团队。10月时,合约签署,大家开始讨论具体实验。皮蒂之后生了个儿子,投身于商业,汤姆森接手了她的工作。他刚为白介素-1β转化酶(ICE)开发了行业领先的量产方法。ICE也是一种蛋白酶,更是一个很有希望的抗炎症靶点。汤姆森团队的成果使得福泰能在没有任何先导化合物的情况下,就与另一家公司签订了很有利的专利转让协议,允许其为患有风湿性关节炎等自身免疫疾病的患者开发ICE抑制剂。"我们仅有的,"萨托回忆说,"就是汤姆森又一次大变活人戏法般的科研成果。"作为庆祝,汤姆森买了一辆发动机外露、闪闪发亮的杜卡迪牌重型摩托,他称其为"火箭"。他随时都能骑上它,冲向难题。

"(当时的问题是)三个实验室都止步不前,他们说:'我们觉得蛋白质应该是这样的,但是我们不知道如何提取或者生产这个蛋白质。'"汤姆森回忆说,"那么这就是个蛋白质生物化学问题,交给一个刚做完HIV和ICE,手正热乎的蛋白酶专家最合适不过了。我们也发现这是个很好的与查尔斯·赖斯合作、快速启动研究的机会,我们说:'我们来谈谈怎么获得活性蛋白吧,我们能帮你推进研究。'我是最适合与查尔斯一起想点子的人,查尔斯也希望他的研究真的能

---

\* 丙肝蛋白酶即丙肝非结构蛋白3(NS3)。——译者

\*\* 原文中使用"[]"方括号补充内容或解释对话,译文保留此形式。译者亦在部分对话中使用"()"圆括号补充内容或解释对话,供读者参考。——译者

促进药物研发。我们给他一些钱,他给我们一些启动研究的(生物)材料,将我们快速带到这个领域的前沿,这就是刚开始时的情况。"

❖

福泰每次有进展时,博格和奥德里奇就会和20—25个潜在的合作伙伴谈谈,萨托笑称这是"亲遍池塘里的青蛙"。在HIV项目中,他们一方面注意那些在开发蛋白酶抑制剂和各种新疗法中崭露头角的实验室,一方面关注那少数几家熟悉抗病毒药物开发的大药企。福泰最中意的是宝来惠康,即抗艾滋病药物AZT的生产商。

这家老牌英国药企开发了第一款抗艾滋病药物,成为真正意义上以科研为核心的现代药企。宝来惠康的科学家深入研究了如何将核苷酸类似物开发为药物,并最终获诺贝尔奖*,宝来惠康也因此在核苷药物的研究中独拔头筹。核苷药物是模拟DNA合成原料核苷酸的小分子**,当反转录病毒试图在受感染的细胞内富集核苷酸自我复制时,核苷药物就能插入病毒新合成的DNA链中,阻碍DNA链延伸,从而阻止病毒的复制,因此又被称为"链终止剂"。因为这类药物能通过干扰DNA合成,抑制细胞的生长与增殖,曾广泛用于抗癌。它们毒性很强,对血细胞尤甚,AZT就属于这类药物。由于AZT是当时唯一可用的药物,医生们会为绝望的患者开大剂量的AZT。虽然耐药性出现得很快,很多患者还会罹患致命的贫血与感染,但宝来惠康每年还是能挣到5亿美元。他们被自己的成功束缚,为了维护自己的地位,坚持未来任何抗艾滋病药物都必定是核苷药物。

"[宝来惠康]有些人错误地认为蛋白酶不重要,因此他们迟到了,别人都早早加入了蛋白酶研究的大宴会。"博格回忆说,"但雅培、默沙东,甚至礼来,最终

---

\* 1988年诺贝尔医学或生理学奖得主乔治·希钦斯和格特鲁德·埃利恩都是宝来惠康的科学家。——译者

\*\* 核苷药物指如AZT等小分子核苷类药物,核酸药物指核苷酸形成的有医学作用的大分子,如mRNA新冠疫苗等。——译者

都意识到蛋白酶是抗艾滋病药物最好的靶点。这些药企内部也有人说针对蛋白酶开发药物是不可能的,当然,那都是研究核苷药物的人说的。"

在巧妙地与橘生制药协商临床前试验时,福泰也为宝来惠康准备了一份合作计划。药物研发这一阶段的关键任务是研究人吃下一种小分子后,机体会对它做些什么,研究这个问题的科学叫作药物代谢动力学(以下称药代动力学)。如果一种药物不能在血液中以一定浓度存在足够长的时间,它就无法被患者的细胞摄取,那么它在体外再有效或者作用机制再特殊也没有临床意义。福泰免费向宝来惠康提供了10克VX-478(VX-330的改进版),宝来惠康的药理学家将在貂、狗、猴等多个物种中探索它的性质。博格回忆:"我们说:'告诉我们你们打算做什么,以及怎么做。我们同意之后,你们就可以尽情做上个30天,然后把数据给我们。如果我们没有进一步合作了,我们还能用这些数据。'"

"他们的药代动力学研究力量更强,"博格说,"而我们希望快速且便宜地得到好的数据,得比外包出去做得好。我们很确定这个分子的口服生物利用度会很好,但我们没有数据,所以我们给了他们VX-478。他们在给我们数据时说'这个分子非常好,比我们现有的好'。他们有一个小型的蛋白酶项目,他们说'如果能够与你们合作,我们就可以关掉自己的项目了'。"

整个秋天,福泰一边与宝来惠康在HIV项目上合作,一边提高自己的知名度。其他几家公司的研究显示,抑制蛋白酶可能是阻止HIV复制的最好办法。默沙东兴奋地公布了早期临床试验结果,4名患者在服用蛋白酶抑制剂的几个月内体内的病毒大幅减少。由于第一届全美人类反转录病毒会议将于12月中旬在华盛顿召开,在HIV项目组,博格、萨托、邓以及其他几位科学家一起设计参会策略。这种重要会议正是艾滋病科研与商业真正展开的场所。

迄今为止,福泰都没有公布VX-478的分子结构,这在公司外部引发了对其有效性和独特性的质疑。不像大药企,福泰没有自己的专利律师,而他们依赖的外部团队效率低下。在华盛顿会议上,其他所有的公司不管有没有新数据,都会宣传他们的分子,福泰需要拿出点干货证明自己还在赛道上。博格希望拿出一个带有福泰风格的方案。VX-478是由化学家戴夫·戴宁格尔合成的,尤妮斯·金得到后很快解析了其结构。在会议上,默沙东的化学家承认他们不知道他们的化合物在分子层面上如何发挥作用,于是邓在演讲的最后放了一张幻灯片,显示了默沙东的分子与酶活性位点如何结合,清晰地替他们解答了这个问题。

博格和萨托以这种"蹬鼻子上脸"的方式吸引人们关注,这能鼓舞士气,维持他们自封的"恐龙杀手"称号。但是福泰不能对宝来惠康隐瞒秘密,后者看到VX-478如何与蛋白酶结合后才同意合作。会议几天后,福泰和宝来惠康宣布他们将为欧洲和北美市场共同开发HIV蛋白酶抑制剂。这个协议账面上会为福泰带来4200万美元的收入,实际上宝来惠康要付的更多:他们会为全部的研发费用买单,大概2亿美元。此外福泰还可以共同推广这个药物,也就是说他们可以组建销售团队了。专利费最初只有1000多万美元,是奥德里奇把价格抬起来的,对于一个还没有进入临床研究的药物来说,不是前所未有也是实属罕见了。福泰的股价应声而涨2美元,达到每股17.50美元*。

博格对此很满意。宝来惠康是业界研究艾滋病的领军企业。他们也因AZT对患者收费高达1万美元而广遭谴责,毕竟AZT最初是由政府的科学家研发,他们只是从国立卫生研究院那里得到了药物的授权**。除非有某种蛋白酶抑制剂好到能一剂下去就治愈艾滋病,不然艾滋病的治疗很可能需要多药联用,而博格非常期待能将他的药物与目前不可或缺的AZT联合起来提供给患者。但是,晦暗的大环境,AZT沉重的政治包袱,克林顿政府新医保政策可能带来的价格管制,加上其他种种争议,真让医药界看起来像个马戏团。愤怒的艾滋病患者权益活动者组织队伍,日夜不休地围在纽约证券交易所门口,他们一

---

\* 书中部分股价与查询到的数据不符,这是因为福泰在2000年8月24日进行了股票分割,1股分为2股,每股价格对折。而某些数据追踪的是现在一股在历史上的价格,因此显示的2000年8月24日之前的股价仅为历史真实股价的一半。——译者

\*\* 确切地说,宝来惠康在AZT被证明有抗艾滋病功效之前就得到了授权。——译者

边向投资人身上泼羊血,一边高呼"卖掉宝来惠康的股票!""剥削病人的冷血药企!"博格不难想象这些场景。

但他依然表示:"我很高兴钱从天上掉下来。"

博格和奥德里奇都知道在华尔街筹款的时机不是你需要钱时,而是在你能筹到钱时,现在正是好时机。在福泰宣布与宝来惠康合作的第二天,福泰提交了快速募股申请,在6周后筹集到了6200万美元。这段时间是制药与生物技术板块的动荡时期,在他们开始募股时,也就是博格和奥德里奇在欧洲进行路演时,他们的股价为每股16美元。两周后,等他们回到波士顿和纽约结束募股时,股价已经涨到了每股18美元。虽然福泰离上市任何药物还有很多年,但是在1993年,他们做成了3桩交易,实现了报表盈利,第四季度时年利润达200万美元,在银行里他们还有1.2亿美元存款。奥德里奇被提拔为资深副总裁,无论在职务上还是事实上都是福泰的二把手。

福泰还向大多数元老级科学家发放了慷慨的股票期权以留住他们。科研成果丰收在即,各种疾病的新靶点不断涌现,科学家们都没有要离开的念头——至少现在没有。毕竟博格挑选的人都像他一样,喜欢抓住机遇,奋斗在最前线。但在福泰的早期,科学家们形成了一种随意无序的氛围,萨托的评价是"混沌",而她的职责是带来秩序。这两年来,科学家没有固定办公室,所有的桌子和电话都是公用的,他们搬着背包或公文包四处寻找空闲的桌子。科学家们没有级别也没有组织结构,所有的决策都是项目工作组的共同决定。公司准备首次公开募股时正赶上罕见的股市泡沫,他们需要在无尽的压力下快速得到有价值的科研成果。梅森·山下,一位陷于困境、难以维系自己理想主义的年轻晶体学家曾在餐厅崩溃,他将椅子猛地砸到地上,大喊着:"**你们都去死吧!**"后来他很快离开公司去医学院读书了。

这就是博格的"社会实验",让合格的领导者从科学家中脱颖而出。这些领导者不光科研能力出众,更重要的是他们能深刻地意识到大药企的衰落不光由于实验室的盲目或者董事会的短视,更因为烂泥般的中层结构:哪怕是默沙东的项目领导都更重视团队合成了多少化合物,而非化合物是否真的有用。博格需要冠军之才,他需要聪明勤奋、不随波逐流、能得到有说服力的数据、在别人放弃时依然坚持的人,这些人才能带领团队推进项目。

慕克、汤姆森和邓由于在HIV蛋白酶项目中的贡献,从最初招募的科学家中渐渐成长为公司冉冉升起的新星。从统计学的角度来说,大部分制药界的科研人员终其一生都不能做出一款最终上市的药物。也就是说哪怕博格是对的,即福泰可以将产出新药的概率从1/30提高到1/10,福泰大部分的科学家也难逃这样无趣的现实:他们的职业生涯注定充斥着失败,所以他们必须从其他地方获得职业满足感。对大多数人而言,艰难的挑战本身就令他们满足。VX-478还不是药物,但希望很大,而能将其从实验室推向临床甚至市场的人将会获得巨大的影响力、信誉与声望,这又会进一步带来更多的优势。

慕克是计算化学家与分子建模学家,连接结构生物学家(他们研究重重叠叠的原子,产出奔流的数据)与化学家(他们设计并合成抑制剂)。他相信VX-478将是福泰药物发现策略优势的绝佳例证。"我认为这很重要:只需要5个化学家、18个月、260个化合物,(我们就得到了VX-478,)一切都按剧本进行,这是个井然有序的项目。"

慕克对知识的渴求堪比博格,在项目工作组会议中或周五下午的啤酒聚会上,他经常是第一个挑战博格的,往往也是最有成效的。他曾经打趣说:"乔舒亚是个顽固的家伙。"他留着小胡子,比博格矮一个头,健壮得像个棒球捕手。像博格一样,他也喜欢嘲弄权威,他还喜欢根据原子如何相互作用,思考人与思想之间的互动以及研发的迭代过程。慕克通过高速计算来研究生物化学。他初到福泰时,是从费城坐飞机来的,因为他觉得开车太慢\*。他到公司的第一天就坐在计算机前,手指在键盘上飞舞,工作到半夜3点。在福泰的早期,他的计

---

\* 他那时要搬家到波士顿,很多美国人选择开车自己搬家。——译者

算经常"霸占"了全公司的超级计算机,当有人问到他的模拟需要多少计算能力时,他会面无表情地回答说:"无限。"

在等待ICE的晶体结构时,慕克将他的研究团队转化为一台创新引擎,他招募了数位既懂生物学又擅长计算机建模的专家,并鼓励他们扩宽思维的疆域。如果找不到外部合作者或者买不到需要的资源,他就让科学家自己写代码,发明新技术。创新的火花来自提问,而慕克凡事都要问个为什么。

"当时的软件没有考虑那些对化合物成药很重要的理化性质,"他回忆说,"比如溶解性如何。如果化合物不能溶解,它就无法进入细胞。计算机模拟能否再进一步,能否在模拟锁钥结构——药物如何与活性位点结合——的基础上,进一步预测哪个分子具有更好的理化性质?抱着'改变一个原子能否提高溶解度'这个问题,我们模拟了数百个化合物,最终发现只要稍微改变VX-478的结构就可以上百倍地提高溶解度——溶解度实际提高了500倍。"

1月,生物物理学家基思·威尔逊解析了ICE的晶体结构。这个蛋白质是当下最热门的香饽饽,它的结构很复杂,包含两个作用域,这个结构最终发表在《自然》(Nature)上并得到热捧。而慕克和其他建模师们这才开始真正的工作。他们坐在暗室中,对着老旧的硅图公司工作站,头戴沉重的3D眼镜,喝着无糖可乐,胡子多日未刮,好像《星际迷航——下一代》(Star Trek: The Next Generation)中莱瓦尔·伯顿所饰演角色\*的穴居人祖先。屏幕像一片深不见底的漆黑海洋,其上漂浮着数百个小球,颜色鲜亮,或红、或紫、或蓝,它们代表着原子,通过纤细的线条连接,在缓缓转动。几个小时之后,科学家们发现,虽然ICE的整体折叠结构与其他蛋白酶相差甚远,但从功能位点来说,ICE切割蛋白质的机制与其他蛋白酶非常相似。他们相信自己是最先得到结构的,这是个极具原创性的学术突破。他们将福泰化合物库中数百个分子(这在业界算较小的化合物库)的结构载入电脑,令其与活性位点虚拟对接。经过5周夜以继日的模拟,

---

\*  伯顿饰演的角色靠电子眼罩视物,与戴着3D眼镜的科学家相似。——译者

他们选定了一个化合物骨架。这是一类全新的化合物,被合成出来后其药效将远远超过现有的抑制剂。福泰及其欧洲伙伴立刻将其选为先导化合物。

另一方面,邓公开了抗艾滋病药物VX-478的结构。邓是这项专利的主要发明人,他将会领导福泰第一次"真正的科学宣传闪电战"。邓说他是"美日中混血儿,有着复杂的背景,可以算是第1.5代移民"。他现年34岁,声音低沉浑厚,冷静的外表下,藏着强烈的野心。他渴望发现新药,不愿在项目中成为别人的下属。到福泰的第二年,有几个月他受困于一个令人心力交瘁的合成,常常工作到深夜。他白发渐生,最初几根几根,后来一缕一缕。离开实验室后,他经常和其他几位化学家在附近中央广场的酒吧愁饮到打烊——这是当地几家创业公司的一种仪式。与慕克不同,他对基于结构设计药物并不完全买账,不过本来他也几乎怀疑一切,尤其是基于不完全的数据做出的夸张表述,哪怕这是他自己说的。他说:"我为发现错误而生。"

一年前,在柏林的艾滋病大会上,邓的任务是在不揭示分子结构的情况下,玩一些类似在华盛顿反转录病毒会议上嘲笑默沙东那样的疯狂恶作剧。这样或许很能满足福泰的虚荣心,但也会招致更多的怀疑:福泰一定在隐瞒着什么。其实福泰的专利真的有些麻烦。瑟尔制药同样合成了一种分子,核心结构类似VX-478,也有着极佳的生物利用度。福泰在申请专利时耽误了点时间,申请时间比瑟尔制药晚两周。

更糟的是,瑟尔制药为一整类"马库什结构"注册了专利。20世纪20年代,尤金·马库什,一位染料生产商,为了保护他的发明,为一整类只在几个位置调整一些原子基团的化合物申请了专利并在专利纠纷中获胜,也就是说他一下就获得了数千种化合物的专利。这成了一种新的专利申请方法,化学家不用再为一类效果相似的化合物一个个地申请专利。马库什结构基于一个诱人但是错误的假设:在同一个结构骨架上替换不同的基团,得到的分子有相似的生物化学性质和活性。从法律角度来讲,申请这样的专利就像在开车时,向车后撒上一路的钉子。

博格一直等到他们在欧洲的专利申请公开后才揭示了VX-478的结构*。与此同时,默沙东的研发一路磕磕绊绊。12月,在华盛顿喜来登大酒店举办的反转录病毒会议中,听众们蜂拥着去听默沙东的报告:患者在服用了默沙东的药物后,体内的HIV两天内就减少了42%,而服用AZT的对照组只减少了1%。"我们自己都惊呆了,"史考尼克后来回忆说,"我们自以为已经发现了艾滋病的解药。"可是6周之后,一位分子生物学家在检测患者血样后认为,受试者体内的病毒已经变异,产生了耐药性。但另一项测试表明这些病毒还没有产生耐药性。史考尼克给政府的顶级艾滋病专家安东尼·福奇**打了电话,请他解读数据。"病毒产生了耐药性。"福奇说。史考尼克不接受,请他看互为矛盾的数据。

"我不看这些,"福奇说,"病毒就是产生了耐药性。"

博格、萨托和邓整个春天都在开会。药物剂型等问题让宝来惠康那边动弹不得。很多药物在这个年头开始临床试验,多到为新试验招募患者都变得很困难,福泰的分子到1994年底都很难进入临床试验。再不露一手实在不行了。他们决定,在法国尼斯举行的第三届国际预防感染病会议上公开他们的化学结构。听众们似乎一开始就持怀疑态度。与其说期盼着什么突破,不如说很多人等着看福泰狠狠摔一跤。VX-478是磺胺类药物,这类药物是最早的抗生素,现在也开发出了抗惊厥和利尿的作用。福泰的药物虽然核心结构与其他蛋白酶抑制剂核心结构相似,但是有着新颖的官能团。

结构公开后,人们的反应大致在谨慎的乐观到轻微的失望之间。没人觉得福泰之前是靠吹的,但也没人立刻相信VX-478就像公司说得那么好。关键待回答的问题是:如果瑟尔制药类似的分子无法透过血脑屏障,福泰的药物就能

---

\* 专利申请后有一段公示期,专利文本将向社会公开,之后才会开始实质审查,进而决定是否授予专利权。——译者

\*\* 安东尼·福奇,在2020年的新型冠状病毒肺炎大流行中作为白宫的科学顾问而为国人熟知。——译者

进入中枢神经系统吗？它会导致过敏反应吗？毕竟VX-478含有一些类似抗菌药磺胺甲噁唑的基团,有些人对这种药严重过敏。国立卫生研究院的抗艾滋病药物评估专家卡尔·迪芬巴赫博士对记者打趣说:"我觉得他们的专利可没他们自己想的那么有保障。"

博格早就料到了这些问题,尤其是最后一个,并且有了对策。在尽职调查中,宝来惠康已经确信福泰的专利没问题,而且他们的专利律师在长达10年的AZT纠纷中战无不胜,将是福泰的坚实后盾。11月,在与华尔街分析师的电话会议中,瑟尔制药宣布他们将停止开发他们的蛋白酶抑制剂。两项临床试验都没有显示出他们的化合物有抗病毒活性,瑟尔制药的研究人员认为,他们的化合物在血液中被某种蛋白质吸附,然后被肝脏清除了。博格很欣慰地得知这只是瑟尔的问题,也庆幸专利威胁突然消失了。

❖

慕克思考的境界从不局限于手头的问题。有了赖斯提供的基因材料之后,主要的科学挑战就是去研究丙肝病毒蛋白酶如何工作以及如何阻断它。但慕克有其他更接近博格目标的问题:如何在不知道蛋白结构的情况下评估一个新靶点,能否预测这个项目的难度,如何衡量投入明智与否?"目前我们要么是有了蛋白晶体,要么我们知道我们能率先得到它,才会启动项目,"慕克说,"但有时候没法按你想要的速度得到结构。如果能先有模型的话,你或许就不会轻易放弃这个项目,或者就能知道它可不像看起来那么简单。"

慕克大胆实验。虽然福泰目前没有岗位开放,但慕克发现一位名叫保罗·卡伦的哈佛博士后有着特殊的天赋,于是他为卡伦提供了个临时岗位。基因(即DNA序列)编码氨基酸序列,氨基酸长链折叠成螺旋、环、片层结构,进而形成蛋白质,卡伦一直在研究相近的基因序列产生的蛋白质是否有相似的结构。换句话说,如果有了靶点蛋白的基因序列,将其与基因序列相近的蛋白质比较,或许至少能**预测**活性位点的结构。卡伦也坐到了模型室的工作站前,他手边还有另一台电脑,便于他计算原子的电荷及相互距离。他将几种病毒和哺乳类的蛋白酶排列在一起,很快就发现别的蛋白酶上都有一个裂隙,结合位点深埋其中,而丙肝病毒的蛋白酶缺少这一结构。"(丙肝病毒蛋白酶的表面)就像保龄球一样,非常光滑,"他说,"别的蛋白酶都有大型环状氨基酸链形成的隧道,而丙肝病毒蛋白酶没有。"这个靶点将会比他们之前见过的都难对付。

福泰的科学顾问,哈佛的结构生物学家史蒂文·哈里森断然否定了这个模型,说真实情况不可能如此。其他人既困惑又怀疑。没人希望停止这个项目,但是慕克和卡伦认为,这个毫无着力点的活性位点将会是设计中的重大挑战,希望大家更现实点。"时间是主要的问题,拿到模型后我们问自己'要继续吗'。"卡伦回忆说,"一个分子量很大的抑制剂才有足够的结合能(与蛋白质结合),这不是件容易的事。我们说:'这和HIV不一样,这将是个长期而艰巨的项目。'"

汤姆森和他的蛋白质提纯小组也发现,丙肝病毒蛋白酶可能不像公司之前的靶点蛋白那样容易得到。"我们渐渐发现丙肝病毒蛋白酶跟HIV蛋白酶很不一样,"他说,"丙肝病毒通过一种有趣的新方式合成蛋白质,需要一个小的辅因子参与。丙肝病毒蛋白酶的机制很独特:不光相邻的两个结构域相互作用,还有第三个结构(即辅因子)对活化也很关键。那么抑制剂分子最后应该长什么样呢?这是个'鸡生蛋还是蛋生鸡'的问题:我们得不到蛋白质,也没有什么可靠的方法来检测我们**是否**得到了蛋白质。丙肝病毒蛋白酶的作用机制把地球上所有人都难住了。"

1995年,解析结构的压力越来越大。默沙东、罗氏、阿格隆(福泰在基于结构设计药物方法上的对手),还有其他许多公司都在这场竞赛中投入了大量的资源。与此同时,公共卫生官员认为,感染丙肝病毒的患者数量远超此前估计,可能是艾滋病患者的两倍之多。福泰生产蛋白质的计划受挫,陷进了一条死胡同:科学家们不知道他们得到了什么,也没有办法检测那些物质以决定下一步做什么。如果有一个可靠的检测方法,他们就有数百种方法改变条件以获得更多的蛋白质,但先决条件不成立。汤姆森称之为"黑暗时代"。

"所有人都有自己的重担,"实验主管生物物理学家特德·福克斯回忆,"项目工作组的成员尤其不好过。我们的科学家精力充沛、热情洋溢,但是一周又一周地被痛击。我记得当我们终于得到一点活性蛋白时——但量不是很多,可能只够做一次测试——乔舒亚说:'天哪,丙肝病毒不可能只靠这点蛋白质存活。你们得继续努力,得到更多蛋白质!'"

所有人都在想办法,但最后还是汤姆森打破了僵局。他请赖斯的课题组根据基因估算了蛋白酶两个作用域之间的距离,再请化学家合成了一段长度差不多的氨基酸链。化学家用一些由10—12个氨基酸组成的"扳手",做了个精致的"分子项链",这招奏效了。"我们改造细菌让它们生产蛋白质,然后收集蛋白质,再混入这些合成的肽。成了!我们得到了活性蛋白酶。"汤姆森说。

正如慕克所说,有些靶点蛋白比别的更难分离纯化。福克斯的小组自得到赖斯提供的基因后,花了两年时间才向晶体学家供应了首批一个汤姆森单位的丙肝病毒蛋白酶。

❖

1995年2月,VX-478终于进入临床试验,比博格向华尔街预告的晚了一年。Ⅰ期临床试验招募了18名艾滋病患者,测试了口服活性、药代动力学以及患者能否耐受药物——没有测试药物对HIV的效果。过了不到三周,监管部门允许了宝来惠康与葛兰素的合并,合并后的企业葛兰素威康将是全球最大的处方药制造商。之后14个月中,奥德里奇、福泰的重要外援——博格的哥哥肯·博格,还有葛兰素威康的律师一直试图说服瑟尔制药达成一个可行的专利和解方案。

"瑟尔的人呐,真是个混蛋,一点道理都不讲。但凭着这点,他最后斩获颇丰。"奥德里奇回忆说。谈判的早期,他和博格飞到芝加哥去见瑟尔制药的团队。有些药企在一些领域虽然已经停止进行研发,但依然野蛮地不断申请专利。博格从不掩饰他对这种做法的厌恶,嘲笑了瑟尔的马库什结构。瑟尔既没有合成磺胺类药物,也没有实验数据证明这类药物会有效。奥德里奇说福泰希望"解决这个问题,为患者提供重要的药物"。谈判拉锯了数月之久,直到葛兰素威康的律师们捅了个篓子。

4月时，博格收到了葛兰素威康的传真。"我记得我那时正在度假，在希尔顿黑德岛\*打高尔夫球，乔舒亚给我发了封电子邮件，说我们刚中了一发鱼雷。"奥德里奇回忆说，"乔舒亚看问题总是非常积极，对任何困难或者别人的科研都不屑一顾，但这次一定是个让他都震惊的问题。瑟尔是我们和葛兰素共同的问题。"

葛兰素威康的代表团来到福泰，告诉博格和奥德里奇福泰得停止VX-478的临床试验，因为他们搞不定专利问题。这会儿马上就能知晓药物是否有效，这个节点真是再糟糕不过了。"我们是家上市公司，HIV是主打项目，我们要掉进无底深渊了。"奥德里奇感慨道，"我说：'在接受现实前，让我们最后再试一下。'"瑟尔的强硬毫无道理：如果葛兰素威康和福泰停止了这个项目，他们什么也得不到。奥德里奇提议葛兰素威康和福泰合作：付给瑟尔制药2500万美元，再加上5%的专利费，换取瑟尔在HIV蛋白酶抑制剂上所有专利的独家授权。同时他们警告说，如果一周之内得不到回复，《纽约时报》可能就要报道他们因为与瑟尔的专利纠纷不得不关停一项重要临床试验的故事。"在比赛的最后时刻尝试绝杀对手"，奥德里奇这么评价这份提议。瑟尔制药接受了提议。

"不然我们可能会爆炸，我们会被烤煳，再也不能筹集到任何资金了，我们的股价会从14美元跌到2美元。那段时间真的很紧张，大家能看到乔舒亚和我都慌了。得知他们接受交易后的那个周五，我痛饮了好几杯。"

这个争议解决得相当及时。两周之后，在温哥华举行的1996年国际艾滋病大会上，一系列振奋人心的研究显示，合并使用抗反转录病毒药物和蛋白酶抑制剂能显著抑制HIV。自柏林会议的绝望的3年后，这种组合用药的"鸡尾酒疗法"似乎将艾滋病从死亡宣判转化为了可以控制的疾病。1995年，艾滋病疫情在美国达到了顶峰，超过5000人因病死亡。这半年内第一批上市的新药是

---

\* 美国南部一座度假小岛，以岛上的高尔夫球场闻名。——译者

罗氏的沙奎那韦(商品名Invirase),雅培的利托那韦(商品名Norvir),以及默沙东的茚地那韦(商品名佳息患)。那些曾经认为自己时日无多的患者突然间看到了希望。纽约、旧金山等城市的市中心不再是"群鬼之城"。但人们依然急需能被更好吸收、不良反应更少的药物。

福泰挺过了瑟尔带来的致命恐慌后,现在也在比赛中稳健前进。

在实验室中,丙肝病毒依旧在各个层面带来巨大的难题。最关键的一步就是要让活跃而形态松散的蛋白质固定,形成形态稳定的晶体。这一步需要将它们泡在合适的"母液"中。研究人员喜欢用人的性格来描述蛋白质分子,说它们"开心"或者"躁动"。有机分子有各自喜欢的环境,有的喜欢溶解在水中,有的喜欢溶解在有机溶剂中。科学家需要做的是,为蛋白质分子寻找一种如同掺了海洛因的羊水般的环境。但是加入的那段合成肽链导致了新的问题,研究组尝试了无数种条件,止步不前好几个月,期间他们不断听到传言说别的公司已经解析了蛋白酶的结构而且马上就要发表。

"那是个按下葫芦浮起瓢的麻烦,"福克斯解释说,"蛋白质需要亲水的环境,但是那段肽链在有机溶液中才开心,它不想进到水中。我们换了不同的溶剂、不同的缓冲液,想让肽链和蛋白质同时稳定,这个游戏进行了很久。最后,我们终于将这段肽链插入了蛋白质,然后蛋白质包裹住它,占据它的天然位点,让它和溶剂隔绝,之后就没问题了。这段时间的研究基本靠运气。"

1996年夏天,福泰终于获得了第一份可供进行X射线晶体衍射实验的丙肝病毒蛋白酶晶体。整个项目自皮蒂初次飞到圣路易斯去见赖斯算起已经整整过去了3年,耗费了数百万美元。几周之后他们得到了晶体结构。为了尽快将其发表,慕克、汤姆森、卡伦、金等许多人一起日夜赶稿。这篇文章被《细胞》(Cell)接受,并在10月发表。但让他们失望且难以置信的是,他们又一次不是唯一的胜利者。阿格隆制药也发表了丙肝病毒蛋白酶的结构,虽然他们的结构既没有辅因子,也几乎没有活性,但这仍然是个平局。

博格一般不想卷入"谁首先发现"的争论，因为他认为信息本身比谁发现了这个信息更重要。但当阿格隆的科学家宣称他们在终点线前追上福泰时，他坐不住了，回复了一封颇为挑衅的传真。"我这么写的：'首先，(仅获得蛋白晶体)还不是终点。其次，你们的蛋白质是**死的**。'"博格回忆说，"他们欺骗天真的科学媒体他们什么都有了，这让我很气愤。他们的蛋白质没有活性，他们不能用它做任何事！"

虽然并不清楚晶体结构能够给他们带来什么，但福泰再一次地在竞争中后来居上。卡伦的预测被证明是很准确的。丙肝蛋白酶的结合口袋宽阔、光滑，暴露在外，与HIV蛋白酶或ICE狭小深陷的结合位点完全不同。科学家们在屏幕上观察着这个结构，相互讨论设计抑制剂的困难，各种形象的比喻也诞生了：餐盘，航空母舰，在比萨上降落模型飞机……

"这个蛋白质，"博格冷冷地评论，"太不乖了。"

# 第三章

*1997年4月11日*

丙肝病毒还有另外两个有趣的靶点：解旋酶，一种能解开DNA螺旋的酶；聚合酶，能将新合成的DNA链缠绕起来的酶\*。先灵葆雅的病毒学家邝达仪在结构生物学界独领风骚，在解析解旋酶的工作中作出了重要贡献。但邝达仪并不开心，她正悄悄寻找下一份工作。她结束纪念斯隆-凯特琳癌症中心的博士后训练后加入了先灵葆雅的新泽西实验室。她工作时堪比汤姆森，时常在一间没有窗户的冷室中夜以继日地奋力冲锋。先灵葆雅最著名的产品是重磅炸弹级的抗过敏药开瑞坦（通用名氯雷他定）。他们还生产了第一种治疗丙肝的药物Intron A，这是一种干扰素，属于生物制剂。他们也重金投资基于结构设计丙肝药物，并大力宣传。

但邝达仪认为他们在做无用功，并在会议上质疑上司。在亚特兰大召开的第十届国际抗病毒研究大会上，她介绍了丙肝药物的研发。邓和汤姆森作为福泰的代表也参加了这次会议，他们听得特别感兴趣。当从邝达仪的手下那里听

---

\* 解旋酶也是NS3，NS3具有蛋白酶和解旋酶两种功能；聚合酶是NS5B。——译者

说这次会议之后,她就要考虑离开先灵葆雅时,他们立刻行动了。福泰至今都没有基于疾病设置研究组,因为福泰的组织是围绕蛋白靶点成立的,而非疾病。但是萨托难以忍受缓慢的丙肝药物研发,公司也急需优秀的生物学家,尤其是抗病毒专家。"邓和汤姆森找上我,他们说:'别接受其他的工作,你不能接受,你得先跟维姬谈谈。'"邝达仪回忆说,"我心想:'维姬是**谁**?'"

邝达仪乘火车到了波士顿,在福泰做了场报告。小小的会议厅挤满了人,后来的人只能站着听。会后,汤姆森、慕克、邓等项目组长与她共进午餐。邝达仪谈了她为什么想离职。"我希望能在一个团队中基于结构设计药物,但在先灵,一旦生物化学组加入后,我们就不能互相说话了。**忘掉**你想干的事吧。"她说,"此时其他人都放声大笑,笑到从椅子上滑下来,快笑死了,他们好像在说'这正是我们离开大药企的原因'。"

"当福泰发表丙肝病毒蛋白酶的结构时,先灵研究部门的头头们都傻眼了——他们没想到福泰能成功,而他们空有庞大的团队却没有做到。在大公司,当你干的是很重要的工作,副总们就会每个月不断地指手画脚。我们发一个PPT上去,他们发一个PPT下来,然后我们的项目就变了,我觉得这太荒谬了。所以当我听说福泰有这些项目团队,每个团队中都有不同背景的人时,我觉得'**这样才对**'。我希望福泰真的是这样,而他们果然是这样。"

邝达仪非常惊喜,但是她不动声色。从研发的角度来说,设计丙肝病毒蛋白酶抑制剂最主要的问题是没有清晰的路线。没有人能培养这种病毒,没有任何能用于研发的材料,也没有细胞水平的检测方式来评估化合物的活性。从管理学角度来说,没有清晰的指标,无法衡量工作进度,也就是说科学家需要时间与空间去探索新的方法——通过一次次的失败。但萨托心意已决,不想等赖斯或其他学者,或其他公司开发出可用的工具,福泰现在就要推进药物研发。

越是困难的项目,越能激发福泰的斗志。丙肝病毒激起了所有人的想象力,这将是首要任务。但另一方面,速度是福泰的要义,丙肝项目俨然成了一件费时费力的苦工,不断从其他项目抽取资金与科学家。哪怕没有中层管理层的施压，团队的压力依然日积月累。邝达仪认为不断的失败正是创新最好的指标，但数个月的徒劳让整个组织疲乏不堪。对博格的社会实验而言，这正是团队领导证明自己最好的时候（最好是用数据说话），但公司的目标与定位也得纳入考虑。

"项目的寿命都是按季度算的：'我们是否要终止这个项目，我们是否要继续这个项目？'"萨托回忆说，"福泰总以自己能快速获得候选化合物为傲，但截至今日，这个项目花费的时间已经超出好几个标准差了。此外，市场也不等人，每次季度计划会议都可能终止这个项目，因为没人为其付钱。最后还是靠着约翰独一无二的演讲拯救了它，他说丙肝就是为福泰量身订制的项目，如果我们解决不了，没有人能解决，我们应该做的就是更加努力，因此我们现在不能放弃。"

而要承担博格社会实验的结果，并随着福泰增加新的项目、涉足新的领域，将其塑造为成功研发引擎的是萨托。她在科学界颇有声望，组织技巧优雅而独特，擅长处理矛盾，能享受在企业做科研过山车般的天旋地转。萨托是一个日本移民家庭第三代的独女，她在芝加哥长大，在东海岸求学并最终任教于哈佛。她初次尝试管理是在百健，那时她有一支优秀的科研团队，但产品管线*上什么也没有。她巧妙地将有诺贝尔奖得主的顾问团、像汤姆森和慕克一样的独行侠，还有不少博士后拧成一股劲，维持他们的平衡，这或许是她最强大的天赋。制药界充满了过度自我膨胀的人，她凭着天赋在这样的世界中如同舞者般昂首挺胸，进退自如——事实上她真的能在40多岁的年纪找出时间去跳芭蕾舞。她说丙肝项目是"值得投入时间的事情"，投入的时间、努力与资金绝对会有回报。

萨托同意邓和汤姆森的意见，承认邝达仪"非常聪明"，福泰应该招募她来建立病毒学小组。"我们不能给她提供任何位置，因为我们从没有设立过任何位

---

\* 产品管线（pipeline），药企处于各个研发阶段的候选药物的总称。——译者

置。"萨托说,"所以我在想,'我能用什么吸引她,我得付出什么?'她需要一间生物安全三级实验室才能工作,而我们没有这样的实验室,也不知道能否获批建立这个级别的实验室。即使能,也需要一年半的时间。我告诉她,我们会造一间实验室。我说:'别担心,我们希望你过来,并且提供所有你需要的东西。'我的潜台词是:'我们什么都不知道,需要你来帮我们。我们也没有很多位置,但能尽量帮你招一些人。'"

邝达仪同意了,她在先灵葆雅的同事纷纷怀疑她的决定。离开世界利润最高、也是丙肝商业与科研领军者的药企,去一家没有成熟产品、项目仅有计划、研究缺乏设备、风险重重的生物制药公司,她考虑过坏处吗?邝达仪对自己说:"怎么能错过建立自己的研究组的机会?"她将自己与萨托的讨论告诉一名实验室成员时,那个人吓了一跳。"他问我:'她给你多少人?'我说:'我没有问。'如果萨托决定要做这事,问能有多少人就是很傻的。是她应该问我,对吧?我需要知道的是她怎么想,福泰怎么运作,他们是否真的想做这个项目?我们要被需求和问题驱动,而不是'因为你达到了这个级别,所以给你配2.5个员工'。"

从去年冬天到今年春天,奥德里奇都在销售丙肝项目,几乎和所有大药企都谈了个遍,但他们都决定自己开发丙肝药物。他还挤出时间去了趟日本——"死亡行军"是他最后一招。但所有的日本药企都认为,因为现在血液制品筛查已经实施,丙肝的流行很快就会过去。奥德里奇解释说,美国已经有400万患者了,全球则有6000万患者,如果他们活得够久,迟早会发展出严重的肝病,并最终因丙肝而死。但没人听他的。福泰愈发地需要达成一笔交易,这让奥德里奇觉得:"我们在理性的边缘游走。与罗氏、先灵等公司讨论时,我们的态度是:'我们有项目,有最好的团队,而且领先了。我们有资源和资金自己推进这个项目,但如果能找到个好伙伴,就可以进一步增加项目的价值。此外,无论如何我们都要求至少50%的美国市场。'我们的要求很多。"

奥德里奇曾在其他没那么成功的生物医药创业公司摸爬滚打多年，自福泰创立起就负责福泰的商业，清楚他们的资产与债务。他在这个快速全球化的时代中代表福泰，相信尖端科技将带来药物，他认为福泰的研究能力能支持博格对福泰目标的乐观。他也知道根据现金流评估，对生物制药的投资是"可笑的"——福泰可能没那么糟，但也没好到哪里去。奥德里奇的先人早在1630年就抵达了马萨诸塞州，定居在新英格兰地区，一直从事法律与银行业方面的工作。他看起来衣着随意，但其实是个严于律己的北方人。他迄今单身，拼了命似的工作，坚持去健身房，在大学餐厅吃饭，睡觉前才允许自己喝一口伏特加，再来一根烟。一线药企不感兴趣并不让他意外。"我们的要求其实很过分，毕竟我们真的什么也没有，没有临床候选化合物，只有一个研究项目，却要对方承担几乎所有的费用，最后还说：'虽然如此，我们还是要分一半的钱。'"

现在华尔街是互联网潮流的奴隶。人们曾希望基因组学能驱动生物医药行业的增长，但是多国政府拼凑起来的研究团队只能磕磕绊绊地缓慢解析人类的全基因组，只有最有耐心的投资者还在等待基因组学承诺的革命性药物，其他人早忘了这事。博格决意成为这场革命的先锋，但他不知道该怎么做，所以他加入了千禧制药（Millennium Pharmaceuticals）的董事会，这是一家基因测序创业公司。基因编码蛋白质，博格迫切地想知道即将到来的基因信息浪潮能如何帮助福泰更好地理解他们的蛋白靶点以及设计药物。

3月时，福泰以每股45.50美元的价格卖出350万股，筹集了1.57亿美元。"我们抓住了时机，"奥德里奇说，"那时股价最高，我们想卖的话很容易就卖出去了。"他们也开始与印第安纳波利斯的礼来制药更深入地讨论丙肝病毒蛋白酶的研究。礼来在抗病毒领域没有基础，但是他们科研部门的领导希望进入这个领域，而福泰的蛋白酶项目看起来是个不错的机会，礼来的实验室很快就对福泰充满了热情。

奥德里奇强硬的谈判态度进一步激发了他们的兴奋。药企的研发部门一般很有话语权，他知道礼来的科学家正督促商务部门达成交易。福泰商务拓展部门的负责人辞职了,因此奥德里奇亲自接手了这场"肉搏战"以促成合约。谈判非常激烈,他回忆说:"很多电话会议,每次大家说话都靠吼。"最后的结果是,礼来一次性付给福泰4000万美元,并且包揽之后所有研发费用,再入股1000万美元,承诺提供100人的销售团队,还要支付高昂的专利费。任何产出的新药将会印上双方的名字:礼来-福泰。

换句话说,福泰依靠一个没有候选分子的项目(这个项目在最好的情况下也需要许多年以及数亿美元的资金才能获得上市药物),换得了礼来在开发过程中的全力支持,而福泰最终还能得到总利润的30%—40%。代价则是招致了许多怨气,这是在所难免的悲剧。"他们要包揽一切费用,"奥德里奇说,"他们的商务人员恨死我们了,觉得自己被狠狠敲了一笔。我并不喜欢这样,这对我们不好。任何交易中,最好都不要有一方觉得'啊,我们终于完成了交易,这一页可以翻过去了,但我们不喜欢这笔交易'。"

6月初,邝达仪前往福泰时,先灵葆雅发表了丙肝病毒解旋酶的结构,击败了福泰、默沙东等药企。10天之后,在福泰和礼来宣布合作的同时,先灵葆雅也与另一家小生物制药公司科瓦思国际公司(Corvas International)签署协议,合作研发丙肝病毒蛋白酶抑制剂。

博格始终看向远方,他有着无限的乐观,鼓励并帮助大家跳出思维的惯性,超越能力的界限。他的同事认为,他和苹果公司的创始人史蒂夫·乔布斯(他这时重返苹果担任CEO)一样,拥有能扭曲现实的魔法,通过勇气、夸张、魅力、营销来说服他自己以及其他人,还有能做成一切事的坚韧。博格不是依靠专横与诡计将大家统一在他的思想下(如果有必要,他也能横眉怒目),而是依靠对自己不可动摇的信心。"我从没有作出过错误的选择,"他喜欢说,"(作出不好的选择)只是因为有不好的数据。"他的热情之所以这么有感召力,很大程度上是因为他相信最大、最难的问题就是最有趣的。为之利用所有的信息,然后全力以赴,将会率先发现答案,而且也非常有趣。

"在制药界，300个点子中有299个会失败，只有一个能达到终点。乔舒亚不是坐在那里，双手交叉，接受现状。"萨托说，"某种程度上，我觉得乔舒亚会说：'这**不能**是真的，如果这是真的，咱都别活了。'他对可行的计划有着强烈的直觉，并且自信能将事情办成。因为这些优点，他手下的年轻人可以更加勇敢地尝试——只要他们拿得出成果。比如对汤姆森来说没什么是太难的，只要你给他绳子，并告诉他为什么给他绳子……按照彼得·德鲁克*的话说……只要你能在大都会歌剧院高歌《托斯卡》（*Tosca*）并赢得满堂彩，再耍大牌也没关系，乔舒亚允许人们稍微有点疯狂。"

邝达仪第一次参加项目组会议就见识了博格的领导力：他不断提出各种用常规思路和常规方法无法实现的目标。"但这让人感觉很自由，"她说，"你知道你不能依靠渐进性改良，那不会有用的。"

博格勇敢地承受着巨大的风险，带领福泰一次又一次远超预期地达成目标，但即使是福泰也不能包揽全部工作——任何小型药企都不能。但他们的合作伙伴此时被制药界新生力量崛起、市场热点转移，以及市场份额的变动折腾得够呛，正挣扎着重组他们的研发部门以提高效率。克林顿在任期过半时不再威胁进行价格管制，制药界终于守住了美国最暴利行业的位置。他们赢下这场战役的关键是在电视上直接对顾客进行广告**。他们还利用监管的漏洞，瞄准药物获批的少数适应证以外更广大的市场，推销"适应证外用药"（off-label）。他们更大力地游说FDA批准一些"每日用药"的药物，比如辉瑞的万艾可（通用名枸橼酸西地那非，俗称伟哥），还有默沙东的保法止（前列腺药物保列治的低剂量版本，用于防止脱发），并劝说医疗保险为其买单。如果说大药企的挑战是在不断兼并拓展、增加利润的同时融合各个成员的文化，福泰的挑战就是要在紧张的财务情况下，从创始人的宏图壮志中摸索出创新的发展模式。

---

\* 彼得·德鲁克，管理学大师。——译者

\*\* 截至2021年，世界上只有美国和新西兰允许药企直接向普通消费者宣传处方药，美国放松对在电视上播放处方药广告的限制正是始于1997年。——译者

在葛兰素威康,福泰的抗艾滋病药物VX-478在合并后的动荡期无人关注,令福泰心焦。一般来说,在合并之后,买方总要试图吸收或重塑卖方。但是,葛兰素威康的重磅炸弹级药物——抗溃疡药善卫得(通用名盐酸雷尼替丁)的专利即将到期,他们可能会损失40%的收入,于是葛兰素威康决定利用这次机会重塑自己。他们请了一位人力资源专家,设计了一套覆盖全球、高度订制化的领导力变革与文化变革方案,以提高实验室效率,激活沉闷的管线,源源不断地产生新药。这个共计四期的"临床流程再设计"项目长达一年半。新公司继承了不少原来宝来惠康的科学家,这股势力股根深蒂固,顽固地支持核苷药物,持续在内部为蛋白酶药物带来阻力,而所谓的重组计划只是加剧了他们的懒惰,让VX-478进入市场的时间又延后了一年——而阿格隆制药在这年上市了世界第四款抗艾滋病药物。

"他们太没干劲了,整天客套地敷衍,真快把我们逼疯了!"博格回忆说,"我不知道(如果没合并)宝来惠康能干的怎么样,但不可能比葛兰素更糟,后者总是垂头丧气的。其他公司都在吹嘘他们的药物如何完美,这种影响哪怕再轻微,也会损害我们药物的完美图景,一下就让我们分子的价值打了个对折。他们怎么能是积极进取的反面,和福泰完全不同。我们**知道**得经常忽视美好图景上的划痕,而他们总是盯着这些损伤,陷入抑郁之中,什么也不干。"

凭借VX-478成为高利润药企的希望愈发渺茫,但福泰没有消沉,他们野心勃勃,在其他领域四处寻猎,他们最寄予希望的是ICE抑制剂,这是和法国药企鲁塞尔-于克勒夫(Roussel-Uclaf)合作研发的。炎症是各种慢性疼痛疾病的核心,随着免疫系统如何导致炎症的分子机制被更加深入地了解,抗炎药物再次成为制药界的圣杯。ICE是炎症的靶点之一,尚没有人证明针对这个靶点可以成药,但它拥有无限可能,而且合作伙伴非常积极,有着与福泰不相上下的热情与激情。福泰的ICE团队很快超过了默沙东等之前领先的团队,快速将化合物推向临床。

1997年底,福泰和鲁塞尔将VX-740选为临床候选化合物,这是一种可口服的小分子ICE抑制剂。VX-740是建模团队在1994年设计的一系列分子之一,设计这些分子只花了他们5周时间。而到了此时,最初与他们签订合约的鲁塞尔已经被德国制药巨头赫斯特收购,后者又收购了堪萨斯城的马里昂制药(Marion Merrell Dow),组成了赫斯特-马里昂-鲁塞尔制药,简称HMR。他们按照里程碑支付协定\*付给了福泰300万美元。VX-740开始进行动物实验,如果实验通过就能进入临床试验了。福泰高兴地发现鲁塞尔比之前更用心了。"每一项合作都有好处和坏处,但这次和鲁塞尔合作只有好处,而且格外地好。"萨托说,"抗炎症领域具有重要的战略意义,他们支持ICE的人在合并前后也一直关心着项目。"

1998年一整年间,VX-478向获得批准缓慢但持续地前进,VX-740快速进入临床试验,博格则保持着压力,开发更多的化合物,但丙肝项目依旧像以前一样令人痛苦不堪。此外,如果某家公司想全力研发丙肝药物,一大障碍就是凯龙制药昂贵而可怕的潜在专利诉讼,毕竟是这家位于加利福尼亚州北部的公司发现了丙肝病毒。凯龙制药采用了一种新颖而冒险的方法发现了病毒,但是他们自己没有药物研发计划。

自20世纪70年代这种"非甲型非乙型肝炎"被发现以来,许多实验室都试图寻找病原体,但是他们都无法在血液中找到抗体或者在实验室中繁殖病毒。凯龙制药另辟蹊径,从基因入手。迈克尔·霍顿和他的同事推测,如果能够克隆出病毒的一个或多个基因,或许就能够获取基因编码的病毒蛋白,进而得到针对蛋白质的抗体。这项研究进行了7年之久,他们将受感染的细胞的基因提取出来,让细菌摄取这些基因,这样细菌的基因组中就可能包含病毒的基因序列。他们再将其与已知的人类基因及细菌基因对比,试图识别哪些基因属于病毒。这种做法有如在干草堆中寻找一根小针,更糟的是你甚至不知道这针是什么样

---

\* 里程碑支付,即钱不是一次性到账,而是根据药物研发进程分阶段付款,比如药物完成药理实验付一部分,进入临床试验再付一部分。——译者

子的,只知道它局部的样子\*。当霍顿的课题组终于确信他们找到了所有的病毒蛋白并得到了科学界的认可之后,凯龙制药一口气注册了超过100项专利,占领了大片商业领土。任何想开发丙肝检测方法或者新药的公司都需要获得凯龙制药的专利授权,研发期间的授权费一般为数百万美元,等产品上市之后每年还要再交数百万美元的专利费。

福泰和礼来拒绝遵守凯龙制药的规矩。7月,凯龙制药正式起诉礼来和福泰专利侵权。"我们正盼着他们的起诉呢,"博格说,"我们不认为他们的专利有效,所以就没有侵权——我们不认为这是他们的专利。我得说,他们在这个领域很过分,人们积怨已久。除了福泰,还会有上百人认为凯龙制药**阻碍**了丙肝病毒的研究,这不符合专利法的宗旨。他们豪取强夺,将人们吓走,迫使付不起堪比勒索金的专利费的人离场。如果凯龙制药有自己的丙肝项目,哪怕我不认可他们的专利,我还是能理解他们。但是他们没有这样的项目,而是躺在专利上说:'帮助丙肝患者?我们连一根指头都懒得动一下,我们就希望你们老老实实交钱。'因此我很愤慨他们滥用专利制度。"

博格知道,愤懑是下风者最好的朋友。福泰在丙肝项目努力赶超。邓带领化学家们开发了新的化合物骨架和"弹头",即能搜寻蛋白酶活性位点并与之特异性结合的化学基团。邝达仪则和她的同事快速启动了聚合酶和解旋酶的项目。一个月之后,福泰和德国先灵制药(Schering A. G.)\*\*签署协议,共同开发一种神经再生药物,修复由神经疾病导致的损伤。这项协议将在5年内带给福泰2800万美元的收入,更有6000万美元的里程碑支付。10月,福泰和HMR宣布,开始为ICE的小分子口服抑制剂VX-740的首次临床试验招募病人。这个新化

---

\* 这项研究如此困难的原因在于丙肝病毒在血液中含量极低,这类问题在PCR技术出现后才较易解决。霍顿在寻找丙肝病毒时PCR技术尚未成熟和普及。——译者

\*\* 德国先灵制药和先灵葆雅的关系,与默克和默沙东的关系类似。先灵制药本是德国药企,在二战时美国分部被收归国有,后独立为先灵葆雅;德国的母公司即德国先灵制药,2006年与拜耳合并。——译者

合物是根据一个尚无人尝试但很有希望的靶点蛋白,逐个原子地精心设计而成的药物,有着完善的全球专利,福泰还将拥有美国市场的商业权益,这都是博格想要的。

❖

博格希望福泰在每个层面、每个功能中都创新。福泰开始宣传他们的抗艾滋病新药时,他们直接面向消费者的广告引起了关注。在他们的药物离获批还有一年的时候,海报已经遍布全国的市区了。他们不是购买广告展位,而是将海报直接贴在墙上。他们的海报贴在莉莉丝音乐节\*和李维斯牛仔裤的海报边上,大字写着"在疫情期间兜售希望很容易",还有"野心会比同情更早治愈艾滋病"。其中一则广告还借用了艾滋病权力解放联盟(ACT UP)的标志"沉默=死亡"。ACT UP是个好斗的患者组织,积极抗议AZT药物收费过高。他们的海报还展现了"艾滋病逝者纪念被单"(NAMES AIDS Memorial Quilt),这是艾滋病患者社群为纪念逝去者而制成的巨大纪念被单,上面缝绘了对死者的怀念。福泰的首席营销官巴特·亨德森解释,这些广告的目的是希望人们讨论"将药物开发推向新高度"的迫切性。相对的是,默沙东佳息患的广告平淡无奇,描绘了一位黑人攀上山峰,向下俯瞰的场景。标题是:"在抗击艾滋病的战斗中,视角会有所改变。"

博格不光要推销一种药物,更要将野心作为美德来宣传。彻底的变革(以及驱动这种变革的野心与坚韧)是福泰最重要的价值,博格希望向公众宣传一种理念:先进的药企和患者联手可以带来医药革命。随着药物即将上市,博格一边用游击战般的方法宣传福泰的理念,一边宣传他个人的野心:"**研发更好的药物,而且更快……成为下一个默沙东,但是更好。**"

1999年4月,道琼斯指数第一次达到10 000点两周后,FDA批准了葛兰素威康的VX-478上市。VX-478的通用名是氨普那韦,商品名是Agenerase。上

---

\* 莉莉丝音乐节(Lilith Fair),一个完全由女性音乐人演出的音乐节。——译者

市的剂型是含药量150毫克的口服软胶囊,成人剂量是一天两次。这是第一代艾滋蛋白酶抑制剂中第五个药物,也是最后一个,不良反应少,半衰期长,这是葛兰素威康可以利用的商业优势,因为接受鸡尾酒疗法的患者很需要更灵活的服药方式。他们原本一般服用3种药物,每天要吃30多片药,而且必须要在特定的时间吃:有的要空腹吃,有的要在饭后吃,有时候还得半夜爬起来吃。如果医生将VX-478配入药方,或许能提高患者的依从性。但VX-478也有问题:它是个大胶囊。奥德里奇第一次看到药物从腌黄瓜瓶大小的药瓶(装有4周的药量)中倒出时,他觉得自己很难吞下这粒胶囊*。葛兰素威康无法高效地将活性化合物和其他成分稳定地融合为一种药物,福泰决定去探索更小、更适合成药的化合物。

"我们最后就得到了这些给马吃的药,我们说:'好吧,虽然我们没有制剂专家,但我们会找到另一种哪怕你们的制剂专家也能处理的分子。'"博格回忆说,"明明我们的分子更好,然而他们就这么容忍自己在市场上被击败,太令我们失望了,比我想的最糟的情况还糟。我们应得的专利费也少了一半,但这不光是钱的事,更重要的是氨普那韦没有成为最好的药物,我们没能在业界面前证明我们的确设计出了最好的分子。"

但福泰几乎没有人陷入消沉。他们成立10年了,势头正盛。氨普那韦达不到预期只不过让他们多花点钱,少开展几个新项目,少招几个人。他们有足够的理由享受,比如召开一场盛大的宴会。

5月一个温暖的周六下午,公司上下近300人,再加上他们的配偶或恋人,在公司停车场集合,登上沿街的一列列巴士。巴士的车窗被纸挡上了,人们兴奋地猜测着神秘的目的地。巴士将他们带到了波士顿大穹顶(Boston Cyclorama),这是一座以砖石与钢铁为骨,以玻璃穹顶点睛的巨大圆形大厅。这座大

---

\* 口服药物中有效成分一般以毫克计,但是制剂过程中要因主药的性质加入各种辅料,成药后的重量和体积可能会很大。——译者

殿早在南北战争之后便落成，最初是为了陈列描绘葛底斯堡战役的全景画，现在则摆着棕榈盆栽，洋溢着欢快的音乐。服务员全部男扮女装，到午夜之前都没有吃的，只有酒。在此期间，有些宾客打了一架；播放了一位新锐纪录片导演拍摄的幽默短片，主演是博格和萨托；有些人甚至抽起了大麻。大部分来宾认为这是他们参加过的最好的宴会，但同时也是一次小小的人力资源混乱。许多人纷纷抱怨：初为父母的家长没法告诉家中照顾婴儿的人他们在哪——因为他们不知道；另一些人，尤其是来自其他国家的人，面对变装服务员时更是坐立不安。

奥德里奇觉得自己能陪着公司走这么久很是幸运。他为公司的账目带来了越来越多的利润——有些已经进账，有些还只是预期收益。公司财务状况稳健，有数个在研项目，形势一片大好。他们现在可以尽早停止很可能失败的项目，对科学和投资人更加坦诚一些，奥德里奇也不用去鼓吹并不是那么优质的候选化合物了。与此同时，越来越多的生物技术公司以惊人的速度烧钱，却只有令人失望的临床试验结果。看着日渐干瘪的钱包，他们只能顶着模糊不清甚至负面的数据，继续开发可疑的治疗方法。奥德里奇认为，这种绝望吹大了泡沫，只会让注定的失败更加惨烈。

奥德里奇总是同时拓展公司的临床研究和商业的疆土，此前与鲁塞尔谈判时，他保留了ICE药物在美国市场的所有权。但如今鲁塞尔已经被收购，新组成的HMR志在全球，肯定不能放弃美国市场，因此重新谈判会对大家都好。奥德里奇比较奇怪的是他还没从HMR那里听到什么消息，他觉得对面应该有人能意识到福泰在ICE项目中拥有美国市场。奥德里奇说：

> 他们还没有把所有事情串在一起，但最终他们想到了。他们的商务拓展部门资深副总裁给我发了封措辞文雅的传真，说HMR作为一家跨国企业，希望自己（在美国）销售产品。我回了一封信："我们对之前的合作很满意，也期待继续合作，没有问题。"我记得我把信放进传

真机里时说:"这会很有趣。"不到一个小时,我们得到了这样一封意识流的回信:"我们**一定**要这个,我们**一定**要那个!"他们完全疯了。

我们有很多杠杆可以撬动他们,把他们逼到谈判桌边缘。我们要求分享北美的市场,他们几乎受不了了,但还是坚持谈了很久。我们最后说:"还有另一种方法,但是**不便宜**:先付我们2000万美元,还要有里程碑支付,再为我们的销售团队买单,这样药物在北美就归你们卖了。"他们吓了一跳,但是他们更讨厌与别人分享市场。

律师会说,有钱一切问题都好办。福泰的商业,就像他们的科学,总能乘着机遇扶摇直上。VX-740是同类候选化合物中最好的,离上市还有3—5年的时间。奥德里奇为它争取到了现金,以及日后取得突破性进展并最终上市时的支持。生物科技创业者总是面临着类似的两难问题:你需要启动许多项目来盈利,但是为了启动项目你必须不断出让它们大部分的价值,直到你发明一种新药。在证明一种药物的概念切实可行之前,分子的价值只是人们的猜想,合约也是根据双方对外宣传的需求签订的。最终,奥德里奇一共争取到价值2亿零600万美元的合约,包括潜在的专利转让费和里程碑支付款,而福泰要为VX-740开发风湿性关节炎等3种适应证。不过这都是所谓的"生物制药空头支票"(BioBucks),是基于各种最佳预期都惊人地实现了的情况,因此只是个模糊的数字,不能太当真。

❖

与此同时,福泰还计划在另一条路径上开发治疗风湿性关节炎的药物:p38 MAPK(p38促分裂原活化的蛋白激酶,以下简称p38激酶)。近些年来,科学家发现激酶能调控细胞内分子的运输,指示细胞行使功能、生长、分化以及增殖。

---

\* 药物进入临床试验后,由于已经选定了化合物,研发的方向成了适应证,即研究这种药物能不能治疗某种疾病,每研发一种适应证都要新的临床试验、新的投资。——译者

激酶就像极其微小的信号灯，每秒变红变绿数十亿次，阻止或放行各种信息。激酶在人体中广泛存在，起到非常重要的作用，因此也与许多疾病息息相关。它们作为药物靶点既令人着迷，又令人生畏。多亏了生物创业家克雷格·文特尔和他的基因测序公司塞雷拉基因组公司（Celera Genomics），人类基因组的解析正加速冲向终点，在这个过程中也识别了大概500种激酶，各实验室争先恐后地研究这些激酶的功能——哪个激酶可能是哪种疾病的靶点，如何调控这种激酶？他们最常用的筛选工具简单有效：基因敲除小鼠。这种小鼠通过基因工程被剔除了特定基因，研究者得以直接观察缺失某种基因的影响。

p38激酶能激起一连串的分子活动，导致急性炎症或慢性炎症，在动物模型中抑制这种激酶能抑制风湿性关节炎和卒中的进展。1999年中期，福泰有了第一种p38激酶抑制剂——VX-745，并且开始了临床试验。福泰的进展超乎人们的预期，这不光是因为他们的研发快速而有效，更是因为他们在商战中占据了有利位置。他们在远东的合作伙伴又是橘生制药，双方曾在HIV项目中合作过。远东之外，世界上剩下的市场完全归福泰所有，这可能将是他们第一次推出属于他们自己的价值超过10亿美元的分子。

就像福泰从HIV项目中学习到了开发丙肝药物的经验，他们也希望p38激酶项目能带动更多的项目，生物学家迈克尔·苏正在研究其他蛋白激酶。制药界对激酶的成见和蛋白酶类似：它们难以被精确地抑制，难免会误伤同一家族及近缘的其他激酶，无法避免大量不良反应，因此激酶不是很好的药物靶点。但苏认为，p38激酶抑制剂的研发表明福泰可以挑战传统观念，福泰能将一类激酶及其已知亚型一起研究，逐个原子地描绘它们。现在对每种激酶的研究论文都有数百篇了，待到全基因组解析完成，科学、知识、竞争将会更进一步，激发更多的商业兴趣。

"我们那时候甚至觉得能搞定一整个基因家族，"慕克说，"按照福泰的风格，我们会想：'如果我们可以同时研究500种激酶，为什么一次就研究几个靶点？'"福泰看到了可能性。从逻辑上来说下一步应该如此，但这也是对研发规模与研发视角的艰巨挑战——即使对福泰来说也很艰巨。关键问题是如何将从一个靶点学到的知识举一反三。与此同时，人们并不清楚每个激酶在疾病过程中的作用——更不要说贸然抑制它们可能导致的混乱——因此激酶抑制剂存在很大的劣势，不是每个人都买账，但"试一下"从逻辑上讲很诱人，获得了很多的支持。慕克说：

> 另一方面我们也承认，"我们不知道激酶具体如何工作。不是每一种激酶都有相应的基因敲除小鼠，也没有很多可靠的细胞检测技术，激酶的生物学知识还很少"。我们每周在翻看最新的《自然》或《科学》时都做好准备，如果有哪篇文章说激酶X在风湿性关节炎中有作用，我们就不用从头开始干了。我们希望的情景是，"啊，虽然我没有激酶X的晶体结构，但有激酶Z的晶体结构，激酶X和激酶Z很像，我应该能从中获得一些信息。要是再有对另一种相似激酶W的抑制剂的话，我很可能会发现这种抑制剂在虚拟筛选中能与激酶X匹配"。这样我们就不用浪费一整年的时间克隆基因、表达并提纯蛋白质，再建立测试方法，我们能够立刻启动研究。我们能用一个化合物，哪怕只是一个工具化合物，验证《自然》上论文的正确性，确信激酶X的确在风湿性关节炎中有作用，而不用花费数年时间从头开始研发。

博格沉醉于无限的可能性中。从基于结构设计药物的角度来说，下一步应该是建立一个小分子药物研发平台。在即将到来的基因信息大爆炸时代中，博格希望福泰拥有最充分的信息，建立最有效的组织，并将其用于发现并理解新药靶点。博格将未来押注在一种新的范式上：基因组学与药物化学的结合。当时华尔街的互联网浪潮达到了巅峰，塞莱拉基因组公司、千禧制药、人类基因组科学公司（Human Genome Sciences）等基因测序公司的股票都在投机的狂热中被炒上巅峰。他们就像电子商务的鼻祖亚马逊、Priceline.com、eBay和Webvan在生物医药界的亲戚。Webvan更是在7月为狂热设立了新标准：仅依靠一份商业计划书，以及建立全国在线果蔬连锁店的市场调研，就在首次公开募股中筹集了高达2.75亿美元的资金。国际人类基因组联合会会长弗朗西斯·柯林斯博士大胆设想了后基因组时代中如何治愈疾病：临床医生会根据每个人的基因将疾病细分，并采用因人而异的治疗方法；会有根据基因设计的糖尿病药物、高血压药物、精神疾病药物，等等。

"人类基因组测序带来狂热和泡沫，而我说：'我们可不能错过这个机会。'"博格回忆说，"要知道，我亟须启动更多项目。"福泰这些年来一直在考虑如何展开他们的科研，除了业界通用的以疾病为中心开展研究，是否有其他的方法？博格相信有那么一天，人们能将各种疾病作为一个整体进行研究，不过从逐个原子地设计药物这个阶段，可能还不能一步跨越到解决癌症。博格志在让福泰在整个激酶谱序中重现VX-745的成功，他认为有一种组织形式**或许**能对在分子层面上的研究有帮助："我要针对靶点类型设计药物，并且成为这种策略的专家。我们的靶点不是根据疾病定义的，而是根据它们结构的相似性定义的。"

千禧年前夕，福泰重塑了他们的核心策略，他们将会围绕基因家族开发药物，萨托和慕克在一次头脑风暴中称其为"化学基因组学"。博格开始设想如何大幅跳跃，从一个靶点家族跳到另一个靶点家族，直到形成一种可持续发展、博采众长的商业化药物研发模式。一个周三早晨，他、奥德里奇还有萨托一起边吃面包圈边讨论计划。如果想启动化学基因组学，大规模筛选和识别新靶点，福泰需要在各个方向上大幅提高研究能力，萨托所掌握的公司资源将会快速膨胀。奥德里奇则在考虑如何为其筹款。这个大胆的扩张计划会让福泰背负沉重的烧钱压力，他们将会过于依赖金主——他们会"上钩"。

一旦氨普那韦获批，博格将成为那些可以宣称成功将药物从试验室带向临床的生物制药CEO之一。在制药界，过往的表现是未来盈利能力的重要指标。福泰将会是可靠的投资机会，尤其强过诸如千禧制药这样的公司。后者一年之前与拜耳签署了一项价值10亿美元的协议，但无非是用基因测序去研究225个新药靶点,包括心血管疾病、癌症、骨质疏松、疼痛、肝硬化、血液疾病、病毒感染等。博格认为,他也需要这么多钱来启动化学基因组学,而他应该很容易找到这笔钱——只要基因组学的幻觉还没有消散。

他开始寻找合适的"追求者"。丹尼尔·瓦塞拉是瑞士制药巨头诺华制药的主席与CEO,诺华是欧洲第三大制药公司,总部位于瑞士巴塞尔,一直是哮喘和糖尿病市场的领军者。7月以来,诺华沉浸在新型激酶抑制剂的成功之中,一款抗肿瘤药物的Ⅰ期临床试验数据显示,他们不光能改变患者的命运,更能改变癌症治疗本身。这个药物就是后来人们熟知的格列卫。54名患有慢性髓细胞性白血病这种致命血液癌症的患者,在接受高剂量治疗后,53人在数天之内明显好转,症状显著缓解\*。格列卫是第一款高度专一、非细胞毒性的抗癌药物。诺华的成功引来了潮水般的竞争者,而瓦塞拉誓在守住并征服更多的市场。

诺华当时正在剑桥市麻省理工学院的科技园区内建立新的研究中心,瓦塞拉在视察时找上了博格。"他说我们可以聊聊……**生命**,"博格说,"他想收购我们,但没有出价,因为不同于收购一家有产品的公司,他知道不能强行收购一个创意团队。对有才华的人你不能来硬的。他知道要讨好我们。不过我也不觉得我们被收购后会有未来。这不是丹尼尔的作风,他向来很强硬,但是听人劝。"

博格描绘了福泰化学基因组学的愿景,瓦塞拉立刻从中看到了诺华的机会。博格说,他们同意"一起做点大事"。"但我和奥德里奇也知道这种大生意最后往往都是以收购结束——我们将过于依赖他们。我觉得这也是瓦塞拉的心思:'你们不想被收购?没关系,我给你们建座大房子,你们自己就会搬进来了。'我知道很快又得继续谈生意:得从别的家族再找些合作者,不然就会被诺华俘虏。"

---

\* 格列卫,通用名甲磺酸伊马替尼,电影《我不是药神》中的故事即围绕这款药物展开。Ⅰ期临床试验一般是测试健康受试者对药物的耐受性。但在癌症等重症领域,Ⅰ期临床试验可能会纳入患者。格列卫在测试药物安全性的Ⅰ期临床试验中就表现出显著的疗效,因此被誉为"神药"。——译者

2000年2月,诺华的高级代表团抵达了福泰的总部——华盛顿堡研发中心,他们要评估福泰,看看他们能用上什么。这次持续全天的会议在东-西会议室进行,这是这座建筑中最大的会议室。这座建筑曾经是一处货车仓库,很长,屋顶很低,通风很好,各处见缝插针地安排着实验室和办公室,大家需要共享走廊。博格、萨托、奥德里奇、慕克等人轮番做了3个小时的演讲。"我们的任务,"慕克说,"是让他们看看我们考虑得多么周全且深入。"最后,诺华研发主管阿吉里斯·卡拉贝拉斯博士宣布他支持交易。

"卡拉贝拉斯支持我们,"慕克回忆,"他说:'很好,这正是我们需要的。'问题是诺华的全球药物发现主管也在,他可不开心。基本上,我们就是这么定位这个交易的:'你们诺华的人不用管激酶了,我们会包办一切的。'你想想这种情况:你是巴塞尔的癌症研究员,并且缺乏幽默感。突然研发主管卡拉贝拉斯跟你说:'我们有个好消息,我们要和一家你可能没听说过的小公司福泰合作,他们会负责所有激酶的研发,你的激酶项目将被关闭,福泰会替你做了。'*而且我们相信这样的安排能行。我们在赌,**赌**他们的研发人员配合我们。"

一旦确定了要合作,各种谈判便积极展开。卡拉贝拉斯同意支付165位福泰科学家的工资,但是福泰没有地方让他们工作。因此科学家们经常打旱冰球的停车场现在立起了塔吊。福泰在3个月内,专门建起了一栋高4层、总面积接近3万平方米的实验楼。新楼被命名为华盛顿堡Ⅱ号楼,通过一条脐带般的空中走廊与主楼相连。奥德里奇以不寻常的手腕主持着谈判。在巴塞尔,诺华也视这次谈判为头等大事,瓦塞拉的办公室里高管络绎不绝。根据协议,福泰需要为几个选定的激酶发现8个候选化合物。诺华则会一次性支付1500万美元,之后6年内一共提供2亿美元的科研经费:真金白银,不是"生物制药空头支票"。他们还会再提供多达2亿美元的贷款以供福泰展开"验证概念式"临床试

---

\* 虽然格列卫作为化合物是由诺华的科学家合成的,但其作为抗癌药的早期研发则是在美国由布赖恩·德鲁克在学术界的实验室完成的,而且这个项目一直不被看好,因此诺华当时在激酶研究上并没有很大的优势。——译者

验,再加上3.7亿美元的专利转让费和里程碑支付,合约总计8亿美元——正好是当时最新、最权威的研究估计的研发并上市一款新药的费用。当这项合作在2000年5月公布时,福泰的股票飙升至每股50美元。

博格正好在华尔街大潮退去前赶上了浪头。到了4月,投资者们都惊呆了。亚马逊、eBay和雅虎在一个月内跌去了1/3的市值。全国各个城市死去的互联网公司横七竖八,标志着克林顿繁荣的终结。但是投资者依旧沉醉于基因药物将带来奇迹的塞壬女妖般的歌声中,生物技术股票因此继续维持了几个月的高位。9月的第一个星期一,也就是美国的劳动节之后,福泰又通过销售可转换债券筹集了5亿美元。这种混合型债券每份定价92.26美元,在帮助公司筹集资金的同时,允许债券持有人一段时间后以预设的价格将债券转化为股票。奥德里奇预测生物技术的热度不会持续太久,资本很快也会退散。他很高兴他能在市场的大门关闭以前完成与诺华的交易以及债券销售,这样福泰就能支持数个即将开展的临床试验。但哪怕在这个丰收的季节里,他也一如既往地担忧,这次是担忧福泰的体量突然变得太庞大了。"我没有什么内幕消息,我只是觉得市场很疯狂。"奥德里奇说,"我很紧张,纳斯达克指数股的市盈率达到了250倍\*,互联网概念就像匹脱缰的野马,但基因组学从经济本质上说更加过分。"

福泰的股票在整个秋天继续疯涨,到了选举日(11月7日)他们的股价几乎翻了一倍,当日内曾短暂冲上每股100美元,最终以每股97美元收盘。福泰的不少科学家还有一些律师都热切地参与短线交易。福泰期权的价值不断攀升,他们也迫切地想在这大泡沫中弄潮浪头。博格知道他、奥德里奇还有萨托需要更多行政上的协助以及逐级汇报系统才能将诺华带来的大单转化为高效的药物发现。他将总裁的职务交给了萨托,自己保留CEO的职务。他认为与诺华的

---

\* 市盈率是公司股票市值与每股盈余的比例,反映了投资回报率。纳斯达克指数股的市盈率一般在20倍左右,即投资需要20年回本,平均年回报率为5%。市盈率过高说明股价被高估。——译者

交易完全是他的功劳,这个发展战略有创意到"几乎可以申请专利"。他相信福泰化学基因组学的下次合作会和这次交易类似,是自上而下的。他请奥德里奇继续担任首席商务官,但以后向维姬·萨托汇报。

与此同时,总统大选选情焦灼,全国上下都在关注佛罗里达州的重新计票。现任政府即将卸任,不想蹚浑水,因此乔治·布什(以下称小布什)与阿尔伯特·戈尔闹到了最高法院*。又一个漫长而昏暗的冬天降临波士顿了。奥德里奇在经历了11年每周工作80—100小时后,希望卖掉自己大部分的创始人股份(大概值3000万美元),然后买艘游艇,雇些船员,畅游在加勒比海上。他对博格新的组织方式哀怨不已,怀疑能否奏效,这或许对福泰是致命的。

到年底时,他真的离开了,既有个人原因也有工作原因。他自福泰建立就陪着福泰成长,与博格肩并肩地工作与出差。"乔舒亚是油门,"他经常这么说,"而我是刹车。"他认为他们的关系不仅非常成功,也对福泰的成长至关重要。当没有了财政约束后,博格的愿景与扭曲现实的能力蕴含着巨大的风险,尤其是对福泰的员工以及投资者而言,这可不仅是傲慢或者虚假的希望。奥德里奇知道他没法忍受束手束脚地管理公司,这是自瑟尔制药的麻烦之后他第一次觉得福泰的未来面临严重威胁。但这一次的威胁不是来自凶猛的竞争者,而是博格出于科学傲慢的双倍下注。

"乔舒亚想围绕科学重新组织领导部门,于是让维姬担任公司总裁,那么我似乎应该离开了,但我觉得这对福泰并不是什么好事。我对维姬敬重有加,但说实话我不觉得我能够在她手下做事。而且我相信别人也都是这么认为的,除了乔舒亚。"

---

\* 2000年美国大选时,小布什与戈尔在佛罗里达州的选票数极为接近,双方都试图使计票方式对自己更有利,为此上诉至最高法院。——译者

# 第四章

2001年1月22日

小布什在一个寒风刺骨的日子就任了。两天后，FDA批准了先灵葆雅治疗慢性丙肝的药物佩乐能（通用名聚乙二醇干扰素α-2b）。这是一种经基因改造的α干扰素，是第一款每周仅需注射一次的长效干扰素，这种生物制剂能帮助健康的人体细胞抵御病毒侵染。在一项纳入超过1000名患者的研究中，相较于使用已经上市10年的初代α干扰素Intro A的患者，使用佩乐能的患者治愈率在48周内提高了一倍，达到了24%。此外初代α干扰素药效较短，每周要注射三次。不过，超过一半的佩乐能受试者出现了类似流感的症状：疲惫、发热、流汗、寒颤，肌肉酸痛，1/3的受试者觉得抑郁。罗氏也提交了长效干扰素派罗欣（通用名聚乙二醇干扰素α-2a）的申请，而且也像先灵葆雅一样，开展将自己的药物与第二代广谱抗病毒药物利巴韦林联合用药的研究。双方剑拔弩张。

在与礼来的合作中，福泰发现一般的策略可对付不了丙肝。传统药物发现总是由筛选开始，即测试大量化合物的生物活性。大部分筛选的设计目标是从化合物库中检出大约1%的活性化合物，但是福泰和礼来设计了一个极其敏感的测试,能测得任何可能有活性的化合物。"礼来针对丙肝病毒蛋白酶筛选了他们所有的化合物,但是无一命中。"博格说,"虽然没有检出任何活性化合物,但这个试验并非一无所获,它强有力地证明,哪怕是像礼来这么大的药企,除了设计以外也别无他法。"

但药物设计不是单纯设计一个能阻断蛋白酶的分子,化学家与建模师设计的分子需要满足抗感染药物繁多的约束,直接抗病毒药物的要求尤为严苛,因此这类药物很难开发。核心难题在于耐药性:病毒繁殖速度极快,能在很短的时间内产生足以逃脱威胁的变异。药物化学家是分子的魔术师,他们能将分子上的一些基团替换掉,这样靶点就会优先与这些分子结合,而非与它们的天然底物结合。但是他们要遵从一些"终极原则":分子需要有"可成药"的特征——安全、可溶、稳定,这样才可能成为一款获批上市的药物。这个化合物最终要能制成一种高度纯化、能以毫克为单位精确称量的制剂*,提供给患者;同时,它还要能被安全稳定、便宜且有竞争力地按吨生产。

"为一个活性位点设计抑制剂有很多方法,其中之一就是涂上厚厚的胶水,"博格说,"你可以让化合物分子有一大堆基团,这样它们就能和靶点蛋白上的另一大堆基团结合。但问题是,如果你真的这样做,病毒的酶只要稍微变动一下结构,这个化合物就没用了。所以我们仔细研究了酶的动态结构,看看它能怎么变。提出正确的问题很关键,我们不是要去寻找一个抑制力最强的化合物,而是要研发一款病毒的酶最难对付的抑制剂——噢,顺便提一下,由于活性位点的性质,这个化合物可不能像沙子或砖头一样[难以溶解]。这是真正的难题,花了我们很长时间。"

福泰和礼来一直在失败。药物设计的另一项关键任务是确定它在体内应该在什么部位以什么浓度分布。对于大部分的药企和药物来说,经验之谈是这个分子应该足够小,溶解度足够高,可以在血液里循环,最后从尿液中排出。亲

---

\* 有些化合物极易受潮或者氧化,难以被精确地称量。——译者

脂的大分子会被吸附到脂肪上,然后从血液中被清除,富集到合成脂肪和吸收毒素的肝脏中。但没人确切知道丙肝病毒躲在哪儿。邝达仪进入项目一年之后,在参加一次肝病研讨会时灵光一闪:一位移植专家在幻灯片上比较了患者肝移植前后病毒 RNA 水平的变化,移植后下降很显著。"那时候大家对病毒在哪儿复制还有很多争议。"她回忆说,"(我脑子里)**轰隆一声**:啊,天呐,我不知道病毒在不在别处复制,但至少肯定在肝里复制。回来后我对团队说:'我们需要把药物靶向到肝。'"

礼来一开始对这个主意并不热心,还很抵制。他们的企业文化向来保守狭隘、谨遵传统。但与此同时,他们也悔恨最近另一项抗病毒合作的失败。礼来曾赞助了阿格隆的抗艾滋病项目,但他们后来不想开发那个分子并选择退出。于是阿格隆转而和日本烟草合作,拿回了全球商业权,并最终研发出一款价值10亿美元的药物。邓和福泰的科学家在与礼来的同行们讨论时,发现他们在根本目标上存在巨大的分歧,他们甚至对理应共同开发的分子的类药性的理解都存在差异。"其中一个问题是,这个病毒是否只在肝中复制,还是在其他部位也能繁殖,并在那里获得了耐药性?"邓回忆说,"我们和礼来在这个问题上争议极大,他们固执地认为血液中药物浓度必须足够高。"

礼来对类药分子的认识受已知药物的局限,当时的药物不过与体内大约500种蛋白质相互作用。大药企都很依赖从这些药物中得到的统计规律来筛选他们的先导化合物,但是这些所谓规律有些极端,只能选出小的、溶解性好的、"表现好的"分子。邓、汤姆森、慕克还有福泰的药代动力学主任普拉温·查图维迪经过一番叩问灵魂的思索,研发了一些非常规的化合物。"礼来用一个再普通不过,谁都会用的算法来反对我们,但这个算法基本只能用于已知的药物,"汤姆森说,"它能很好地评估将多种现有药物重组在一起效果如何,但不能发明新药。换句话说,礼来的人认为他们的新马油光水滑,马车宽敞结实,所以就比我们的法拉利跑车好太多了,只是因为他们不了解法拉利背后的高科技!"

处于漩涡中心的维姬·萨托坚持合作的重心应该是开发能靶向肝脏的分

子,毕竟丙肝病毒导致肝的疾病。更关键的是,福泰需要修改合约中的条款,才能研发相应的动物模型,以在肝中检测化合物能否抑制病毒。邓回忆说:"维姬像往常一样,让他们知道谁说了算。他们乖乖照做了。"礼来的团队早已对合作怨声载道,又给福泰的设计带来了新的岔子,他们的工艺化学家无法放大*最终选定的化合物,导致没有足够的药物供动物实验和临床试验。福泰的化学家戴宁格尔说:

> 他们的临床前开发人员抱怨:"我们做不了什么,这个分子没有一点能让人想说'对,这会是个很棒的药物'的亮点。"它太大了,太亲脂了,太像肽了,打破了所有的规律。

最终选定的化合物VX-950是由礼来的化学家基于福泰的设计改造而得,容易结晶,但是如同博格所说,"跟砖粉差不多",简直比大理石还难溶解。福泰没有自己的制剂团队,当他们对礼来的团队失去信心后,博格担心HIV项目的悲剧又要在丙肝项目中重演:哪怕在他们研究中取得了胜利,但由于合作伙伴没法把化合物制成一片人能吞下去的药片,最终的商业结果令人失望。他清楚地意识到这是个问题,却无能为力。

❖

在快速增长的高科技行业,大胆的拓张策略能让商务领导在公司内部获得罕见的控制力。作为总裁与CEO,博格在董事会几乎有着能获得金额自填的支票般的支持。最早的董事会成员大多加入更新的创业公司了,首位董事会主席,传奇的老本诺·施密特也退休了,他曾多年主持联邦政府"对癌症宣战"项目,也是最早的一批风险投资家。现在的董事会成员大多是后来招募的。

福泰的高管们现在向萨托汇报工作。其中汤姆森、慕克和邓因为在HIV项

---

\* 实验室中使用的合成设备和合成路线一般仅能获得毫克级的产物,放大就是开发大规模生产路线,使用工业设备,获得千克级、吨级的产物。——译者

目中表现突出,也最能适应博格安排的巨大挑战,被擢升为公司的三巨头。可以说,他们是福泰社会实验中的"活性化合物"。汤姆森成为总管研究部门的副总裁;慕克任首席技术官,兼任科学顾问委员会主席;邓也是副总裁,主管化学部门与化合物选择。在新的体系下,邓向汤姆森汇报。慕克的团队不大,但依然直接向萨托汇报,他们是公司的智库、先知、布道者。

博格狂热地宣传化学基因组学,他说这是业界的未来,就差说它是能解决大药企一切弊病的万灵药了。福泰上市了氨普那韦,有8个药物在临床试验中,之后12个月中有望开发出5—7个早期候选化合物。博格对投资人说,到2005年,福泰能以每年2种或3种新药的速度向FDA递交上市申请。他还强调,这个数字将会是诺华和法国药企安万特(Aventis)的两倍,后者由福泰在ICE项目中的伙伴HMR重组而成。这是非常大胆的宣称,既需要在临床试验中获得清晰有力的证据,也需要公司许多尚未成立的部门干净利落地执行任务。

这时候基因组学的泡沫已经和那些曾经红极一时的单产品生物技术公司一样,在万众瞩目中破裂了,大药企的研发部门也更加低迷。但博格富有感染力的布道竟然让公司的股价维持在每股40美元,是他们一年前的两倍。"我的目标是保持增长,收购辉瑞,而不是当个基因泰克就算了。"他在《商业周刊》(*Business Week*)上这么说。辉瑞是世界上最大最富有的药企,他们研发了万艾可,是制药史上销量增长最快的药物。辉瑞最近宣布他们2001年的研发投入将达到50亿美元。曾被寄予厚望的基因泰克作为生物技术公司的原型,在进入业界25年后依然没有任何"重磅炸弹",虽然最近他们开始销售两种突破性的抗癌药物。基因泰克科研实力强劲,公司文化接近学术界文化,备受赞誉。但他们同时也是"适应证外用药"销售的先锋,狂热地推销重组人生长激素。他们在业界成了激进营销与贩卖不切实际的希望的代名词,股价在泡沫时曾达到每股85美元,现在仅值20美元。

为了优化研究引擎,福泰希望收购一家公司,能为福泰日益增长的新靶点筛选大量化合物,然后再进行细胞测试,即进行"高通量筛选"。这种方法是基于结构设计药物的对立面：不需要精确认识分子，而是依靠先进的自动化、小型化技术，以及配套的专利技术，筛选活性化合物，加速药物发现。在信息技术以及基因组学的新时代里——也就是**信息基因组学**的新时代里——博格相信这两种方法可以共存。

很快，他们注意到了一家公司：圣迭戈的欧若拉生物技术公司（Aurora Biosciences Corporation）。这家公司的创始人之一是日后的诺贝尔奖得主钱永健，他们拥有业界领先的分析、筛选和细胞生物学技术。他们在多个领域研发新药，但是他们6000万的收益主要来自为超过15家大型生命科学公司和研究机构提供筛选服务，他们的管理层认为，与福泰合并有助于将他们从一家筛选公司进化为全面的新药研发公司。欧若拉的300位员工在一栋闪闪发亮的白色两层厂房中工作。这里位于一处荒草丛生的研发园区的悬崖上，向东可以望见环绕圣迭戈的高速公路，以及圣迭戈向北蔓延的市区。在他们的停车场，一位优秀的高尔夫球手可以借着圣安娜风（一种区域性的干热风），将摆在斜坡上的球，用3号木杆猛击一记，打进著名的多利松球场。

经过3个月的协商，福泰在5月1日宣布将通过股票以5.92亿美元收购欧若拉。"我们要尽可能地拿下地盘，"博格对《纽约时报》说，"这不是个我们能过20年再回来的领域，那时候好玩的都结束了。"被收购之后，欧若拉将作为福泰的全资子公司独立运作，除了和其他公司的合作需要福泰的批准，依旧保持了相当的独立性。欧若拉的董事会主席、总裁兼CEO斯图尔特·科林森也会进入福泰的董事会。

◆

协议宣布几天之后，博格和萨托一起复盘这次交易并处理遗留问题。最要紧的是欧若拉和囊性纤维化基金会（下文简称囊纤基金会）的合作。囊纤基金会是一家非营利患者组织，由囊性纤维化患儿的家长发起，此前与欧若拉签署了协议，为他们发现的4个有希望的蛋白靶点筛选药物。

囊性纤维化是美国最常见的致命遗传病，是一种折磨人的消耗性疾病，是患儿及其家长的噩梦。家长只能看着孩子每日饱受病痛折磨,希望渺茫地对抗着咳嗽、哮喘、呼吸道感染以及营养不良。最让人绝望的是,哪怕进行了肺移植,这些孩子大多还是会夭折。囊纤基金会正是因为这种深重的家庭悲剧而成立的。他们的成员是患儿的家长,是受过良好教育的社会活动者,也都受到命运或者说基因的摧残:患儿的两位家长都携带突变基因,他们自己本身不患病,但他们的结合能让后代得病。

囊纤基金会成立于1955年,那时候囊性纤维化患儿很少能活到青少年时期。基金会行事激进而果敢,是"风险慈善"的先驱。他们募集了将近6亿美元,投资于维持生命的先进治疗技术,促进了一项又一项新发明诞生。这些针对症状的治疗加起来几乎让患者的寿命涨了两倍,他们现在平均能活到30多岁了。但是依然没有药物能根治最根本的基因缺陷,这种缺陷让患者体内腔道与表面各处的细胞不断分泌黏稠的液体,堵塞胰腺、消化道,最致命的是,堵塞肺与呼吸道。

囊纤基金会总裁兼CEO鲍勃·比尔找到了钱永健,商讨寻找黏液累积的根本病因。其实他也找了其他人,但钱永健是唯一感兴趣的。千禧年的5月,他说服了比尔及梅琳达·盖茨基金会的主席老威廉·盖茨——也就是比尔·盖茨的父亲——为他们捐款2000万美元,然后向欧若拉承诺出资4700万美元,请他们在之后5年中筛选新的治疗靶点,这是史上非营利机构与营利机构签订的最大一笔合同。萨托计划第二天和比尔商谈项目的未来。比尔本身是位生物化学家,之前是国立卫生研究院内分泌部门的主任,曾主管大部分囊性纤维化的研究。他人脉广,善社交,与临床医生和高层人士联系紧密,还有一批热情坚定的赞助人。比尔戴着眼镜,留着一圈白发,古道热肠,急患者之所急,并坚定不移地要求他的合作者同样替患者着想。

一周之后,博格邀请他加入董事会。不同于与安万特在风湿性关节炎上的合作或者与礼来在丙肝上的合作,福泰和囊纤基金会并非天然的盟友,他们的合作也不是常规的商业模式。囊性纤维化、基金会,还有比尔,带来了大量问题,博格和萨托必须仔细考虑。他们很想把握住这个机会,也想用小分子去挑战遗传病——他们已经成功抑制一种正常的蛋白质了,但还没尝试过修复一种缺陷蛋白——不过也得算算经济账,而且这个账乍看可不妙。

他们有充分的理由将这个项目束之高阁。囊性纤维化在全美仅有3万名患者,在全球范围内也只有7万名患者。如果福泰要支持这种罕见疾病的临床试验,他们难免会错过其他"钱景"更好的机会,他们能够说服投资者吗?(囊性纤维化的受试患者非常稀少,几乎都被少数专家垄断,临床试验的成本高达每位患者10万美元。)囊纤基金会有自己的目标以及急迫地为患者带来新疗法的志向,他们能融入福泰的研究吗?比尔没有业界经验,他知道好的候选药物应该长什么样吗?哈佛商学院后来多次对福泰进行案例分析,其中一次萨托这么说:

> 欧若拉作为一家筛选公司,与囊纤基金会签订这样的合约很合理。但我们能否再签订一项对制药公司而言也同样合理的合约?我们已经有好几个市场潜力巨大的化合物在进行Ⅱ期临床试验了,与囊纤基金会合作是否会干扰我们的策略?问题的关键在于机会成本:如果我们专注于囊性纤维化,对市场潜力更大的药物我们是否会施展不开拳脚?另一件显而易见的事是,与欧若拉的合约还不足以支持一项真正的药物研发。

正当他们举棋不定时,博格的电话响了,是奥德里奇来电视贺合并。虽然奥德里奇离职了,但博格和他保持着友谊,他们继续分享波士顿红袜队的季票,时不时交换商业建议。奥德里奇支持加深与基金会的合作——如果囊纤基金会能提供差不多相当于福泰从一家企业那里能得到的钱,并且再支持一些福泰其他的早期项目。虽然囊性纤维化药物的市场不能说很大,但他力促博格维持这个项目。"与药企合作,"奥德里奇说,"我们经常在谁能得到多少药物的经济价值中拉锯,75%的谈判都是有关这些的,但和慈善机构合作你就不用考虑这些了。虽然华尔街会对你与一家大药企合作激动,但(与非营利机构合作)是一种更便宜的融资方法。"

虽然欧若拉的小团队斗志昂扬,但是在公司外部他们得不到认可,从医学上来说这个目标太过遥远,从投资上来说下游收益过于渺小。囊性纤维化只是比尔的玩具木马,在科学上和商业上都是个无底洞。学术研究在这个领域止步不前,福泰不得不自行研究几乎所有问题。而且这个领域本身就充满了失望。近10年前,人们一直期盼正常的囊性纤维化基因能够被递送到垂死患儿的肺、胰腺等器官中,让那里的细胞重焕活力,分泌正常蛋白质,替代有缺陷的蛋白质,从源头上解决疾病。基因疗法曾被人们寄予极高的希望,却由于第一批受试者中18岁的杰西·盖尔辛格死亡,所有相关试验在2000年时被叫停。

博格和萨托评估了最坏的情况。这类罕见的遗传病,尤其是单基因突变导致的遗传病,代表了一整类福泰和欧若拉觊觎的科学挑战。这类科学问题条理更清晰,更可能用高度专一化的研究解决。相比之下,癌症的问题大多非常混乱,很多因素都可能导致细胞癌变或者癌细胞转移。而且,在这种遗传病上获得的突破可能有助于攻克别的疾病;"我们总是忍不住想去尝试那些意义重大的科学挑战。"博格对哈佛商学院的采访者说,但归根结底,福泰有自己的底线,"坦诚地说,没有囊纤基金会的支持,福泰不会研究囊性纤维化。"

其他公司也不会,再有钱的公司也负担不起。

2001夏天在全球各地人们的记忆中只是一段平淡的时光,白日梦醒前的躁动。两个月来,新闻头条一直关注着一位加州议员与一起年轻女性失踪案之间千丝万缕的联系,再穿插东海岸鲨鱼袭击增多之类的杂闻。经历了被华尔街热捧的高科技泡沫破灭和充满争议的选举之后,美国的情绪——**怎么说呢**——仿佛宿醉一般,空虚、消沉。

8月,小布什总统在返回得克萨斯州西部的牧场休假前,宣布了关于利用人体胚胎干细胞的新政策,这也是小布什总统第一次在白宫的椭圆办公室向全国发表黄金时段演讲。他宣布,如果干细胞来自以生殖为目的的胚胎,且胚胎不再被需要,当捐赠人签署了知情同意书并在研究中没有相关利益时,联邦政府的资金可用于这类胚胎干细胞研究。小布什政府权衡了反堕胎力量的阻力以及许多性命攸关的研究对干细胞的急迫需求,尽管有许多妥协,他们还是谨慎地允许了干细胞研究,微微开启了通向崭新而又充满争议的生化研究之门。小布什的副手们齐声称赞这项决策英明,认为这预示这一届白宫政府将会是谦逊而克制的,毕竟此时半数国民还认为他是违法当选的。

医学博士约翰·阿拉姆现年39岁,身形修长,面部棱角分明,形貌引人注目,有着深色的皮肤与一头乌黑的直发,戴着无框眼镜。他是将福泰从一家科研导向的精品店(用博格的话说就是"创意社团")转型为处方药药厂的关键人物。阿拉姆是主管药物评估与申请的资深副总裁,全权负责临床前研究、临床试验以及药物注册:从毒理学实验,到决定药物的适应证及其剂量,再到向FDA或其他监管部门申请上市,他都一手操办。在博格和萨托身边沉沉浮浮的高级管理人员中,没有谁比阿拉姆有着更重的责任、更高的权限、更强的影响力。汤姆森手下更多,慕克对公司策略的影响力更大,但是阿拉姆是公司的代表,他参加董事会会议,和博格、萨托四处出行,让投资人相信福泰在实验室和临床都有着宏伟的志向,并且由能人掌舵。"每次出行都有乔舒亚和维姬,再带上几个高管,"阿拉姆说,"但如果只能带半个人,那肯定就是半个我。"

阿拉姆这个夏天专注于抗炎症化合物VX-745,这是福泰的p38激酶抑制剂。阿拉姆之前的东家是百健,在那里他是阿沃纳斯(Avonex)申请上市过程中唯一的医学博士。阿沃纳斯也是一种干扰素(干扰素β-1a),现在已经作为抗风湿性关节炎的生物制剂上市。对于生物制剂来说,获得了临床试验的批准后,才能去研究不同药物浓度下的药代动力学。生物制剂在人体内的种种效应——好的或坏的,想要或不想要的——都只会在患者身上显现。但小分子不同,你需要在给药之前就预测它们在体内的性质。"小分子药物开发更加理性,但也充满风险,"阿拉姆说,"你要关注毒理学、毒理学、毒理学。"

早在1999年,福泰刚宣布他们要开展VX-745的临床试验时,他们就知道这个药物会透过血脑屏障。血脑屏障是一种半透性的细胞屏障,仅允许少量物质进入脑组织。能透过血脑屏障本身不是什么大事。对大鼠、狗等实验动物,短期内给予10倍于常规治疗剂量的药物并不会显现什么不良反应。一项从1月开始,为期12周的Ⅱ期临床研究显示,患者经过治疗,风湿性关节炎症状减轻了,他们也能耐受药物,没有出现严重的中枢神经不良反应。目前福泰在等待外部研究机构的长期毒理学实验结果,阿拉姆也在准备向FDA申请扩大临床研究,博格则努力控制着他的期待。"所有人都知道我是怎么想的,"他说,"这将是我们的第一款激酶类药物,而且是独立于与诺华的协议的。我们让诺华为我们所有的激酶研究付钱,但是我们进展最快的药物不受这个协议的限制——怎么会有这样的好事?风湿性关节炎的早期临床结果显示它有效。我们正好也准备开始Ⅲ期临床试验——通过了这项试验药物就能上市了。这个药物有望在2006年上市,它将100%是我们的药物,在全球任何一个市场皆如此。"

8月时,阿拉姆得到了狗的长期实验结果。数据令人震惊,研究清晰地显示药物会导致不可逆转的器官损伤。实验动物不光出现了神经毒性的症状,而且有器质性损伤:脊髓束中的神经纤维退化了。"我说:'等一下,这还不是最终判决。'"他回忆说。

博格被报告震惊了,虽然他本来就知道并期待毒理学报告会带来些坏消息。因为狗的脑子"有点漏",它们的血脑屏障比别的动物(包括人类)都疏松。大部分仅在狗脑中导致神经毒性的药物已被证明对人是无害的,但实验结果依然提供了一些线索。如果药物可能对患者有任何问题,你最好早点知道,哪怕依据的指标出了名的不靠谱。"药物毒死了狗,"博格经常说,"狗害死了药物。"9月2日,博格、萨托还有阿拉姆回顾了所有的数据,决定不能让下一批患者服用药物,并停止临床试验。他们会告知FDA这项决定,同时提交所有数据。看了看日历后,他们决定在12日向董事会以及公众宣布这个决定。

博格说:"很难用狗大脑中的问题去预测药物在人身上会出现什么问题。

你不知道这会不会导致认知问题,因为狗不能说话。你知道的是,你打开狗的脑袋,看到的是它们的大脑不太好,但临床上可不能打开人的脑袋瞧瞧。这是我唯一一次真的无路可走。我们必须停止这个项目,真令人不快。"

当世贸大楼还在燃烧时,各界评论已经在说"9·11"袭击"改变了一切",但博格没有意识到这点。恐怖袭击之后的市场必将极为混乱,充满恐慌性甩卖。为了防止灾难性的损失,纽约股票交易所和纳斯达克暂时关闭,直到9月17日才重新开放,这是自1933年大萧条以来最长的闭市,福泰也将发布会推迟到24日。当市场重新开放时,当天股票指数下跌了7.1%,是历史上最大的当日内下挫。福泰的股价跌到了每股30美元以下,但损失不是很大。博格认为这个毒理问题是"极端的背运",但公司还在向前进,他们已经有了第二代不会透过血脑屏障的化合物。在福泰准备召开新闻发布会,宣布停止研究VX-745时,他依然精神抖擞,信心十足。

"在公司内部,我觉得没人会认为停止一项药物研究代表什么不好的事,"他说,"我反而认为这表明我们是可信的。我们之前说业界药物研发的成功率是0.3%,而我们能做到3%,那么我们就要接受这个概率,我们没说能提高到50%,也没说药物设计是能解决一切问题的万能钥匙,生物体依然有太多的不可预测性。"

萨托过去一年一直在寻找福泰急需的人才,最后她招募到了英俊而且胸怀壮志的年轻英裔侨民伊恩·史密斯担任公司的首席财务官。史密斯曾是会计巨头安永会计师事务所的合伙人,参与了收购欧若拉的审计。史密斯和奥德里奇的职责相仿:在福泰真的挣到钱之前,为博格日益增长的宏图壮志筹措资金。

萨托和博格决定请博格的哥哥肯·博格作为总法律顾问,哪怕这会引起些许质疑。肯·博格是全国性律师事务所柯克与洛克*的资深合伙人,他和他弟弟

---

\* 柯克与洛克,即现在的高盖茨律师事务所(K&L Gates)。——译者

长得很像,但是更宽厚更随和,在谈判中沉着而优雅。他曾参加过越战,后来从芝加哥大学获得MBA学位,又在波士顿学院获得法律学位。他能像会计师一样发现异常,像拳击手一样抓住弱点,像国家部长一样审时度势,总能深刻地洞察人性的弱点。早在1989年福泰成立之初,他就是福泰的法律顾问与谈判代表,在福泰的发展中扮演着导师的角色。他和史密斯本应在9月底入职,但萨托在23日打电话告诉他明天有关于VX-745的新闻发布会时,半认真半开玩笑地说:"我猜你明天还是愿意来的。"

为了给肯腾出位置,福泰之前最资深的公司律师已经辞职了。"我们的部门很小,"肯说,"乔舒亚和维姬作了一个我恐怕不会作的决定,那就是让首席专利顾问去为新闻发布会作总结。"安德鲁·马克斯是福泰那时级别最高的律师,主管专利事务,也负责评估福泰的成员在出售股票时是否符合证监会的要求。9月20日,他给博格写了封邮件:"我觉得在媒体发布会之前任何雇员的股票交易行为都可能带来麻烦,因为我们将要宣布的消息很可能会影响股价(看来我自己也不能卖任何股票了),根据影响的大小,可能会有内幕交易的嫌疑。"

第二天马克斯收到了新闻发布会的提要。这个节点可不好,那天他卖掉了福泰20 900股,均价22.81美元,共赚了476 675美元。"安德鲁在我上任前那个周四知道了我们要在发布会上宣布终止VX-745项目,并且他还负责修改稿件,"肯回忆说,"哎,他非常热衷于短线交易,那时很多人都是那样的。他有个额度很大的保证金账户\*,福泰的股票也在那个账户中。他买的互联网概念股票都跌了,券商打电话告诉他:'我们得卖掉一些你的股票来平仓。'他卖掉了福泰的股票,而他那时已经知道了发布会的内容。"

下周一,福泰在开盘前宣布终止研发VX-745,开盘后股价跌了20%,跌到

---

\* 保证金账户(margin account),投资者存入一部分保证金,即可借用证券公司的钱进行股票交易,属于杠杆交易。但当股票价值低于保证金时,需要追缴保证金或者卖出股票偿还证券公司的钱。——译者

每股17.74美元，同时也引起了证监会的注意。证监会在某个公司股价剧烈波动时会关注其员工近期的交易行为，因此以内幕交易罪起诉了马克斯。马克斯认罪了，获刑一年零一天。圣迭戈、底特律、旧金山、波士顿和纽约等地的律师事务所内电话此起彼伏，诉讼律师们发现了一个证券诉讼的好机会，一齐向联邦法庭起诉福泰欺骗投资者。起诉书将博格、萨托、阿拉姆、慕克还有马克斯列为被告人，宣称他们早在发布会很久以前就知道VX-745的神经毒性却故意隐瞒，他们作出"虚假且具有误导性"的宣言，人为地刺激了股价。"通过拖延向公众宣布消息，"原告称，"不光让福泰得以从橘生制药那里得到VX-745的里程碑支付，更重要的是，维持了他们先进药物递送技术的神话，并让他们得以与其他制药公司签署合作协议，并最终收购了欧若拉。"

马克斯绝望的股票交易将博格和萨托在这两年中营造的完美公众形象，还有慕克在美国化学会做的有关预测性模型的演讲都付之一炬。这起诉讼更令一些福泰的长期投资者陷入沮丧：他们觉得受骗了，基于结构设计药物本应是风险重重，可博格却卖给了他们一只仅存在于传说中的奇美拉。慕克曾在邮件中这么写道："起诉书基本就是，'看看呐，你们这些自诩天才的福泰小子，自以为能预测**任何事**，还在国际科学会议上做讲座。你们占据了新闻头条，频频被引用，但你们却说**没料到**VX-745有毒。**这**就是你们想让我们相信的吗？'"

福泰宣布他们终止风湿性关节炎以及骨髓增生异常综合征（一种血液疾病）的临床试验一个月后，福泰的股价几乎涨回了9月初的价格，但是诉讼还是继续进行。与此同时，礼来同意为丙肝治疗开发VX-950。虽然这项合约几个月之后才会宣布，但博格早就向前看了，考虑下一步棋该如何走。他、萨托还有阿拉姆需要在一个下行的资本市场中重新配置资产。博格和慕克得知他们被起诉时，他俩正站在平时公司举办啤酒聚会的地方，望着马路对面的草地。当年乔治·华盛顿曾在此建立堡垒抵御英军，现在这里只是个不起眼的小公园。公园中央有一根高大的旗杆，旁边一座炮膛已被水泥封堵的古董加农炮炮口正对着保诚中心\*。和别的高楼大厦一样,这座摩天大楼看着怪异,却是个容易瞄准的目标。

慕克笑着说:"我们这下可干了票大的。"

"当你被起诉时,"博格点点头,"一定是你有所追求。"

博格曾形容一场投资会议就像"肉类市场"。对于小型、尚未盈利的生物制药公司的CEO们来说,每年1月第一周在旧金山威斯汀大酒店召开的J. P. 摩根健康产业大会也是这样。事实上,这是**最重要**的"肉类市场",在连续数日的展示与会议上,5000位生物技术公司的执行官和财务官一起吃饭喝酒、闲谈交流、勾肩搭背、相互较量。有着热门故事的或者公司正被热捧的CEO走过人头攒动的走廊时,必定会有一群人挤过来,递出他们印着多国语言的名片。

因此在这里宣布一个临床候选化合物很少能获得太多关注。蛋白酶抑制剂革命性地改变艾滋病治疗已经6年了,人们一度期望蛋白酶抑制剂在丙肝治疗中也能再创辉煌,但随着丙肝研究驻足不前、相关公司鲜有突破,希望日渐消逝。丙肝治疗很难在大会上引起兴趣,这有点像1993年柏林艾滋病大会,那时所有抗艾滋病新疗法的希望都破灭了,业界一片哀嚎。

因此,当2002年初博格常规性地宣布福泰和礼来选定VX-950作为丙肝的蛋白酶抑制剂进行开发,而且福泰还从礼来那里获得了500万美元的里程碑支付时,《时代》(*Times*)杂志只用了很小的版面报道此事。博格谨慎地强调临床试验最早在2003年才能开展,而在此之前他们还要做更多的动物实验。VX-950离成为一种能口服的小药片还早,更不要说成为对抗丙肝的希望,但现在整个领域充满了悲观情绪,其他药企都没有宣布临床候选化合物,因此这的确是一件值得炫耀的事:目前的治疗方案对一种严重的流行病既无效副作用还强,各

---

\* 保诚中心(Prudential Center),建成于1964年,高228米,是波士顿第二高楼,当地人简称其为"Pru"。——译者

大药企相应管线均空空如也，一家头部上市公司在此时挺身而出，担当重任。博格用一个新鲜的比喻形容了对抗丙肝病毒的科研挑战和风险，令听众大感兴趣。

"如果说开发HIV蛋白酶抑制剂是在洞窟中安置炸弹，那么开发丙肝病毒蛋白酶抑制剂则需要在陡峭的岩壁上攀登，"他说，"在我将近25年的业界生涯中，这是我遇到的最具挑战性的药物设计难题。"

福泰目前已经成功设计了两款蛋白酶抑制剂，如果把相对容易的氨普那韦改进也算进去的话就是三款，改进后的药物就是葛兰素\*的呋山那韦（商品名Lexiva），是氨普那韦的磷酸酯化前药，不久之后即获批上市。如果再把普那卡生算进去的话就是四款。普那卡生是准备上市的VX-740的通用名，就是那个与安万特合作的ICE抑制剂，已经在欧洲近300名患者中试验能否缓解他们的重症关节炎。博格可以预见福泰要继续扩张了，他们开始认真地与葛兰素商谈人体那超过500种的蛋白酶。不过葛兰素不太可能是这个宏伟计划的合作者，他们最近的情况可不太好。他们手握几个强效药物，但还是失去了艾滋病市场的主导力，不过他们的研发和商务人员依然被福泰的计划吸引。如果合作的话，福泰会先拿到一笔钱，博格说只要支票能兑付，这不是什么大事。

在华尔街的眼中，福泰是少数几家不但挺过了生物技术泡沫，还活力十足的创业公司。他们的临床项目和账上的现金都很充足，足以应对商业上的意外的挫败。他们的股价几乎涨到了每股30美元，但是在4月时又跌去了20%，这回是因为安万特宣布了普那卡生令人失望的临床结果。不过这次没人要起诉他们，毕竟抗炎症药物很难显著抑制症状。由于双方自合作伊始就充满热情，加之某些亚组（比如使用了最高剂量的亚组）中多达40%的患者有明显改善，两家公司决定继续合作。虽然普那卡生很难成药，但是它是有效果的。普那卡生

---

\* 2000年，葛兰素威康与史必克成合并，成为葛兰素史克（GSK）。由于该公司沿革较复杂，人物言谈中也只称"葛兰素"，为阅读简便起见，此处及下文不再区分葛兰素、葛兰素威康和葛兰素史克，均称"葛兰素"。——译者

可能无法阻止机体关节损伤,无法在业界赢得"可口服的恩利"的赞誉——恩利(通用名依那西普)是一种突破性的生物制剂,占有风湿性关节炎很大的市场,也正稳步获批更多的适应证——但普那卡生肯定会在未来带来更有趣的事情。但是这只能通过更多、更大、更长、更贵的临床试验来发现。

汤姆森曾经建立了福泰的研发机器,现在负责管理它。他在各处促进着效率,分配着职责,他形容自己的工作是"将问题清晰而有条理地呈现出来,并将解决方案整理为模板"。他要为正在两条轨道上——一条是"诺华轨道",另一条是其他事务——前进的福泰整理出些头绪。然后他还要找出礼来公司关键的决策人,说服他们VX-950是个值得开发的分子。他说:"我们把他们逼得太狠了,令他们紧张。"汤姆森工作时不抽烟了,他尽力收敛自己的野性,试图成为众人的表率。

萨托委任慕克全权处理福泰和欧若拉的融合,并请邓指导欧若拉如何寻找药物。双方对这种安排都很满意。慕克希望福泰继续挑战不可能,而不是局限于一种药物研发方法,哪怕是"分子设计"这种高级方法。邓依然对福泰夸张地鼓吹药物设计深表怀疑,也期待在剑桥市的实验基地之外尝试自己的理论。

邓和慕克会去圣迭戈工作几周,欧若拉的管理团队则会来波士顿以适应合并。第一位到访的是保罗·内古列斯库,他之前是欧若拉的研发主管,以后将为福泰全面主持那里的工作。内古列斯库性情温和,机智敏锐,意志坚定,热情洋溢,还很有耐心。他27岁时,刚完成生物物理学和免疫学的博士后训练,便加入了欧若拉。他对高通量筛选技术满怀信心,是欧若拉最初的5名员工之一,入职时的头衔是"生物学研究主管"。他这么介绍自己的工作:"就是说我是我自己的主管。"他决心"继续干下去,让合并成功"。他要为欧若拉建立完整的科研体系:要建立药代动力学、药理学和药物化学等部门,以便继续开发从欧若拉"搞细胞的"那里获得的活性化合物。

内古列斯库将向马克·慕克汇报。"我们有很多项目,但大多数还处于非常初步的阶段,马克指导我们挑选这些项目。"他回忆说,"对于我们相处交流的那些日子,我记得最清楚的就是,不管他来的目的或者主题是什么,都能带来一种'我们能做出些成果'的气氛,我觉得这是马克的天赋。他是那种认为'杯子里还有半杯水'的人,这样的乐观精神无比重要。他只要过来,然后说'我相信你们',就提供了无比重要的支持和信心。"

囊性纤维化的病因是细胞的离子通道出了问题,而为离子通道筛选药物正是欧若拉开发的几种筛选方法之一。弗朗西斯·柯林斯(作为共同领导者)的团队在1989年识别了导致囊性纤维化的基因*,人们之后对这个基因的作用作出了种种推测。研究者发现,这些基因编码囊性纤维化穿膜传导调节蛋白(CFTR)。如同这个名字描述的,CFTR是细胞表面一种多孔的蛋白质,能让离子或者分子进入蛋白质,不过这个名称并不能体现其功能。一开始科学家对这个蛋白质唯一所知的就是囊性纤维化患者体内的这种蛋白质有问题。不久之后,他们确认了CFTR调控氯离子和水进出细胞,这也印证了数个世纪以来民间医生的经验:他们会舔一舔婴儿,尝尝咸不咸,从而诊断疾病。

人们了解CFTR的功能以后,更觉得它是个可怕的靶点。为了绕开CFTR,欧若拉在与囊纤基金会最初的协议中也有搜寻其他靶点的计划,但是鲍勃·比尔和他的临床团队要求公司专注于CFTR这个疾病的命门。"我觉得鲍勃做得很对,"内古列斯库说,"他不是随便找一家研究囊性纤维化的公司,而是一定要找专注于CFTR的公司,为了**真正**治愈囊性纤维化患者。我们知道CFTR是关键的缺陷蛋白,还知道它是个离子通道蛋白,更知道它哪里出了问题,但是没人去想办法修复它,这令鲍勃很沮丧。其他人试图去激活别的离子通道,然后利用炎症反应来控制症状,或者试图去控制囊性纤维化患者肺部的细菌,但这些都治标不治本。"

药物研发中,激情的作用往往被低估。大药企研发部门的领导总是要求大

---

\* 该基因由团队中另一位领导者华人科学家徐立之的实验室识别。——译者

家按流程做事,用结果说话,他们相信这样的策略战无不胜:选择一个方法,严谨地遵循一切流程,你就能得到结果。但是比尔深信,只有能够触及CFTR的药物才能改变囊性纤维化患者的命运,这个信念一直鼓舞着欧若拉的士气,在福泰也渐渐产生影响力。

内古列斯库飞抵剑桥市,在科学顾问委员会面前陈述囊性纤维化项目的目标。慕克预计这个方法将会受到不小的阻力,提醒他做好心理准备。内古列斯库说欧若拉计划为两种主要的缺陷类型寻找药物。第一种是细胞表面的CFTR数量足够,但是这些通道开放时间过短,离子和水来不及通过,即"门控突变"。第二种更为常见的缺陷类型是,细胞表面的CFTR数量不够多,因为这些蛋白质没有正确地折叠。当内古列斯库说欧若拉正在寻找能激活缺陷蛋白、解决这两类问题的化合物时,一位科学顾问嘟囔道"科学幻想"。博格和萨托坐在最后,没说什么。

4月时,才思敏捷的微生物学家、策略专家埃里克·奥尔森接手了囊性纤维化项目。不同于邝达仪等人,他不是因为福泰能让他最好地工作而来到福泰,而是因为福泰和囊性纤维化似乎一起选择了他。他来自明尼苏达州,身材瘦削,一头金发,说话声音柔和。他先后在厄普约翰制药(Upjohn)和华纳-兰伯特制药(Warner-Lambert)研究了16年抗生素,后者最近被辉瑞收购。他同事的女儿患有囊性纤维化,他因此关心起这种病,他们一起研究如何控制假单胞菌,这是囊性纤维化患者肺部最容易感染的细菌。他住在密歇根州的安阿伯(也称安娜堡),去年开始找新的工作,在福泰寻找过领导项目的机会,萨托面试了他一个小时,他对福泰印象很好。与此同时,在合并前的欧若拉制药,保罗·内古列斯库也面试了他。当时他已经得到了礼来的工作机会,但听说礼来可能很快就会退出抗感染领域。

"我本来没想去欧若拉的,因为他们虽然擅长筛选,但不可能做出什么药来,"奥尔森回忆说,"但我又听说他们真的在着手解决这个问题,还跟我说'不用担心'。我其实挺担心的,但我相信保罗。几周之后,我在机场,正要去艾奥瓦州,突然看到新闻'福泰收购欧若拉'。我非常高兴,毕竟我本来也想去福泰。他们各持有拼图的一半,我相信双方一起能改变(囊性纤维化的)现状。"

奥尔森的团队开发了两种方法来测试CFTR的活性,都用到了高通量膜片钳分析技术。所谓膜片钳,就是将极其微小的电极吸附于细胞膜表面,分离出一小片细胞膜,记录其电流变化,测试离子通道开放和关闭的速度。研究人员监控两分钟内的电流情况,筛选能让发生门控突变的CFTR开放得更久的分子,即寻找"增效剂"。如果要寻找可能修复错误折叠的蛋白质、让更多CFTR抵达细胞表面的化合物,即"矫正剂",他们需要监控一晚上的电流情况,以给蛋白质充分的时间抵达细胞膜。欧若拉制药在筛选了成千上万的化合物后,在6月发现了第一个有效的增效剂。这个化合物药效不强,也没有专一性。它的有效性、安全性、是否容易制剂或是否容易生产更是未知,但是它证明了小分子可以增强CFTR的活性。

奥尔森、内古列斯库和囊性纤维化团队都认为发现活性化合物是个重要时刻,但是他们并不指望剑桥市的同事们对此同样欣喜,后者的确也没有很激动。有了活性化合物意味着项目能够真正启动,邓等人也提供了相应的帮助。但是作为经验丰富的药物研发专家,他们对这个活性化合物持怀疑态度。"他们帮我们做了所有应该做的,但我不清楚剑桥市那边态度如何,"奥尔森说,"我感觉他们的意思是:'既然钱大多是囊纤基金会出的,你们想做就继续做吧。'与此同时,他们继续推进所有的临床项目,但也没打算开启更多的新项目。"

"或许可以这样说,"他总结道,"没人说停。"

11月的第一周,第一届肝病年会(Liver Meeting)在波士顿后湾的约翰·伯纳德·海因斯退伍军人纪念会议中心举办。这个会议的前身是已经举办了半个世纪之久的美国肝病协会(AASLD)年会\*,前几年的主题都是肝硬化。今年会议

---

\* 第一届肝病年会即第五十三届美国肝病协会年会。——译者

主办方与波士顿用新名字为这个会议注册了商标,加大宣传力度,希望让这个会议能成为业内的重要会议——顺便推广一下会议中心华丽翻新的三层会议室。会议的主角不是福泰-礼来的VX-950,德国药企勃林格殷格翰(Boehringer Ingelheim)的化合物抢尽了风头。

勃林格殷格翰用4篇文章介绍了小分子丙肝病毒蛋白酶抑制剂BILN-2061的发现、安全性以及初步抗病毒试验结果。他们证明了福泰、先灵葆雅、罗氏、默沙东等一众公司这10年来一直宣称有信心做到(却没能做到)的事:用可以口服的小分子药物抑制丙肝病毒蛋白酶,显著减少患者体内的病毒数量。相较于服用安慰剂的对照组,服用药物的全部10名患者体内丙肝病毒的RNA含量在两天后仅剩不到1%。他们停止服药后,病毒RNA的数量回升了。

虽然在这场万众瞩目的竞赛中失去领先位置并不好受,但勃林格殷格翰证明了这个靶点可行,极大地振奋了萨托、邝达仪以及丙肝团队。他们知道,就像蛋白酶抑制剂在抗艾滋病中那么重要一样,第一家为数百万丙肝患者带来蛋白酶抑制剂的公司将会开启丙肝治疗的新时代。邝达仪的团队此时还没能开发出一种能模拟人类肝病的动物模型,更加落后了。包括邝达仪在内的许多人在进行"午夜科研":受福泰鼓励并支持的独立科研。

奥尔森之前听到的有关礼来的传言也成真了:经过了数年坎坷且不断关闭、重启的折腾,再加上错失阿格隆抗艾滋病药物的惨败,他们正式退出了抗感染领域,福泰在礼来的主要支持者也走了。接着礼来要求修订协议,让福泰承担验证概念性临床试验中更多的责任——以及费用。自奥德里奇强硬的谈判开始,到礼来内部普遍认为VX-950没法成药,整个项目始终颇受质疑。肝病年会几周后,礼来调整了他们的资产配置,停止了VX-950的研发。

不过既然勃林格殷格翰证实了丙肝病毒蛋白酶抑制剂是可行的,博格反倒觉得拿回分子的所有权更好更自由——如果他、萨托、阿拉姆等人之前为单独研发这个分子的费用和风险做了更充分的准备就好了。不谈昂贵的药理学试验和临床试验,VX-950本身就很难处理:每千克的造价高达250万美元。福泰知道这个分子可以被改进，但是不知道怎么改进，也不知道什么时候能够实现改进，或者它能被改进多少，前路漫漫。"对于我们如何改进这个化合物的合成和制剂，我们没有过度乐观，"汤姆森说，"但人们说：'就到现在为止，不要作更多的预测，我们现在就要知道这个项目能赢利。'项目还没有瓦解，但我们陷入了僵局，所以律师们就来插手帮忙了。"

投资人和分析师分析了礼来为放弃这个分子所签署的重组协议，没找到一点正面的信息。福泰为未来的销量付给了礼来一小笔专利费，换取了VX-950的全球所有权，形式上感谢了礼来的化学家，他们合成的这个分子现在完全属于福泰了。

"礼来最后的话是：'这不是对你们，或者对这个项目的否定。'他们说我们可以将他们的话照搬给投资者。"博格说，"但是他们的确表明了VX-950还不是个药物，还需要改进。如果我们不能生产它，将其制剂，它就永远不可能成为药物，只是个能够测试假设的化合物。"

# 第五章

*2003年1月6日*

生物医药界用行话将从业者与这个行业瘆人的现实隔离。比如疾病不是疾病，而是"市场机会"，简称"机会"。那些令人不适但并不足以致病的"症状"也是机会，比如勃起障碍、皱纹或者谢顶。最佳的词汇则是"价值"：价值衡量了产品对患者和社会的用途，也代表了利润，哪怕来得并不光彩。这样你就可以对投资者说"明年我们将会扩大在勃起障碍中的机会，大大增加我们商业的价值"，而不是说，"明年我们要卖数十亿片壮阳药"。

今年旧金山 J. P. 摩根健康产业大会期间，所有人的心思都在狂热的兼并与收购上。各家公司都在拓展产品管线、销售能力以及专利资产，将生物技术行业的兼并与收购推向了高潮。千禧制药此时已经从一家基因测序公司成长为正规的药企，在过去5年内收购了4家公司。博格在演讲中提到了这个趋势："福泰第一个十年过去了，我们需要在多个基因家族中升级研发引擎。与欧若拉的合并提高了我们的生产力，给予我们更稳健的现金流以及更强劲的技术优势。虽然这次交易稀释了福泰18%的股票，但公司开始盈利后，我们会提高市盈[率]，加倍挣回来。"

福泰什么时候能够盈利，或者说能否盈利，依然是个谜。但对于像博格这样的企业家，话从他们嘴里说出来，反而是公司在按部就班地迈向盈利，一切尽在掌握。他继续说："接下来的一年里，我们将会继续推进后期管线，尤其是VX-908的上市。"VX-908是氨普那韦的剂型改进，新的剂型是小药片，每天口服两次，已经由葛兰素向FDA递交了上市申请。博格暗自期待这个药物能让葛兰素在艾滋病领域更加积极，此时更多的玩家入场了，大家都在尝试新的联合用药方案。"我们也期待合作伙伴安万特开始我们的口服ICE抑制剂普那卡生的IIb期临床试验，测试其对风湿性关节炎的效果。"

他接着说："我们在2003年立下了颇具野心的开发目标，我们相信这有助于实现公司的长期商业策略。具体而言，今年我们要独立推进两个候选化合物的申请、上市与销售。与此同时，我们要在药物发现中保持高度活跃与创新，继续发现新的候选化合物，充实产品管线。此外，我们也要维持稳健的财务。"

博格没有提及他最忧虑的事：如何推进化学基因组学；如何推进与葛兰素正在进行的后期谈判，讨论如何研究第二个蛋白酶基因家族。此前与诺华的协议中，福泰需要展示他们随时能再雇用数百位科学家并令他们立刻投入工作的实力。他们租用了一栋6层的办公楼，总面积接近3万平方米，这个新的分部离肯德尔广场大约1公里，后者正是剑桥市生物技术产业集群的中心。等到这里投入使用，福泰烧钱的速度马上又会成倍地增长。博格的天赋之一就是让投资者们觉得，福泰能将充满了不确定性、永无止境地花钱、折磨人的药物开发转变为安全有序、理性可测的行为。

首席财务官史密斯的职责和能力则是抵抗博格扭曲现实的力场。如同他的前任奥德里奇所说，有些人得是"刹车"。史密斯现年36岁，身高超过1.8米，宽肩窄臀，身材健美。他容貌英俊，微笑迷人，发音铿锵有力，一年四季都保持着古铜色的皮肤，配上一头乌发，颇似著名演员休·杰克曼。史密斯管理着福泰的账目，密切关注着公司的金融压力，就像他曾经作为安永会计师事务所的合伙人审核别的公司账目那样。史密斯进入福泰的道路快速而不同寻常。他出生于英国，小时候住在曼彻斯特市贫民区一间酒吧的楼上，在学校里喜欢足球和板球。他对图形、图案和数字很敏感，因此在技术学校取得了商学学位。他不想回到好不容易逃脱的苦日子，因此考取了注册会计师。30岁时，他搬到了波士顿，并为锐步和史泰博的高管们提供扩张战略咨询，不久后成为安永会计师事务所的合伙人。

基于基因家族的高通量筛选技术实际用起来并不如说的那么好，但福泰坚持要走这条路，那么史密斯的任务就是去筹集并管理允许公司这么做所需的钱。他没有科学背景，但是曾作为外部经理参与千禧制药的4次收购。他并不完全赞同福泰收购欧若拉制药，很怀疑高通量平台这种商业模式能否持续。同奥德里奇一样，他知道大药企赞助生物技术行业的日子不多了，以基因家族为核心的模式目前仍然是个假设，还没有发现药物。博格夸张的宣称以及他有理有据的傲慢征服了许多投资者和分析师，史密斯的挑战是要设法控制住博格，并让华尔街相信，他正是博格为福泰的愿景注入信心时的最佳搭档。"和乔舒亚合作很有趣，"他回忆说，"我问他晚上为什么失眠，他说：'我们还没有做到我认为应该做到的事情。'我看着他说：'真的吗？'因为我更重视计划的可行性。"

开春时，博格的扩张战略搁浅了。福泰在肯德尔广场的新楼竣工了，这座建筑耗资4500万，有着陶土色的外观与玻璃幕墙，中央的天窗可以让自然光洒进楼内，还有观光电梯，仿佛是要与一旁健赞公司的总部在建筑学上一较高下。肯和律师们也将与葛兰素的蛋白酶协议推进到了最后一步。这个协议比与诺华的还大，尽管此时业界正对高科技的、以靶点为导向的提高生产力方案失去兴趣。

"谈判已经涉及所有细节，"博格回忆说，"但葛兰素的CEO还没有看过协议。当协议送到他的桌子上时，他把协议推开，然后说：'我觉得现在还不是签这个协议的时候。'那真是倒霉的一天，一切都完了。楼修好了，却无人入住，我们还得付租金。根据记账规则，我们得在损益表上记上一笔可怕的亏损。"

公司的账目相当难看,史密斯找上了博格和萨托。他们在生物技术泡沫破裂前发行的可转换债券现在快到期了。和这个行业里其他公司一样,福泰也损失了4/5的市值,但是依然在扩张,就好像这些损失与他们无关。必须放弃些东西了。他们仨都明白,博格在J. P.摩根健康产业大会上作出的承诺中,最重要且迫切的是将自己的药物快速推向市场,这是唯一能盈利的办法。但是,p38激酶抑制剂VX-745的失败以及普那卡生项目的不确定性,让这个目标显得实在太遥远。史密斯说福泰正处在"完美风暴"中,唯一的办法是重整资产,坚守阵地,挺过去。

"我们的研究没有成果,没有能用的分子,与诺华的合作举步维艰。"史密斯说,"损失太大,没有多少现金,短时间内不可能扭亏为盈,临床试验也失败了,账目上却有大约3亿美元的债。公司在所有层面上都非常困难:研究、发展、金融,啥都不行。我们需要放弃一些科研力量,我们需要收缩。"

福泰成立15年了,有850名员工,分布在4个办公区域中,还要在艾奥瓦州和英国的牛津市增加实验室。他们当下财年的研究经费是2亿美元(虽然还不到辉瑞的5%),预计今年的亏损在1.4亿—1.5亿美元。根据史密斯的计算,公司需要裁员15%,也就是110人左右。裁员对象集中在科研人员,毕竟一位全职科学家,算上薪水、奖金、实验器械和耗材,每年的平均成本为37.5万美元,但福泰的高管们之前从未裁过任何人。

汤姆森首当其冲。从一开始,他就反对化学基因组学。他认为,在没有找到一个同样对这个想法热衷的合作者之前,这种松散的、基于结构和靶点寻找病因及药物的方法,不太可能比业界惯用的以治疗领域为核心的方法更有效。像默沙东这样的公司,一旦决定专注于心血管疾病或者感染类疾病,他们就会将科研力量集中于疾病的生物学上。福泰对每一种已知的激酶都有很多的数据和信息,但是先导化合物很少,因为他们的生物学研究力量不够强。更糟糕的是,他们的计划得不到诺华的帮助。这一点也不奇怪,诺华的人对公司将他们的创意外包出去怨气十足。诺华的研发主管卡拉贝拉斯就打趣说："数据？最不缺的就是数据了，但是数据不是药物。"

汤姆森和他的团队建立了福泰承诺的工业化平台，但是这分散了他、科学家们以及公司整体科研的精力，让他们难以适应，难以维持。资深生物物理学家乔恩·穆尔还记得当时的快节奏：

> 我们在短时间内招募了很多人，因为我们需要人来做实验。每天一早，都有新化学家来应聘，到了午餐时，他们就能知道是否被录取了。如果有人做了个糟糕的报告，或者和我们不太合得来，我都不知道他能不能吃上午饭。我们同时关注那么多靶点，要为它们一一寻找活性化合物、先导化合物。我们还要合成蛋白质，分析、筛选它们，然后做化学修饰。我们建成了需要的组织，做了很多事却没做好什么事。结构生物学、生物化学、酶学都可以采用高通量筛选技术，但是在结构的世界中，这样做只能摘到那些低垂的果实。好做的科研做不长久，而更有趣、更具挑战性的靶点，总是更难做，事情就是这样的。

当萨托跟汤姆森说研究团队需要裁员20%时，他像往常一样，严谨、坚定、直率但伤感地面对他必须面对的困难。"作为福泰总部的研发主管，可不像在分部，这里可是有很大的'蛋糕'，你需要守口如瓶。"他说，"有时候你需要见机行事拿主意，有时候你又要多考虑考虑其他人。"汤姆森和经理们一起尝试在维持项目运作的前提下缩小实验室，他们选出那些福泰可以失去的科学家，根据对公司未来的影响拟出了裁员方案。"我们需要缩减成员，"他说，"为了保证项目运行，我们需要采取非对称的缩减，不能简单地裁掉那些最弱的人，还要考虑他们在项目中的作用。我们的决定要符合法律和道德，也要是经济的和科学的。我们还要考虑他们在福泰干了多久了。这样情绪化吗？不，这是道德与否的问题。"

有些员工夫妻双方都在福泰工作。汤姆森、穆尔等人觉得福泰对这些家庭至关重要,不能同时解雇两个人。4月,在伊拉克战争"震慑"空袭和"任务完成"演讲之间时,萨托在一个周六召开了会议,让所有向汤姆森汇报的人都参加,汤姆森介绍了他的方案。所有人都很激动,包括邝达仪,哪怕萨托保证不会裁掉她的人。大家激烈地自由辩论,实验室负责人和项目主管都拼命保护自己的科学家。周一时,要被裁掉的人被召集到东-西会议室,汤姆森对场面失去了控制,但依然承担责任。

"他们不知道为什么被叫到这里来,有一对夫妻坐在一起,紧张地看着彼此,特别显眼,而我要去对他们说'你们被裁员了',"他回忆说,"我得替公司干这脏活。"

福泰重组了研究部门后,汤姆森、穆尔等公司元老——用穆尔的话说——"迅速成熟了"。汤姆森明白了一向以人道主义自居的福泰,在有些情况下,和其他公司一样反复无常、毫无理性。福泰一直鼓吹例外主义\*,但当他发现福泰对那些曾经投身公司事业的人可没有什么不同时,他很沮丧,别人说他"青筋暴起"。而他也不是一直都守口如瓶。"我现在是个搅局者了。"他说,"创业之初我们需要搅局者,但现在,提醒大家'要有良心'不受欢迎。"

博格和萨托将在11月的第一周决定福泰会自己推进哪两个项目。同时推进两个项目是福泰的信念,也是他们承认对哪种药能获批并无把握,也没有特殊的偏好。福泰无力支持三个项目,而仅进行一个项目无异于将所有鸡蛋放在一个极其危险的篮子里。这个前所未有的重大选择将决定公司的命运。

像往常一样,他们进入了"求解最优化"的状态。博格社会实验的关键是决策过程。首先要尽可能多地听取意见以及收集数据,但决策本身绝对不是寻求共识,博格将最终拍板。在决策之前,他让事情处于待定的状态,直到他获得了

---

\* 美国政治思想之一,认为某个组织(尤其是美国)跟现有的所有组织都不同,因而自认优越。——译者

足够的信息，然后再根据这些信息作决定，哪怕这会推翻他之前的立场，例如，博格曾经在公司的章程中宣称福泰不会从事艾滋病研究。但正是能这样变通，使他听取慕克和邓等人的意见，了解到他们在艾滋病领域具有先天优势，于是改变了决定。"药物研发的成功往往取决于两三个充满热情，无论如何都坚持自己意见的人，"博格曾经这样说，"而福泰经常忽略我的意见。"

5月，裁员之后不久，福泰举行管理层的集体外出会议\*，一起讨论接下来的战略。新加入这个小圈子的是公司新首席科学家彼得·米勒，他曾主管勃林格殷格翰在美洲以及日本的研发。勃林格殷格翰就是那家率先开发了丙肝病毒蛋白酶抑制剂的德国公司，福泰希望在临床试验中追上他们——最好能击败他们。

米勒出身于一个巴伐利亚银行家家庭（他的语法依然有些巴伐利亚式的错误），现年48岁，平日总是一袭黑衣。他有一头卷曲的金发，虽然渐染灰丝，但发量依然充足。米勒是个饱学之士。他10岁时曾在慕尼黑郊外一座本笃会的修道院学习，在那所智力集训营中，每5个孩子中只有一个能通过考核。他自德国乌尔姆的阿尔伯特·爱因斯坦大学获博士学位后，留校任教理论有机化学，后来从事天体物理研究，又机缘巧合地进入了制药界。米勒在餐厅里活跃开朗，在会议室中严苛认真。他对问题总是刨根问底，和慕克一样渴望创新。他将周围的人都逼得很紧——当然他对自己最严格。更重要的是，他有将药物带过终点线的关键经验，他正是福泰最需要的人，将执掌终局。

"彼得的药物研发经验比我们加起来还丰富，"萨托评价说，"我自己没开发过小分子药物，艾滋病是我第一次尝试。乔舒亚在默沙东也没接触过药物后期开发。阿拉姆相对来说最有经验，因为他将阿沃纳斯上市了，但那是个生物制剂。而彼得一直都在开发药物。他熟悉那些成功的药物，知道好的活性化合物

---

\*  外出会议（off-site），在公司外，一般是在酒店或者景区中召开的会议，讨论一些特别的事宜，希望通过改变环境提高会议效果。——译者

是什么样的,也知道什么样的化合物乍看起来很好,但最后难免不行。他的经验和判断非常重要。"

两个月之后,高管们再次开会,这一次参会的还有各个项目的负责人和部门领导,他们将一起研究公司的资产配置,并决定优先做什么。他们的挑战,如哈佛商学院案例研究中所说:"需要横向比较在不同研发阶段、有不同技术特性、临床潜力也各不相同的候选化合物。"换句话说,博格和萨托要让超过50位福泰的经理们一起决定公司要将未来赌在哪些化合物上。他们的分析主要用到实物期权估值(ROV),这是一种根据成本和风险衡量药物的临床及其商业价值的方法。

他们主要根据4个维度衡量风险:**靶点**、**机制**、**分子**、**市场**。博格认为,会议的目标是分散福泰可能会遇到的风险。如果有可能,最好不要孤注一掷,比如不要全力研发抗炎症药物;不要未经验证的靶点,比如p38激酶和ICE;也不要像VX-745那种有神经毒性的分子,或者VX-950这种直接靶向肝的;像氨普那韦的改进药物那样,在市场上没什么竞争力的分子也不太好。创业者们需要将从现在起到未来10年内,各式各样、可预测和不可预测(但难免会遇上)的风险分摊开。"公司在分析风险以及评估他们擅长处理哪类风险时难免有系统性偏差,"博格在接受哈佛商学院采访时这么说,"有些公司总是低估靶点的风险,有些总是低估分子的风险,还有些总是低估市场的风险。有趣的是,当局者可能甚至意识不到自己偏差在哪儿。因此,为了避开潜在的系统性偏差,我们刻意确保资产配置多样化。通过分摊风险,我们或许不会在10年后突然发现自己身处绝境。"

最后,4个分子脱颖而出。其中两种有希望成为"可口服的恩利":VX-765是第二代ICE抑制剂,和普那卡生在化学结构上有显著差异,可能是帮助福泰打入回报丰厚的风湿性关节炎和骨关节炎市场的"快速追随者";VX-702是第二代p38激酶抑制剂,它不会透过血脑屏障,现在处于IIa期临床试验,探索其对急性冠脉综合征的效果,这是一种影响美国200万患者的炎症。第三个化合物VX-148是福泰设计的5'-肌苷酸脱氢酶(IMPDH)抑制剂,研究这个药物对中度到重度银屑病的中期试验即将完成。银屑病是一种顽固且令人痛苦的皮肤疾病。IMPDH抑制剂作用于一种经过验证的免疫靶点,也被用于治疗多发性硬化、癌症和丙肝等多种疾病。福泰的第一个IMPDH抑制剂美泊地布正在丙肝的Ⅱ期临床试验中。

第四个候选化合物是VX-950。这个化合物耗费了无数资金,却仅取得微小进展,其市场也很小,用任何指标来看都不合格。米勒最初对这个化合物很抗拒,怀疑它能否成药。"我们每次开会进行ROV评估,丙肝项目都垫底。"萨托说,"从评分上来看,它离能给福泰带来一丁点利润有4个标准差的距离*。但我和乔舒亚会说:'计算有问题。'分析师总说丙肝项目是个灾难。有那么几次会议,我觉得丙肝项目主管史蒂夫·莱昂斯简直就像殉道的圣塞巴斯蒂安一样。"

萨托和博格拒绝放弃这个分子。米勒同样,况且他哪怕想放弃,也得坚持,毕竟他需要萨托和博格的同意才能终止一项研究。米勒从勃林格殷格翰的出走以及他对蛋白酶抑制剂的熟悉让他此时还不能坚定地支持或者坚决放弃VX-950。从夏天到秋天,他们都在研究该进行哪些项目,不过米勒认为不能奉ROV的分析结果为圭臬。"ROV模型更适用于进入研发后期的化合物,适用于当你大概知道之后一两年的市场行情时,"他说,"其他情况下无异于瞎猜。对于研发早期阶段的小分子,任何对它们市场价值的预测都是极其不准的。"

该准备第三季度财报电话会议**了,也就是说该作出决定了,一个博格风格的决定,既追求浪漫,也要降低风险。汤姆森说:"丙型肝炎是福泰可以大有作为的重要领域,靶点明确,生物学风险也不高。"博格在默沙东学到的药物开

---

\* 统计学上,如果事件的发生概率是正态分布,那么观测值偏离均值4个标准差时,事件发生的可能性就小于0.01%。意思就是,从评分上看,VX-950项目几乎不可能盈利。——译者

\*\* 财报电话会议(earnings call),上市公司每个季度要出财报,出完财报后可以基于财报举办财报电话会议,第八章会详细介绍。——译者

发经验是，如果药物的概念正确，没有什么理化因素限制其产量放大，没有毒性问题（这是最重要的），那么剩下的问题无非是资本、运营，以及必胜的决心。默沙东的研发主管史考尼克曾经为了与对手同时上市抗艾滋病药物，费了九牛二虎之力，说服默沙东总裁雷蒙德·吉尔马丁在他们还有一年才能获得FDA上市批准时就兴建了一座价值1.5亿美元的工厂。萨托深深佩服史考尼克的远见。福泰现在也需要这样的大手笔，而且是在他们盈利**之前**——这又是一个对VX-950不利的因素。

博格和萨托反复通信，商讨如何管理资产，丙肝项目总是讨论的关键。"其他人都还没有胜出。"她回忆说，"如果有人拿出了很好的分子，狠狠地踢了我们的屁股，我或许会有不同的态度，但是没人有这样的分子。"

邝达仪和她的小组绝不向裁员屈服。数年以来，她一直在自己的"午夜项目"中开发丙肝病毒蛋白酶的动物模型，她请印度微生物学家拉杰·卡克里来帮助她。他们试图培养一种能在肝中生产活性丙肝病毒蛋白酶的小鼠，这样福泰就能测试他们（还有对手们的）的化合物能否抵达肝脏，然后在那里抑制这种酶。他们加快了速度，有望在削减经费前拿到成果。但美泊地布临床试验在即，勃林格殷格翰的蛋白酶抑制剂令VX-950黯然失色，管理层对这个项目没什么兴趣，尽管萨托曾经保证不裁减邝达仪的人，卡克里还是被裁掉了。"大家都说：'这有啥意义？'"邝达仪回忆说。

邝达仪和卡克里有了个新思路，就快证明这招管用了，因此他们不会放弃。他们将丙肝病毒蛋白酶和其他几种酶的基因混在一起。他们认为蛋白酶活化后，这几种酶就会被切割、拆分，然后释放到血液中。邝达仪从早期基因治疗的研究中了解到，如果将这些混合蛋白的基因注入一种病毒中，再将这种病毒注射到小鼠的尾静脉中，它们会全部进入肝脏。他们最终培育出肝脏可以分泌丙肝病毒蛋白酶以及一种有毒的酶的小鼠。那种有毒的酶可以在血液中被检测出来，进而体现蛋白酶的活性。在显微镜下，小鼠的肝很像丙肝晚期患者千疮百孔的肝。

他们都觉得不能就此停下。"拉杰在被裁后甚至求着要回来,继续证明这个概念可行。"邝达仪说,"这件事有两点令人吃惊。首先,他真的来做了。他没日没夜地做实验,那个夏天我们差点被累死。这不是一天两小时的副业,真的累。其次,福泰也允许他回来。哪个公司允许被裁掉的人回来日日夜夜地做实验?只有那些能理解我们这些科学家不管在不在公司都为项目茶饭不思、绝对不会停下来(的公司才能允许这种事)。"

9月,卡克里的项目完成了,他培养的小鼠只在丙肝蛋白酶有活性时才表达那种有毒的酶,丙肝病毒蛋白酶被抑制时则不表达。福泰也开始给这种小鼠喂各种剂量的VX-950还有勃林格殷格翰的蛋白酶抑制剂。这个成果令疲于缩减项目的博格大为振奋。"将药物喂给小鼠后,我们可以真的看到肝得到了保护,因为我们阻止了毒性酶的生产。"他说,"我们可以做完整的动物药代动力学研究,证明肝真的被保护了。小鼠吃药后,药物经过食道,进入体内,很多地方都可能'卡住'这个药,但是药物最终到了肝,并在那里抑制了丙肝病毒蛋白酶,拯救了小鼠的肝。"

数据显示,VX-950不仅可以阻止病毒,还能以肉眼可见的程度修复患病动物的肝,博格决定不再受ROV模型困扰。VX-950**有效**,剩下的事情就很简单了——或者看起来很简单。"我找到彼得,给他看了数据,"邝达仪说,"他惊呆了,然后说:'那么我们接下来就可以这样这样……'我说:'彼得,做出这项工作的人在5月被裁掉了,但他整个夏天都在继续研究并得到了数据。'彼得直接去找了人力资源部,把卡克里重新招了回来。"

◆

10月17日,周五。零点过16分时,波士顿红袜队在美国职业棒球大联盟第7场比赛的第11局中,以5比6输掉了比赛,包括博格在内,新英格兰地区数百万人的心头随之一沉。这次失利让他们无法进入总决赛,距他们上次捧回总冠军已经85年了。比赛过后,波士顿红袜队的经理格雷迪·利特尔仿佛被红袜队那些同样不得志的前辈的鬼魂缠绕,陷入了深深的忧愁。利特尔让投手佩德罗·马丁内斯留下来接受采访。马丁内斯虽然是王牌投手,但这场比赛中他投出的球被频频击中,已经让他筋疲力尽。第8局时红袜队只要再让对方5人出局就能胜利,但他却让对方得了3分,导致比赛进入新一局。在比赛之后的访谈中,马丁内斯说:"不要责怪格雷迪,他没有上场比赛。如果你一定要怪罪谁,那就怪我吧。"

几个小时后,在新一天股票市场开盘前,一位新入行的华尔街生物制药分析师杰弗里·波格斯,将会在他首份行业研究中分析福泰。分析师预测股票涨跌,他们对于没有销量和收益的"概念股"至关重要,博格曾对这个行业公开表达不满。去年,被《时代》杂志誉为美国资本主义"首席警长"的纽约州总检察长埃利奥特·斯皮策*要求证监会出台规定,限制华尔街的行业研究部门与投资银行的关系。因此,大部分分析师现在由交易部门养着,也就是说:(1)他们挣得比以前少了;(2)他们不再关注一家公司表现到底如何,而是这家公司能让他们的雇主买卖多少手股票。在博格看来,第一点变化意味着分析师们不那么聪明了,第二点意味着他们自身的利益在于贩卖波动性。

波格斯现年43岁,去年加入了著名投资银行桑福德伯恩斯坦(Sanford C. Bernstein & Co.,下文简称伯恩斯坦)。他来自澳大利亚,身材瘦削,探索欲强,曾在悉尼大学获医学学位,经过了3年的内科和儿科专业培训后,去哈佛大学商学院获得了MBA学位。波格斯曾任默沙东疫苗部门全球营销副总裁,也曾在伦敦运营科技投资公司,他熟悉制药界的方方面面,与五湖四海的医生护士、医药代表、对冲基金经理等各个团体都结交广泛,谙熟他们的行话。他报告的标题是"福泰制药:还在挣扎"。

波格斯说,福泰有着"广泛的早期产品管线,长远看未来光明,但是没有立刻盈利的可能"。他不认为氨普那韦的下一代产品市场表现会很好,他强调

---

\* 埃利奥特·斯皮策,1999—2006年任纽约州总检察长,其间大力整顿金融行业。2006年获选为纽约州州长,但在2008年因召妓丑闻辞职。——译者

"(福泰)近期的产品管线没什么亮点,对公司的财务状况没什么帮助",还批评了福泰的长期产品组合"缺乏清晰的定位"。"我们认为这只股票的表现将会落后大盘,其价格应该在每股10.60美元。"他这么建议伯恩斯坦的客户们。福泰的股价昨天以略高于13美元收盘。

这个早晨,博格大步流星地在华盛顿堡Ⅱ号楼间穿行,依然对福泰的规划充满信心。他说他很期待未来的可能性,他对哈佛商学院的研究者谈论他们的资产组合,"表现如同我们期待的一样。我们从合作项目中获得了持续的收入,这将支持我们自己的研发。我们有多种赢利模式可以选择"。

一般来说,金融价值和商业潜力是选择进入临床试验的化合物的主要标准,但当选择的可能是福泰在北美首个以自己的商标出售的药物时,个人与公司的形象也需要考虑。比如汤姆森就说:"我来参与建立一家重要的药企,不光是为了让我自己能过得舒服。"博格不光要世俗意义上的成功,更要改变业内和社会衡量药企成功的标准。他喜欢提起乔治·默克,这位默克家族的企业家在20世纪40年代和50年代间,崇尚科学和美德,而非商业,并将他的家族精细化学品公司提升为制药界的典范*。1952年8月,默克登上了《时代》杂志的封面。"我们的信念是,药物是为患者而生产的。"他在接受采访时说出了这几句名言,"药物是为人类而生产,不是为追求利润而制造。只要我们坚守这一信念,利润必将随之而来。我们越坚持这点,利润就越高。"

辉瑞的原则与默沙东大相径庭。约翰·麦基恩是与乔治·默克同时代的辉瑞的总裁。他在《福布斯》(Forbes)杂志上声称:"只要有可能,我们将争取一切潜在的利益。"博格、萨托与高管们讨论公司未来的产品组合时,大家越来越清

---

\* 默克(Merck)本是德国企业,第一次世界大战时美国分部被国有化,战后以独立公司的身份重建,后与沙东公司合并,成为现在的默沙东。根据与德国"默克"的协议,在美国和加拿大,Merck & Co. Inc. 名称归美国默克独家使用;在美国和加拿大之外的国家和地区,美国默克均以 Merck Sharp & Dohme 或 MSD Sharp Dohme 的名字经营,即默沙东。目前在中国,"默克"指德国默克,"默沙东"指美国默克。——译者

晰地认识到,辉瑞追求的更快上市、更大市场,都比不过默克的理念:最成功的制药是用药物改变患者的命运。萨托对哈佛商学院的研究者说:"是去做第五个β受体阻断剂,还是在新领域中争当第一?我们**到底**想做什么?是药物X或Y让我们更兴奋,还是它们其实都一样?选择候选化合物时,其临床意义很重要。而'需要多少钱'是其临床意义及其开发难度的有效指标。当然,你不能仅用商业成功来评估临床需求。立普妥虽然销量很好,但已经是第五个上市的他汀类药物,它解决了什么重要的临床需求吗?或许吧,但与其销量未必成正比。"

下周二时,FDA批准了呋山那韦,也就是氨普那韦的改进产品上市。在过去,福泰总可以通过专利转让费、里程碑支付,还有合作研究来支持科研与商业开发,但对史密斯来说,那个时代过去了。波格斯是对的,生存需要一切:科研,开发,商业。产品越接近上市,成本攀升越快。福泰成立15年了,但他们成熟的候选化合物有点"贫血",用波格斯的话说,"缺乏亮点"。博格从来不知道什么叫挣扎,但当生物技术投资者发现5年之后还是没有持续盈利的可能时,他们便责怪管理层。只要福泰的报表还很难看,史密斯就无法去华尔街为公司的拓展融资,他没有东西可以卖。他希望葛兰素能在欧洲把呋山那韦卖得好一点——不要像氨普那韦那么糟。

万圣节前夕——离这一季度的财报电话会议还有5天——抗炎症ICE抑制剂普那卡生传来了不好的消息。后期动物实验发现药物可能导致肝中毒,他们的合作伙伴安万特在问题解决前将不会开启临床试验。虽然安万特没有直接放弃,但这个决定同样致命,因为福泰需要普那卡生的专利费来支持他们的其他产品。万圣节那天是个星期五,他们的股价从每股17美元俯冲到每股7美元,市值蒸发了60%*。那天晚上,几乎所有人都下班后,高管们还挤在会议室中。

---

\* 这个事件实际上发生在11月11日,而非万圣节(10月31日)。——译者

他们有一个周末的时间来想对策。史密斯曾打算在电话会议公布产品管线后立刻发行一笔新债,但这招显然不行了。总的来说,他们需要重新考虑预算。

❖

博格曾在1月承诺,福泰将会宣布两个进入研发后期的候选化合物。他们将会平行开发以减少风险。整个周末,高管们仔细分析了所有临床试验的最新数据。普那卡生银屑病试验糟糕的结果让4个最有希望的分子都被阴云笼罩,有些人担心这尤其会影响VX-765的前景。普那卡生是福泰最接近上市的药物,也是最受分析师关注的,他们认为这是福泰扭亏为盈的关键,而VX-765是普那卡生的下一代产品。

不是所有的消息都那么糟糕。另一个IMPDH抑制剂,美泊地布,对丙肝的效果出人意料地好。这匹黑马并不是直接抑制病毒,而是提高标准治疗方案的效果。在一项为期6个月的中期试验中,患有难治性丙肝的患者(之前的治疗对他们没有效果,基本是无药可医)在接受治疗后症状显著改善。针对急性冠状综合征的VX-702的安全性数据很好,将VX-950成药的努力也有了很大的收获。

"乔舒亚调整了目标,这是那次周末会议的关键,"约翰·阿拉姆说,"我们一直在讨论继续开发哪两个药物。乔舒亚打断了我们,他说:'为什么我们一定要纠结于选两个?为什么不集中资源于其中一个,然后让其他的也持续发展?'那么问题就只是去设置优先级。"

当然,可以找到很多理由反对集中力量于一点,尤其是从风险角度。将赌注押在成功概率只有1/30的事件上,这样的决定哪家公司、哪个投资人会认可?博格相信他设计的新策略能让福泰尽快(比如于2007年)打入市场,既让公司在最有希望的方向上持续努力,也能分散大多数的风险。VX-950最大的风险是**分子**和**市场**:福泰能否使VX-950成药,多少医生和患者会率先使用这种药物——有些分析师认为它针对的只是个很小的细分市场。美泊地布的问题则是，它作用的生物途径比较弱，它在作用**机制**上的风险很大，但是福泰已经开发了商业上可行的放大反应路线，可以在一年内开展首次对比试验。博格将这两种药物融为一个新愿景，为福泰设计了新的方向：口服的丙肝药物。

他说："我们很快就意识到可以围绕美泊地布和VX-950设计新策略。我们可以结合现有治疗方案（让美泊地布）先进入市场，然后再跟进VX-950，然后我们就可能联合用药。之前没人关注美泊地布是因为大家没想到它能和VX-950联用。"

华尔街的分析师们本以为福泰会力挽普那卡生，继续发展他们的银屑病候选化合物，结果博格把他们都惊呆了：福泰宣布，将停止银屑病的临床试验，同时发展4个项目，并最优先研发美泊地布。"太糟了。"首席商务官安东尼·科尔斯博士回忆说，"电话里一阵沉默，好像听说谁的亲戚过世了一般。"

博格试图解释，但是分析师们只想听公司下个季度振奋人心的收入预测，而非两个他们几乎没怎么听说过的分子之间可能的协同作用——尤其是其中一个还被福泰的合作伙伴拒绝了。他们也用ROV等模型来评估公司，毕竟没有别的办法能评估福泰到底值多少钱。他们的不满可以理解，这也反映在了报告上。"我们使用了一种与大多数生物技术公司都不同的模型。"阿拉姆告诉哈佛商学院的采访者，"绝大多数新生的生物技术公司只关注一个项目，在那个项目上押上了整个公司。ROV模型可以轻易地估值这些单一产品的公司，因此分析师也喜欢这种模型。但这不是福泰的策略。我们认为拓宽产品管线有助于提升价值，让我们可以基于最全面的数据调整优先级，不过分析师不买账。"

当2003年的肝病年会在海因斯会议中心闭幕时，福泰重新将自己定位为全力参与肝传染性疾病市场的竞争者，他们不再仅限于报告一些研究突破，而是要成为能与先灵葆雅、罗氏还有默沙东对抗的重要企业。邝达仪不能说福泰的化合物比勃林格殷格翰的更好，毕竟后者的化合物依然在蛋白酶抑制剂的竞赛中领先，但是她展示了强有力的临床前研究数据，显示VX-950能在48小时内将病毒的数量抑制到0.1%以内并在两周内清除病毒。肯·博格终于与凯龙制药解决了长达5年的专利纠纷,凯龙放弃了诉讼,并给予福泰非独占性的VX-950开发权——为此福泰支付了一笔金额未披露的费用。福泰宣布他们将在2004年早期进行临床试验。

12月,福泰在纽约召开了投资者年会。这是在明年的J. P.摩根健康产业大会前,博格、萨托、阿拉姆、史密斯等人最后一次向华尔街宣传福泰的机会。参会的生物技术分析师中,只有伯恩斯坦的波格斯给出了积极的评价。第二天,他对投资者们写道,福泰是他开始关注生物医药板块两个月以来,表现最差的股票之一,而他们还要终止进展最多的三条产品管线,但是,"大部分我们发现的资产还有财务上的不确定性已经得到解决。我们相信,总体而言,这家公司会因更加积极并且实际的商业策略获益,在未来会有更多好消息"。

波格斯提到,呋山那韦的销量超出预期,在处方量上超过了它的前辈氨普那韦等4种药物,这将提供可观的收入,支持福泰的临床试验。他还写道,史密斯清晰地表明福泰决心改变策略,减少开销,积极寻找更多的伙伴,转让更多的项目,获得更多的资金。最重要的是,波格斯认为丙肝的市场机会巨大,估计如果福泰能在2007年将美泊地布上市,将独占潜力达10亿美元的市场。波格斯没有提高他设定的每股10.60美元的预期价格,不过现在福泰的股价其实比这个价格低20%,他将购买建议提高到了"等同大盘表现",认为福泰股票的表现将会与标普500等大盘指数看齐。

波格斯认为福泰做了为重新立足应做的所有事。但是他的推荐也有免责声明,用一句话说就是"买者自慎"。他还对博格、萨托和管理团队提出了挑战。他写道:

> 福泰的风险来自科学、金融和运营。从科学上说,美泊地布开发中遇到的任何挫折或者延迟对公司都将是灾难性的,毕竟他们现在只专注于这一个产品。从金融上说,如果他们不能在2004年有效减少开销,投资者将会大为失望,这可能会影响他们未来的融资能力。从

运营上说,如果福泰不能在2004年上半年实现至少一项专利转让或者产品合作,公司的未来将再度黯淡无光。每个行动,及其风险,对公司的存亡都是至关重要的,公司管理层需要激光般的专注并且全力以赴。

第二部分

# 挑灯夜战

# 第六章

*2004年2月14日*

  VX-950几乎复活了。这匹福泰产品竞赛中的黑马曾被礼来拒绝,遭勃林格殷格翰的化合物打压,一度只能遥远地跟随美泊地布。丙肝研究稳定而缓慢地向前爬行,总体来说令人沮丧。这时距皮蒂飞到圣路易斯去招募赖斯协助解析蛋白酶的结构已经十多年了。赖斯现在搬到了洛克菲勒大学,是全球传染性肝病的领军人物,他之前在旧金山对病毒学家们做了一场悲观的演讲,说目前没人能培养丙肝病毒。但是科学家们夜以继日,发明了一种叫"复制子"(replicon)的系统,即只使用丙肝的部分基因,在细胞中产生丙肝病毒蛋白,相当于培养一个简化版的丙肝病毒,由此可以测试候选药物。勃林格殷格翰曾经领先的候选化合物BILN-2061遭遇了毒性问题,也退回了原点。丙肝研究一向如此,突破既稀少,又不明确。

  更大的问题是去设计并且证明一种药物或者药物组合能实现持续病毒学应答(SVR),即治疗完成24周后,在患者体内检测不到病毒RNA——换句话说,寻找解药。杀灭病毒的关键不在于如何清除它们(用漂白水就行),而是寻找使药物既安全又有效的剂量。研究者们以能够抑制一半靶点蛋白的药量,也就是半数抑制浓度(IC50)来衡量分子的药效。患者体内每天都会产生数万亿的丙肝病毒,为了便于计数,需要以10为底取对数,记作"log"。病毒减少2-log就是仅剩1/100,减少4-log就是仅剩1/10 000。

福泰内部有不少人担忧VX-950的药效,因为在研究药物需要多少浓度能让病毒数量减少2-log的测试中,VX-950落后了。邝达仪说:"我们的麻烦是BILN-2061的药效(比VX-950)在这个测试中强350倍。"但当邝达仪在更多条件下比较BILN-2061与VX-950的药效时,"两者不相上下"。邝达仪决心开发更好的测试方式来反驳。

邝达仪意识到,药物与靶点蛋白混合的时间越久,放入的药物越多,对病毒清除效果就越好。在丙肝团队忙碌地进行动物实验,为临床试验寻找最优剂量时,史密斯和肯·博格及时而巧妙地减小了福泰的风险敞口,从资产中获取了尽可能多的价值。史密斯与福泰主要的债权方谈判,希望他们将手中的债券转化为股票,1份债券换6份股票。"一般来说,当你持有债券时,公司就是你的人质,"史密斯说,"你不会说:'好,我冒个险,持有你的股票。'你会说:'该死的,还钱!我宁可只拿回六成的钱,也不要你一钱不值的股票。'"

普那卡生项目暂停后,福泰在投资人那里最重要的资产——免受质疑的信誉——枯竭了,博格感慨,"没人会高看我们一等了"。突然间,公司内部也产生了同样的疑虑。尤其是阿拉姆,他意识到福泰推崇的靶点导向的药物研发可能让他们在错误的轨道上狂奔:除了传染性疾病、几种癌症、几种基因罕见病,认为每种疾病都能通过一个小分子抑制一个靶点来治愈可能是个"错误的信念"。幸好史密斯发现投资者们信心尚足。他说服了足够的投资者将债券转化为股票,从账目上减少了3.2亿的债务。

肯敦促福泰与诺华调整合约,以便尽快将早期候选化合物转让给诺华进行临床开发。目前诺华还没有接受过福泰哪怕一种分子,他们说福泰的分子没有足够强的临床潜力。肯告诉萨托和博格,目前的合约不可持续,太有利于诺华

了,既让福泰的科研团队被诺华牵着鼻子走,还允许诺华开发自己的激酶药物。他回忆说:

> 我建议修改协议,把"验证概念"的条款拿掉,然后告诉诺华:"你要么接受我们提供的化合物,要么就让我们完全占有这个化合物,还有相应的靶点。"我很确信诺华会接受的,因为我知道他们现在有麻烦。
>
> 他们正在严重违反合约,但从商业和法律的角度我不告诉他们,"你不问我就不说"。我知道诺华正在开发合约规定本应完全交由我们开发的激酶,但相关研究人员在他们内部很有影响力。这些研究者本应被这个合约干掉,结果势力还壮大了。我寻思,就先这样,有朝一日能用上的。

2月初,诺华同意修订合约。福泰终于能放手去做那些之前被诺华拒绝的激酶项目了。博格在默沙东的一位老朋友最近在主持新的抗癌项目。博格找上了他,建议合作开发极光激酶(Aurora Kinase)。福泰最早发现这种激酶有重大临床潜力,还有一种能在癌症模型中显著抑制肿瘤生长的抑制剂。与此同时,萨托、邝达仪以及科尔斯的商业团队带着邝达仪的数据,到处寻找可能的丙肝项目伙伴。波格斯警告说,福泰需要在6月前找到新的合作伙伴,不然期望值已经低至谷底的华尔街会进一步看空他们。

博格在接受哈佛商学院的采访时说:"很多生物技术公司是根据德国学术界的模式建立的,也就是说,几个主要研究者加上他们的近卫军。这些公司扩张之后,新来的员工得不到像老员工那么多的重视。与此相反,我们相信最新加入的员工和最老的员工同样重要,我们要采用硅谷模式,拒绝德国模式。"不过如果最后进来的人恰好来自德国学术界呢,而且他还恰好有解决问题的钥匙呢?渐渐从福泰的社会实验中脱颖而出的首席科学家彼得·米勒将会挑战博格的理论。

这一年的情人节是个周六,福泰的高管们一起开外出会议。米勒为公司提出了新的战略,试图重振博格和萨托热衷的丙肝项目。他认为,福泰如果想开发出新药并成为可持续发展的药企,首先需要摆脱对大药企的依赖。"(跟大药企)签了各种协议后,我们就受到了各种限制,不能想怎么干就怎么干。"他说,"或多或少,我们成了合作伙伴的奴隶。他们的确能够帮助我们发展,但这不足以推动小公司进化。"

"还有就是,我只能说我们管线上的分子'还凑合'。我们需要继续开发它们,但要想进一步发展,我们必须证明自己能独立做出点东西。不过我们的钱很少,因此能做的事情非常非常有限。"

问题是如何推动公司发展。参会的人不少,大概有50人,基本就是之前参加资产评估的那群人。这9个月来颠簸起伏的局势、朝令夕改的策略,让怀疑盘绕在他们心头,大家躁动不安,心情复杂。不少人觉得博格不再是童话中的"花衣魔笛手"*了,而且这全怪他过分膨胀的期望。美泊地布还算有进展,但是如阿拉姆所说,"瘸了"——这已经是福泰平庸的产品中最好的了。

米勒提出了他的想法:"我强烈建议开发抗感染药物VX-950,这是从**临床研发**角度看成功率最高的。"他回忆说:

> 这引起了一场大辩论。福泰能承受这些费用吗?很难。相应的临床试验长达48周,福泰需要生产数千克药物以供试验,但这个分子相当难合成,每千克成本高达250万美元。丙肝项目势必抽调其他项目的经费与人力,这令大家很紧张。
>
> 福泰还需要围绕VX-950建立研发组织。这是最重要的,因为这意味着又要融资了。福泰目前没有足够的能力独自完整地开发一个药物,但为了开发VX-950,化学开发、化学分析、制剂开发、质量控制

---

\* 花衣魔笛手,德国童话人物,能吹奏乐曲让老鼠或孩子跟着他走。——译者

体系……所有的功能都要有，而且或多或少都要从零开始。此外，还需要考虑何时扩建厂房，我们总不能花掉好几亿，建起一座工厂然后让它闲置。临床端欠缺的东西一点也不少，都必须补齐。我们需要强有力的监管体系、临床开发环境和临床执行力，以支持更大、更复杂的全球临床试验。

博格同意VX-950将会改变许多患者的生命，是福泰最有希望的项目。博格建立福泰就是为了将尽可能多的药物从实验室带给患者，这样的决策正是他应当作出的。事情复杂的地方在于博格还有其他的选择。他宣布福泰将全力开发VX-950，也就是说需要暂停进展更多的IMPDH项目。他说：

> 这是艰难的决定。VX-950没有拖垮公司，也不是我们唯一的项目，但正因如此，这个决策格外困难。它每年耗资3500万美元，而且突然之间我们得承担所有的费用。（我们找不到合作者。）哪怕礼来公开宣布是所有抗感染项目都被关停了也无济于事，因为所有人都认为他们不会取消任何有价值的项目。所以你就得去说服华尔街、董事会，还有所有人，让他们知道，不管礼来怎么说，这个项目就是值得每年继续投入3500万美元，因为它很快就会产出上亿美元的价值。但为什么一定是**这个**项目呢？如果有钱的话，为什么不优先考虑缺点少一点的项目？很多生物技术公司会说，"我们把这个项目先放着，直到找到新的合作伙伴"——也不是不可以，但是我们就是要全速前进。

米勒是个典型的巴伐利亚人，习惯将困难轻描淡写。他比包括博格在内的任何人都清楚全力投入VX-950对公司的要求，因此他很钦佩博格的勇气。博格经常说他希望福泰是最可畏、最有趣的药企：他们无畏，因而可畏；他们不仅要赢，更要兵行险着、出奇制胜，因而有趣。萨托认为这是两者的混合，恐惧是恐惧缺少野心，恐惧堕于平庸；有趣就有趣在同时挑战多个难题，能在让人累出幻觉的工作中感受愉悦与刺激，就像突破极限时，呼吸虽然沉重但却平稳，内心更是欢欣鼓舞。哪怕在华尔街最看不上福泰的日子里，她也会说："我们的酒，劲很足。"

"所以我们决定去解决所有的问题，"米勒回忆说，"作决定时我们是这样说的：'就做这个药，并围绕这个药建立相应的组织。'这是我见过一家公司作决策时最勇敢的场面。这主要归功于乔舒亚的胆量，那时他站起来说：'对，我们就做这个。'"

❖

夏天到了，福泰的管理层一边重组一边达成攸关公司存亡的合作协议。他们有超过4.6亿美元的现金，但史密斯估计年末会亏损1.4亿—1.5亿美元，所以福泰的资产只有3亿美元。虽然呋山那韦的专利收入好过预期，但福泰还是会在2年内花光积蓄。尽管亏损是所有生物技术创新公司的必经之路，但福泰的亏损简直肉眼可见，财务压力传导到了管理团队。

5月，福泰宣布囊纤基金会将为之后两年的研究提供2100万美元。福泰证明了他们能够为修复离子通道找到小分子化合物，这令鲍勃·比尔很高兴，乐于为福泰的后期药物研发投资。如同奥德里奇曾预测的，福泰对囊性纤维化的投入回报颇丰。福泰与基金会合作愉快，对双方来说这样的合作都优于与制药巨头合作。囊性纤维化药物这类罕见病药物因患者稀少，开发的药企更少，又被称为"孤儿药"，但是政府有许多激励措施，比如一旦开发成功可以快速获批，还能高额定价。

另一边，萨托在一番周折后，解决了迫在眉睫的任务——随着福泰加速研发VX-950，他们急需一个项目伙伴，一笔收入，一些支持，哪怕只是部分支持，以启动应在6月开始的大规模临床试验。萨托与日本三菱制药*达成了价值

---

\* 三菱制药（Mitsubishi），日本三菱集团旗下的制药企业，但三菱集团本身只是个松散的集团，旗下企业各自独立运作。——译者

3300万美元的合作,虽然这远不足以弥补亏空,但好歹也是一笔收入。福泰出让了药物在远东的开发和商业权利,全球其他地方的所有权仍归福泰所有。博格一反常态地没有参与谈判。

6月中旬,在签字仪式那天,早期剂量试验也启动了。在比利时,35名健康志愿者服用了VX-950,测试其安全性、耐受性以及药代动力学性质。同一天早上,化学工程师翠西·赫特在剑桥市加入福泰,接手制剂部门。赫特时年40岁,来自南非,干练且充满活力。她曾在造纸业工作,后来在麻省理工学院获得博士学位,加入福泰前曾在默沙东主持制剂开发。此外她有两个孩子,还是位专业的骑手。在福泰,人们交流时语速很快,就像电影《社交网络》(*The Social Network*)中那样,而赫特的语速又是独一份的快。"我走路快、说话快、骑马快、开车快、打字快",她这么形容自己。她的另一句话可以作为补充,"屁进展也没有,还得再快点"。

临床试验的苗头显示VX-950可能把大家都骗了。VX-950的溶解性比大理石还差,但福泰还是让它可以口服了——不是制成药片,而是一杯浑浊的混悬剂(由只能稳定存在一天左右的原料调配而成)——喝下3—4小时后,药物将会经小肠吸收入血。血液中药物的浓度,即"暴露量",能衡量有多少药物进入血液中。

赫特说,VX-950"喜欢析出晶体自己待着"。花费了两年时间与无数经费后,福泰的化学家发展了一种能防止它结晶的方法:先将VX-950加热融化,然后在快速冷却的同时混入多聚物。这些多聚物就像极其微小的塑料气泡膜,将药物分子分隔开来,防止它们重新聚集、结晶,以便吸收。这个方法勉强可行,但是产率很低,批次间的差异很大。

"7月时我们在阿肯色州做了一次狗的毒理学试验,暴露量很低,比预期的低多了。"赫特说,"一段时间之后,在德国一次多剂量平行临床试验中,患者的暴露量几乎为零,他们之前的暴露量明明挺高的。我们之前认为药物可以稳定存在24小时,这是2月时在波士顿得到的结果,而今年欧洲夏天挺热的,大家猜测这导致了药物提前析出结晶,但我们不清楚到底咋回事。"

混合了多聚物的VX-950是无定形体(玻璃就是一种无定形体),但赫特之前没有接触过无定形体,福泰也只能给她2克药物。她的团队理应有13个人,但是前一任主管在冬天离任时带走了几个人,因此在她入职前两周,只有5个人。她既不愿意也不能等了,立刻就要深入研究,于是她雇用了两位临时研究人员。

"贼乱,"她回忆说,"但也很有趣。可以说,95%的分子想要成药都很有挑战性。默沙东从未将这样的分子成药。这个药物不溶于任何溶液,甚至不溶于有机溶剂。一切常规的方法都行不通。这个分子很大,因此很难通过胃肠黏膜;想要它通过黏膜,就得提高药液的浓度,可它溶解度又很低。我们需要在这两方面同时努力。这个分子还很难合成,需要22步困难的反应,产率低,成本高。真熊。"

在一次访问欧若拉分部时,她和物理化学家帕特里克·康奈利在机场同乘一辆出租车。康奈利是福泰的元老之一,在耶鲁完成博士后训练后就加入了福泰,5年后他离职并成立了自己的基于结构研发药物的公司,专攻抗菌药物。他成功地出售了那家公司,然后又成立了一家,今年早些时候回到了福泰。汤姆森和慕克请他协助组建化学成分生产和控制部门(CMC)。他和赫特在从圣迭戈回来的飞机上围绕VX-950讨论了5个小时。

由于VX-950在比利时的Ⅰa期临床试验中暴露量极低,康奈利能理解赫特的焦急。福泰原计划在11月1日展开首次纳入患者的VX-950临床试验,不难想象,现在还不能保证药物出现在血液中实在不能接受。康纳利早年大部分研究集中于温度对蛋白质与小分子结合的影响,他曾用过一种极其敏感的热量计,能衡量百万分之一温度的变化,这个仪器还在实验室中。

"我说:'我们不知道这个混悬液怎么结晶的,但这肯定是个相变反应,应该会有热量的变化,咱们用热量计测测看。'"康纳利回忆说,"于是我们就这么干了。我们知道会结晶,关键是多快会结晶。很快,我们就在仪器上看到了信号,而当全部结晶时,只过去了4.5小时。"

赫特进一步调查后得知,比利时的医生们在拿到药物后足足等了几乎24小时才调配混悬剂,也就是说患者在服药时VX-950早就全结晶了。VX-950在被口服后可以稳定存在直到被吸收进入血液,但对温度很敏感,于是他们设计了一个临时方案:冷冻储藏VX-950,在给患者服用前在空调房内兑水摇匀,不要搅拌,大家戏称这种调配方法为"詹姆斯·邦德法"*。早秋时,赫特为Ib期临床试验准备好了制剂,这次试验为期14天,包括十几位患者。但是福泰的目标是将药物制成片剂,可以搁在世界任何地方的药房里很长一段时间,这仍然是个巨大的挑战。10月时,赫特又得到了两位化学家,她将加速前进。

这一年来,在史密斯和肯可怕预言的压力下,博格强化了福泰的商业。两位知识渊博、经验丰富的专家加入了董事会。一位曾任辉瑞的总裁以及董事会副主席,另一位曾是卫生部助理部长。他们的专业、资历以及人脉或许能帮助公司通过上市申请。在与三菱制药达成协议一周后,福泰又与默沙东的抗癌部门签署了一项全球合作协议,获得了3400万美元的资金用于研发激酶抑制剂,另外包括价值3.5亿美元的"生物制药空头支票"。这证明诺华不应该与他们减少合作,也标志着公司走出困境,博格本人感到了极大的慰藉与满足。

虽然最近药企的整体形象大不如前,但默沙东依然是业界的金标准。随着药价飙升,制药界的形象也以前所未有的速度一落千丈,民调显示,人们认为制药公司和烟草公司差不多。默沙东前CEO瓦格洛斯也注意到了新药成本"高得离谱",已上市药物的价格也逐年"迎头赶上"。他担心这会招致清算,政府兴许又将考虑价格控制。10年前,他曾在克林顿政府那里领教过这一招。

大药企原地打转,博格认为这不光会改变人们如何发现新药,也将改变人

---

\* "摇匀,不要搅拌"是007系列电影中詹姆斯·邦德对马提尼鸡尾酒的调酒要求。——译者

们如何开发和销售药物。这个想法就像上天的启示，让他自己也感到震惊。毕竟在自立门户创业之初，他可未曾料到默沙东等巨头也会有这一天。

肯推荐博格去见一位他之前的客户——波士顿的独立管理咨询师宾克·加里森。在这个动荡的市场上，大部分药企的CEO如果对企业的发展方向有问题，会去找咨询巨头麦肯锡公司。麦肯锡参与了大部分业界销量前十的处方药的品牌建设，以及绝大多数业界大规模兼并。而当麦肯锡想咨询**自己**的商业发展时，他们向加里森咨询。加里森曾在广告业叱咤风云，现在的咨询对象基本都是《财富》(*Fortune*)世界500强企业。他在20世纪70年代毕业于普林斯顿，曾在潜艇上掌管核武器，退役后第一份工作是文案。他瘦瘦高高，声音轻柔，喜欢打着领结，带着白人上流社会的时髦装饰。但他说起话来却是不相称的嬉皮士风格，充斥着些"广告人的小把戏"。可以说，加里森穿着像乔治·威尔，但听起来像唐·德雷珀混着些艾伦·金斯伯格*。

"当我见到乔舒亚和维姬时，他们说与董事会有沟通障碍。"加里森回忆说，"我问：'首先，你们具体说说有什么障碍？'他们说：'董事会不知道我们在做什么。'我接着问：'行，那你们在**做什么**呢？'20分钟后，我稍微明白点了，于是我说：'我有个好消息——还有一个只对我是好消息的消息。好消息是你们沟通方面没啥问题，是你们的策略有毛病，因此你们说不清楚自己在搞什么。而那个对我而言的好消息是，我正是研究策略的。'"

"我建议说：'你们手下有啥人？让他们凑在一起一整天，不够就再来半天，看看他们怎么说，跟你们想的一样不？你们的共识就是你能告诉董事会的。'"

博格立刻接受了加里森的建议。他觉得福泰最需要的不是管理咨询，而是要能够一边从企业文化中汲取能量，一边培育新的文化，自发地应对成为世界一流药企过程中的挑战。福泰想走得更远，不能依靠模仿其他公司，只能严格

---

\* 乔治·威尔，美国保守派政治评论家；唐·德雷珀，美剧《广告狂人》(*Mad Men*)男主角；艾伦·金斯伯格，美国诗人，代表作《嚎叫》(*Howl*)。——译者

地自我审视。"我一直想把一些已有的东西系统化、制度化,但是我说不清楚那些东西是什么,所以总是难以实现。"博格说,"我一看到加里森,我就知道,'就是他!他知道大公司缺乏企业文化的后果,他知道如何简单而真诚地培育企业文化'。"

加里森和管理层的每个人都聊了聊。他的分析框架源自吉姆·柯林斯的名著《基业长青》(*Built to Last: Successful Habits of Visionary Companies*)\*,这本书分析了创新公司的范式和实践,是世界各地的管理学大师和CEO们推崇备至的企业文化宝典。《基业长青》的理论基于阴阳对立互补学说。"阴面是公司的核心意识、核心价值、核心信念,这些是无法退让的;阳面则是目的,即为什么这家公司要存在于世界上?"加里森解释说,"对一个存在超过两年的公司来说,没有什么完全是由这个公司创造的。商业与其说是创造,更类似于考古,你其实是在发现。但商业也需要对未来的愿景——长达10—30年,甚至有些可笑的长期目标。柯林斯在《基业长青》中称其为BHAG——Big Hairy Audacious Goal,即'胆大包天的目标'。站在世界之巅的感觉会是如何?去描绘它吧!"

7月的一天,加里森与包括慕克和汤姆森在内的管理层一起进行外出会议。他希望能清晰简明地描述福泰是什么,福泰的"愿景、使命、特质",这些描述要基于现实而非吹嘘,并希望"清晰的描述能够显著增加能量"。为了让大家开口,他请他们运用比喻:如果福泰是一只动物,哪种动物最能体现福泰的特点?如果福泰是一辆车呢,是法拉利、雷克萨斯,还是普锐斯?"我要好好翻翻花园里的土,"他说,"让大家动起来。"

这次会议后,博格对加里森说:"我一定要聘请你。"加里森早就是很多顶级CEO的私人培训师,他说他不需要工作。博格说:"我会提出一个你无法拒绝的提议,我得让你少赚90%了。"博格是动真格的。整个秋天,加里森在公司内深入调查,他建立了"福泰愿景",一个公司内部的草根组织,旨在让人们认识自

---

\* 涉及《基业长青》的相关概念时,译文参考了《基业长青》中文版(真如译)。——译者

我,正视自己的愿望。

"我一直想干这样的事,"他说,"(福泰愿景)是一项完整的实验。首先,价值观不是你想变就能变的。如果你是坏人,你不可能突然间就当好人。一旦你形成了价值观,那就是你的价值观了,请多少顾问都没用。价值观是什么时候形成的呢?恐怕比大部分人猜得要早,我得说大部分社团或者组织在6个月内就形成了他们的价值观。我们进行了一些探索,在公司内部询问大家,他们的价值观是什么。其中最基本的问题就是,在最理想的状况下,我们会怎么做。"

❖

当萨托首次告诉欧若拉的科学家们恐惧与乐趣是福泰的价值观时,许多人吓了一跳。他们很难相信恐惧会是福泰推崇的文化。"这里说的恐惧,不是担忧沦为桨帆船上的奴隶划桨手的恐惧,"她解释说,"而是恐惧无法应对世界面临的挑战,恐惧落于平庸。"从这个意义上来说,剑桥市和圣迭戈没有距离,双方都有着宏图大志。邓现在完全搬到了圣迭戈,和生物学家内古列斯库一同领导福泰西海岸分部。虽然这里同样有宏伟愿景,动力十足,但一半的科学家周末会去参加囊纤基金会组织的徒步募捐活动,不少人会在黄昏时冲个把小时浪,在小摊上吃点夹鱼肉的墨西哥卷饼,再回实验室。此前的项目领导奥尔森将带着全家搬到剑桥市,在那里代表欧若拉推进囊性纤维化的临床项目。在送行仪式上,同事们送了他一幅自欧若拉会议室所能望到的景色的全景照片,一把雪铲以及其他在马萨诸塞州过冬的必需品。

得到囊纤基金会的资金后,内古列斯库、奥尔森还有项目团队得以进一步研究,寻找方法修复遍布患者腔体与体表的上皮细胞的CFTR。囊性纤维化项目的新领导是彼得·赫罗腾惠斯,他来自丹麦,既是药物化学家,也是机智的科研经理,还在丹麦的一些大学兼职讲授病毒学。他在业内身经百战,过去4年中,由于兼并重组的热潮,他在同一栋办公楼里为4家公司工作过。赫罗腾惠斯的工作是指导欧若拉的细胞生物学部门与药物合成部门整合为一。这两个部门的矛盾在业内很常见：化学家需要更敏感的生物学测试来识别（现有测试中低效的）分子是否有效，生物学家则抱怨化学家送来的化合物（在现有测试中）效果不佳。研究团队通过3种筛选获得了多个活性化合物，但是他们没有更好的检测方法，无法选出先导化合物，因而止步不前。

"首先，我得确保大家能像团队般一起工作。"赫罗腾惠斯说，"由于没有囊性纤维化的动物模型，我们只能在不同的细胞系中做实验。我们通过突变的方法获得了人类的CFTR，但不知道这个模型是否可靠。从生物学上说，如果我们能用患者支气管的上皮细胞来做实验，就能得到最接近真实情况的数据。"因此项目的生物学主管弗雷德·范古尔，决定开发一个可靠的模型来确保他们的研究不会偏离正轨。

范古尔36岁，思想深邃，带着些许优哉游哉的气质，他有着一头蓬松的灰发，这使他陷入沉思时看起来有些慵懒。范古尔的博士论文就是有关离子通道的，他毕业后又在国立卫生研究院做了5年内分泌学研究。他知道有CFTR缺陷的人都会表现出一系列症状，但是囊性纤维化不是单一一种疾病。可能突变的基因很多，但缺陷大致可以分为两种：一种是细胞表面没有足够多的正确折叠的离子通道蛋白；另一种是虽然细胞膜上有足够多的蛋白质，但是打开时间太短，不足以让盐和水通过。在肺、气管和鼻窦中，这些缺陷使黏液堆积郁结，从而滋生细菌，黏着纤毛。没有了纤毛的帮助，代谢的碎屑就无法被排出，进而堵塞气道。

范古尔的团队通过筛选获得了能增加CFTR数量、增强其功能的分子，但他们的实验不是在人体细胞中进行的，他们不知道这些分子对人能否起效。

萨比娜·阿迪达领导囊性纤维化研究的药物化学部门。她和赫罗腾惠斯之前在同一家公司，但没有直接共事过。在匹兹堡进行博士后研究期间，阿迪达发明了一种广受欢迎的合成方法。她像邓一样，能在人们认为早已经被研究透的化学领域发现新的视角。她的小组尝试了所有的方法去改善活性化合物，但当她得知生物学家的测试未必能反映人体中的情况，帮不上什么忙时（后者也不习惯与化学家合作),简直火冒三丈。"首先,得让弗雷德知道,我们清楚自己在干啥,是他的测试对我们没什么用。"她说,"其次,我们得告诉生物组,这些化合物的活性没法提高,化学修饰只能消除它们的活性,不能提升药效。我们只能让它们保持现有药效,或者变糟。"

范古尔认为囊性纤维化患者的支气管上皮细胞或许是破局的关键。有几间学术界的实验室有这样的细胞系\*,在基金会的帮助下,他找到了些合作者来测试分子。囊性纤维化团队在寻找两种小分子,一种是能修正错误折叠的"矫正剂",另一种是能延长离子通道开放时间的"增效剂"。他们处在一个尴尬的境地:大部分囊性纤维化患者的CFTR折叠有缺陷,只有矫正剂能提供帮助,但这种分子很难找到,更不要说开发。"找到矫正剂的概率只有0.002%,"范古尔说,"然后你还要把它开发成一种药。"

这是21世纪药物研发面临的新型两难问题。囊性纤维化患者中,最常见的缺陷是*CFTR*基因序列丢失了3个连续的碱基,导致所编码的蛋白质肽链第508位氨基酸缺失,被称为"F508缺失"\*\*。接近一半的囊性纤维化患者是F508缺失突变纯合子,即他们的两个*CFTR*基因都发生了F508缺失突变;另外40%的患者带有一个F508缺失突变基因。这意味着只有矫正剂才能拯救大部分患者——他们由于几乎没有功能正常的CFTR蛋白,病情也是最严重的。另一方面,只有4%的囊性纤维化患者(全球约有3000人)是G551D突变,即门控突变,福泰最好的活性化合物或许能治疗他们。要选择哪条路呢,是需求最大的还是成功概率最大的?对患者及其家庭来说,不存在"过于订制化"的药物。

---

\* 直接从患者身上获得的细胞被称为原代细胞,并不稳定。细胞系是原代细胞经过持续繁殖后获得的基因组较为稳定的细胞,这样的细胞才能保证实验的一致性。——译者

\*\* 原文为delta-F508,delta即希腊文Δ,相当于英语的D,是"缺失"deletion的简写;F是苯丙氨酸的缩写,所以delta-F508表示由于缺失基因序列,导致CFTR肽链第508位的苯丙氨酸缺失。下文提到的G551D突变指第551位氨基酸由甘氨酸(G)变成了天冬氨酸(D)。——译者

"囊性纤维化包括了1800种突变,可以说囊性纤维化其实是1800种病。"范古尔说,"这对研究、开发、监管,还有营销都是艰巨的挑战。所有人都知道这些,那我们如何开发药物呢?这是药物研发的未来。在未来,我们或许能知道患者具体的基因型,知道他有什么样的变异,然后为其量身打造一款药物。到时候我们会如何研发药物,如何为药物估值?为5个人研发一款药和为十几万人研发一款药的成本是一样的,需要同样的临床前研究、临床试验,完全一样。不过就囊性纤维化来说,我们研究了这些突变的差异,认为这1800种突变可以大致分为3类。"

8月时,阿迪达的小组合成出一种增效剂,范古尔亲自将其带到斯坦福大学的合作者那里,这个课题组开发了有F508缺失突变的支气管上皮细胞的细胞系。检测表明,这个化合物比最初筛选出的化合物强10倍。阿迪达说:"这是我们这些年里最好的结果了。"项目中的每个人都在竭力寻找矫正剂,但是增效剂活性的提高依然是一个里程碑,让大家相信他们在正确的路上,鼓励他们在两方面都更加努力。"这个分子简直是块砖头,它完全不溶,药代动力学性质很差,很多属性也不好,"赫罗腾惠斯说,"但它有活性。我们爱它,我们欢呼,因为解药是存在的。"

11月1日,福泰在肝病年会上宣布VX-950耐受性良好。Ⅰa期临床试验结果显示,其在健康受试者体内药代动力学表现优秀。阿拉姆说福泰将在几周内开始对患者测试药物。当天早上的《华尔街日报》(The Wall Street Journal)头版刊登了默沙东如何用四年半的时间收拾因他们隐瞒重磅止痛药万络(通用名罗非昔布)安全性导致的烂摊子。在研究指出万络会增加心肌梗死和卒中风险后,这款药物最近撤出了市场。"早在2000年时,"这篇报道指出,"就有一封邮件显示默沙东知道万络不仅缺乏老止痛药保护心血管的效果,而且还可能增加心脏病风险。"

2000年3月9日,默沙东位高权重的研发主管爱德华·史考尼克在邮件中写道,心血管事件"显然存在",并称其为"丢人"。他将万络与其他药物对比,然后说"风险总是存在的"。但是在此之后,默沙东的公关部门咬定万络不会增加心血管风险。

当学术界开始不断质疑万络的心血管安全性时,默沙东猛烈反击。他们甚至试图起诉一位西班牙药理学家,要求他修改文章中的观点,但最后失败了。他们还警告一位斯坦福大学的研究者:如果他继续发表"反默沙东"演讲,小心"引火上身"。这是在后者写给默沙东的投诉信中披露的。在默沙东的培训材料上,列出了有关万络的难以回答的问题,还用大字标着"回避!"。

为商者,信誉至上。在制药界,信誉更加重要。信誉代表了信任、市场力量,还有影响力。博格认为,万络事件是公司形象崩坏的绝佳案例。首先产品出了问题,然后管理层傲慢回应,再试图施以"拖字诀",最后像黑帮一样,自欺欺人地以为能靠掩盖和恐吓避免诉讼。前十年默沙东还颇受敬仰,近十年却跟烟草公司一样,备受鄙夷。默沙东的急转直下让博格既惊讶,更伤心:他们现在几乎没什么新药了;十几天后,300多位人身伤害律师齐聚洛杉矶的一家豪华大酒店,《时代》杂志说这是"万络诉讼的战术研讨会以及战前动员",这场诉讼的赔偿金可能高达100亿美元。博格坚信,要想避免这种堕落,除了稳健的资产组合,各部门的高效运转外,还需要组织建设和文化建设。

他希望建立的组织既能进行中后期开发以及商业转化,又不会失去最初崇尚研究的本心。他早已承认,福泰某一阶段最重要的成员可能不能将公司推入下一阶段。福泰目前各项目经理向博格汇报,各职能部门的主管等其他人向萨托汇报。这个体系愈发庞杂,当福泰有多个后期临床试验时肯定难以维持。

加里森调查福泰为何四处漏风有一段时间了,他尝试自上而下地解决问题。有些高管已经意识到,福泰没有什么计划。博格回忆说:"他们会问:'如果有人被公交车撞了怎么办\*?'福泰人很多,关系很复杂。"当他尝试解释他要从哪里插手时,高管们疑虑、回避,"我很担心再多说点他们就要慌了"。博格觉得现在还不需要培养继承人,但为了安慰大家,他请来了一位非执行董事——马修·埃门斯。博格认为埃门斯怀有与他同样的愿景,如果有朝一日他不能管理公司,公司的继承人应当是埃门斯这样的。

埃门斯现年53岁,满头白发,身材健壮匀称,曾是夏尔制药(Shire PLC)的总裁与CEO。夏尔制药是一家中等规模的英国公司\*\*,但他们四海布局,成长迅速,以研究为导向,开发了多种特效药。20世纪70年代时,埃门斯从菲尔莱狄更斯大学毕业,获商学学位,然后在默沙东从事销售。那时的默沙东产品卓越,声誉空前,拥有600名销售代表(其中仅有一名女性)。埃门斯从他的客户——也就是医生们——那里学习了许多医学与科学知识,还学到了他们对研发的推崇和关心。他逐步晋升,领导了抗胃酸药洛赛克(通用名奥美拉唑)的联合销售团队,这个药物后来跻身史上最畅销的药物之一。埃门斯心思缜密,自高中时就喜欢机械,能自己驾驶螺旋桨式飞机。他喜欢把事情拆解开,修复其中的问题,再把一切装回去,调整为最佳状态。他知道如何设立目标、建设团队。

"如果有人被公交车撞倒了,马修就是能随时顶上的人。"博格说,"马修不仅是董事会需要的商业天才,我还告诉高管们:'他可以成为福泰的临时 CEO,能给你们一年的时间寻找继任者。'他就是我的模范,我了解他,信任他。"

博格也在寻找在大药企中历练过、经验丰富的制药精英来领导福泰的扩张与重组,这项工作花了一年多的时间。他最后找到了曾主管诺华的商务拓展部门的维克托·哈特曼博士,给的头衔是"战略与企业发展副总裁",负责管理项目,把项目推进至具备商业化的基础。博格觉得哈特曼能"震动体系","真正带

---

　　\*　此处涉及管理学概念,即衡量团队如果因意外因素失去部分人员,整个团队是否能继续运转。——译者

　　\*\*　2019年初,夏尔制药被日本的武田制药以620亿美元收购,此举创下日本海外并购规模纪录。——译者

来发展"。博格说:"维克托能带给人们这样的感觉,'我不管你们内部是怎么做的,但是你要拿出这些成果:临床申报材料应该是这样,文件管理应该是这样,备份应该是这样……'但是他并不主管发展,在福泰,我们一直让人们选择自己愿意做的事情。"

肝病年会一周后,福泰宣布开始VX-950的Ⅰb期临床试验。这次试验为期14天,将评估3种剂量的VX-950对丙肝患者的效果,研究结果将在2005年上半年获得。与此同时,赫特的制剂团队又获得了20克药物——用赫特的话说,"把每一个角落都搜刮了一遍"才得到,他们将测试不同的多聚物以及制剂条件,希望提高药物的稳定性。加里森则前往牛津和圣迭戈分部,组织讨论会,让人们讲述前进的动力。

在一次董事会会议上,博格带来了一张校车的巨幅照片——肯·克西和"快活的捣蛋鬼们"所乘坐的那辆*,他邀请大家各自发一张与这辆巴士合影的照片。对他们那一代人来说,"你要么在车上,要么被甩下"是个人尽皆知的说法,所有的董事都发了照片。博格认为,避免被公交车撞到的办法就是亲自去驾驶它,凭着对方向感的绝对自信,飞快地开车,就像肯·克西那趟神奇旅途中的司机尼尔·卡萨迪,后者启发了杰克·凯鲁亚克在《在路上》(*On the Road*)一书中创作迪安·莫里亚蒂这一人物。

博格并不在意是不是所有董事会的人都喜欢他,也没去试着管理他们。"完全没有,"他说,"这是双向选择。他们过去几年可没给公司带来多少价值,那为什么我要费心去伺候他们,我能得到什么呢?建立一家药企有很多挑战,让董事会舒舒服服不是最紧要的任务,因为这解决不了任何真正的问题。如果董事会失控了自然会有大麻烦,但他们开心了却没什么用。咱把狮子喂饱了,它们就不会越过围栏,但这没有建设性。"

---

\* 肯·克西是《飞越疯人院》(*One Flew Over the Cuckoo's Nest*)的作者,他曾和一些年轻人(即"快活的捣蛋鬼们")乘坐一辆五彩斑斓的校车跨越美国,传播文化政治理念,被称为"神奇旅程"。——译者

❖

阿迪达的化学组有了一次巨大的突破,通过大幅改善增效剂VX-770的药代动力学、制剂配方还有合成性质,其活性提升了10倍。另外,资深科学家蒂姆·纽伯格受不了合作者无法分离与培养支气管上皮细胞了,便建议范古尔自行研发。这几年中,团队中的每个人都认识了一些患者,其中不少已经去世,剩下的也是奄奄一息。这个团队心怀紧迫感,他们与患者间的羁绊超出了一般科学家与患者间的关系。

他们已经证明了小分子能够修复CFTR导致的缺陷。在显微镜下,范古尔比较了囊性纤维化患者肺活细胞接受一种矫正剂的效果,并录制了视频。第一个视频中,未经治疗的细胞的纤毛缓慢且无规则地摇动,不能将黏液从细胞膜上移除。第二个视频中,经治疗的细胞表面是另一番景象,纤毛就像风吹麦浪般,整齐划一,有力地起伏。在体内,这样的纤毛能扫除气道中的细菌和黏液。这些影像很有冲击力,但福泰需要能自己培养细胞才能进一步开发药物。由于不少囊性纤维化患者最后都会需要肺移植,比尔在12月促成了一项协议,为他们争取到了一个有F508缺失突变的患者的肺。

这具肺在一个午夜从东海岸运达。一小时后,纽伯格就开车到了公司,立刻着手收集细胞。他之前从未解剖过人体,为此他读了一些论文,学习提取方法。他准备好了手术钳、解剖刀、镊子、剪刀,还有一罐装在生物安全容器中的溶液。他将包裹从冰袋中取出,拆开包装,发现了一具比他想象中更小、更健康的肺。他感慨道:"多么小的肺啊。"这让他想到自己的孩子,13岁时因为对新型抗生素过敏,不幸夭折。重症囊性纤维化患者的肺通常遍布伤疤,充满黏液,又硬又黑,像煤块一样,但这具肺依然粉嫩、光洁。

纽伯格单眼瞄着切口,剪掉了他确信不是呼吸道的部分。他用手术钳夹住支气管,沿着气道从尽可能深的部位取样。他小心翼翼地切除了支撑气管的软骨环,这些软骨环在气管上部比较坚硬,随着气管渐渐探入肺叶,软骨环也渐渐变得柔软。然后他将气道组织剪成小片,用酶溶液清洗它们,除去黏液。经过一系列清洗后，气管上皮细胞外仍然有一层细胞外基质。这层基质有聚集细胞、防止细菌入侵的功能，但细菌也进化出了链霉蛋白酶来分解这层障碍。纽伯格将这些组织浸泡在链霉蛋白酶溶液中，分解基质。

36小时之后，纽伯格将组织切片取出，放入培养皿。培养皿中除了常规的营养物质，还加入了维生素、矿物质和氨基酸。他将气道组织切成细条，在显微镜下用滴管取了一点样品，装在小瓶中，然后离心。之后他加入另一种酶来进一步分解细胞间基质，将细胞薄片分离成一簇簇游离的上皮细胞。在显微镜下，他看到一些纤毛还在动。他将这些细胞转移到烧瓶中，希望它们繁殖、生长、成熟，形成新的纤毛。第一次细胞培养实验耗时6周，并且成功了。但是第二、第三次实验都失败了，之后三年半中，纽伯格一直在寻找培养这些上皮细胞最合适的条件。

2005年1月，彼得·米勒前往欧若拉了解研究进度。福泰在剑桥市的药物研发陷入困境，内古列斯库和邓决心乘机将他们的化合物推入临床研发。邓的化学组一直在研究钠离子通道，为治疗神经系统损伤导致的慢性疼痛找到了有潜力的分子。内古列斯库说：

> 那段时间我们大力推荐的是抗疼痛项目，我们觉得这是欧若拉能做成的，所有的日程、会议都围绕钠离子通道。其他项目，比如囊性纤维化都留在后面，如果会议开不完，它们要么被快速过一下，要么甚至就不讲了。
>
> 跟彼得的会议正是这样。我们计划开一整天会，到了4点左右，彼得要去机场，有点着急。他一边嘟囔，一边收拾论文，这时该轮到范古尔介绍囊性纤维化项目了。范古尔看着我，好像在说：**"我该干啥，我该怎么办？我没法讲45分钟了。"** 于是他播了那段视频，彼得用余光瞟了一眼，然后开始专心地看。他不再收拾公文包了，而是坐下来，然后说："这太神奇了！"这段视频令他，还有许多人，相信药物真的有

## 第二部分 挑灯夜战

作用。

萨托得知囊性纤维化的进展后,很欣慰收购欧若拉符合她和博格的期望。这标志着她,还有福泰的研究组织迈上了新一级台阶。福泰在她到来之前就已经开始研发抗艾滋病药物,但研究治疗丙肝和囊性纤维化的药物都是她的决策。米勒和哈特曼将会进一步发展公司,将这些在她领导下产出的化合物带入后期研发。福泰越来越像一家公司,而她留在这里会离科学越来越远。于是萨托退休,回哈佛教书去了。在福泰的14年间,她与博格形成了坚定的"一字阵"(橄榄球阵型),除了恐惧、乐趣与热情外,她发现药物研发必需的坚韧正被华尔街"公司的成功在于他们让投资者获利多少"的态度扼杀。"奉股东为上帝的信条可能会损害创新所需的精神,"她说,"有一段时间,人们评价福泰是'又一个20亿市值被冲进下水道的例子',创新需要很多条件,不仅仅是资本,还需要人的主观参与,尤其是要有耐心。"

早在"9·11"事件时,福泰的律师马克斯曾在宣布p38激酶抑制剂失败前利用内幕交易避免亏损,导致了一桩集体诉讼,被告人有萨托、博格等人。2005年2月底,在福泰宣布萨托将离职几周后,联邦地区法院拒绝受理这桩集体诉讼。

福泰于2004年情人节召开项目评估会议前,临床病毒学家罗伯特·考夫曼博士已经是VX-950最坚定的支持者。考夫曼时年57岁,深色的浓眉令人印象深刻。他此前在哈佛的教学医院和业界交替着进行病毒学的实验室研究和临床研究,是一位一丝不苟、喜欢自省的医生。他2年级时就立志成为科学家,但直到快40岁他才发现他的天赋在临床试验而非在实验室中。此前,他在兴泰克实验室(Syntex Laboratories)*主持了对移植很重要的免疫抑制剂吗替麦考酚

---

\* 兴泰克实验室,在《十亿美元分子》中,这家公司研发出便宜的可的松合成路线,击败了伍德沃德的全合成路线。1994年,它被罗氏收购,因此如今骁悉属于罗氏。——译者

酯(商品名骁悉)的上市。考夫曼低调,实事求是,凡事都要问个明白,但并不咄咄逼人。他为公司带来了久经考验的成熟与如在卧室中的冷静,可谓是能让阿拉姆睡个安稳觉的压舱石。

考夫曼于1998年加入福泰。他曾一度认为美泊地布能让他10年内提前退休,但在日渐了解美泊地布的缺陷后,他将更多的精力投入到VX-950中。"用免疫抑制剂治疗病毒感染可不太好办,恶化感染和治愈感染可能只有毫厘之差。"他这么评价美泊地布,"你要仔细穿针引线,但很难干得漂亮。福泰在选择进入Ⅲ期临床试验的药物时面临很大的压力。我的态度是,'开发美泊地布很好,但是不能不开发VX-950'。如果你不能开发一款直接抗病毒的药物,那为什么要死磕一个很多人不相信的机制,开发间接抗病毒的药物?没人会理解的,对整个公司来说也是不理智的。"

Ⅰb期临床试验是面向丙肝患者的小规模试验,首次研究福泰的蛋白酶抑制剂能否提高临床效果。自试验开始后,阿拉姆一直在各地宣传福泰联合用药控制丙肝的策略。礼来退出后,他很难把这个概念卖出去。与此同时,勃林格殷格翰的化合物势头强劲。阿拉姆担心VX-950可能像普那卡生一样药效不足,无法与之匹敌。在福泰,除了博格,可能没人像阿拉姆那么急需一次成功。

"从11月到次年5月,我们花了半年的时间联系投资者,每场会议结束后,所有人都说:'你们没法和BILN-2061比,它比你们的化合物强100倍,VX-950就是条落水狗。'"他说,"所以我们得从头说起,逐个剂量地分析为什么VX-950能有效,但这对大多数人而言实在没啥说服力。我们内部设立了一个初期的门槛,测试需要多少剂量的药物,能在两周内让病毒数量降低2-log。为了让项目继续进行,这个门槛很设得低。因为哪怕在内部,他们也觉得VX-950没法和BILN-2061比,大家都在担心。但他们也不想说,既然比不上BILN-2061就放弃吧。他们不相信管理层能作出明智的决定,因此降低了自己的期望。"

阿拉姆的父亲曾在FDA从事药理学工作,现已退休,生着重病。几乎每个周末阿拉姆都会飞到华盛顿去,与他的母亲在病房陪伴父亲。他父亲的病史意外地与福泰的业务息息相关,这让他对父亲的关心不仅限于个人感情。老阿拉姆72岁了,在20世纪60年代被诊断患有非甲非乙型肝炎,在90年代被确诊为丙型肝炎。他还患有2型糖尿病和动脉粥样硬化,在2002年三条血管都接受了冠状动脉搭桥手术。快70岁时,他的肝病恶化了,这是肝炎的典型症状。他曾考虑过接受干扰素和利巴韦林的治疗,但是阿拉姆转述医生的话说:"首先,(这个年纪)没必要去治疗肝病;其次,因为你有心血管疾病,为期一年的疗程你吃不消。"他现在回医院,重新做冠状动脉搭桥,还要更换主动脉瓣,此外,他的肝也不行了。

制药公司自己不进行临床试验,他们委托独立研究者试验药物。临床试验分为数期。Ⅰ期临床试验是研究药物在体内的性质以及安全性;Ⅱ期和Ⅲ期临床试验是在此基础上,研究药物是否有效,核心思路是要排除各种干扰因素,识别药物的真实效果。为此,患者被随机分组,在对照组的使用安慰剂或标准疗法,在实验组的使用被研究的药物。重要的是,患者和研究人员都不知道谁分到了哪组,这样他们就不会因先入为主的判断,影响治疗的效果,进而无法清晰地识别药效,这就是所谓的双盲试验。VX-950的临床试验在比利时进行。先在海外做试验,再去向FDA申请在美国进行试验,这是制药界,尤其是小公司的常用做法。

此时考夫曼面临一个大难题。阿拉姆一点儿也不能知道药效如何,不然他要么得向投资者说谎,要么就会违反保密法。但为了推进项目,考夫曼需要他的上级——也就是阿拉姆——批准大量的经费。

"我们不知道谁分到了治疗组,但是很快,谁**得到**了治疗简直一目了然。"考夫曼说,"我们面面相觑,然后说'天呐!'除此之外,没别的话可以说了。我们能明确看出哪个患者产生了病毒学应答*。伊恩对药效格外感兴趣,我们很难完

---

 \* 病毒学应答指机体(中的病毒)对抗病毒治疗发生反应,如病毒数量明显下降。这里的病毒学应答指治疗过程中药物有效。文中另一概念持续病毒学应答指治疗完成后经过24周(甚至更长时间)是否能检测到病毒,即是否疗效维持不变,无复发。——译者

全不动声色,但是我们做到了,其他人什么都不知道。"

就像其他制药公司,福泰也先在内部的机密会议上通报试验结果,以保证遵守法律和道德,守护科学机密。肯·博格主持这次会议,他将决定谁能参加,并协调对数据的解读。4月的一天,他召集了博格、哈特曼、史密斯、米勒、科尔斯、阿拉姆、考夫曼等人。大家围坐在华盛顿堡研发中心会议室宽大的会议桌前,见证Ib期临床试验结果揭晓。

一张幻灯片展示了最关键的数据:为期两周的试验结束后,每8小时接受750毫克药物的患者,体内丙肝病毒RNA量的中位数下降超过了4个数量级,仅剩1/25 000。福泰的化合物能够强效、快速并持续抑制病毒,有些患者体内的病毒甚至用最灵敏的测试方法也无法检出。与此相对的是,BILN-2061的药效仅能维持48小时,之后病毒数量就回升了。考夫曼说:"(这是第一种)真正有效的抗病毒药物,能让病毒数量惊人地大幅下降。"会议室内制药经验最丰富的哈特曼说,上次他看到这么惊人的结果还是诺华革命性的抗癌药格列卫带来的。

一般来说,临床试验数据需要采用统计学分析以确定是否存在显著差异,但是数据呈现的差异实在太显而易见了。博格立刻看到了他们要走的路——既艰巨又极其昂贵。凭着这张幻灯片描述的不甚清晰却惊人的未来,他立刻调整了公司的轻重缓急。由于VX-950能迅速降低病毒数量,并长期保持压制,数据曲线类似有着平直杆头的曲棍球杆,博格称之为"福泰对勾"。

"在看到这些数据之前,VX-950并不是我们的首要项目,"博格说,"我们当时还在努力维持普那卡生,那才是丙肝项目的重点。但我们看到这个'对勾'后,VX-950胜出了,因为它在快车道上。新药上市要做的事一件都不能少,如果有个能快速做到这些事的分子,一切就都变了,这也能解决伊恩的问题。"

"福泰对勾"堪称福泰未来所在,更是史密斯的救星,他终于有个可以跟华尔街讲的故事了。他几天内就进行了一次快速募股,一个月内就筹集到了1.75亿美元。史密斯、阿拉姆等人忙着准备路演,信心满满地宣称VX-950将会改变丙肝的治疗,一些分析师也将他们对福泰的评级上调为"超过大盘表现"。波格斯是最乐观的,尽管增发稀释了股票,管理层也对VX-950大肆吹捧,但他还是在研究报告中写道:"我们……相信投资者看到Ⅰb期临床试验的数据后会意识到机遇巨大,股票将会继续强劲。"与此同时,勃林格殷格翰的蛋白酶抑制剂由于具心脏毒性,研发受阻。波格斯提醒投资者,唯一的未知数就是先灵葆雅的挑战。

这样的反转让阿拉姆喜不自胜。5月底,他飞往芝加哥参加消化道疾病周会议,在欧洲主持临床试验的亨克·雷辛克博士将会展示结果。

阿拉姆回忆说:"我们把那里搅得天翻地覆。"他和考夫曼讨论了数据显示的病毒动态、病毒与宿主复杂的互动,以及什么样的治疗方案能提高患者的持续病毒学应答。几周后,阿拉姆也加入了史密斯的路演。有一天,他在机场时,母亲打电话告诉他,他父亲在心脏手术时血流灌注过低,导致肝衰竭,不幸辞世。他说:"路演结束后,我回到华盛顿,参加了父亲的葬礼。"

翠西·赫特的小组继续尝试用不同的多聚物和反应条件改善VX-950的制剂性质。她知道接下来将会有新的大规模试验,督促着她不断壮大的小组赶上她自己飞快的速度。5月时,他们已经制成了60千克的制剂,供进一步动物毒理学实验之用。有了更好的粉末和混悬剂之后,药物能稳定存在两天了。他们现在的目标是将药物和其他惰性成分一起压成片剂,这些惰性成分可以稳定药物中的活性成分。7月时,他们为即将在10月开始的Ⅱ期临床试验研发出了片剂的配方。

"我们搞清楚制作无定形药物片剂的配方后,只花了不到一个月的时间,就在英国捣鼓出了些东西,"她说,"那里有个工厂可以合成原料药并制成片剂。我们甚至可以把在楼上压成的药片直接给楼下的患者。我们都在等数据,乔舒亚尤其亢奋,但我很紧张,我想'没问题的,哪怕不是一记大灌篮,这个药物也应该是有效的'。我在啤酒聚会时对乔舒亚说:'你知道的,它不是绝对没有问题,但我希望你有信心。'他看着我的眼睛说:'翠西,我对你有**足够**的信心。'"

博格情绪高涨,他终于有了个强效分子来遏制过去4年来折磨公司的"持续自我怀疑的逆风"。萨托离职后,他重返总裁的位置,凝聚日渐成熟的组织,继续离开默沙东时的梦想——将福泰树立为21世纪生命科学公司的典范,这意味着要将福泰打造为一个能在全球扩张的高竞争力企业。但首先,福泰需要形成自己的文化,在医生、监管者中建立口碑,在业界和国际上提升知名度。

加里森在福泰成立了15个讨论小组,覆盖了各个分部,包括1/3的公司成员。他还成立了一支较小的团队来提炼讨论中的精华,起草公司的核心目标与价值观,他对这项工作很着迷。相对而言,为公司不可动摇的使命找一个铿锵有力的宣言并不难,他们很快写出了一段:以创新重塑健康,用新药改变生命。这听起来和其他几百个公司的宣言没什么不同,但是其中三个动词"**创新、重塑、改变**"说到了点子上,而要发展这些价值观更加困难。发掘了人们的动力后,加里森将他们推向了更紧张的环节,他说:"这是一次大反思。很多公司把价值观和奋斗目标搞混了:我们希望更团结,所以把团结设立为价值观。**呃,这错了,没用的**。如果你们设立的价值观并非真实存在的,你的员工会认为这是胡扯。另一个要点就是,'这就是我们的核心价值,就三个'。总有些公司搞出九个或十个核心价值,他们其实可能一个核心价值都没有。当你只有三个核心价值时,你才能更诚实地看待问题。"

7月,赫特的团队面临最终挑战:研发可商业化的制剂。"我们那时忙得团团转,忙疯了。"她回忆说,"但我们还要去艾美酒店参加全体员工大会。我记得我**急匆匆**地沿着西迪尼街走去,气鼓鼓的,发着牢骚:'我可没时间开啥会!'我到那儿时,会场的音乐吵死人,到处都是紫色的气球,整得跟过节似的。"

这热闹的场面是为了庆祝福泰核心价值观的公布,另外两个较大的分部也会在几周内组织稍小的仪式。博格决心发展加里森的工作,于是投入大量资源,指派核心人才,启动了一项名为"践行愿景"的计划,弘扬并传承福泰的价值观。"践行愿景"计划像临床试验一样,也分为三期,还像临床试验的宣传一样,有响亮的名字,还配有口号。Ⅰ期名为"意识"。加里森解释说,这一阶段将为期6个月,在公司内部宣传这些价值。除了少不了的横幅、摆件、咖啡杯,还会有外出会议和头脑风暴,以确保所有人"知晓并领会"。博格将三项价值观展示出来(不分先后):

无畏地追求卓越
创新在我们的血液中
"我们"能赢

这样追求卓越的企业文化令博格激动。正是这样的文化让他和其他创始人出走默沙东,迈入凶险的市场,在16年中建设福泰。他们也动足了脑筋,让他们的文化与其他公司常用的"卓越""创新""协作"这样烂大街的词区分开来。比如说,"我们"能赢,虽然语法上不完全正确*,但是这正是公司文化的写照。在福泰,哪怕你有100%的把握独自完成一项工作,最好也再找个人帮你,哪怕这会稍微减少你的功劳,但相互配合的好处总比独自冒险多。博格进一步解释说,无畏地追求卓越是"挑战可怕的目标,然后依然追求卓越。如果这个目标不可怕,那我们就注意不到了"。

"创新流淌在我们的血液中,"博格说,"我们意识到,不是我们选择去创新,而是在福泰的日常谈话中,你会感到不创新就像要了你的命。对我们而言,创新是一种生理需求,创新让我们感觉自己活着。我们创新不是为了帮助别人,而是为了自己。我们不创新就会病、会死。我们忍受不了不创新。"

赫特等很多人立刻被打动了。"我很容易受骗,"她说,"我立刻信了。"她现在要为新成立的部门大量招募人才,认为这样简短有力的宣言对于求职者了解福泰是非常重要的。"我们可以告诉人们:'这就是我们。如果这听起来很对头,那你应该加入我们。如果你听了就犯困,那你就不该来。'"她说,"我还会告诉他们,福泰是个动荡的地方。我们经常会改主意,调整优先级,临时拉人去做一

---

\* 原文为"We" wins,复数主语搭配了单数第三人称动词。——译者

些更值得做的事——噢，往往最后期限已经过了一周了。如果你会为此沮丧，那你真的不适合这里。"

◆

12月，福泰宣布他们将进行VX-950的中期临床试验，为期28天，将会配合现有的标准治疗方案，即与长效型干扰素和利巴韦林联合用药，测试药物的安全性、耐受性以及药代动力学。由于丙肝是一种可以致命的严重疾病，目前的标准疗法疗程长、药效不足、安全性差，所以几天之后，FDA授予VX-950"快速通道"的审评资格。

加里森在抵抗了博格扭曲现实的力场几周后，终于正式加入了福泰，他想看看"愿景计划"到底会怎样。博格说，只有当他进入组织内部，人们才会信任他，听他的，他才能帮组织发展，在组织快速扩张时将价值观和愿景写入组织的基因。加里森的头衔是"组织发展资深副总裁"，也是高管的一员。但当他加入管理层后，所有人都发现发号施令不是他的强项。几周之后，他觉得有必要换一个更适合的头衔。他找到博格，而博格请他自己想。他的朋友提议：催化资深副总裁。博格的社会实验现在进入了细致的文化建设中，他说再也没有比这个头衔"更具深意"的了。

# 第七章

*2006年1月9日*

博格以一张苹果公司iPod的图片开启了他在J. P. 摩根健康产业大会上对VX-950的介绍。"有时候，"他说，"一个产品能更改变游戏规则，改变产品目录，改变一家公司，改变整个产业。"他进一步将福泰与托马斯·爱迪生位于门洛帕克的创新工坊比较。会议中充斥着一个比一个夸张的声称，但博格有独特的天赋，能不失实际地展望最夸张的未来。他有16年夸张的经验（而且还在进一步磨炼提升中），在业界有着过于能吹、亏损接近10亿美元的"声誉"，现在，他登上了更广阔的舞台。一名投资人凑到记者边上耳语："他真是一点儿也不缺乏自信。"

"福泰对勾"出现后，福泰和博格个人的发展都迈入了新阶段。博格预见，随着药物开发，巨大的变化将出现在福泰的每一个层面。"开发VX-950，我们的担子也很重，"博格对听众说，"这么好的数据真的有点吓人。"仿佛是为了配合博格的演讲，福泰同时宣布了雷辛克在比利时主持的一项小型临床试验的阶段性成果。20名患者参加了这项双盲临床试验，比较联用长效干扰素时，

VX-950和安慰剂的治疗效果。结果是，一半服用药物的患者在两周后体内完全检测不到病毒了。平均来看，患者体内病毒RNA量下降了5.5个数量级，减少到1/300 000。

实现病毒学应答的速度快得惊人。但就像艾滋病，关键依然是耐药性。总有些变异VX-950也无能为力，这就为后续的药物留下了登场空间。阶段性结果让阿拉姆很有信心，他相信丙肝的疗程可以从一年缩短到3个月。他也有些遗憾，因为如果能早点有这样的短疗程药物，或许他父亲就不会死。雷辛克的研究中，所有患者感染的都是基因型为1型的丙肝病毒，是最耐药、最难治的那种。VX-950出众的效果激起了公司与投资人的兴趣，只要FDA批准，他们就将在美国进行类似的研究。

在重要的投资者会议上发表一项欧洲的小型临床试验的结果勾起了华尔街更多的兴趣，福泰的股价自5月起已经涨了两倍。严格挑选患者的小型试验足以激起史密斯所说的让投资者对势头强劲的股票倍加看好，但这注定会惹恼FDA。或许除了核能管制委员会，在联邦监管机构中，再也找不出比FDA对产品上市更有管控力的机构。FDA在"进步时代"\* 成立，以"让资本主义文明化"为使命，他们严格保护公众，同时也坚定捍卫自己的特权：他们可以决定一种未经批准的治疗方案在何种情况下可以进行多大规模、多长时间的试验。"我们的宣传起到了不好的作用，"阿拉姆回忆说，"我们接到FDA药物审评官的电话，他大声喊道：'你们太相信自己的药物，太不负责了！'从那天起，我们基本就没怎么和FDA联系了。"

博格、阿拉姆和福泰过于自信，忽略了其他可能性，这是他们致命的盲点。福泰想要成为一家真正的药企，却在这时候与监管机构闹矛盾，令一些董事大为担忧，他们私下讨论是不是该管管博格了，但博格和阿拉姆觉得这不是他俩的错。"FDA上上下下每个部门都充满了犹太拉比似的教条主义者，他们觉得

---

\* 进步时代（Progressive Era），1890—1920年，美国涌现了大量政治、经济和社会方面的改革。——译者

"一切都得遵旧例,"博格说,"无论你说什么他们都会这样的。因此当我们,也就是他们自创世以来从未听说过的福泰,发明了一种利用新机制的新化学实体,也就是发明了一款新药时,我们说:'虽然已经有一些治疗丙肝的药物了,但我们想把我们的药物加入治疗方案中。我们还能证明,我们的药物能够缩短现有其他药物的疗程,并且希望试验能这么做。'但FDA认为,这样做违反了现有药物的说明书的要求。"

"他们说:'不不不,你不能这样做。你先要把你的药物和干扰素还有利巴韦林合用12个月,看看药效,然后我们再考虑缩短疗程。'但是我们说:'这没道理啊,只消几周我们的药物就能完全起效。'8周足够了,'我们只是需要其他的药物来清扫剩下的病毒'。他们对此坚决反对。"

临床试验是个利润丰厚的混合行业,既是学术,也是生意,从业者最近开始为制药界和监管者牵线搭桥。现在制药界会将大型的全球临床试验外包给外部研究者以及合同研究组织(CRO),占了他们研发预算很大一部分。这些外部机构帮助药企协调医生与患者,在医学期刊发表研究结果,还能让临床试验获得"独立研究"的美誉。福泰聘请约翰·麦克哈奇森为Ⅱ期临床试验的首席研究员,研究VX-950的有效性。麦克哈奇森曾多次组织重要的肝病与消化道疾病的临床试验,享誉全球,也是北卡罗来纳州杜克大学临床研究所的副所长。

麦克哈奇森是个略有些古怪的澳大利亚人,他在20世纪80年代末前往加州研究丙肝等肝脏疾病,之后再也没有回过澳大利亚。麦克哈奇森有着广阔的科学视野,坐拥强大的研究机构,许多公司都请他协助研究各种各样的治疗方案。只要疗法符合生物学逻辑,他都愿意试一试。除了临床试验本身,阿拉姆也聘请他为投资者和分析师科普丙肝知识。自2003年,他多次在重要的投资会议上为福泰宣讲丙肝知识及其市场机会。医生们依旧忽视丙肝,毕竟他们大部分人从未见过丙肝患者。就算见过,他们也会将其转诊到专家那里,因此肝硬化、肝癌、肝衰竭等需要肝移植的晚期丙肝典型症状对他们而言很陌生。丙肝的病程在很长一段时间里都是缓慢,甚至是毫无症状的,直到快到老年才迅速恶化。这个疾病令投资者困惑,他们只能去猜测市场的大小。麦克哈奇森告诉投资者,仅在美国,丙肝的市场就可以与哮喘看齐。从世界范围来看,大约有2亿患者,市场规模以几何级数增加。

麦克哈奇森认为,此前丙肝药物的研发陷入了死胡同,但"福泰对勾"让药物研发重回正轨。去年的12月,他和阿拉姆快速设计并启动了一项为期28天,联合使用VX-950、长效干扰素和利巴韦林的临床试验。"我们只做4周的试验是因为没有12周的慢性毒理数据来允许我们做12周,"麦克哈奇森说,"所以我们要么等着12周的毒理学结果出来,要么进行小规模试验,而我们想尽快得到结果。"在圣诞节前招募患者不是件容易的事,但是麦克哈奇森在得克萨斯州圣安东尼和波多黎各繁忙的医院找到了合作的医生。这项试验依然很小,只有24名患者。

J.P.摩根健康产业大会一个月后,福泰宣布了结果。将VX-950加入标准治疗方案4周后,所有12名实验组受试患者体内的病毒就无法检出了;而仅使用长效干扰素和利巴韦林的对照组患者体内的病毒量仍有原先的1/3。当天早上,《时代》杂志报道了福泰和博格的故事,并引用了麦克哈奇森的话:"我们从未见过这样的数据,这么快(实验组)所有人的病毒检测结果就呈阴性了。"在治疗结束后,医生一般会等3—6个月才宣布是否治愈,因为丙肝容易复发。虽然临床试验的一个规律是,大型临床试验的结果总是差于小规模试验的结果,但是"全部治愈"依然是个好兆头,看起来标准疗法很快就需要更新了。VX-950是福泰的王牌,他们似乎已经主导了丙肝治疗。

福泰在投资者会议上进一步表示,VX-950可能能够在12周内独自清除丙肝病毒,还没有什么明显的不良反应。制药界并不缺少奇迹药物的传说,但是VX-950似乎有一些真实性。投资者震惊、骚动、燥热。

当然,福泰如此执着于缩短治疗时间也有市场竞争的原因。先灵葆雅也有一款蛋白酶抑制剂,在秋天就开始了Ⅱ期临床试验,领先福泰几个月。他们的药物在两周内不能立刻大幅降低病毒活性,因此疗程是6—12个月,和常规治疗方案一样。博格和阿拉姆想用3个月的试验赌一赌,反超进度,但是FDA始终不同意。麦克哈奇森试图缓和福泰和FDA的关系,跟阿拉姆一起去了FDA在马里兰州银泉市的总部。

"会开得很激烈。"麦克哈奇森说,"FDA说咱慢慢地做、安全地做,福泰和约翰则是走经典的'福泰路子',要求全速前进。他们就试验规模、风险程度激烈交锋,没人知道会发生什么。FDA尤其担心会造成耐药性,伤害患者的生命,抗艾滋病药物试验给了他们不少教训。"

◆

埃里克·奥尔森,囊性纤维化项目的主管,已经从圣迭戈搬到了剑桥市。他的合作伙伴是一家慈善机构而非企业,他要在这个从未有人涉足的领域中,将VX-770推向临床研发。他们决定先将增效剂推入临床试验,但增效剂只能帮助4%的患者,这让他们与囊纤基金会的关系面临严峻考验,奥尔森说:"他们会想:'我们能这样做吗?这个药要怎样才能卖出去?我们还要继续支持福泰吗?'"福泰在基金会另一笔资金的支持下,正继续开发矫正剂,但因为目前已经有了增效剂,奥尔森就想说服双方为其掏出数亿美元的临床开发费,而这是基金会未曾预料也不能轻易掏出的一笔钱。他说:"维姬和财务之前一直给我压力:'你能多拉点资助来吗?'"

维姬·萨托退休前,奥尔森对她说,只要福泰肯投入经费,那他也能说服基金会继续投。"我们的研究需要资助,研究怎么做还不清楚,唯一清楚的就是我们需要更多的钱,而他们付得起。"奥尔森说,"我们总不能跟他们说:'噢,顺便说一下,我们真的想做这个研究,只不过不想花自己的钱。'我在为VX-770做规划时,就知道有朝一日会有麻烦。我们会用20—30名患者验证概念,如果可行的话,就要做关键的临床试验。我们要在验证概念的试验即将结束时,同步为Ⅲ期临床做好准备,毒理学试验、合成路线、制剂配方都要有,我们要在知道药物是否有效前准备好这些。在正常的项目中,投资者会验证概念后再投资。"

奥尔森和肯讨论了福泰的方案,肯建议为比尔提出两个方案:一是按部就班,低风险;二是同时进行所有试验,高风险、高速度。范古尔说过,为几千名患者开发一种药物不见得比为几千万名患者开发一种药物便宜,尤其是在早期研发阶段,即研究药物是否有效时。与此同时,早日将药物推向市场是绝症患者唯一的救命稻草。药物研发越快,花销越大,风险越高。奥尔森估计这要花掉基金会2000万美元。

去年秋天,他和商务拓展主管菲尔·汀茅斯前往位于马里兰州贝塞斯达市囊纤基金会的总部,向鲍勃·比尔,还有基金会的首席医学官普雷斯顿·坎贝尔第三博士等人展示他们的方案。"他们把我们带进了会议室,"奥尔森回忆说,"鲍勃在那里,十分生气。他一直认为协议是'基金会会赞助到这里,之后就全靠你们了',而我们这次来说'呃,我们商量件事,我们需要些帮助'。"

会议室的桌子上空空如也,只有一本书——《十亿美元分子》,这本书记录了福泰早期充满戏剧性的创业故事。比尔得到盖茨基金会的赞助开发CFTR后,老威廉·盖茨曾力劝他读一读这本书。自此之后,每当有人质疑福泰时——尤其是囊性纤维化的研究者,他们质疑福泰的方法,认为福泰不过是幸运的新手——比尔都会推荐他们读读这本书。

"这是他的道具,"奥尔森说,"他基本一直在说'我曾经多么信任你们',吵吵嚷嚷了一个小时,我们就听着。之后我说:'鲍勃,我们可以等,直到得到概念验证的结果。我不是来要钱的,只是说这是个机会。'我记得他说:'我以为我买了一辆奥迪,结果你现在告诉我那只是一辆奥拓?'"

"我说:'福泰愿意出一半,你呢?'他能说什么? 他刚参加了董事会会议,他的预算就那么多。会议结束后,他把我拉到一边说:'我们一起给我的董事会做幻灯片吧。如果你没有骗我,我们也没别的可选,我们必须做。'"

3月,福泰宣布与囊性纤维化基金医疗中心(CFFT,下文简称囊纤基金医疗)开启新一轮的合作,加速VX-770的临床开发。囊纤基金医疗是囊纤基金会下属的非营利性药物研发机构。囊纤基金医疗将在未来两年内为福泰提供1330万美元的资金,供福泰在2006年底前开始临床试验,并快速进入II期临床试验,福泰将保留全球的商业权。

奥尔森支持尽快将药物推向患者,但他也知道可能产生的问题:只有很少的患者携带G551D门控突变;福泰一直没能找到一具合适的肺来提取上皮细胞。范古尔的视频中,恢复动力的纤毛令人印象深刻,但展示的是经矫正剂治疗的细胞,VX-770是增效剂,并不是为了这种基因缺陷开发的。他们没有证据表明VX-770对有G551D门控突变的细胞依然有效。博格也很清楚这个问题,但奥尔森不清楚剑桥市其他人能否理解承诺在年底就进行临床试验要冒多大的风险。

范古尔等科学家四处寻找珍贵的细胞来源——世界上只有3000多名患者携带G551D门控突变。奥尔森则考虑着这种"订制化药物"面临的更复杂的问题:如何向FDA"证明"这一生物学概念,让FDA允许临床试验?

5月,董事会让博格从董事长的位置上退了下来,自本诺·施密特退休后他已在此位置上坐了9年。董事们提名74岁的查尔斯·桑德斯博士接任董事长,他曾是葛兰素的董事长与施贵宝的副董事长,在福泰的董事会待了很久了。小布什第一个任期内,曝出了许多商业与会计丑闻,令商业伦理学家和股东们督促加强董事会的力量,后者自20世纪60年代的投资热潮起就逐渐沦为橡皮图章。很多企业纷纷转型,不再由一人独裁,白宫却反其道而行之,加强了集权。博格不想赶热潮,但他觉得这样是对的。

"(以前的安排)是个错误,"他说,"当查尔斯接班时,我看到的是未来好的企业管理模式,我觉得以后除了个别跟不上时代的企业,再也不会有人同时担任CEO和董事长,是时候在福泰分离两者的职责了。"从董事长的位置退下来后,博格不用再费神去联络其他董事了,但这也让他远离董事们的讨论,不再清楚他们的想法。

福泰日益成长,不可避免地要采用慕克所谓"成年人的管理方式"。福泰第一任董事长施密特曾经领导了"对癌症宣战"项目,后来协助成立了许多生物技术公司,并为他们筹集资金。桑德斯也是这样一位好社交的"老得州人",是各种活动的座上宾。像施密特一样,桑德斯也和政界联系紧密,有一大堆名片。他除了丰富的业界经历,也是知名的心血管专家,曾在麻省总医院担任科室主任,也曾在纽约科学院、国立卫生研究院基金会担任主席,还是基因泰克和美林证券的董事。他从葛兰素退休后,加入了民主党。他曾自费竞选,获得了不少曝光度,在北卡罗来纳州被提名为民主党候选人,试图击败时任参议员——曾任夏洛特市市长的共和党人杰西·赫尔姆斯,但最终失败了。

当"成年人"上位后,可以肯定的是,更多福泰剩余的元老们将离开,或者停止管事——如同博格所说,"放下火把"。福泰的灵魂,企业文化的基因,能在漫长的艰苦岁月中保留下来,很大程度归功于博格既集中又开放的管理模式。他会与剑桥市新入职3个月内的员工一起吃午饭,以便了解基层的情况。他担心的离职潮没有出现,但米勒对药物研发的控制日益加强,替换了不少老人,剩下的老员工人心惶惶。

比如他任命内古列斯库总管圣迭戈分部。邓本来同意继续担任欧若拉公司的研发主管,但是他的妻子想回东海岸,并认为这种安排对邓实则是降职,于是他在秋天离开了福泰。不久之后,他联系上了奥德里奇,这时候奥德里奇已经是波士顿生物技术风投的领军人物,他俩一起成立了一家新药研发公司康瑟特制药(Concert Pharmaceuticals),邓担任CEO,奥德里奇担任董事长。这家公司后来于2014年上市,与福泰常有业务往来。

米勒也要为剑桥市的总部注入点新鲜血液,他将汤姆森换成了马克·纳姆丘克。后者是一位随和的加拿大生物学家,曾主管与诺华的合作项目。他简化了这些年中日益繁琐的工作汇报流程:之前为了向合作伙伴负责,全职员工得将他们1/4的时间花在文书上。

汤姆森不肯放下火炬。他管理福泰雨后春笋般的合作项目很多年了,深知战略网络的重要性,希望为没有得到足够重视的疾病开发创新且高效的药物开发模式:药企对很多疾病视而不见并不是因为患者很少(比如囊性纤维化),而是因为这些疾病的患者大部分在贫困国家,无力承担医药费。汤姆森认为这正是福泰的机会,他希望发挥福泰的小分子药物开发专长,与学术界的研究者和当地的合作者并肩作战,一起对抗像肺结核这样影响数亿患者的灾祸。这是汤姆森发现的新使命,他相信他和福泰有能力应对。

慕克在变更后的管理层中虽然位置不高,但依然在构建福泰的战略方向中扮演着重要角色,于彼得·米勒新秩序的夹缝中作出更多的贡献。在这个不断变化的组织中,他一直担任着首席技术官。不过他一直对这个头衔不太满意,因为这会让人联想到一些新奇的小玩意儿。他自己的定位是"颠覆性创造",即用意料之外的方法彻底地革新。

慕克说:"我的工作是去寻找新技术,各种各样的新技术,去评估它们,让它们为公司带来价值。我不是在沙盒里玩一些新玩具。在制药界,很多人听说这个头衔时,他们会觉得这是个搞激光的人,一般是个留着大胡子,穿着吊带裤,在地下室里摆弄新奇玩具的家伙。彼得和我想发现组织中的重要问题,看看有什么新方法、新技术能为这些问题带来新视角,让决策更简单,让流程更快捷,带来实质性的改变。我的视角不仅限于研究,还包括整个组织。"

当然,慕克作为博格副手的经历,以及他能准确揣摩博格意图的能力也同样重要。在福泰,有很多激烈的辩论,而高层又经常在没有充分解释的情况下,突然作出惊人的决定。困惑的科学家们都指望着慕克作出些解读。福泰的股价自2000年起就一路走低,生物技术泡沫破裂让股价来了个大跳水,之后先是p38激酶项目终止,后是普那卡生陷于困境,再接着就是裁员……哪怕是福泰的老资历员工也经常焦虑。他们在牛市时曾经身价百万,现在全公司似乎都在喝西北风,还把全部家当押在一个礼来看不上的分子上。很多人难以屏蔽内部的动荡与外部的噪声。许多个清晨或夜晚,他们会走进慕克的办公室,寻求建议。"我们得看远一点,"慕克一般会这么安慰大家,"公司的使命没有变,目标没有变,领导没有变。你们到底在担心什么呢?对,我能理解,公司不安定,我也不喜欢,这个感觉很难受。但你们要干什么呢?你们不认为我们在解决一些非常、非常重要的事情吗？如果你觉得我们解决不了这些问题，那么就离开吧，有些人还是认为这个游戏能接着玩下去的。"

博格不再担任董事长对实验室和会议室都没什么影响。狮子们已经得到了肉，不会翻越栏杆了。科学家们的"成年人"是米勒，而非桑德斯。福泰好像撑杆跳一般，突然跃出了困境。《波士顿环球报》(The Boston Globe)在6月这么报道："福泰从专注科学研究中转型，成了高科技可以盈利这一理念的代言人。"自"9·11"事件到"全部痊愈"这三年半以来，福泰产出惊人，得到了VX-950和VX-770，后者还获得了FDA快速审核的资格。公司的市值在3月一度达到50亿美元，虽然后来又跌去了1/3。慕克和博格一样，不能理解人们担心什么。

自大部分美国人听说"鸡尾酒疗法"起，已经过去十多年了。有了组合疗法，艾滋病不再是致命瘟疫。洛杉矶湖人队的球星，绰号"魔术师"的埃尔文·约翰逊现在依然健康地活着，还成了成功的企业家。最初接受鸡尾酒疗法的患者每天要吃40片药，制药界、医生和FDA之后一直在研究哪些人应该吃什么药，吃多久。

虽然导致艾滋病和丙肝的微生物有很多共同点，比如都是RNA病毒，都能利用人体细胞复制，但它们作为药物靶点却大相径庭。导致艾滋病的病毒HIV会将自己的基因信息反转录入宿主细胞核的基因组中，丙肝病毒则不会。因此除了少数个例，只要宿主还活着，其体内的HIV就无法被根除，但丙肝病毒是可以被清除的。所以艾滋病的治疗目标是使病毒数量下降到停止感染新的细胞，之后需终身服药控制；丙肝的治疗目标则是将病毒从体内彻底清除，真正治愈患者。

但是丙肝病毒每天能复制出数以万亿的新病毒，比HIV复制速度快上千倍。相应的，变异速度也快得多。此外，HIV在空气中只能存活几分钟，而丙肝病毒能维持活性长达16个小时，因此丙肝的传染性远高于艾滋病，比如纹身就有可能传播丙肝，但不会传播艾滋病。对制药界来说，更关键的差异在于耐药性。HIV只在受到药物攻击时才会变异,但是丙肝患者往往携带着各种亚种,博格称其为"变异的集合体",在接受药物前就已经有一定的耐药性。"为了控制并治愈丙肝,你要干掉每一个病毒。"他补充说。这也是为什么丙肝治疗也需要鸡尾酒疗法。在美国和全球,感染丙肝病毒的人数都是感染HIV的人数的4倍。

7月,FDA批准了首个仅需每日一片即可充分治疗艾滋病的药物——吉利德的复方依恩替*。这个药物包含三种上市药物,分别由百时美施贵宝和吉利德生产。复方依恩替的药片有着粉色包衣,一面印着"123",对氨普那韦等第一代蛋白酶抑制剂来说,它就像iPod比之索尼随身听那么先进。它优雅,象征着药物制剂与微型化的未来,是一种理念的胜利。复方依恩替不是一种单一的药物,而是一站式服务,它将改变游戏规则。

吉利德拥有复方中的两种药物,买入了第三种药物的专利。当他们第一次试图将三种药物组合在一起时,一位化工专家回忆说:"(混合物)简直像胶水一样,差点把我们的手粘住。"他们花了大约一年的时间,让复方药物的生物利用度接近各药单独的利用度,之后在志愿者体内尝试了5种不同的剂型。吉利德是加州一家中等规模的药企,近年来在艾滋病领域后来居上。他们的市值已经比西尔斯百货**还高了,手头还有大量的现金,最近正在大举收购,想从抗病毒领域拓展到循环与呼吸系统疾病。邝达仪注意到,复方依恩替中没有蛋白酶抑制剂,三种药物都是像AZT那样的反转录酶抑制剂,阻止HIV将自己的RNA反转录为DNA,其中一种还是核苷药物。

为了研究患者接受VX-950治疗后,血液中丙肝病毒的变化,邝达仪招募了一位年轻的科学家塔拉·基弗,令其牵头组建临床病毒学小组。像邝达仪一样,基弗相信自己在从事重要的工作,并且全身心地投入其中。她小学一年级时,

---

\* 复方依恩替(Atripla)包含了依法韦仑、恩曲他滨和替诺福韦酯三种药物,国内暂无通用译名,译者取三种药物首字作为译名,以便阅读。——译者

\*\* 西尔斯百货(Sears),美国老牌百货连锁店,于2018年破产。——译者

曾参观了她父亲在马里兰州蒙哥马利学院的生物学实验室，在那里她看到了 DNA 的双螺旋结构，并深深地喜欢上了它，为此画了一幅画，一直贴在她房间的墙壁上。她在约翰斯·霍普金斯大学攻读博士学位时，设计了复杂的实验来研究 HIV 如何产生耐药性，她的研究证明了仅靠一种药物是无法控制 HIV 的。

基弗研究了 14 天中单独使用 VX-950，或 VX-950 与长效干扰素和利巴韦林合用时，患者体内病毒量的变化曲线，认为丙肝治疗的关键是开发更好的药物鸡尾酒方案。基弗和同事检测了自然界中最常见的丙肝病毒毒株以及多种突变型毒株在接受药物治疗前、后的基因序列，研究它们在 VX-950 作用下的变化，同时参考患者的情况。基弗发现，虽然大多数病毒都被 VX-950 抑制了，但是有几种病毒的蛋白酶会突变，对 VX-950 不那么敏感，只有配合干扰素和利巴韦林，这些突变病毒才能被抑制。"我们监测患者的情况，探索药物要多久才能起效。我们认识到，VX-950 主要的作用是清除野生型病毒，就是清除那些对它非常敏感的毒株，还能清除一些低耐药性的病毒。"她说，"之后，我们必须依靠干扰素和利巴韦林去对付那些高耐药性的病毒了。"

除了有助于阿拉姆鼓吹短疗程的好处，基弗的工作让科学家们第一次了解到丙肝病毒是如何应对直接抗病毒药物的。很多人对她的研究的临床价值以及商业价值感兴趣，她因此受邀于 11 月在海因斯会议中心的肝病年会上做大会报告。与此同时，福泰和强生的两家下属公司签订了全球合作协议，共同开发 VX-950 在北美以及日本之外的全球市场，为 VX-950 的后期研发和商业化提供了足够的资金。根据协议，强生将会立刻支付 1.65 亿美元，以及 3.8 亿美元的里程碑支付，还有分级销售专利费（平均达到 25%）。欧盟地区的丙肝患者是美国和加拿大加起来的两倍之多，华尔街的分析师都看好这次合作。他们预测，VX-950 在美国的销量将于 2013 年达到 30 亿美元的巅峰，两年后海外销量也会达到 24 亿美元的高值。

史密斯很兴奋。3 年前，他力促博格收缩公司，并向华尔街保证福泰不光有一款突破性的药物，而且是年销量能超过 10 亿美元的重磅炸弹，现在逆风终于停住了。像奥德里奇一样,史密斯也知道在华尔街筹款的最佳时机不是你需要钱时,而是在你能筹到钱时,因此乘机将剩余的债务都转化为股票。目前福泰的账目上有5亿美元的现金,今年年底预期亏损2亿美元,2007还会再亏损3亿多。肯的法务团队也快速行动,向证监会申请增发900万新股,最终筹集了3亿美元。此外,强生还将为VX-950上市剩余的费用买单——VX-950现在被命名为替拉瑞韦。这样算下来,史密斯估计,只要再发行点股票,就能再支持公司一整年的研发了。热情的基金经理和机构投资者9天内就把新发行的股票抢购一空,或许从没有其他的生物技术公司有过这样的势头。

"我们出去拉投资时牛气冲天。"史密斯说,"我们有嚣张的资本,那就是我们的数据。我们非常乐观,根据数据对临床潜力和机会做了很激进的预测。我觉得无需过谦,我们要讲一个大故事,一个足够大的故事,大到能吸引华尔街跟进。丙肝是个大病,而我们的数据好得前所未有,我们就像花衣魔笛手一样,讲了个大故事,然后他们就跟进了。投资者们对市场也有一种病态的观念,他们有很多'动能',也可以说是贪婪——'我也想掺和一脚',然后他们就离不开你了。"

从一开始,博格就需要科学、人才、资本这些关键试剂来做实验,建立一家更好的药企。这个秋天福泰第一次有了足够的试剂,达到质变的临界质量。基弗在肝病年会抢尽了风头,数千人簇拥着在大会议厅听她介绍替拉瑞韦如何起效,如何应对耐药性,如何与其他药物配伍,如何连基因1型丙肝都能治愈。随着福泰从基础科研与临床试验的领导者进化为商业上的领导者,博格的注意力也转到了一些不那么明显,但对他来说,甚至比将替拉瑞韦上市更急迫的事情上。

考夫曼根据一项对比安慰剂的中期试验,极力劝说FDA,让他们也认同福泰的药不光能提高治愈率,还能缩短疗程。但FDA担心长期安全性。替拉瑞韦药效很强,服药过久可能伤害身体;但如果停药过快,又可能引起耐药病毒强力反弹。凭借病毒学数据和模型，考夫曼说动了监管机构。"我们相信我们的模型，坚持只做12周试验，这让FDA很担心。"他说，"但最终他们同意我们平行进行多项试验，研究能否缩短疗程，允许我们（在美国）进行小规模的12周试验，在欧洲的试验规模可以更大一点。"

在将丙肝药物上市的比赛中，福泰的对手不仅是先灵葆雅和勃林格殷格翰，还有很多药企也在开展核苷药物和聚合酶抑制剂的临床试验。比如吉利德的药物，临床前研究的数据看起来不输替拉瑞韦。"我们竭尽全力，以最快的速度开发。"考夫曼说，"我们知道竞争很激烈，其他人也在努力，局面即将白热化。我们想尽快完成试验，也想最后给患者带来好的药物——不光有高的持续病毒学应答率，还能缩短治疗时间。我们所有的顾问都说这样的想法'很美好'。"

"我们渴望保持领先。有时候，我会觉得花费几个月的口舌和监管机构谈方案很累。我们竭尽全力，快马加鞭，但监管机构也有自己的道理。这是个新领域，之前从没有人证明直接抗病毒药物能实现持续病毒学应答，没人有经验。所以他们疑虑重重，不想出啥岔子。"

II期临床试验开展不到两个月后，多个临床研究中心的患者发生了严重皮疹。此时基弗正为美国肝病年会准备幻灯片，史密斯则在宣传导致肝癌和肝移植的重要疾病将会被福泰的独家药物治愈，吸引着华尔街的注意。福泰和FDA都收到了报告。虽然有几十种药物偶尔能引起两种致命的皮肤病，但如果证据确凿，替拉瑞韦可能很难通过审核，这令考夫曼十分焦虑。

"本来一切都很顺利：神奇的、绝佳的数据，II期临床试验启动。然后就来了这一出。"他说，"我们收到了第一例报告，然后又收到了一例，一例接着一例，我们面面相觑。收到第一份报告时，你还能说'这算啥'，可有3份报告时，你就不得不承认'噢，天哪，这可能是替拉瑞韦导致的'。有5份报告时，你很清楚这就是药物导致的。"

◆

第二次世界大战时，乔治·默克举全公司之力支援战事。那时候制药界颇受鄙夷,不过由于他们几乎不生产什么有用的药物,获得这种风评也是自然的。那时候通过研发药物获利也是天方夜谭。年近五十的默克主持起政府的战时医学项目,帮助华盛顿政府统筹全国的研究力量对抗法西斯势力——并从中获益匪浅。

富兰克林·罗斯福总统的首席科学顾问万尼瓦尔·布什任命默沙东的首席科学家阿尔弗雷德·理查德主持新成立的医药研究委员会,堪称生物医药界的"曼哈顿计划"。1941年8月7日,珍珠港遇袭之前4个月,医药研究委员会听说纳粹德国已经分离出肾上腺的活性物质可的松,并且让他们的飞行员服用,以应对高强度的空战。医药研究委员会认定,生产可的松是他们的首要任务。那天晚上,在会议后回费城的火车上,理查德见到了两位来访的英国科学家霍华德·弗洛里和恩斯特·钱恩,他们正在研究一种稀有的真菌提取物:青霉素。青霉素对烧伤和感染有奇效,但是他们仅有很少的青霉素,甚至需要从患者的尿液中回收青霉素。二战结束时,在理查德领导下,默沙东及其他药企,加上联邦实验室,已经能提供全美所需的抗生素了。

战后,默克巧妙地拓展他的战时公众业务,立志将默沙东融入高品质的生活。布什预见了科研新秩序,也加入了默沙东的董事会,最后担任了董事长。在默沙东的实验室中,化学家们在脾气火暴但是思路巧妙的马克斯·蒂什勒的领导下,耗时10年,研发出商业上可行的可的松合成路线。蒂什勒后来成为博格的导师,默克则成为制药界理想主义的代言人,默沙东公司也因科学先进与对社会卓有贡献而颇受赞誉。1952年8月,乔治·默克登上了《时代》杂志封面,标题是他著名的宣言"药物是为人类而生产,不是为追求利润而制造"。

博格私底下也为自己还有福泰规划了类似的路线,但是反恐战争没有带来相应的机会。除了名义上的"邪恶轴心",没有真正的轴心国。在阿富汗和伊拉克的战争没带来真正的威胁,空有雄心壮志的企业家找不到承担重任、树立公众形象的机会。于是博格退而求其次,决定让福泰成为地区事务的领导者。他要积极地参与外部事务,建立联系,担当责任,构建联结卫生行业、监管部门和医保支付部门的网络。他称这些活动为"外部性",为了让员工们知道他在干什么,他开设了一个内部博客。

博格当选了马萨诸塞州高新技术协会的主席,这是近十年来第一次由生物技术公司的高管坐上这个位置。他还加入了生物技术行业协会\*的董事会。此外,他进入了哈佛医学院董事会,还是大波士顿地区食物银行的重要筹资人。他志在全球,但从本地做起。他成了州长德瓦尔·帕特里克的心腹顾问,代表马萨诸塞州科学界、学术团体和高科技企业的利益,为马萨诸塞州的发展出谋献策。"(许多高新企业的高管们)认为他们代表了未来,政治家应该主动向他们请教,但是博格不同,他意识到深入参与灯塔山\*\*上事务的价值,"《波士顿》(*Boston*)杂志这么介绍他,认为他已跻身波士顿的权力精英之列。

博格很享受参与政治的福利,比如高层人士的关注、特殊的渠道,以及CEO们喜欢的各种特权。2007年1月,他在新一年的J. P. 摩根健康产业大会上展望了替拉瑞韦和VX-770的临床试验计划。一周后,他携妻子随新英格兰爱国者队出发,后者要在联赛决赛中对决印第安纳波利斯小马队。在飞机上,他们的位置就在爱国者队传奇教练比尔·贝利奇克的三排之后。3月,他们受一位XPrize基金会董事的特别邀请,前往加州山景城谷歌公司庞大的总部,观摩XPrize基金会的人类进步大奖赛。他写了一篇单倍行距、长达10页的博文记录此行。谷歌总部的建筑都不高,博格形容是,"非常有趣的低调景观","技术极客们的非自然的夏令营"。

那天他与查尔斯·林德伯格的孙子埃里克·林德伯格共坐一桌。查尔斯曾在1927年驾驶"圣路易斯精神号"首次飞越大西洋,埃里克在4年前也驾驶着那架飞机的复制品,重现了75年前他爷爷的壮举,这对身心都是艰巨的挑战。埃里克30多岁时被诊断患有快速进展型类风湿关节炎,曾一度无法飞行。后来

---

\* 生物技术行业协会(Biotechnology Industry Organization, BIO),2016年更名为生物技术创新协会,缩写不变。——译者

\*\* 灯塔山(Beacon Hill),马萨诸塞州州政府大楼所在地。——译者

接受恩利治疗后生活重新步入正轨,他心怀感激,成为恩利著名的代言人。"我俩闲聊,"博格写道,"'如果有种药效果类似,但每天只用吃一片,你觉得怎么样?'他立刻倾身对我说:'那太棒了。虽然如果没有恩利,我只能蜷在家里,但是我恨它。它得打针,打针时很痛。改进后不用那么频繁地打针了,但是更痛了,还会引起感染,我真的讨厌恩利。'我说福泰十多年来都在研究关节炎,于是福泰多了个粉丝。"

博格在博客中记录了那天晚上精彩的活动:见到了各种名人,餐后还有罗宾·威廉姆斯\*的表演。餐桌装饰极尽奢华,由谷歌自家的厨师奉上时髦的全有机食品大餐。博格在博文中展现了他广泛的兴趣、学识,以及他的"极客风格"。比如他评价晚宴即将结束时歌手洛福斯·温莱特对《哈利路亚》(Hallelujah)不尽如人意的演绎,他写道:"还是听听莱昂纳德·科恩在专辑《异位》(Various Positions)中的版本吧,本来动人心弦的副歌被温莱特唱得空洞、毫无生气。顺便提一下,杰夫·巴克利的版本更加放纵。"

在无拍卖师拍卖\*\*中,博格赢得了与斯蒂芬·霍金一起体验零重力飞行的机会。他们将乘坐美国国家航空航天局特别改造,加装防撞软垫的波音707(体验过的人称这种飞机为"呕吐彗星"),在大西洋上空专有的航线上波浪式飞行,每次俯冲能让乘客感受到20—30秒的失重。博格一直都想体验太空飞行,并视霍金为当代最伟大的物理学家,因此对这旅行格外期待。霍金因运动神经元疾病早已瘫痪,依靠特殊轮椅以及电子声音,他得以继续讲述他的理论、展现他的智慧。博格承认,他差点输给另一个竞标者,这让他很难过,两人你追我赶,他在最后一刻才赢得这次机会。他这么写道:"《星际迷航》的粉丝们已经在《星际迷航——下一代》的第252集中看过霍金博士扮演他自己了(他是《星际迷航》中唯一扮演过本人的客串),这集首播于1993年6月21日(星际纪年

---

\*　罗宾·威廉姆斯,美国演员,代表作《死亡诗社》(Dead Poets Society)。——译者

\*\*　无拍卖师拍卖(silent auction),参与者在规定时间内自行竞价的拍卖,气氛较为轻松,多见于非营利组织的慈善义拍。——译者

46982.1)。所有粉丝都知道,在这集中,霍金在全息模拟中与由演员扮演的阿尔伯特·爱因斯坦、艾萨克·牛顿一起打扑克,这真是最好看的一集。"

4月26日,周四,博格前往佛罗里达,与其他20多名乘客一起登上"重力一号",说他有多么开心都不为过。这个月稍早的时候,麦克哈奇森在西班牙巴塞罗那的欧洲肝病年会上报告了替拉瑞韦第一次短疗程临床试验的最新进展。结果表明,经过12周的联合治疗,替拉瑞韦能够完全清除部分患者体内的病毒。福泰也将CFTR矫正剂——VX-809的临床研发提上了日程,这个药物可能会是大多数囊性纤维化患者的救命药。博格兴致高昂。"飞向奥兰多,"他写道,"但我不是去迪士尼看米老鼠。我有点太开心了,但请你们理解,毕竟我将要去体验失重了!失重!和霍金一起!"

霍金由四名护工和两名医生陪同。他们将他放在铺了护垫的机舱地面上,在8次俯冲中引导和检测他。结束后,他们说霍金"状态极佳"——心率、血压、氧饱和度都正常。霍金则通过电子合成音说:"太空,我来了。"博格也有类似的感觉。

"零重力的体验是前所未有的,"他写道,"开着飞车越过山丘,电梯快速落下,跳出飞机,潜水,这些完全不能和真正的零重力相类比。想象一下一个能控制房间灯光亮度的开关。你慢慢地调,灯光就渐渐暗淡下来;慢慢地调回去,灯光又会逐渐亮起来。(零重力也是这样,)没有突然的下坠或反弹,不会让人感觉心下一凉,没有风,也没有阻力,就像灯光渐渐暗淡下去,又渐渐亮起来,这就是零重力的感觉。"

在这种心境下,博格为5月生物技术行业协会波士顿会议的演讲构思。在年度会议上,他当选董事会主席,将会在华盛顿代表协会。与此同时,他在灯塔山的投资也有回报了。州长帕特里克向数千名集会的群众夸耀马萨诸塞州近期的经济发展,以及这样的优势如何帮助马萨诸塞州成为世界生物医学的领导者,而博格就喜气洋洋地站在他身边。马萨诸塞州每7个工作岗位就有1个与医疗卫生相关,国立卫生研究院每年为各医院和大学实验室提供超过20亿美元的经费,马萨诸塞州展示了政府赞助的科研和因此聚集的人才可以形成培养繁荣经济的平台。

"在这个小小的州里,"帕特里克说,"我们有无与伦比的研究型大学、教学医院、人才、风险投资,还有进取的传统,这让我们的经济充满创新的活力。可以说,我们是世界上最大的生命科学研究中心,我们对此非常骄傲。"

帕特里克宣布了价值超过10亿美元的生命科学促进计划,包括种子基金、人才培训、免税补贴,以吸引投资,创造岗位。博格是此举重要的推手,一直在游说立法者。他挽起袖子,亲自去说服关键人士,他认为公众活动也是CEO职责的一部分,"我不认为存在明显边界"。

虽然博格在福泰出席会议和参与周五下午啤酒聚会的次数减少了,但是大家都通过他的博客,知道他在公司外做了什么。很多人乐于见到博格在外出风头,他们能从中感到同样的乐趣,认为这预示着福泰即将飞黄腾达。但也有些人更希望是**他们**与爱国者队称兄道弟,而不是半夜还在实验室和小隔间里加班。当然,他们不知道博格是如何驾驭管理层的,也不知道博格如何集中公司的力量,在一年内就有可能向FDA提出新药申请。博格认为,同时处理这些事的关键不是招募正确的人才,而是建设企业的文化。博格难以解释这些,也懒得解释。他回忆说:

> 讽刺的是,我将我做的事曝光得越多,人们就越紧张。他们认为CEO该做什么呢?去问问其他公司的CEO,他们会花多少时间视察工厂。估计与他们在年度报告会上合影的时间一样长。这不是CEO该做的事。如果他这么做了,那大错特错。
>
> 如果我们想成为大公司,我就需要成为生物技术协会的主席。我确信我们走在正确的路上,我想提前为福泰的外部关系铺路架桥,毕竟不是我们一有新药外部关系网就自动搭建好的。我们不能突然成立一个社区关系部门,然后号称关注我们生活的城市和政府。这不像

打开开关那么简单,你要真诚。我们需要建立外部关系网,这不是能外包的项目。这很重要,也需要很多思考。

❖

加里森和马克·慕克一起主持"践行愿景"计划。现在他不再进行"考古发掘",而是开始建立文化,关键要找到有才华、能成为大家榜样的人。加里森喜欢"正向偏差"这个管理学概念,即组织中那些不走寻常路,但是凭着他们的奇招巧思而鹤立鸡群的人。发现他们,将他们树立为榜样,这将塑造你的团队。博格说:"不要局限在管理层中,要在全体员工中找。"他在面向全体员工的邮件中问道:"你是'正向偏差'吗,或者你认为谁是吗?"博格收到了360封回信,他进一步从中挑选出践行愿景计划的领导者,覆盖了各个分部和部门。"马克,"他说,"绝对是正向偏差。"

愿景项目的Ⅱ期被称为"嵌入",将会改变福泰如何评估他们的关键资产:人才。像所有公司一样,福泰根据员工完成目标的情况评估他们。但博格认为,价值观必须纳入公司的绩效体系。如何评估合作、创意、勇气、勤奋、热情?之后6个月中,福泰各处都在讨论如何评估价值观。最终决定,员工的工资和奖金不仅取决于他们是否完成目标,也取决于他们完成目标时的态度和精神。"这是项大工程,"加里森说,"员工**不可能**实现全部目标,但我认为所有追求创新的公司都应该这样,因为如果目标都能实现,那它们太容易了。但如果你能证明你在追求公司的价值,你将会得到最高的奖金。类似地,哪怕你完成了所有目标,你也可能会有麻烦。我们真的对此很重视,在各处作了很多次宣讲。"

福泰最大的风险是,没有人愿意承担能够推进公司的风险,公司也不再奖励那些为探索新路线去尝试大胆想法但失败的人。博格相信,将价值观纳入奖励会让最适应公司的人继承诸如汤姆森、慕克等公司元老们"无需解释"的热情与牺牲精神,为公司的未来打下基础。"嵌入"计划是博格最得意的公司文化建设,他确信这能让福泰精神永久传承。

翠西·赫特是另一个正向偏差。经过了一些"认真的招募",制剂组现在有

35人了。她依然每周花3个晚上和候选人吃饭,多亏了忙碌的作息她才没有变成自己口中的"小胖子"。她早就接受了福泰的价值,深信加里森的使命,她要求她的团队也提出自己的"胆大包天的目标"。赫特这么形容她的愿望:"做尽所有能做的简化、预测、模拟,不再有神秘。"她说:"人们常说制剂是一门艺术,但我可听不来这话。制剂明明是一门精确的科学。它困难、复杂,但依然是科学,可不是哪门子艺术。没有什么黑魔法,不需要巫师的大锅和咒语。"

12月,米勒任命赫特为制剂研发主任,主管药物理化性质和生产的方方面面。这些职能被统称为化学成分生产和控制,是FDA等监管部门的重点审查对象。赫特的团队已经有70人,但为了替拉瑞韦的上市,还将扩大一倍。

她带着所有人,去探讨制剂部门"胆大包天的目标",用她的话说,是"我们今后20年想做的事"。加里森"催化"了整场活动。福泰价值观行动的第Ⅲ期,"持续"计划正在进行中,这是要将文化——用加里森的话说,"永远"——根植于企业。他们深入讨论了如何培养原创想法,如何让这些想法不被中层管理者阻挠。如何形成新的想法?如果你是主管,有人带来了新的想法,你会怎么办?(创新者:做好基本研究,做好可行性研究,争取支持,争取合作。主管:坦诚地倾听,帮助创新者获得动能,调整工作安排,让创新者能去尝试新想法。)加里森协助赫特等小组开发各种流程,然后再由践行愿景小组向全公司推荐。

赫特的团队分成小组,经过一番讨论,将他们的目标分为4类:科学,团队与商业进展,个人发展与福利,声望与荣誉。大家达成了激励人心的共识:他们都希望福泰成为伟大的研究导向型药企,以其精确高效备受赞誉,领导行业的标准,同时科学家们既能诚诚恳恳地勤奋工作,又能享受乐趣。"科学家们想要充实的生活。"赫特总结说。她带领一个小组将一天的讨论浓缩成一小段"行话",比如将药物精确递送到身体中特定的部位;利用最先进的工艺流程,准确地生产毫克级或吨级的化合物。

加里森一如既往地要求更简洁点,要简洁到"山巅之上能看到什么"。他说这一小段话是一段"生动的描述",但不是"胆大包天的目标",后者需要将前者再压缩成一个口号。赫特的团队再次举行外出会议，畅想目标，他们需要一个既能印在公司的马克杯或文化衫上，又真实有力的口号。福泰创业之初，曾为第一件公司文化衫举办过标语大赛。奥德里奇提出的"我们不依靠概率"赢得了比赛，但为现实问题困扰的科学家们其实更喜欢"我希望幸运而非优秀"，想找到一个反映现实又积极向上的口号并不容易。

赫特的团队决定向公司的集体愿景看齐，他们提出的"胆大包天的目标"是"福泰制造：药物递送的金标准"。这句话与50年前的"默沙东制造"有着同样的自信。这不是由某个壮志凌云的创始人提出的，也不是由哪个高层、市场营销部门或者咨询公司提出的，而是直接来自生产一线。

赫特接受并开始宣传这个口号。赫特的团队之前就广泛使用计算机模拟药物性质：他们使用流体力学软件模拟上吨的原料在反应釜中会如何反应，用挤压软件预测量产数以百万计的片剂时药物的物理性质。现在她的团队在慕克的支持下，开始挑战更大的目标：通过药代动力学模拟，改善制剂性质。随着替拉瑞韦的生产工艺日益完善，赫特一直想让药片更小，并克服食物效应，即解决替拉瑞韦的生物利用度在空腹服用时会大幅下降的问题。近一年来，她投入了大量的资源，研究了5种制剂，但是没有一种比Ⅱ期临床试验用的制剂好。

她担心米勒会失望。"我们花了很多时间，试图改善片剂性质，但是最后我没有实现目标。"米勒却很支持她，他说："你担心什么呢？我们有可以在Ⅲ期临床试验使用的药物，效果和Ⅱ期一样，商业上可行，可以放大生产。这是非常棒的工作，是个好消息，完美！你已经做到最好了。"米勒做了博格希望的事：鼓励赫特超越自我，即使她最后失败了也要继续支持，超越自我是心态问题。

"当员工冒险但失败时，我需要支持他，"赫特说，"这就是我们和默沙东最不同的地方。在默沙东，如果你冒险并成功了，你是英雄。但如果你失败了，你就是狗熊，而且这个失败的记录将伴随你15年。他们对失败者真是一点也不宽容，因此人们变得非常谨慎。"

加里森曾研究过许多公司与CEO,这一次他觉得自己来到了奥兹国\*,从黑白电视突然进化到了彩电。"福泰吸引了我。"他敬佩地说。在福泰的每个角落,他都能发现人们如饥似渴地创新,这样的系统性创新正是许多机构一直试图"灌输"给他们的成员的,更是国家与世界期望的。在福泰,创新已经成了公司的一部分。他认为福泰特殊之处仅在于他们**重视**了那些有着远大愿景、崇高目标的人们。加里森说:

> 我曾在广告公司当创意总监和CEO,但我会跟我的前同事们说,福泰才是最具创意的公司——而且领先了其他公司好几光年。他们哪来那么多新意?因为这就是乔舒亚要求的。
>
> 乔舒亚知道,人是创新的关键。因此他会做一般人不会做的事,比如和每一位新员工吃饭。他一句话从不说两遍,但会反复宣扬他的核心理念:"你们是来拯救世界的。开发新药很麻烦,所以我们要勇敢些,聪明点,想些与众不同的办法。"他会讲故事,他会激励人们。
>
> 这就是你要做的。你需要为企业存在的理由而努力,而不是整天关注公司的业绩。乔舒亚重视文化,建立文化,热爱文化。**笨蛋,问题是文化!**\*\* 这就是伟大的公司与不那么伟大的公司的差异所在。

默沙东因其理念与愿景饱受赞誉。吉姆·柯林斯,"胆大包天的目标"的提出者,在其1995年出版的畅销书《基业长青》中着重分析了默沙东。但仅仅十几年后,不到一代人的时间,当人们再度提起前途无量的伟大公司时,默沙东被遗忘了。柯林斯在书中还高度赞扬了西尔斯百货,说它完美地平衡了使命与文化,但这家公司也不行了。虽然他们可以东山再起,但这既非易事,也需时日。加里森说,他们的"秘方"不好使了。他在一次董事会会议上讲解,默沙东的问

---

\* 奥兹国,美国童话《绿野仙踪》(*The Wizard of OZ*)中的仙境。——译者
\*\* 改编自克林顿竞选标语"笨蛋,问题是经济"。——译者

题在于"企业老年病"——随着企业成长，经验累积，华尔街对年增长率的无理要求（这对药企而言尤其困难），腐败与保守主义渐渐出现在企业中。

博格建立的福泰虽然每小时消耗6万美元，但仍然在青春期，离小有成就还有距离。市场尚未认可福泰是一家好公司，更不要说是否伟大了。博格和福泰人赌上了他们的职业生涯建设福泰，但只有时间才知道福泰是否具备了成为伟大企业的基础。

博格和董事会关系疏远后，和高管的关系也出现了问题：他的集权管理不可避免地导致了家长式的专权，让人心涣散。许多高管不信任他，觉得被骗了。他们抱怨说，博格藏着数据，对不想回答的问题避而不谈，故意含糊不清。埃门斯在开会时能明显感觉到双方的不满，这是一种麻烦的"疏离"。不过阿拉姆、米勒、史密斯、加里森、肯等高管是博格钦点的，他们对博格敬重有加，得到博格支持时才最有效率。他们有集体会议，但如果有人有自己的麻烦，他会和博格单独会面。而博格会像鹤一样，一边盯着电脑，继续手头的工作，一边安静地认真听着来访者讲话。这些福泰高管对他们的口号"我们能赢"中的"我们"的理解是"我和博格"，是发号施令的那端，而不是团结协作的"我们"。

6月底，福泰宣布两位新高管的任命。库尔特·格雷夫斯将担任销售总监，同时主管商务拓展。他之前是诺华的销售总监，曾经在一年半内创纪录地上市了9个药物。"他的资历无与伦比，"博格说，"他就是代表诺华商业部门出席FDA电话会议的人。"格雷夫斯年仅四十，最初也在默沙东工作，瓦格洛斯曾任命他领导一个新部门去推销奥美拉唑，让他"去建立一家21世纪的药企"。格雷夫斯是一流的战略家，拥有敏锐的分析力与顶尖的商业思维，也深深赞同研发是药企的根本。有些董事认为格雷夫斯足以担任博格的继承人，有一位董事甚至在面试时就认定他是"金童"。"谢谢他们帮我卸下重任。"博格回忆说。

另一位高管是阿米特·萨奇戴夫，他是律师，之前在生物技术行业协会主管卫生与监管部门，入职后将主管政府部门联络及公共政策方面的工作。博格需要一位福泰专属的、与政府有密切联系的游说者,萨奇戴夫当然符合这样的要求,他曾任FDA的副局长,在此之前任众议院能源与经济委员会的首席律师,主管"9·11"事件之后的生物恐怖袭击、食品安全及环境问题。与此同时,博格更需要一位高明的活动家来游说华盛顿政府,让他们意识到丙肝,以及替拉瑞韦等新药的重要性。与艾滋病不同,政治家和政府机构对丙肝的流行程度以及危害尚不知晓,没有意识到丙肝对公众健康的威胁,美国还没有做好准备。萨奇戴夫随和而又精力充沛,看起来随时能与人勾肩搭背、称兄道弟,但现在他和博格的第一要务是去教育。

第二周,在董事会聚会上,博格主持了长达3小时的讨论,配以图表和幻灯片,讨论下一任CEO的标准。虽然寻找继任者的事情3年前就被提出了,博格也说埃门斯是"他被公交车撞了后的替代者",董事会也同意博格的建议,即继任者需要"具有久经考验的商业敏感性,最好同样精通研发,至少也要真诚地赞赏研发",但是,现在他们有了更加具体的要求:杰出的演说家,既能让华尔街相信福泰是一家快速发展的科技公司,也能让科学家相信福泰依然踏实肯干。

"这样的人可不好找,"博格回忆说,"董事会提的要求似乎不可能全部满足,但这是他们真诚提出的。我不打算请一家公司帮我们去找这样的人,我希望他们提名——如果谁知道合适的人,我们就要行动,而非等待,现在就是行动的时候。我说:'我们还没有为转型做好准备,但是如果有合适的人才,我们会为转型做更充足的准备。'大部分董事认为库尔特需要再历练历练,但是他和我们志趣相投,履历也不错。库尔特看起来不错,但是他还没有在成长型的公司中干过。"

博格觉得有一天他可能真的会退休,但他认为慢慢制订一个考虑周全、可全面推广的领导继承计划就足够了。现代企业大部分CEO任期不会超过10年,像博格这样干了超过20年的少之又少。博格知道不少人,比如董事会中唯一多次担任CEO的埃门斯,认为5年是一任CEO的最佳长度:5年足够将公司推入新阶段,或者转型,又不会长到让你以为这是像教授或者法官那样的终身职位,永远属于你。博格认为,公司的延续不能依赖于某一个人,哪怕是他自己也要是可以被替代的。他指示人力资源主管丽莎·凯利-克罗斯韦尔(Lisa Kelly-Crosswell)为整个高管团队寻找继任者。凯利-克罗斯韦尔与加里森合作,开始寻找如果哪一个高管突然离开,福泰内部能立刻顶上这个位置的人。

❖

博格和萨奇戴夫等人在剑桥市和华盛顿开了几次小会,讨论面临的问题:他们有一个重磅炸弹,但是针对的疾病没有得到应有的重视。糖尿病、失禁、抑郁等不那么致命的疾病随着人口的老龄化,靠着无处不在的广告、夜间新闻的滚动播报,患者数量以及市场前景已经广为人知。囊性纤维化、艾滋病等更恐怖的疾病,由于有着活动家的宣传,也深入人心。丙肝从这个意义上倒成了"罕见病"——不是说患者人数少,而是说它没有群众认知基础。

制药界不发明疾病,但是他们可以通过药物提供希望,进而影响政府和公众的想法。丙肝在历史上没有造成什么紧急情况,没有政治家或者机构涉足。艾滋病完全不一样,它通过血液秘密传染,10年后才发病,当它从阴影中现身时,做什么都太迟了。艾滋病在20世纪60—80年代广泛传播,等人们发现病毒并确保供血安全时,它已经成了人们羞于谈及的名称。疾病历史学家杰克琳·达芬在《爱人与肝脏——历史中的疾病概念》(*Lovers and Livers: Disease Concepts in History*)中写道:

> 疾病的概念经常包含特殊的身份或者特殊"类型"的患者。
> 
> 肝炎感染穷人、懒人、犯人、肮脏邋遢的人,似乎这种病只有怪人、流浪汉、嬉皮士才会得。肝炎患者一半是"罪人",一半是"无辜者",前者是那些自残者或者混用针头的瘾君子,后者是接受输血的人,或者医护人员。

干扰素和利巴韦林的上市使公众重视肝炎,但是没有激起人们的同情。先灵葆雅的佩乐能和罗氏的派罗欣基本是同样的干扰素,但是先灵葆雅给医生们寄去高达1万美元的支票,请他们多开自家的药,又斥巨资进行一些纯属营销伎俩的临床试验,牢牢掌握住了市场。他们开展直接比较佩乐能和派罗欣疗效的"头对头"临床试验,但这些试验既非双盲试验(医生知道患者用的是哪种药),试验管理也漏洞百出。此外,试验方案中利巴韦林的剂量更适合佩乐能。《时代》杂志报道说,那些支持派罗欣的医生"可能享受不到先灵葆雅奔流的现金"。

贿赂最终停止了。而且自2006年联邦医保处方药保险生效之后,几乎所有药物的政府采购价都打了5折,政府也对药物市场格外关注。联邦和各州的检察官纷纷针对药企,调查他们惊人的盈利,对医保体系的诈骗,以及违规销售非适应证用药。当年早些时候,先灵葆雅同意缴纳4.35亿美元的罚金,以停止他们因向政府欺瞒药价和针对未经批准的适应证销售干扰素所引发的诉讼。

萨奇戴夫引荐博格拜访史蒂文·高尔森博士,他是顶尖的公共卫生专家,主管FDA的药物评估与研究中心。福泰要解决的问题是,如何将丙肝的话题带上台面。肝炎堪比一颗定时炸弹,会影响一大批婴儿潮期间出生的穷人,他们的医疗支出主要由联邦医保承担。他们年纪越大、身体越差,政府就得花越多的钱。不消10年,随着新疗法的问世,医疗支出会达到天文数字。由于目前每4名丙肝患者中仅有一人知道自己患病,如果能在他们需要治疗前就**提前**发现这些患者,那会省下一大笔钱。"这就是我们的逻辑。"萨奇戴夫说,"现有的体系是火上浇油,而不是从根本上解决这个问题。我们如何才能让人们说'应该在问题尚可控制时解决它'?史蒂文告诉我们:'你不可能让世界上每个人都接受筛查,我们有许多卫生问题,为什么要优先解决你关心的问题呢,为什么现在就要解决?'"

现在是博格营造的关系网起作用的时候了。福泰虽然在应对重大公共卫生威胁,但政府中无人知晓其名。一旦替拉瑞韦上市,全国各级政府都要考虑是否将其纳入医保,以及花费多少。丙肝药物可能很昂贵,不可能通过行贿医生来卖药——博格认为这种手段既没必要,也没价值,他更希望联邦政府为其报销。为了将药送到患者手上，萨奇戴夫坚信福泰需要让政府注意到他们的贡献，然后说服他们"以提高性价比的理由进行投资"。

10月，小布什总统任命前海军少将高尔森为公共卫生军官团中将\*。福泰喜欢靠数据说话，萨奇戴夫为了宣传丙肝，特意聘请医疗咨询公司明德丰怡（Milliman）来精算丙肝对婴儿潮一代的影响。他们估计，如果没有比干扰素和利巴韦林联用更好的方案，之后20年内，丙肝就会对政府和保险界造成灾难性的影响。福泰需要将丙肝重新介绍给政客们。哪怕他们的选区内没有疫情，他们也会在意经济。从政治上来说，没有多少时间了。"我不去试图唤醒全世界的人，"萨奇戴夫说，"这是我为唤醒政府特意准备的。"

福泰在开发替拉瑞韦时，替拉瑞韦也重塑了福泰。只有一家强大的药企才能将替拉瑞韦上市。为了开发这个药物，药企需要稀缺的人才：不仅工作效率高，还能随机应变，为了目标自行筹集资源，能和新成员团结协作，同舟共济。在剑桥市，福泰无法找到足够的人才了。凯利-克罗斯韦尔对《波士顿环球报》说："我们得将公司扩大一倍，很多职能部门都是新成立的。"福泰不是一台上好油，高速运转的机器，而是一群志趣相投的聪明人，一边探索着建造一艘船，一边在凶险的大海上乘风破浪。

彼得·米勒从千禧制药挖来了质量工程师兼运营经理约翰·康登，他将负责组建供应链、监管生产。米勒时间有限，于是他就像典型的日耳曼人那么直截了当，在一次晚饭后当即向康登发出了工作邀请。米勒向康登粗略地描述了福泰的总体目标：需要在两年内，整合全球产业链，以FDA的标准生产足够市场需求的替拉瑞韦片剂。这也是公司当下急迫的任务。"彼得问我：'你感兴趣吗？'我说：'是的。'"康登回忆说，"他就说：'那我们就开始吧。你来入职，和管理层见面，我们会给你优厚的待遇，然后你就开始工作。'"

---

\* 该军官团是美国公共卫生局下属的联邦部队，最高指挥官为中将，也就是高尔森的职务。——译者

康登分析,目前最重要的问题是"搞清楚我们在什么时间需要做好什么"。他做了一些简单的计算。赫特的团队还在研究最终的制剂配方,为Ⅲ期临床生产了60千克的药物。但销售部门在考虑了剂量以及患者数量后,告诉康登,如果福泰能在2009年上市替拉瑞韦,他们需要年产量达到50吨。像默沙东这样的大药企,一贯都是完全掌握产业链,从运输原材料的矿车到生产药物的工厂应有尽有,可以为了生产一种药物投入2亿美元专门建厂。而福泰资源有限,这样的大手笔投资是不可能的。

康登最引人注目的是他柔顺的银发。他像运动员一样健壮,骑自行车上下班,有一种对任何难题都兵来将挡的气质。福泰很多实验室的门上都有他潇洒地摆出弹吉他姿势的照片,他就是"实践愿景"项目的海报男孩。他的理想是建立一个不需要拥有任何实体产业的"虚拟供应链":福泰将全球合作,但不仅仅是把工作外包出去,而是有机整合,形成一个环太平洋,覆盖欧洲和北美的"刚刚好"的库存体系——物资在且仅在需要的时候到达合适的地点。他带领一支小团队,在世界各地为生产替拉瑞韦搜寻可利用的资源:先要在中国生产关键的化合物原料,然后跨洋运输到英国合成为替拉瑞韦的原料药,最后运回美国,经过制剂、压片、包装,制成替拉瑞韦片剂后送到医院和药房。"我们不会建一座工厂,"康登说,"我们要撬动整个世界。"

替拉瑞韦需要5种关键原料(康登的团队称其为"五难题")。其中两种很难合成,在临床试验时,赫特的团队将其外包给两家中国公司生产。与中国的合作越来越常见,在经济上极有必要,在政治上争议不断。西方的药企一边依靠中国的化工业生产原材料,一边盯着中国庞大的市场。2006年,康登与这两家公司签订了更多协议。一些高管和董事会成员担忧中国精细化学品的质量是否可靠,他们的工艺流程能否通过FDA检验,以及可能的政治风险。康登用他的行动让董事会放心:他设立了质检团队,又与这两家公司合作,为生产专门订制了大型的反应器。

为了让这两家工厂乐意配合,福泰预定了许多小批量、可以用现有反应器生产的产品。此时替拉瑞韦尚未开始关键的Ⅲ期临床试验，这些货可能永远也用不上。康登在中国待了好几个月以建立联系，他还设计了一项有多重保险的方案确保替拉瑞韦能准时上市。"我们的生产有赖于这两家工厂搭建生产线，然后将产量从每批50千克逐步放大到500千克。我向他们承诺订购价值3000万美元的产品，这能鼓励他们冒冒险，省得最后不能按时交货。"

汤姆森也频繁地前往北京和上海，在那里成立了福泰的办事处，发展各种关系。汤姆森现在是战略网络主管，他着眼于未来，认为随着东亚迅速城市化，他们的政府急需新药，但无力支付西方药企高昂的医药费，也迫切地想学习如何自行研发新药。这些新兴的医药市场规模巨大，在支付体系不可避免地发生变化时，面临着艰巨的挑战。虽然问题不少，但很多专家都日益坚信这些市场总会变得有吸引力。由于与三菱制药有协议，福泰不能在中国销售替拉瑞韦，所以汤姆森需要另辟蹊径，设计诱人的非商业策略。

中国将于次年举办奥运会，北京各处都在兴建设施。制药界对中国非常感兴趣，不光是因为这个复兴中的国家有着13亿人口，也因为他们渴望在中国进行临床试验——中国的患者很多都没接受过药物治疗，而欧美地区适合进行药物试验的患者已经捉襟见肘了\*。汤姆森研究了中国的技术力量后，认为福泰可以齐头并进，从多个领域快速进入中国市场。一条路是慈善，福泰可以与中国和美国的公共卫生部门、研究型医院还有药企组成一个非营利网络，研发肺结核新药。另一条路是与中国的药企合作开发一种新型抗生素。最好是在西方国家患者数量有限，但中国可能急需的药物。汤姆森说：

> 在中国研发药物更便宜，而且他们渴望参与先进研究、证明他们同样擅长创新。中国的制药界有强大的非商业动机开发创新药物。因此我们有很好的机遇：新的市场，与政府的联系，能接触未经治疗的患者，甄别可以合作的药企，开发一种在西方无人问津的药物。最重

---

\* 接受过药物治疗的患者可能存在耐药性，不利于验证药物效果。——译者

要的是,我们的世界**急需**新的抗生素。现在从商业上很难去开发"窄谱抗生素",因为广谱抗生素效果太好了,因此我们需要试试别的办法,而这是个机会。

阿拉姆的重要职责是为公司制订时间表,各部门再按时间表安排各自的计划。他还在努力说服FDA接受福泰的Ⅱ期临床试验,然后讨论Ⅲ期临床试验计划。组合替拉瑞韦、干扰素和利巴韦林的治疗方案疗程为24周,在两个大型的中期试验"证明1"和"证明2"中,持续病毒学应答率分别为65%和61%。与之相对的是,单用干扰素和利巴韦林的方案经过48周的疗程,持续病毒学应答率仅为40%。考夫曼说:"这个数据让我们对开发出自己的新药信心百倍。"替拉瑞韦常见的不良反应有虚弱、头痛、恶心、皮疹。有时候不良反应会比较严重,但大部分患者都能坚持下去。主管商业的格雷夫斯甚至认为,替拉瑞韦效果如此显著,压根就不需要做Ⅲ期临床试验。当阿拉姆在与FDA的电话会议中介绍格雷夫斯时,资深抗病毒药物审评官拉斯·弗莱舍认为现在就引入商业人员实在太过分了——哪怕退一万步,也还是很过分。"我们的行为印证了他们的印象。"阿拉姆承认,"我们的步子是迈得大了点。但我们其实是想早日为患者提供药物,而FDA认定我们就想抄近道、赚大钱。"

更糟糕的是,阿拉姆跟弗莱舍发了脾气。弗莱舍是医师助理\*出身,后来获得公共卫生的硕士学位,因此——毫不意外地——负责为制药界提供指导方针。几十年前,阿拉姆还是个孩子时,他的父亲就是干这个的。阿拉姆知道弗莱舍的心态,但是他似乎就是不愿意妥协,和弗莱舍开会时总是犟着脾气。"我绝对不适合跟他打交道,我在他看来就是个自以为是的医生\*\*。"他说,"他的态

---

\* 美国一种介于医生和护士之间的职业,不具有医师执照,但能协助医生进行医疗操作。——译者

\*\* 阿拉姆本科毕业于麻省理工,在西北大学获医学博士学位,而弗莱舍不是名校毕业,医师助理也低医生一等。两人出身有显著差异。——译者

度就是'去你的,我可不会听你的'。这事这么紧急,我习惯跳跃性、联想性思维,又是个急性子,实在不适合跟FDA打交道。"

在制药界,时间真的是字面意义上的金钱:任何延迟都会层层加压,传遍整个组织,对那些将未来押注于第一款药物获批的公司,这种阻碍实属不能承受之重。很多科研创新是由沮丧与焦急推动的,但是跟FDA打交道时这些情绪都没用。福泰越是急着要将替拉瑞韦上市,FDA似乎就越是要谨慎行事。

10月,在福泰宣布"证明"试验的初步结果几天前,先灵葆雅宣布了他们的丙肝蛋白酶抑制剂波普瑞韦的Ⅱ期临床试验结果,初步结果显示药物安全有效。与福泰的全速推进不同,先灵葆雅步步为营,而且数据同样好看:组合波普瑞韦、干扰素和利巴韦林进行治疗,70%的患者在12周时体内病毒已经无法检出了。虽然这不代表治愈,但是说明病毒学应答很明显。而且他们药物的不良反应也很小,虽然会导致贫血,但没有皮疹。阿拉姆等人还是觉得有望在2008年初进行替拉瑞韦的Ⅲ期临床试验,依然能领先先灵葆雅一年半。这是自勃林格殷格翰停止药物研发以来他们第一次面临竞争。对手财大气粗,一直主导丙肝治疗。先灵葆雅的公告令福泰的股价几天内下挫15%。

博格总是迎接挑战。他去年就见过波普瑞韦的化学结构,预料这个药物会很有效。但是他相信福泰设计的药物更好,他们的方案会让丙肝治疗更加简单直接。更鼓励他的是,先灵葆雅的回归意味着有另一家公司将与他并肩作战,后者有更多的财力来宣传丙肝的重要性。有时候,不光伙伴能提供帮助,对手同样也能帮上忙。

❖

早在20世纪90年代时,博格和奥德里奇曾多次在东亚进行"死亡行军"。他们经常在波音747飞机厕所边的过道上伸展肢体,讨论长期战略,那时他们就认定未来属于亚洲。早在19世纪30年代,波士顿就是美国第二大港,来自中国的茶叶、陶瓷还有丝绸应有尽有。但是到了21世纪,波士顿依然没有通往中国的直航*。感恩节（11月底）后第二天，博格飞到华盛顿，从那里转飞北京。他是马萨诸塞州州长德瓦尔·帕特里克带领的贸易代表团的43名成员之一。他们乘坐的专机有着古典风格的内饰。博格在博客中写道："我已经累积了接近100万公里的美联航里程了，这里头一点兑换来的'水分'里程都没有，全是实打实的万米高空飞行得来的，我得说我见过许多波音747了。但这架1991年出厂的波音747可谓是飞行的'触摸体验式'博物馆，我身旁就有一台八轨道磁带机**，天呐！"

在清华大学举办的欢迎仪式上，帕特里克发表了他的"中国巡回演讲"：称赞中国数千年的世界领袖地位，回顾马萨诸塞州与中国的贸易历史，宣传该州领先的创新驱动型工业，呼吁双方加强伙伴关系。"中国有着无与伦比的历史与经济活力，结合马萨诸塞州创新与拥抱未来的精神，必定有着广阔的前景。"帕特里克说，"更多的贸易往来以及跨国合作会让我们达成更多共识，共同分享未来。这个世界已经有太多的痛苦和挣扎，人们受够了争斗，让我们坚定信念，一起让这个世界小一点，朋友圈广一点，共同的未来更美好一点。"

博格用自己的故事继续这个主题。他向观众介绍了福泰在中国日益增多的业务，包括与北京的医药生物技术研究所以及两所重要的教学医院合作治疗肺结核，汤姆森联合开发抗生素的研究项目，康登委托药明康德在上海的研发基地生产替拉瑞韦原料"五难题"中的两种。他预告了一大批药企将登陆中国，建立连锁店，发展伙伴与盟友，抢占市场。他相信，最大的药企不会是最大的赢家，最敏锐、最投入、能助力双边市场、有着长期视野的企业将会胜出。

"这里一切都欣欣向荣，"博格写道，"在国际生命科学合作的新范式中，中国将会扮演重要角色，而马萨诸塞州是中国的天然合作伙伴。我们都没有太多上世纪的陈旧惯性，都有机会在这个新兴体系中建立产业。我们都推崇快速行

---

\* 北京—波士顿直航由海南航空于2014年6月开通。——译者

\*\* 八轨道磁带是一种老式磁带，于20世纪80年代初停产。——译者

动、勇于创新、创业进取的商业文化,都将在世界舞台上胜出。所以福泰很高兴也有信心承认,研发丙肝药物以及肺结核药物都**需要**中国的合作,而中国也会需要福泰,这就是在21世纪成功的配方。"

这次贸易合作任务繁多,日程满满当当,但是博格依然将参观药明康德塞进了行程。药明康德成立于2000年,为全球生物医药行业提供药物研发和生产服务,它的创始人李革于哥伦比亚大学获得有机化学博士学位。在上海,帕特里克和代表团见了市长,博格主持了一个生命科学论坛。在瑞吉酒店稍事休整后,他们前往一家位于法国领事馆旧址的阿尔卑斯风格的时髦餐厅参加接待晚宴。博格在博客中写道:

> 吃完饭就快午夜了,我和州长坐着他的奥迪穿越城市回宾馆。他问我明天在药明康德该说什么,这是我们整个行程中唯一的生命科学企业。对于医疗卫生,他说他想更感性一点,将重点落在人类的需求、情感以及福祉上,而不是仅从"商业角度"来谈。我笑了。"这样很好,"我说,"你会发现,药明康德的人和我志趣相投。研发创新药物的人大多是理想主义者。仅凭理性选择,没什么人会干这行,我们有很多更轻松的活法。你这么说,他们一定会很高兴的。"

# 第八章

*2008年2月11日*

博格、史密斯、格雷夫斯还有阿拉姆在一间没有窗户的会议室中与华尔街的分析师举行年终电话会议,此时天已经黑了一个小时了。他们围坐在一张圆桌旁,中间放着台电话。福泰新任的战略沟通主管迈克尔·帕特里奇主持了这次会议。他在一块白板上列出了这次参会的十几名分析师的名字,准备着他们可能的问题。帕特里奇轻声细语,不引人注意,却总能关注到商业与科学的细微之处,还能机智地照顾高管和基金经理的情绪。帕特里奇10年前就加入了福泰,最初是做市场研究,后来撰写新闻稿,是从公司内一步步爬上来的。他就像出演一场复杂的杂技,为那些不认为福泰是什么"新制药"实验,而仅是个股票代码——VRTX——的人提供信息。

2000年,证监会出台《公平披露规则》(Regulation Fair Disclosure),要求上市公司必须向投资者披露公司运营情况,因此每个季度他们都要举行一次这样的下班后的电话会议。分析师为客户提供交易建议,福泰的管理层则通过展示业绩与展望盈利,为分析师提供建议。这样的会议被要求在交易市场关闭后举行,理论上能抹平大型投资机构与散户间的信息差。帕特里奇与分析师的沟通要遵守《公平披露规则》,比如会议伊始,他照例申明任何"前瞻性声明",也就是对未来的预期,都存在风险与不确定性,听者自慎。

今年华尔街格外不好过,明年的光景更令人担忧。房贷泡沫正在破裂,进而引发了次级贷款危机和信用危机,会影响所有的借贷者。房价暴跌,银行收紧借贷,一贯信用记录良好的人都可能还不起房贷、车贷、信用卡。金融产业普遍亏损,市场可能崩溃。向来标榜自己战无不胜的小布什团队只想在一切不可收拾前安全撤离华盛顿。上个周末,伊利诺伊州参议员巴拉克·奥巴马在民主党总统初选中横扫华盛顿州、内布拉斯加州和路易斯安那州。共和党那边,保守派基督徒迈克·赫卡比在初选中赢下了堪萨斯州,让目前在共和党初选中领先的参议员约翰·麦凯恩不太舒服。

格雷夫斯首先发言,他介绍了福泰的产品管线、资产配置策略以及来年的重要任务。"最重要的是,"他说,"我们将执行Ⅲ期策略,利用首发药物的机会,在替拉瑞韦的市场周期中充分增加我们资产的多样性。"这句话的意思是,福泰已经设计好了大型的关键临床试验,将拓展替拉瑞韦的适应证,好好利用其优势地位。

格雷夫斯接着说:"其次,替拉瑞韦已经进入研发终期,我们将围绕其建立丙肝多药治疗方案,包括我们的第二代蛋白酶抑制剂,以及其他公司的潜在药物,确保我们在丙肝治疗的领先地位……替拉瑞韦为药效和疗程设立了非常高的新标杆。如果有什么药物能够强过替拉瑞韦,甚至定义新的治疗方案,我们必将是上市那个药物的公司,因为我们的知识与专业性无可匹敌。"

福泰宣称他们志在保持并扩大丙肝领域的领先地位,已经做好了应对其他公司新分子的准备,这样能稳住分析师和投资者。格雷夫斯进一步介绍了他们对所有类型患者进行替拉瑞韦临床试验的计划,尤其是那些接受过其他药物治疗但无效的患者——"无应答患者"(null responders)。福泰希望尽早证明替拉瑞韦能提高这些难治患者的治愈率,这样那些在业内很有影响力的医生都会选择替拉瑞韦。格雷夫斯还提了提治疗囊性纤维化的分子VX-770和VX-809，然后重点介绍了新的大项目。

格列卫出现后，掀起了一波研究癌症的热潮。另一方面，很多人热衷开发"可口服的恩利"。这两股研究热潮现在集中到了抑制Janus激酶（JAK）上。目前还没有JAK抑制剂上市，但辉瑞领跑研发。JAK抑制剂研发的难点在于选择性。辉瑞的药物是治疗风湿性关节炎的，靶点是JAK3，这个亚型在传递免疫攻击信号中有重要作用。但是辉瑞的药物特异性不强，也会误伤JAK1和JAK2，这两个亚型遍布全身，在基础生物学功能中发挥作用。

格雷夫斯宣布，福泰计划在年中时启动临床试验，测试一种高特异性、可口服的JAK3抑制剂，针对各种免疫介导的炎症性疾病，包括风湿性关节炎、银屑病、免疫排斥，等等。福泰关注这些疾病并非巧合，博格在1989年成立福泰时，第一个项目就是研发免疫抑制剂，那时候细胞内信号转导还是个黑箱子。那个项目的遗产是命途多舛的p38激酶抑制剂普那卡生。一个能治疗多种免疫疾病，既能安全、有效地实现免疫抑制，又不会导致感染的小分子口服药物一直都是福泰梦寐以求的"圣杯"。如果福泰能研发出这样的药物，他们就能拿下恩利等注射用大分子药物价值百亿美元的市场。《自然·综述》（*Nature Reviews*）称这样的药物为"包治百病的JAK抑制剂。"

格雷夫斯之后是史密斯发言，他将介绍盈利不足的福泰如何支持这些项目。当天早些时候，福泰宣布将进行两次公开募股，计划筹集4亿美元。他们的股价应声而涨。史密斯把替拉瑞韦的故事卖了个好价钱，但收益全用来支持替拉瑞韦**以外**的项目了。这虽然给了福泰更多的机会，但着实让分析师们糊涂。他们熟悉的是生物技术公司将所有的资源集中于一种药物，孤注一掷式的策略。他们顽固地反对稀释股权，仅通过丙肝项目的预期收益来评估福泰。

"人们开始接受数据了，所以我们筹到了钱。"史密斯说，"有趣的是，我们能筹到钱依靠的是丙肝项目的数据，但筹的钱却是为了进行囊性纤维化这样的基础研究，因为强生已经为丙肝项目买单了。我们可以守着替拉瑞韦，少发行些股票,让强生为商业付钱,但那样我们就是只有一种药物的公司了。我们宁愿多冒冒险,也要把事业做大点,这就是为什么我们与众不同。我敢打赌科学家会说这是因为他们科研做得好,我完全同意。我充分利用了他们的成果,筹到了钱,让公司能进一步投资科学。"

整个会议期间,没有人提及糟糕的经济形势。博格以一种金口断言、懒得争辩的态度说了几句话,重复了史密斯的主题。他的意思是,虽然福泰的发展计划与华尔街的习惯相悖,但他们对得起市值。

"我们在增加自身的商业价值,"他这么开场,"我们为替拉瑞韦所做的努力让我们离企业目标和商业目标更近……我们在今天的电话会议中已经介绍了好几个里程碑。我们知道在接下来的许多年里还有很多要做的,我们在努力……我们的管线与临床试验产生了许多数据,今年将是激动人心的一年。"

❖

概念股在华尔街可以漂浮在糟糕的大盘之上,福泰的募股在一周内完成了。一个月之后,曾被《财富》杂志评为"最受敬仰的企业"的贝尔斯登投资银行轰然倒塌,他们以超短线交易闻名于业内("持股一晚上对于我们已经是长线操作了")。他们在周五时看起来还很健康,过了一个漫长的周末就资不抵债了,在金融危机中首先倒下。摩根大通在最后一刻救了他们,使其免于破产。财政部长亨利·保尔森在华盛顿紧急召集华尔街巨头们商量对策。"他不希望过于贪婪的交易策略给已经重伤的贝尔斯登再来一刀,"《华尔街日报》写道,"所以他开门见山:我希望你们都表现好一点。"

这些风波发生时,奥尔森和他的囊性纤维化团队还没有被分析师关注。VX-770在福泰内部也没得到什么关注,"一个乖乖的次子",弗吉尼娅·卡纳汉这么评价。她是资深职业经理人,1月新出任主管战略营销和新产品的副总裁。父母倾向于天天给长子照相、录视频,次子时常被忽略。生物技术公司同样也过度关爱他们最主要的项目,一有成果就大肆庆祝,对显而易见的缺陷选择性忽略,出了问题才大吃一惊。最关键的两三年里,囊性纤维化项目有幸低调进行,临床试验进展顺利,药物安全性很好。奥尔森说:"我们的团队人不多,但是大家都很投入,不去想丙肝的事。"

2007年秋天时,福泰开始VX-770的中期临床试验,纳入了20名有G551D门控缺陷的患者,他们将在两周内服用不同剂量的药物。一开始大家对这次试验期望并不高。这次试验主要检测汗液咸度。如果患者的汗液变淡了,说明增效剂能延长CFTR通道的开放时间,让更多氯离子进入上皮细胞。至于药物能不能减少肺部和胰腺的黏液,进而改善肺和胰腺的功能,就超出了试验的目标。医学界对这个药物向来不看好,很怀疑这个药物能对患者起效。

到了11月,在北美囊性纤维化年会上,一名来自艾奥瓦州某个临床试验点的护士找到了奥尔森,兴冲冲地说:"我知道我不应该跟你说这些,但有一位受试者表示他五六年都没感觉这么好了。"奥尔森回忆说:"我不想给自己虚假的希望。我说:'哎呀,我以前也见过。有的人吃啥药都会感觉好多了,这是安慰剂效应。'"很多临床试验中,人们仅仅是吃药片就能改善健康状况(不幸的是,这是很多药物唯一的效果),奥尔森想控制自己的预期。在圣迭戈,他们主要还是关注矫正剂VX-809,这个药是更广大患者的希望。

3月底,福泰收到了临床试验的中期报告。研究者发现,用药两周后,相对于服用安慰剂的患者,服用最高剂量药物的患者肺功能改善了10%。用药几天后就有几位患者呼吸明显舒畅。肺功能改善的证据得到了其他数据的支持,比如汗液咸度和鼻电位差(用于衡量鼻黏膜离子流动)。欧若拉的CEO办公室里,主管保罗·内古列斯库和项目领导彼得·赫罗腾惠斯挤在一起,满怀期待地听着电话报告。电话那头是克劳迪娅·奥朵尼斯博士,她是福泰聘请的医生,与首席医疗官考夫曼一起监管临床试验。

"几个月来,我们都没听到什么消息。"内古列斯库说,"我们需要在很少的患者中取得很明显的效果才能兴奋。克劳迪娅打电话告诉我们结果。我们一边听着克劳迪娅的声音,一边等着数据通过网络传输过来。数据传进来前,我记得她第一句话就是'先生们,这可绝对是个本垒打'——她可是非常谨慎的人,从不夸张。我和彼得看了看彼此,我们不知道囊性纤维化项目的本垒打是什么样,只是所有的研究预期都实现了,甚至还有更多惊喜。"

"这次试验回答了很多问题。我们最初的假设是CFTR是可调节的。那些有缺陷突变的人就像是开关被关上了,需要重新打开这个开关。但问题是,如果患者生来就有缺陷,那么或许他的整个生理系统都有问题,即使我们修复了这个缺陷,也可能没有用。还好,试验证明,他们的生理系统一切正常,只是需要被唤醒。"

米勒一直在为福泰寻找第二款药物,他被数据震惊了。他是公司里经验最丰富的药物猎人,曾见过许多验证概念的药物的试验结果,但这么强效的药物是他从未见过的,甚至让福泰在丙肝项目取得突破的"福泰对勾"都黯然失色。这个药物对患者、福泰、医学界的意义都是跨时代的。它让治愈许多更困难的疾病变为可能,甚至会改变人们对一些疾病的认识。米勒回忆说:

> 这是第一次有一种小分子能矫正基因导致的疾病,至少对特定的人群而言。这证明福泰能够进行转化医学研究。它和丙肝项目一样酷,但要论给我们带来的声望,它可以让丙肝项目回家了。治疗囊性纤维化比抑制一种病毒要难得多。它显示了我们作为一个组织,去解决吓退别人、悬而未决的难题的决心与能力。七八年的艰苦科研终于有回报了。
>
> 这让我觉得福泰超越了理性药物设计,福泰进化了。药物开发不仅是化学,生物学将主导药物研发,这是21世纪的新思路。我认为,在21世纪,我们需要改善健康,而不仅仅是改善一款药物,这就是转化医学的意义。

欢庆持续了好几天,之后人们才开始考虑更现实的问题。囊性纤维化项目的化学主管阿迪达就说她整整一周都睡不着。科研人员们时而为VX-770的成果兴奋,时而担心他们无法为剩下的96%的囊性纤维化患者研发出同样安全有效的矫正剂药物。在福泰正式宣布临床试验结果前,奥尔森飞到华盛顿提前告诉鲍勃·比尔这个消息。

"生物技术行业协会在华盛顿有个会议,我和鲍勃等人都参会了。"奥尔森说,"那时我们已经得到了数据,他们也知道数据最近就该出来了。肯希望我亲自告诉他们研究进展。我说:'鲍勃,会议结束后我们一起回贝塞达斯好吗,我有些东西想给你看。'他大概知道是什么了,于是我们没有回基金会的办公室,直接去了他们住的凯悦酒店,就在几个街区外,我们就在酒店看数据了。我递给他一个密封的信封,我说:'这是初步数据。'他们看到数据后呆了,鲍勃尤其兴奋。"

对比尔而言,这个数据证明了他这10年来的离经叛道和冒险是值得的。他将风险慈善与商业研究结合起来,拒绝接受囊性纤维化只能对症治疗、无法根治的主流意见,坚持开发CFTR靶点,与欧若拉合作,相信奥尔森与福泰……其中最难的是他支持赞助福泰的临床研究。如果个人的贡献可以具体衡量的话,FEV1(深吸气后第一秒最大呼气量)的显著改善可以说都是比尔的功劳。他在新闻发布会上称这是"前所未有的成就"。"这次临床试验结果是囊纤基金会成立以来最重大的新闻。虽然离药物上市还有距离,但我们现在更加相信囊性纤维化是可以被治愈的。数据证明我们在正确的道路上前进。"

4月底,麦克哈奇森在意大利米兰的欧洲肝脏研究协会(EASL)年会上详细展示了临床试验"证明"的数据。接受替拉瑞韦治疗24周的患者,治愈率提高到了68%。仅有7%的患者由于皮疹退出了试验。麦克哈奇森还展示了法莫赛特(Pharmasset)一种口服核苷药物的Ⅰ期临床研究数据,这是一种丙肝病毒聚合酶抑制剂。麦克哈奇森说经过4周治疗后,药物对病毒的抑制率"接近丙肝病毒蛋白酶抑制剂,短期临床安全性也不错"。法莫赛特是一家有10年历史的制药公司,位于新泽西,有一些抗病毒和抗癌的早期项目。

既往的数据让米勒和博格认为核苷药物没什么好药。核苷药物、非核苷多聚酶阻断剂、IMPDH抑制剂、人源抗体、基因调节剂、治疗性疫苗等在对抗病毒上都不太好用。进入临床试验的药物大多是蛋白酶抑制剂，有力地佐证了或许就像艾滋病一样，蛋白酶是丙肝最好的靶点。邝达仪熟悉吉利德是如何征服抗艾滋病市场的，对法莫赛特的药物更加重视。她劝说米勒在第二、第三代鸡尾酒疗法中考虑一下核苷药物，但米勒不为所动。

由于皮疹不是什么大问题，考夫曼成功说服FDA，缩短了替拉瑞韦的疗程，最终FDA允许替拉瑞韦进行8周的试验。由于Ⅱ期临床数据非常优异，两个后期临床试验很快就招募齐了患者。与此同时，福泰也快马加鞭地推进VX-770和VX-809的临床试验，希望在夏天正式启动。

约翰·阿拉姆在福泰已经干了11年，选择此时放下火炬。他将福泰从一家研究型组织进化为在两个重要疾病的临床试验中领先的开发型组织。但是他和FDA的关系陷入僵局，也不擅长"严格执行战术"，不能掌控更加庞大的Ⅲ期临床试验，难以按照监管机构要求申报新药。博格说："我爱死约翰了。"但福泰的风格就是这样，个人关系与忠心都得让位于公司5年内的需要。"那个消息让我大吃一惊。"考夫曼回忆说，"一天早上，约翰带着柴郡猫式*的微笑来参加会议，他对我说：'我要宣布一件事。''说呗。'他说：'我要走了。'他们寻找接任者好一阵子了，而我，还有其他人对此一无所知。"

阿拉姆离职的消息是随着福泰招募弗蕾达·路易斯-哈尔博士作为医学发展副总裁的新闻一起发出的。路易斯-哈尔之前为百时美施贵宝工作，她在那里主管药品注册以及医学事务，还兼管各种临床、非临床的开发项目。不过她在福泰最紧要的任务是改善与FDA审评官弗莱舍的关系。她在各种医学会议上找弗莱舍聊天，成了"最懂弗莱舍的人"。

自萨托退休之后，福泰的高管换得非常频繁，投资者不满，分析师糊涂，员

---

\* 柴郡猫（Cheshire Cat），《爱丽丝漫游奇境记》（Alice's Adventure in Wonderland）中一只咧着嘴笑的猫。——译者

工记不住脸。博格认为这是创造未来、推陈出新的必要代价。在这样的新老交替中,福泰从研究型组织蜕变为发展型组织,现在即将成为要上市的两款新药的商业组织。高管团队在这样的折腾中踉踉跄跄。首先,科尔斯在哈特曼加入时离开了。哈特曼又在格雷夫斯加入时离开了,后者显然是他的继承人。博格在20世纪70年代中期进入默沙东时,常规的做法是在那干到退休。但在生物制药界,人们每5年不跳一次槽就觉得好像没什么进步。人员快速流动成了业内的惯例,各家公司都要适应这种好比在风暴边缘行船的长期扰动状态。肯评价说:"既刺激又可怕。"

❖

一个月之后,埃门斯卸任夏尔制药的CEO,但继续任董事会主席。他在2003年接手时,夏尔制药的旗舰产品是治疗注意力缺陷的药物Adderall XR,这是非专利药物安非他命的特殊剂型,但是受到非专利药物药厂的威胁。不久之后,他们最有希望的后期药物被FDA拒绝上市。夏尔制药虽然是英国药企,但是大部分业务在美国,所以埃门斯将其搬迁到了费城。他解决了一些法律争端,收购了一些小型但在罕见病领域有创新技术的药企,鼓励他们发展自己的文化和项目。他卸任时,夏尔制药已经是世界顶级的特殊药物企业之一。

埃门斯时年57岁,最想做的是享受董事红利,回家赏玩他的古董跑车,周游加勒比海,拜访子女,或许再养一条狗。他认为福泰旋转门似的换高管以及博格的集权式领导大有问题,他在自己公司的董事会上明确地说这不可持续。替拉瑞韦的研发仍在继续。福泰马上要第一次向FDA提交上市申请了。FDA将会严密审查临床试验结果以及他们的供应链。福泰还不是一个围绕商业建立的组织,但是他们要在高度专业化的市场中,在一年半到两年间推出一款新

---

\* 非专利药(generic drug),又称通用名药物、仿制药、普药,即成分、药效与原专利药(patent drug)基本相同的药物。原专利药专利保护期之后任何药厂都可以生产。尽管药物的剂型也受专利法保护,但是相较药物的化学成分,更容易被非专利药药厂绕过专利,推出竞品。——译者

药。埃门斯认为，福泰的高管们心不齐，没有很好地磨合，董事会也信心不足，这事很难办。

"你问我该不该另请高明？该。"他说，"我说：'如果我们不现在就换人，让乔舒亚继续干，剩下的话我不想说，你们都明白。他或许是全世界最希望把事做成的人，但除非团队协作，不然事做不成。'"

7月，罗氏突然提出要收购基因泰克。福泰的董事长桑德斯同时也是基因泰克的董事，被委任带领特别委员会研究是否接受罗氏的收购邀约。1990年，基因泰克已经是制药界最高产的研发型组织，那时罗氏就买入了他们55%的股份。基因泰克想保持独立，这样他们能够通过股权激励，以及独立研发的保证，吸引那些有创业精神的科学家。现在罗氏想彻底买下他们，他们很不安，担心会失去独立性，摧毁以科学为中心的文化，正是这样的文化让基因泰克在过去5年间为罗氏提供了三个大卖特卖的突破性癌症治疗药物：美罗华（通用名利妥单抗）、赫赛汀（通用名曲妥珠单抗）、安维汀（通用名贝伐珠单抗）。

桑德斯和特别委员会请高盛作为顾问来评估这次收购。他们最后拒绝了这次收购，说邀约"严重低估了基因泰克的价值"。桑德斯在发言时称董事会会考虑更高的报价，并否认罗氏的收购是恶意收购。"我们向前看，"他在接受《时代》杂志采访时说，"不管所有权如何变动，我们希望保持与罗氏成功的关系。"

制药界一个颠扑不破的真理就是，如果想避免被大公司收购（或说"被抹除"），唯一绝对有效的办法就是变得过于昂贵。福泰现在市值50亿美元，还需深不见底的资金投入，也没有立刻盈利的可能，暂时安全。肯和法务团队与强生达成了协议，禁止强生未经允许就提出收购要求。福泰自上市之初就有多种预案防止被收购，比如毒丸协议\*。博格兄弟又检查了一遍，认为当下能做的防御都已经做了。乔舒亚·博格说："就像吃河豚一样。"

---

\* 一旦面临恶意收购，则通过大量增发股票等手段，以"杀敌一千自损八百"的方式阻止恶意收购，因此被称为毒丸。——译者

## 第二部分 挑灯夜战

9月中旬,就在福泰计划宣布另一次募股两天前,华尔街再次发生"大地震",这次震动将吞噬全球经济。知名券商雷曼兄弟无法找到买家,而且华盛顿也不打算像拯救贝尔斯登那样插手干预,不得不清算。美林委身于美国银行,避免了同样的命运。政府刚以为自己控制住了局面,不到一周,政府赞助的房贷金融公司房利美和房地美,还有保险巨头美国国际集团向联邦政府申请400亿美元的援助。他们说,如果得不到支援,几天内就要破产。

周一时,史密斯告诉博格:"我们需要持续的资本输入,如果市场一直这样我们就有麻烦了。"福泰正处在完成替拉瑞韦临床试验的关键时刻,每年亏损预计达到4亿美元,现金只有不到5亿美元,史密斯需要"翻箱倒柜地找钱"。福泰决定继续募股,计划在华尔街摇摇欲坠时销售超过800万股。高盛是华尔街仅存的两家投资银行之一,是这次募股唯一的承销商。

自史密斯上次募股,也就是2月以来,福泰的股价坐了个过山车。几位知名分析师夸大替拉瑞韦可能导致皮疹的风险,以及先灵葆雅竞品的威胁,导致福泰股价腰斩。但福泰凭着"证明"试验和VX-770试验的结果打了场漂亮的公关闪电战,股价回升了,而且比之前更高。福泰在替拉瑞韦上加倍下注,把氨普那韦及其改进型呋山那韦的专利一齐卖出,又获得了1.6亿美元现金,彻底退出了艾滋病领域。为了应对资本市场70年来最糟糕的情况,史密斯带着一贯的活力,希望与基金经理一起完成这次募股。

接下来的一周,财政部长保尔森和白宫向国会提出了7000亿美元的银行救助方案。共和党候选人麦凯恩说"是时候放下政治了",他宣布暂停总统竞选,以便返回华盛顿研究该方案。他这样做,也暗示希望推迟即将到来的总统辩论。民主党候选人奥巴马拒绝了这一提议,他说:"我认为美国人民正希望听到40天后将就任总统的人打算如何处理这烂摊子。总统应该能同时处理不止一件事。"

史密斯的急迫既是因为此时美国金融系统摇摇欲坠,也因为福泰为了上市替拉瑞韦,可以说不成功便成仁。他将公司的现状比喻为走上一条通往未知荒原的小路。他认为:"这可能是我们到达终点前最后一个加油站了。"一名来自洛杉矶的基金经理认为金融危机当前,福泰要价太高,史密斯立刻把他踢了出去,咬牙切齿地说:"我还能找到其他的投资者。"福泰最终以每股28美元筹集了2.25亿美元,而当天道琼斯指数下挫650点。

"反抗重力"一直是福泰科研的非官方座右铭,现在也成了他们融资的信条。自"黑色星期一"后的第三周开始,在8个悲惨的交易日中,道琼斯指数一共跌去了2400点,相对于峰值损失了22.1%。市场剧烈波动,上万亿美元的市值灰飞烟灭。虽然华盛顿政府说了很多难听的话,但华尔街最终得到了救助。选举日当天,福泰的股价自年初已经涨了30%,是纳斯达克100指数中表现最好的。

博格知道马修·埃门斯不会沉迷于退休生活太久。埃门斯在制药界有35年的经验,各路猎头和风投商都在请他出山,而他也没有断然回绝这些邀请。如果他回到业内,就无法继续担任福泰的董事了。他最近还与一位插画师老朋友合作,写了一本寓言形式的商业初级读本《珍诺比亚——商业奇谈》(Zenobia)。伊塔洛·卡尔维诺曾在《看不见的城市》(Le città invisibili)中描绘过一座建立在高脚柱上的城市珍诺比亚*,埃门斯续写了这个故事:一个年轻姑娘进入一家被僵硬的等级制度折磨的昔日工业巨头企业,她打败了"唯唯诺诺的人,愤世嫉俗的人,怕事的人,以及其他企业里的顽疾"。埃门斯相信激发个体的热情是拯救组织的关键,并在夏尔证明了这一点,博格说:"只有读过马修那本书的人才能理解他。"

基因泰克的收购案让查尔斯·桑德斯忙得不可开交,博格认为他"日渐疲惫"。博格与董事会愈发疏离,他不知道董事们都在想什么。他觉得与董事会

---

\* 伊塔洛·卡尔维诺是意大利作家,珍诺比亚是他撰写的《看不见的城市》一书中的一座城市,名字来源于古叙利亚的巴尔米拉女王芝诺比阿。——译者

之间的"真空"越来越大，有一种漂浮于水面的焦虑。"就像背景杂音"，他这么评论，尤其是库尔特·格雷夫斯后来没能组建起强大的商业团队。"董事会曾经爱上库尔特，现在又嫌弃他了，然后都怪我。"虽然福泰不断产出正面的数据，但是危机悄然产生了。董事会现在很在意继承人的问题，他们认为福泰需要更擅长商业的领导——现在就要。桑德斯要么是没办法控制董事们的担忧，要么是不愿意控制。

"我们要理解，查尔斯的事很多，"博格说，"他担任董事很久的公司要被吞并了，公司的使命摇摇欲坠……很多基因泰克的人因为查尔斯没能更强硬而心存不满。我一点儿也没有责怪查尔斯的意思，只是这事拖得太久了，太多事情反复不定，占用了查尔斯很多精力与时间，他累坏了。"

晚秋时节，桑德斯邀请博格在哈佛俱乐部共进早餐。"我们在考虑请马修继任CEO，因为他现在闲着。"桑德斯说。

博格问："他会感兴趣吗？"

"是的，他感兴趣。"

博格就像评估新的临床数据一样掂量着这个消息，敏锐而不流露情绪。"首先我认为这是个好主意，"他说，"我只是不喜欢查尔斯这么告诉我。显然董事会私下开会了——从理论上来说这是违法的——除了我之外的董事都参加了讨论，所以当查尔斯告诉我这个消息时，他们已经作出了决定。我也是董事，他们怎么能背着我开会呢？我就一定会反对他们吗？我不会的，因为这是个好主意。"

博格认为福泰是**他的**公司。他依照他的愿景建立了福泰。他本可以起名为"博格制药"，就像在生物制药时代以前，制药界还被称作"处方药行业"的时代，许多药企就是以创始人命名的。几秒钟之后，他就知道福泰已经被接管了，他们甚至没有问他的想法。"在我有机会说点什么之前，很多事已经被讨论过了。"博格说，"查尔斯不是来威胁我的，但我被排除在讨论之外。马修就像司机一样，完全控制了董事会，他所有的要求都得到了满足。哪怕之前董事会答应我的事情——比如让我当董事长——都变了。我实在想不明白。"

埃门斯知道博格对福泰的投入，以及他对福泰不可替代的价值。他理解博格的立场，但也有自己的坚持。"我和乔舒亚坐下来谈心，"埃门斯说，"我说：'如果你不想让我这么做，我不会做。我不是科学家，这是我欠缺的，但我能让商业运转起来。'此外，我们还要完成药物开发。'我可以召集一队人马完成这部分。我有完成目标的能力，我不能让福泰的科学做得更好，但别的没问题。'如果他说'不，你滚开'，我会照做的。"

博格面临选择：继续带领福泰将替拉瑞韦上市甚至走得更远，或者离开公司。多数董事认为魅力型创始人从一把手退下后在公司里没有容身之处，只能退休。埃门斯需要博格继续参与，因此力排众议，让博格依然位列董事。博格坦然地接受了这样的改变，他总是将公司的未来置于首位。毫无疑问，埃门斯能将福泰带入下个阶段，成为能盈利的全球性药企，而且此时正是转变的时机。博格想：

> 虽然我会说"这**从来不是**我个人的问题"，但这正是人们不相信的地方。我研究了许多公司继承的案例。我知道每有一个走得太早的人，就有50个走得太晚的人，大多数人犯的错误是赖得太久。

> 我也跟那些或早或晚退下来的人谈过，他们的共识是，你刚获得巨大成功时就退休是最糟的，因为继任者会无事可做，也难以对公司产生归属感。离下次巨大成功还有四五年，这期间他仅仅是在照看你的遗产。你不能让新领导无功受禄，这不公平，也会给他留下不光彩的记录。

博格反对埃门斯出任董事长。他认为埃门斯可以作为CEO管理福泰，与华尔街交涉。他则是非执行董事长，负责管理董事会，并在其他时候代表福泰。他可以继续过去三年间的事，用他的公众形象与全球人脉为福泰铺路架桥，还不用听管理层汇报工作，或者四处筹钱，什么都不用管。

"我本以为这会是个很好的安排,"博格说,"如果我突然消失了,公司可能会很脆弱。虽然我们已经建设了强大的公司文化,但公司依然会有危险。我担心马修会疏远公司的元老们,让他们要么担任闲职要么走人。我过去5年注入的动能可能都会流失,然后公司一蹶不振,这就是我担心的。"

埃门斯并没有让步,他必须有完全的控制权,毕竟他见过博格上次卸任董事长后发生了什么。博格最后同意他将在次年2月,也就是他执掌福泰20周年的庆典时,宣布他退休,之后有三个月的过渡期。福泰在圣诞期间休假两周,这期间博格怨气满满,但他都憋在心里。埃门斯干的事情都是他一直想干的,这让他更觉得自己此前的决策是正确的。"我认为埃门斯要得太多,而且我看不懂为什么董事会对他有求必应。"博格说,"这两年来我总说,我们要成为一家大公司了,但我的薪水还跟创业公司时差不多。突然间,他们同意我的说法了,埃门斯的薪水是我的三倍。明明是我一直要求加薪,为什么他会受益?这样的事情真让我生气。不过不管怎么样,早走总比晚走强。"

# 第九章

*2009年1月12日*

过去20年中,博格一直追着投资者跑,他经历过很多困顿的时光。18年前他第一次参加旧金山的J. P. 摩根健康产业大会时,华尔街好像已经放弃了生物制药行业。他回忆说:"那次会议上,大家的情绪好像在说从今以后世界上再也不会有生物技术公司上市了。"4个月后,安进赢下了长达5年的专利诉讼,赢下了促红细胞生成素(EPO)的专利权。好风凭借力,博格也成功将福泰上市。而让华尔街从1987年的崩盘中反弹的,一是1991年海湾战争的胜利,再就是更多价值超10亿美元的分子展露苗头。

今年的J. P. 摩根健康产业大会上,人们的情绪又再次低沉。"如果人们连通用电气的债券都不想买,"一位CEO哀叹道,"那怎样才能让他们投资一家早期生物技术公司?"这是个好问题,根据生物技术行业协会的调查,全国370家已上市的生物技术公司中,45%的公司现金不足以维持一年的运行,其中2/3的公司的现金还不足以维持6个月的运营。19家公司终止首次公开上市(IPO)流程,另有8家公司破产。在这个后达尔文、后经济危机时代,需要建立新的秩序。"大而不倒"比"适者生存"更适合描述现在的商业模式。

作为生物技术行业协会的主席,博格坚定不屈。他对《华尔街日报》说,"相信好事要发生的广泛乐观"一直都是制药界的动力。他没有预测今年的行业形势,但不介意评论一下福泰。他认为推销一家公司就应该趁其炙手可热时,他想利用好自己作为CEO的最后时光,传达最想说的话。虽然董事会悄悄把他放逐了,但目前为止他依然是公司的门面。

在幻灯片上,他将福泰与20世纪70年代的基因泰克对比,后者那时刚开发出第一代基因工程大分子药物;他又将福泰与90年代的吉利德对比,后者那时开发的药物能让接受艾滋病鸡尾酒疗法的患者每天少吃不少药。"(博格)一贯擅长炫耀,"专注生物制药的网站Xconomy在报道中写道,"他一边播着比吉斯的《活着》(Stayin' Alive)和涅槃乐队的《少年心气》(Smells Like Teen Spirit),一边将自己的公司与历史上的成功案例比较。"

美国消费者新闻与商业频道(CNBC)报道称,这次会议"医疗卫生产业名流云集,投资者不仅在寻找下一个生物制药的热点,还有可能找到下一次科技创新的引擎,将我们从经济危机中拯救出来"。会议上,百时美施贵宝宣布和西雅图的ZymoGenetics公司合作研究治疗丙肝,后者正在研发一种独特的干扰素。百时美施贵宝希望合作能增强他们在小分子抗病毒药物方面的实力。资深医药记者迈克·胡克曼在走廊里拦下了博格。博格看着比他矮一头的胡克曼,好像在期待有趣的问题。

胡克曼:百时美施贵宝刚宣布与ZymoGenetics公司合作,但你们早已经与强生合作了,对吧?

博格:对,我们将在欧洲市场以及除了中国和日本之外的亚洲市场合作,北美的市场也是属于我们的。

胡克曼:很多人认为今年是生物医药的并购大年,你们和强生的关系会更进一步吗?强生可能会收购你们吗,或者有别的公司对你们有意向吗?

博格:迈克,你每年都问我这个问题,但是我们还是独立的。我们正在成为一家主流药企,我们的产品也能支持我们的目标。

胡克曼:你们与先灵葆雅可谓针锋相对,他们也有一个进入研发末期的丙肝药物。为什么你认为你们的药物更好?

博格:从双方披露的数据来看,的确是我们的替拉瑞韦更有潜力。对于此前接受过其他治疗但无效的患者,他们的药物依然无能为力,但是我们的药物对这些"无应答患者"很有效。每个未经任何治疗的患者都可能是无应答患者,为了治愈疾病,我认为患者会选择最好的药物。

胡克曼:一位伯恩斯坦的分析师认为你们可能为一个疗程的药物定价7.5万美元,这是真的吗?

博格:药物定价是上市前的最后一件事,但是这篇研究的基础是合理的。丙肝患者的前景很糟糕,慢性肝衰竭和寿命缩短的代价很高昂,因此治愈丙肝对他们很有价值。

博格之后介绍了福泰近期的目标,包括完成后期临床试验,分析整理数据,然后向FDA提交新药申请。胡克曼注意到福泰的股价涨势强劲,问道:"是什么催化了2009年股价的增长呢?"

"我们计划在2010年提交新药申请,"博格说,"就差临门一脚了,所以投资者都在关注我们。"

胡克曼让镜头对准了自己,然后说:"感谢福泰的CEO乔舒亚·博格接受我们的访谈。接下来,有一家公司想要把戒烟药和戒酒药融合为减肥药,这可能实现吗?让我们去采访一下他们的首席财务官……"

奥巴马总统就职一周后,辉瑞以680亿美元收购了他们的老对手惠氏制药。这是近几个月来华尔街促成的第一笔大交易,主导交易的是在金融危机中幸存的投资银行,使用的是政府刺激经济的救助金。辉瑞和惠氏的联合激起了制药界的想象力,《时代》杂志报道:"这将是一只制药界的庞然巨兽……这不是政府又撮合了两家深陷泥沼的银行,这样的巨额并购在目前的经济动荡中非常少见。"

不过辉瑞也有自己的困境,而且他们的问题一点也不比华尔街上厄运缠身的巨头小。他们的重磅炸弹降血脂药物立普妥年收益达到125亿美元,是制药史上最畅销的小分子药物,占辉瑞总收益的1/4。这个药物是他们早年间收购华纳-兰伯特得到的。立普妥的专利将在2011年到期,届时许多便宜的非专利药(仿制药)将进入市场。加上其他的药物专利到期,辉瑞在2015年的预期收入将只有2007年的30%。虽然他们每年研发费用高达70亿美元,但管线中没有具备如此强大盈利潜力的产品。他们第四季的净收益同比下降了90%,部分是由于他们为一桩适应证外用药诉讼赔了一大笔钱。

收购惠氏制药增加了他们的收益,让他们有更多的生物制品,有机会重组。此时国会在奥巴马总统的呼吁下开始重视医疗问题。很多大药企都面临像立普妥这样的专利悬崖\*,他们收缩投资以应对药物销售的困难局面。国会打算限制直接面向消费者的药物广告,还要限制药企与医生的联系。大学和医院也开始限制他们的科学家为企业效劳。

2月5日,福泰宣布博格退休,埃门斯将继任他的位置。这个突如其来的消息令福泰各个分部措手不及。博格这几个月守口如瓶,从未流露出一丝他要离开的迹象。几天前,他还和一些在1989年成立公司的元老们聚餐,畅聊到深夜,送了他们每人一块刻字的瑞士表,没人察觉博格要退休了。宣布消息的那天,上百位科学家轮番踏进慕克堆满书的办公室,想听听他的看法。

---

\* 专利药一般售价高,利润高,当一款重要产品专利到期后,由于仿制药进入市场,会导致专利药公司收入大幅下降。——译者

慕克也同样震惊,他曾预测有一天博格"真的可能"会离开,但绝对没想到会这么早。他听着大家的问题,提炼共同的顾虑,第二天一早5点写了一封邮件,回应了最受关注的3个问题:

• 我对马修·埃门斯了解多少?除了他声望卓著以外,我了解不多。我知道他有话直说,善于倾听,尊重科学,经验丰富,久经考验,善于商业,彼得·米勒很喜欢他。很显然,马修不是乔舒亚,这的确是个"意外",但这不代表会变糟。马修3月才会上任,我也要花几个月去了解他。但目前来说,不用担心。

• 我们是否会被"卖掉"?仅代表个人观点:我认为不会。因为之后几年我们有两款潜力巨大的药物要上市,董事会知道这一点。埃门斯不是那种"把资产整理一下然后卖掉"的人。乔舒亚肯定也会在董事会里……

• 福泰的独特性要消失了吗?这是最重要的问题。现在这该取决于我们了,不是吗?就像一位富有智慧的同事昨天下午评论的:"你还和父母住在一起吗?"这一天总会来的。难道我们认为乔舒亚是让福泰独特的**唯一**因素吗?……我(整理了好几遍思绪之后)想借用乔舒亚的话来说:使命还在继续。我们对他建立的这个组织表达敬意最好的方法就是继续各自的使命。福泰比我们任何一个人都重要——你、我,甚至乔舒亚。我认为5年之后,福泰会更棒,我们会解决更难的问题,不断超越自我。这取决我们——而且**一直**取决于我们。

加里森认为董事会大错特错。他认为董事们不了解博格为建设福泰做了什么,而当埃门斯与福泰磨合时,他们又将错失多少机会。"如果你做过研究,"加里森说,"你会发现乔舒亚·博格是个彻底的异类。他白手起家,经历天使投资、风险投资、上市,在20年里一分钱不挣,一直亏钱,从来没有人能够做到,没有人。乔舒亚具有超越众人的学习能力与倾听能力,没有人像他一样。富达基金的创始人内德·约翰逊非常厉害,但他和乔舒亚不同;霍尼韦尔的CEO吉姆·拉尼尔也很棒,但乔舒亚是独一类的。董事会这个决定太不是时候了。战争刚胜利,他们就把博格毙了。董事会这么想:'我们要做商业了,但他没有经验。'但是你要知道,博格之前做所有事都没有经验。他们太不应该把博格赶下台了,至少我是这么想的。"

大部分华尔街的分析师都庆祝这一变化,他们对福泰的发展自有一套看法,而博格讨厌这些股票分析师人尽皆知。分析师波格斯认为博格阻碍了福泰的发展。"我认为博格退休是好事,"他在接受路透社的采访时说,"他是出售福泰的重要阻力。"

投资分析师认为制药界的未来在于积极兼并,波格斯就强烈推荐吉利德收购福泰,前者在呼吸系统和心脏病药物上的收购目前不算很成功。在写给投资者的报告中,他建议福泰收购法莫赛特,后者擅长核苷药物,市值只有3亿美元。波格斯不认识埃门斯,但他这么了解福泰,让史密斯怀疑他在福泰有内线。

90天的过渡期是博格的主意,既能向公司内部和世界证明福泰一切有序,埃门斯也可以在此期间多观察学习,为福泰的头等要务做准备。埃门斯问:"我们有足够的时间和钱把药卖出去吗?"埃门斯对组织的心理状态也有顾虑。福泰的确在坚持自己的原则,但这么久都没有盈利,投资人承受了超过20亿美元的损失,他们快没耐心了,不停催促着福泰尽快盈利。埃门斯说:"我担心引入商业思考模式的阻力可能很大。一旦你开始盈利,世界就不再一样了。"在博格最后管理福泰这段时间,埃门斯研究了福泰在剑桥市的人员配置和运行状态。他"倾听引擎":福泰在剑桥市共有1300名员工,分散在有8个办公地点,急需更多空间。

"福泰的文化容不得傻瓜。"他说,"大家会关注新来的人,新人要么跟上节奏,要么走人。如果你犯了错,以后就没人会搭理你,你也甭想去领导别人,这对我而言是个麻烦。我要在福泰建立商业组织,招募将是关键。但问题是我们没有时间去犯错,如果没招到合适的人,就会有麻烦。我擅长培养人才,组建团队,用情商去评估人们能不能一起工作。我不想把大众车的发动机塞进一辆福特车里。"

埃门斯的管理哲学是让高管们自愿合作,这对博格或者其他福泰元老来说是不可能的。他擅长细致地调控,低调、谦逊而有力地领导。他让大家卸下心防,真诚相待,让高管们不是以向他炫耀能力的心态完成任务,而是出于对共同目标的认可,自发地超越自我。"我不是指人云亦云,"他强调,"我说的是集体智慧。你不可能永远是房间里最聪明的人,房间里最聪明的人是房间里所有人组成的这个集体。具体怎么做呢?纵观我的职业生涯,我认为提出激发性的问题比给出我的答案更好。如果我总是很快地给出正确答案,那对组织是无效的。别人学不到什么,团队没法发展,而我的答案也没经过集体智慧的思考。"

福泰宣布了新的募股,这是一年内他们第三次募股,以每股32美元卖出了1000万股,筹集了3.2亿美元,而且很多卖给了长期持有者。大部分处于发展期的生物技术公司不得不靠着对冲基金苟活。Xconomy的评论员卢克·蒂默曼这么描述这些基金:"利用股票分秒之间的波动,高买低卖的家伙。他们看多或看空一款新药,下着高额的赌注。"福泰在"去风险",即逐渐减少可能导致公司崩溃的因素,这样能吸引更多喜欢长期持有的基金经理。目前这部分人占比不高,但是史密斯觉得,随着经济衰退加剧,他们会更加被福泰所吸引。

制药界的收购热潮是华尔街这段时间少有的兴奋点,也让丙肝项目大受关注。大药企有钱但管线弱,小公司有强效的候选药物但没有钱,而且既借不到钱也没法上市筹钱,因此总有兼并的需求。自从辉瑞和惠氏合并后,看起来除了最弱小的公司,谁都可能去收购别人;除了那些真正的庞然大物,谁都可能被收购。

一家位于加拿大蒙特利尔郊区的小药企ViroChem有两种非核苷聚合酶抑制剂,处于开发中期,核心化合物VCH-22已经在13人中进行试验。为了与其他资金更雄厚的药企抗衡,格雷夫斯劝说ViroChem与处于领先的福泰合作。

ViroChem 也认同,与福泰而不是其他大药企合作,能更快地将他们的药物上市。3月3日,福泰宣布将以价值3.75亿美元的现金和股票收购 ViroChem。

制药界的收购热潮在3月达到了高峰。福泰收购 ViroChem 一周之后,默沙东宣布以价值4110亿美元的现金和股票收购先灵葆雅。默沙东此前一贯自信业界没人能匹敌他们的研发部门,因此不怎么参与收购。博格对默沙东的转变并不惊讶,但是与先灵葆雅的联合着实让他大吃一惊。分析师认为,默沙东与先灵葆雅的联合比辉瑞和惠氏的联合稍强,但没有强很多。替拉瑞韦和波普瑞韦都即将上市。先灵葆雅被收购后,波普瑞韦便归默沙东了。让博格震惊的不是福泰历经这么多坎坷后,终于有机会与默沙东一较高下了,也不是这场他期待已久的竞赛竟是在他即将卸任之际才出现,而是他认为默沙东和先灵葆雅的文化很不搭,他评论说:"就像四季酒店去买房贷都没还清的房子。"

3天后,基因泰克在抵抗了8个月,连高管离职的威胁都试过后,终于同意罗氏4680亿美元的收购出价。埃门斯吸取教训,很快跟华尔街一家银行签订了"防御协定"。如果面临恶意收购,福泰会有强有力的后援。

在制药一线,战况同样激烈而混乱。为了让替拉瑞韦顺利获批,路易斯-哈尔请来了擅长政治手段的实干派业界精英杰克·威特主管注册事务。"我们和FDA的关系很糟糕,"她告诉威特,"你要修复它。"但威特刚迈入福泰的大门,路易斯-哈尔就跳槽到辉瑞担任首席医学官了。福泰上下大为震动,觉得自己这家小公司危机重重。人们互相打听,为什么代表他们首个药物的医学人士才干了9个月就离职了?

开发型组织的建设尚未完成,默沙东和波普瑞韦的威胁阴云不散——虽然博格强调,波普瑞韦会让许多患者严重贫血,甚至要用EPO治疗,不构成什么大威胁,他甚至认为波普瑞韦会因安全性问题得不到上市批准。埃门斯知道再找个首席开发官来维持临床组织的运营需要一整年的时间,但他没时间了。

他转向了米勒。米勒有将药物上市的经验,既有惊人的想象力,又有超人的执行力。他曾提议为亨廷顿病（一种可致命的神经退行性疾病）研发修复大脑中突变蛋白的药物，开拓全新的蓝海市场，也曾对替拉瑞韦生产中需要用到的高级喷雾干燥的技术细节提出建议。5月，米勒升任全球研发主管，掌管几乎全部的科研业务。考夫曼之前在路易斯-哈尔的手下具体管理日益扩大的临床试验，升任首席医学官，直接向米勒汇报。

米勒认为替拉瑞韦极大地成就了福泰，但仅有丙肝药物还不够令福泰伟大，当务之急是寻找下一个大希望。囊性纤维化的进展或许说明他们运气实在是好，但米勒觉得这两个药物可能只是预热，丙肝这个难题已经锻炼了公司，让他们能够解决更大的问题。米勒说：

> 福泰能走到今天，主要是因为我们坚持了乔舒亚最初的理念，简单来说就是要在一个又一个的新领域成为领导者。我们因此在多个领域的前沿获得领先，这就是福泰成功的原因。仅仅做好临床试验是不够的，我们必须精通所有业务。这就是为什么替拉瑞韦是个好分子，因为我们要应对它带来的各种挑战。从各个角度看，这家伙都是个噩梦。为了它，我真的很多个晚上睡不着觉，问题太、太、太多了。但正是这些问题成就了福泰。
>
> 我们最后的感觉是，最难估计也就如此了。我们见识过地狱的样子，感受过前进的每一步中逐渐升高的温度。我认为这个过程是最重要的，这正是开发替拉瑞韦的意义所在。我们创造了替拉瑞韦，替拉瑞韦成就了福泰。无需我提醒，我们最初是没有这个能力的。而开发替拉瑞韦激励我们建立了研发环境，让我们可以同时进行其他复杂研究——我们不能只会一招，为了命中目标，得多开几枪。

在华盛顿，博格和生物技术行业协会的CEO吉姆·格林伍德对制药界说了同样的话。就像所有的行业协会，生物技术行业协会的核心问题也是如何持续创新和盈利，更广泛地说，如何保持美国的**领先**地位？格林伍德曾是共和党议员，代表费城城郊一个选区长达6届（12年），他现在的任务是确保行业协会的成员在医疗卫生经济中的每个环节——用他自己的话说，"从国立卫生研究院的研究经费拨款，到患者被治愈"——都说得上话。奥巴马在竞选时承诺要大力改革医保制度，民主党也控制了国会，在参议院甚至拥有60%的席位，有绝对的优势。博格和格林伍德调整了生物技术协会的目标以适应局势：民主党向来和非专利药药厂关系更好，专利药药厂则倾向共和党。格林伍德担心专利药药厂限制生物类似物的要求恐怕不合时宜。生物类似物是指与有专利的生物制剂等效的生物制剂，即非专利的生物制剂，比如更便宜的恩利和安维汀。

博格虽然觉得健康产业泡沫过大、充满浪费，但总体而言还是很擅长寻找新疗法的，所以他支持为FDA增加经费的提案。他在一次生物技术行业协会的网络广播中这么评价华盛顿的政治气候："一个行业支持为其监管部门提供更多经费，这是很少见的。我们这么做，是因为我们认为目前的体系能创造很多价值，因此我们支持整个体系，而不是仅考虑自己的利益。"他还提到了创新、药物定价、患者获取新药，他认为，由政府主导延长专利有效期和控制药物价格是解决这些问题最合适的方法，这样药企和其他的创新者才能去尝试那些他们本无法承受的风险。

他继续说："在小分子药这边，保持创新和专利平衡的关键是有人为社会支付专利费，且不打击药企的创新动力。在生物药这边，我们需要同样的平衡智慧。医疗费用危机的最终解决方案是让人们更健康，这必须依靠创新。如果医疗费用减少的代价是医疗质量下降，那只是虚假的节约。因此，医疗费用的长期解决方案必然是以技术进步为核心的医疗进步。"

5月中旬，博格前往亚特兰大参加生物技术行业协会的年会。当天早上，福泰发布了萨奇戴夫委托咨询公司为政府作的报告，彰显了丙肝的威胁。报告称，如果不行动起来，任由80%的丙肝患者继续得不到筛查和治疗，治疗丙肝的年度开销将在未来20年内提升到850亿美元（仅包括直接的医疗开支，不含其他社会成本,如劳动力损失)。联邦医保的成本将提高5倍,从50亿暴涨到300亿美元。研究还发现,丙肝患者主要是1946—1964年出生的人,其中非裔美国人比例尤其高,比平均高出一倍。

近期关于医疗开支的讨论很多,萨奇戴夫认为他们的报告会是个很好的谈资:政府的医疗开支渐渐失控,就在人们以为情况不能更糟的时候,一场流行病大规模爆发了。而他们有个解决方案:提前识别数百万的丙肝患者,在**发病前**就治疗他们,这样能在可预见的未来开销中省下数千亿美元。目前已知的丙肝患者要么是已经出现了症状,要么是在申请保险时做体检被查出的。萨奇戴夫希望为婴儿潮一代进行全国性的筛查,而福泰可以是这场运动的推手。

在亚特兰大,生物技术行业协会的开幕式在乔治亚巨蛋体育场举行,已经50多岁的摇滚乐队B-52's赴场助兴,风采不减当年,博格也尽情摇摆。他也要卸任生物技术行业协会的主席了,他的离职演讲标题为"拯救地球"。过去20年间,在向新员工传递福泰的理念时,"拯救"这个主题是博格屡试不爽的,他在劝说加里森加入时就曾这么说:"如果我是对的,我将每年拯救上百万人,还有什么比这更重要吗?"这次的演讲中,博格的"拯救"是字面上的。他说,唯一可持续的商业模式是向社会提供高价值的创新。他说,世界有很多问题,但数以百万有能力解决这些问题的人可能会因各种疾病,在他们作出贡献前就死去,因此创新疗法以及普及这些疗法很重要。"乔舒亚和我总是会为这些事情争论。"米勒回忆说,"他相信世界总有一天会毁于小行星撞击,而我认为我们将被病毒毁灭。我们的共识是,让我们治好病毒,这样就能有人去考虑小行星的问题了。"

博格一直认为,好好做事就是做好事。美国药品研究与生产商协会(PhRMA)是制药界的游说集团,他们标榜自己的首要任务是让患者获得高质量的药物,但是他们更为人所知的立场是坚决反对医保部门任何试图降低成本的计划。在2003年联邦医保开始为处方药报销时,PhRMA成功将"联邦医保不得直接与药企进行价格谈判"立法。如今这些游说者担心的是,奥巴马总统为了降低药价,再次引入低价的处方药。

越是接近国会夏季休会,白宫就越是大谈特谈药费高昂,让 PhRMA 格外担心。6月初,博格正式从华盛顿堡的办公室搬出。福泰将他们最初创业地点——奥尔斯顿街40号,一座由旧车库改造的办公室——最初的门,作为博格的离别礼物。几天后,一位游说者给奥巴马的资深医疗顾问写信。奥巴马此时在出访沙特阿拉伯,于利雅得会见国王阿卜杜拉。这位顾问回信称,她和其他资深官员"鉴于你们之前对引入低价药物的'配合',我们已经作出了决定"。两周后,在白宫东厅,奥巴马宣布解除小布什政府的干细胞研究限制,联邦政府的基金将可以再次用于干细胞研究,因为"医学奇迹不是凭空发生的",他发誓要夺回小布什和共和党执政期间失去的机会。

"乔舒亚走了,"加里森说,"我也走了。"福泰的文化已经形成了,这样的文化如何续存将由埃门斯考虑,而他不想、也不需要加里森的帮助。经过博格的社会实验,福泰的组织文化现在灵活而富有适应性,他们会尝试不同的价值观来自我革新、争夺市场。哈佛商学院著名教授克莱顿·克里斯坦森的"颠覆性创新"理论很适合描述福泰,但更合适的描述是"颠覆性技术"。

慕克是最忠于福泰的使命的。他说:"我的职责是去思考,像福泰这样的智慧型企业,可以在什么地方创新,错过了哪些机会,应该注意哪些非主流理论?"

2004年,慕克建议公司彻底改变评估新项目的方式,彼得·米勒为此成立了一支60人的团队。他们不是以理性药物设计或者高通量筛选的方法去寻找新项目,而是要探索其他新方法。如果福泰原有的技术团队是 A 队,慕克带领的就是 B 队,他们的成员覆盖全球,尝试新方法、探索新疾病领域,扩大福泰的研发系统和管线。邝达仪对能引起全球大流行的毒株,比如甲型流感病毒、SARS 病毒,格外感兴趣。

邝达仪不清楚应该针对哪个蛋白靶点进行药物开发,于是她用各种分子处理受感染的细胞,观察其效果。这种方法被称为"表型筛选"(phenotypic screening），即直接观察细胞的生理特性和行为特征的变化，以此来寻找可能的药物靶点。他们很快就发现了一些有趣的化合物。慕克说：

> 我和彼得都对用细胞筛选技术寻找新项目非常感兴趣。表型筛选的难点在于，得选择合适的检测手段，才能获得相关的疾病生物学方面的信息，对于流感病毒，我们恰好能找到合适的检测手段。
>
> 但让我们在剑桥市的同事们尝试表型筛选很不容易。他们提出了一连串反对的理由：这种想法太蠢；我们没有经验；风险太大；不知道靶点是什么，之后会有意想不到的麻烦，比如FDA不会批准连靶点是什么都不清楚的药物……多亏彼得很支持，我们才这么做了。

就像曾经与诺华合作研发激酶类药物时那样，慕克有博格般的乐观，自信十足，他无视组织中的主流意见，哪怕是积极的意见，这让反对声越来越大。新项目团队对流感进一步研究后，识别了一个可以用福泰习惯的酶抑制剂手段研究的分子靶点。但是各分部的主管认为他们过于中心化的团队阻碍了研究。慕克反驳说，他们能够在早期就检查可行性，会比分散的团队有更好的数据和候选化合物，但是他最终输掉了这场争论。2008年，米勒进行了重组，让各个分部有权决定它们想研究的疾病和靶点，相当于解散了B队，也让慕克再次空闲出来，思考公司未来的方向。

博格离开之后，慕克一直在两个他和米勒都认为福泰可能领先的方向努力。其一是细胞疗法\*，即将活细胞输入患者身体以修复功能，属于再生医学。从基础生物学、临床试验和药物递送等方面的标准来说，细胞疗法与小分子药物设计完全不同。慕克从中看到了协作的潜力，他开始研究一众细胞疗法公司，并在学术界寻找合作伙伴，米勒很快也被这个领域的前景吸引。其二是，慕克组建了一支系统生物学团队，系统生物学是用高级计算方法去研究生物过程

---

\* 近年备受关注的CAR-T就属于细胞疗法。——译者

的学科。他说,这个领域中"很多研究都很可疑"。但是他认为这个领域迟早变得有用,他希望领先大部队。

慕克毕竟有闲暇可以眺望窗外风景,他可以展望2020年、2030年时医药界和福泰的产品管线,这是米勒无法做到的。现在有20个高管直接向米勒汇报工作,他还掌管6亿美元的研究经费,平均每一分半钟就会收到一封邮件,日程也经常出现两项甚至三项活动的时间冲突。他每天工作16小时,期间定时去庭院里抽烟。到了8月,他终于熬不住了,要去休假两周。埃门斯担心他回来后能不能扛住更加繁重的工作、更大的压力:之后的一年里,他们要递交新药申请,每天都将是各项关键任务的截止日期,同时默沙东和华尔街在一旁虎视眈眈。

埃门斯的团队建设自然也要适应米勒强势的性格和个人需求。米勒在去度假前,向埃门斯投诉格雷夫斯,因为后者一直想让麦克哈奇森担任首席医学官。埃门斯花了两小时面试麦克哈奇森,然后很快决定不能要他。首先他认为麦克哈奇森的性格和风格不适合福泰,其次他知道麦克哈奇森和米勒肯定会起冲突。他打趣说:"这会导致第六次世界大战的。"

9月的第一个周一,也就是美国的劳动节之后,埃门斯告诉格雷夫斯他要在商务上作出些改变。格雷夫斯离职的消息伴随其他企业公告,还有埃门斯的套话一起发出:"我感谢库尔特·格雷夫斯在过去两年内为福泰商务部门构建基础。今天,福泰已经做好销售替拉瑞韦的准备,我祝愿库尔特以后事业顺利。"

杰克·威特的前任路易斯-哈尔走得匆忙,没有留下多少过渡时间。但威特接手注册部门后,很快就知道他可以多头并进,并依然在2010年底之前提交新药申请。威特很低调,看似不苟言笑,其实话语间充满幽默感。他要协调研发部门、商业部门、临床部门、美国监管机构和欧洲监管机构之间错综复杂的关系。他还要与强生旗下的蒂博特克制药(Tibotec Pharmaceuticals)协作,这是一家位于比利时安特卫普的公司。他管理着一支由频繁变动的医生、统计学家、

IT技术人员、律师、外部顾问组成的专家团队。威特之前曾在专攻眼科的药企博士伦担任副总裁，对注册的业务很熟悉。但他不清楚福泰的风格，也不认识FDA主管抗病毒药物审核的官员。

夏天时，格雷夫斯曾督促他就波普瑞韦的安全性向FDA施压。默沙东将EPO加入了波普瑞韦的治疗方案中，防止患者出现贫血。多家药企都在销售各自的EPO，这个药物可以说是生物制药界最盈利的产品，也是联邦医保中最大的单药支出。EPO也被FDA重点关注，说明书中有个"黑框警告"，这是对上市药物最高级别的安全性警告，建议医生在刺激患者血液生成、避免输血时，尽可能使用低剂量的EPO。此外EPO的广告声称它能提高活力、改善生活质量。这个广告此前获批，现在也在重新接受审查。

"我们知道先灵葆雅在波普瑞韦的临床试验中使用EPO，我们知道他们的药物会导致贫血，"威特说，"我们还知道FDA对使用EPO发出了安全警告，库尔特因此督促我：'给FDA写信，告诉他们不应该让先灵葆雅继续试验，因为那个试验在使用未经批准用于肝炎的药物。'"

威特认为这个角度不错。他写了信，一些福泰高管签名支持。"我们用这封坏坏的信(警告先灵葆雅)：'你们小心点，我们盯着你们呢，滚远点。'"虽然这封信的措辞刻薄，但威特认为这传递了一个信号：如果福泰想成功，他们不能再像以前那么狂妄自大，或者毫不掩饰自己的动机是为了挣钱(尽管福泰自己从不这么认为)。这封信告诉大家边界在哪。

FDA不是总与他们对着干。此外，邝达仪、基弗、谢利·乔治(她接手了考夫曼的临床试验工作)和一些其他机构的科学家组成了丙肝药物研发顾问组(HCV DrAG)，与FDA紧密合作，关注丙肝的耐药性问题。基弗、乔治与拉斯·弗莱舍及其团队的交往基本都是愉快的。肝病年会又将召开，威特知道福泰依然会引起争议，他觉得这是次安抚弗莱舍的机会。他回忆说：

> 我计划在会议上找到他，但不是跟踪他。上次肝病年会时，他在

## 第二部分 挑灯夜战

我们的展位那里就像条比特斗牛犬一样,差点把我们的人撕成碎片,再放到火上烤。他批评说他们在药物被批准前就在搞营销之类的。

我们的人求我说:"请你在展位附近待着,如果拉斯来了,帮我们挡一下。"——就像看门狗一样,保护一下。我说:"乐意效劳。"

他巧妙地找上了弗莱舍,就像巧遇一样。

我说:"拉斯,我是杰克,福泰的新负责人。"他说:"哦,是的,我之前见过你签名的文件。你是签署EPO信的人之一,对吧?"我说:"嘿,我做注册这行25年了,从来没和FDA有矛盾,也不希望有什么不愉快。我的理念是与FDA合作,听取你们的建议,不是来说教或者哄骗你的。如果你对我们的展位有什么建议,你可以直接找我,这是我的名片。别为难那些小伙子,他们就是干活的。"我俩之后友好地交换了一下意见,一堵心墙就此倒塌。

埃门斯知道领导商业组织需要什么人,仅仅聪明,但是目中无人或者出语伤人是不行的。20世纪90年代中期,他曾在阿斯特-默沙东(Astra Merck)*领导销售部门,在那里创造了制药史上最成功的市场营销:洛赛克(通用名奥美拉唑)。对胃酸反流的患者,洛赛克是个奇迹。但真正的奇迹是他们在广告中(多亏了当时新出台的医药广告法规允许他们这么做)告诉数百万的电视观众,让他们向自己的医生咨询"紫色小药片"——那些被胃食管反流困扰多年的患者更是亲切地称其为"紫色耶稣""紫色神药"。洛赛克在阿斯特-默沙东的运营下,成了那十年间最畅销的药物。

1997年,埃门斯升任CEO。他将自己在销售团队中的位置交给了南希·怀森斯基。怀森斯基自埃门斯在默沙东时就是他的得力干将。她最初是照顾退

---

\* 阿斯特-默沙东,瑞典药企阿斯特(Astra)与默沙东在1994—1998年成立的合资企业,后来被阿斯特收购。阿斯特于1999年和英国药企捷利康(Zeneca)合并为现在的阿斯利康(AstraZeneca)。——译者

伍老兵的护士,也像护士一样有话直说。她经常穿着修身的女士西装,留着挑染的短发,眼睛里好像燃烧着火焰,她能以激情鼓励手下的销售代表,以细致令上司欣赏。埃门斯后来去北卡罗来纳州,为德国默克制药创立并管理其美国处方药部门,即默克EMD,他也邀请怀森斯基一同前往,担任主管销售的副总裁。

生物制药界的女性CEO并不多,她们往往集中在最有智慧的企业中。当埃门斯在2001年离开默克EMD去接手夏尔制药时,怀森斯基接过他CEO的位置。这家未上市公司那时候有1300名员工,在怀森斯基任期内不断走下坡路\*。怀森斯基没有犯什么领导错误,只是默克EMD的8个临床候选化合物只有1个成功了。她事后评价:"这就是好的研发部门的重要性。"2006年,怀森斯基成功脱身。她此时已经有两次从零开始建设运营部门的经验了。她于2007年加入位于费城郊外的恩多制药(Endo Pharmaceuticals),担任首席运营官。她在那里第一次参与投资者电话会议,学习如何根据《公平披露规则》披露公司信息。

但是今年(2009年)8月,恩多制药宣布怀森斯基因为"家庭原因"退休。(在制药界的匿名论坛Cafepharma上,有人这么评论:"'家庭原因'??? 企业中的女性高管什么时候能够照顾家庭了?如果女性医药代表不能做到,更高层次的人更做不到。") 怀森斯基与恩多制药达成的离职协议包括加速兑现她的股权,7.5万美元的搬迁补偿,还要为补偿她卖掉宾夕法尼亚州的房子提供20万美元。

她回到老家,北卡罗来纳州的达勒姆,待了一阵子。12月,福泰宣布招募怀森斯基为销售总监。怀森斯基在圣诞节前到了剑桥市。但她与福泰的初次接触并不愉快,如果不是有马修·埃门斯,福泰的文化可能会让她很难受。她回忆说:

> 我第一次与董事会和高管团队见面时,我觉得这个公司聪明人真多,他们还喜欢互相考验一下智慧。这让我很不习惯,我不是这类人,

---

\* 2006年,默克EMD收购了瑞士的雪兰诺制药,形成了现在的默克雪兰诺制药。——译者

我觉得他们很多行为没有意义。所以我当时就说:"天呐,我们不是应该讨论具体怎么做的吗,还是说只是要从理论上探讨一下有多少种分析方式?"肯定有些人觉得我太过分了,我听说有人管我叫"臭石头"。但是我们得把工作完成,公司的未来靠的是实干。

幸好我直接向马修汇报。我对他很熟悉,完全信任他。我俩有话直说,没有废话。而他在我到来之前,就给我的部门留了足够多的钱。我看到那些数字时,心里就有底了。还有就是,马修是董事长,因此董事会也会很快接纳我。我跟他很熟了,不用再向他证明自己,这让我在福泰的起步更加容易。但我*想*向董事会证明自己,想赢得他们的支持,我知道马修肯定会"罩着"我的。

接替博格6个月后,埃门斯有了自己的"大脑"。米勒是中枢,总管推动替拉瑞韦上市;史密斯为公司筹钱;怀森斯基将药物送进销售渠道,送到患者手中。高管团队中也有其他重要声音,比如肯·博格。他代表了福泰的传统智慧、商业历史,还从某种意义上和乔舒亚·博格共享意识,加里森说他是福泰的尤达大师*。但是埃门斯身边的小圈子人不用太多。

在市场上,史密斯被奉为福泰的金融构建师,他也很享受自己的新地位。肝病年会上,福泰汇报了大量数据,令听众啧啧称赞。史密斯在海报展会上被一群分析师和记者围住,想听听他对公司的分子的看法。福泰的数据显示,替拉瑞韦对那些最难治的患者都有效。目前的试验方案中,替拉瑞韦一天用药三次,但是以后可能缩减到一天两次。中期试验显示持续病毒学应答率超过80%。虽然目前还有超过40种药物在临床试验中,但是就像一名基金经理残忍的评论,"它们只能试试赶上福泰的尾气"。整个秋天,福泰的新数据不断。券商科文公司(Cowen and Company)对他们大为赞赏,认为替拉瑞韦在美国的销

---

\* 尤达大师是系列电影《星球大战》(*Star War*)中绝地武士的资深导师。——译者

量将在2013年达到23亿美元,这极大地推高了福泰的股价。

史密斯信心高涨,接连启动一个比一个大的融资。早在7月时,他宣布福泰将出售替拉瑞韦的里程碑支付权利。根据之前的各种协议,福泰如果成功实现将替拉瑞韦在欧洲注册、获批、上市这些"里程碑",将获得2.5亿美元的里程碑支付,福泰把这一权益以1.55亿美元的价格提前变现。肝病年会之后,他宣布福泰将进行新一轮的募股。投资人对替拉瑞韦信心十足,认为替拉瑞韦将胜过默沙东的波普瑞韦,在上市后成为年销量超过10亿美元的重磅炸弹,因此福泰成功卖出了1150万股,筹集了4.5亿美元资金,这令他们账面上的现金高达13亿美元。这一大笔钱让史密斯获得了"点石成金"的声望,也让埃门斯相信福泰有足够的资源上市替拉瑞韦。

怀森斯基回达勒姆和家人度了几天假,之后搬到波士顿一处临水的小别墅中。她认同替拉瑞韦是个革命性药物,但是她认为福泰要面对的商业现实支持不了他们自己或者华尔街的估值。销售新上市的处方药和销售别的药物很不一样。你不是将药物卖给最终使用药物的患者,而是卖给医生和医院,与此同时,付钱的人却不是他们,而是政府医保部门、大型管理式医疗公司还有商业医疗保险商。如果不能把这些报销部门搞定,医生开多少张处方都没用。关键要识别患者,**以及**为他们付钱的机构,然后清除从医生开药到患者拿药中的一切心理障碍、医学障碍、财务障碍。

福泰对替拉瑞韦能覆盖多少患者十分有信心。市场调研显示,那些拥有大量患者的医生现在没有开药,正等着新一代疗法诞生,他们"存储"着患者。疾控中心此前建议,要将年龄而非高风险行为作为婴儿潮一代需要筛查丙肝的依据。萨奇戴大已经在国会内争取到了足够的声音赞同这一建议,将极大地提高确诊人数。福泰预期会有大量新增的患者。怀森斯基翻看公司的分析后,却有些担心。

> 我看了那些之前没时间看的文件,吓得我喘不上气……里面的市

场扩张速度是基于一个高得吓人的丙肝诊断率,可是,除了法国政府应对血样污染那段时间,史上或许再没有这么高的确诊率。其他的市场扩张计划也基于我们实现不了的事情。想想先灵葆雅和罗氏推广干扰素时的情况,他们期望太高,结果**摔惨**了。

我说:"我们的科研很好,要好好利用。我们要建立一个对顾客友好的组织,把对客户的知识和对科学的知识结合起来。但是我**真心不认为**我们能改变世界的运行规律,毕竟很多事情并不受我们控制,对不对? 我们做了很多努力。萨奇戴夫在华盛顿干得很好,他正在配合疾控中心修改指导意见,这些事都干得不错。但是你们也得看看市场的历史反应,这样我们才能对能做到什么有个合理估计。"最后,我们把市场扩张率大幅下调,只有原来一半那么高。

❖

2010年1月,埃门斯和史密斯前往旧金山参加J.P.摩根健康产业大会,这是埃门斯第一次以福泰的CEO和董事长的身份出席。就在同一天,马萨诸塞州参议员的竞选也意外地激烈了起来。这个位置之前属于爱德华·肯尼迪,他担任此职务长达46年,于2009年8月在任上去世。公共政策民调基金会最新的民调结果显示,共和党的候选人、州参议院议员斯科特·布朗,领先民主党候选人、州总检察官玛莎·科克利1%。布朗虽然名声不显,但是竞选经费雄厚。《波士顿环球报》民调结果则显示,科克利依然大幅领先15%。这场竞赛的胶着程度超出了双方的想象,其影响也将非常深远。布朗强调,他会在投票中反对奥巴马的医疗改革计划。肯尼迪一生都在呼吁医改,白宫也想乘着他去世推动医改。在参议院想顺利通过提案需要60票,此前民主党刚好有60个席位,如果输掉这个席位,原本板上钉钉的法案就可能无法通过*。就在这为期两个月的选

---

\* 理论上,在参议院达到简单多数,即51票,即可通过提案。但是反对党可以通过冗长的演讲来阻止进入表决环节,只有拥有绝对多数,即60票才能直接进入表决环节。——译者

战白热化的时候,科克利令人难以理解地去了加勒比海度假一周,这让她显得似乎认定自己必将当选。然而,这可不是骄傲的时候。

人们肯定会将埃门斯与博格比较,埃门斯知道这是个风险与机遇并存的挑战。但是他有更要紧的事:说服华尔街相信福泰将要实现博格描述的愿景,成为新一代药企,成为制药界成功的新典范。埃门斯告诉众多听众:"2010年对福泰而言将是关键的一年,我们将成为真正意义上的大型生物制药公司。"他戴着无框眼镜,眼神犀利,穿着浅灰色的正装,配着同样色调的领带,一身精神的单色调让他看起来很时髦。

"我们在丙肝治疗领域处于领先地位。候选药物替拉瑞韦的Ⅲ期临床试验结果将在2010年春陆续公布,我们将在下半年提交新药申请。"埃门斯继续说:

> 我们也将在丙肝治疗中继续创新,我们有一款新的实验性丙肝病毒聚合酶抑制剂VX-222,在本季度,我们将开展第一次组合VX-222和替拉瑞韦的临床试验。
>
> 除了丙肝药物之外,福泰还有两款旨在根治囊性纤维化这种罕见病的新药。它们是VX-770和VX-809,分别进入后期和中期开发。VX-770的Ⅲ期临床试验的患者招募非常顺利,有望在2011年初获得试验结果。之后几周,我们还有望获得VX-809的Ⅱ期临床试验数据。这个试验将会评估联合使用VX-770和VX-809能否治疗囊性纤维化最常见的突变类型。
>
> 福泰还计划针对诸如类风湿关节炎和癫痫等疾病展开验证概念性的临床试验,这有助于我们实现成为成熟的生物制药企业的愿景。

福泰以JAK3抑制剂进入类风湿关节炎治疗领域是意料之中的事。辉瑞已经证明了JAK3抑制剂有效,那之后就轮到福泰证明他们能拿出更好的药物了。而福泰的抗癫痫药物其实早就有了,只是之前一直被雪藏,直到最近人们有了新的生物学发现才被重新发掘出来。一款药物可能领先了时代,这样的故事在制药界有很多,证明了坚持研发一个好靶点的价值。

7年以前,福泰和安万特停止了ICE抑制剂普那卡生的开发,因为这个药物在动物实验中表现出一定的肝毒性,可能不适合成药。福泰后续又研发了VX-765。这个药物在类似的动物实验中没有肝毒性,但是没有公司愿意与他们合作开发,因此VX-765就被搁置在福泰的分子库中了:福泰圣迭戈分部的地下室里有一座高度自动化的仓库,储存着超过40万种化合物。2009年,意大利维罗纳大学的科学家发现了癫痫发作的新机制。癫痫是神经细胞信号异常导致的,他们发现,免疫系统异常会使血脑屏障通透性增加,让有害的物质进入脑部,导致癫痫发作更频繁。目前市面上所有的抗癫痫药物都是抗抽搐的,即抑制神经元异常兴奋,但VX-765可能通过抑制炎症反应来控制癫痫。VX-765的临床前研究数据好得惊人。福泰和意大利合作,争取率先进行临床试验。

一年前,CNBC的记者迈克·胡克曼在走廊里拦下了博格,今年他拦下了埃门斯。节目主持人拉里·库德洛正在介绍J. P. 摩根健康产业大会,他说参会者有7000多人,这是结识业界人士、搞出大新闻或者挣大钱的好机会。胡克曼接话说道:"早上好,拉里,今年这群人中备受关注的是塞缪尔·瓦克萨尔先生,英克隆制药(ImClone)的创始人,他最近刚从监狱里出来。"2001年底,FDA即将拒绝英克隆公司的新药上市申请,瓦克萨尔提前将这一消息告诉了他的老朋友——时尚达人兼"家政女王"玛莎·斯图尔特。后者在官方消息发布前卖掉了持有的英克隆的股票,结果因内幕消息交易而锒铛入狱,这一丑闻曾引发不小的轰动,瓦克萨尔本人也被收监多年\*。胡克曼接着采访埃门斯。

> 胡克曼:福泰今年将大量获得丙肝药物后期临床试验的数据,你们计划在下半年向FDA提交上市申请。但是默沙东的药物也紧咬不放。您认为谁的数据更好,谁的药效更好,谁的药物更安全呢?
>
> 埃门斯:首先,我不能未卜先知。其次,我得说我们药物的数据真

---

\* 这款给他们带来牢狱之灾的药物即西妥昔单抗,最终在2004年获批上市。——译者

不错,它在多个临床试验中的表现都很稳定。我们计划在明年上半年将其上市。还有,它对那些现有疗法不能有效治疗的患者也很有效。

胡克曼:埃门斯先生,我们都知道,摩根大会历来是很多重大交易的发生地。有没有什么大药企或大生物制药公司对你们感兴趣?你们与强生的合作有没有限制你们接触其他的追求者呢?

埃门斯:迈克,这样的问题一直都有。这取决于我们的投资者。我能告诉你一件事,我们是要将福泰做大做强的,先是丙肝,之后是囊性纤维化。我们还有12个临床前项目,6个临床项目,潜力是十分巨大的。

胡克曼:的确如此,但是并购难道不会增加投资人回报吗?

埃门斯:或许吧,慢慢看。

博格认为,商业记者或者分析师对并购过于追捧,是因为他们不理解福泰的商业模式,也看不懂福泰分散风险的资产组合策略。而埃门斯认为,这是因为华尔街的目的与福泰的不同。福泰要制造新药,华尔街则需要福泰的股价由于公司的短期发展或者某些传言产生波动,以便投机赢利。在福泰内部,他面临许多挑战,但是他保护福泰不被收购的决心一点也不输博格,这是有目共睹的。

在波士顿,斯科特·布朗在参议员选举中惊人地胜出了,震动国会和全美。美国的政治重心右倾了。布朗对欢呼着的支持者说:"马萨诸塞州真正的民意在今晚呈现了!"肯尼迪参议员曾经将医疗系统大改革称为"他毕生的追求",而马萨诸塞州现在却要派出一位共和党参议员在华盛顿毙掉这个提案。民主党输掉了参议院的绝对多数,他们还在努力拯救奥巴马的医改提案。提案得到了PhRMA和生物技术行业协会的支持,大药企们和白宫达成了一项协议:阻止国会在双方同意的800亿美元的节约计划外,削减更多的预算。生物技术行业协会还提议FDA可以为生物类似物提供快速审批通道。

在福泰，怀森斯基还有12个月建立一个覆盖全国的商业组织，之后就要与默沙东针锋相对了。先灵葆雅的团队此前已经和几乎所有肝病、消化道疾病的意见领袖签订了合约，在医保报销系统中有良好的关系和渠道。默沙东吸收了他们在丙肝上的临床力量与市场力量，获得了一定的初期优势。设计一个组织，理论上你需要清楚目标和当务之急，然后找出获得成功所必要的条件。怀森斯基在降低了市场扩张预期后，有了药物上市以及后续发展的合理目标。她开始带领一个小团体设计框架。

"好的策略要有三个基本支柱，"她解释说，"要能调动人员、流程和技术。我用这个思路评估我们的框架，并向董事会解释目前的情况。我说：'我已经查看过我们的人员，我们的中层管理团队**很棒**，但还需要多雇点人。我不是说他们不好，只是他们从未担任过类似的领导岗位。为了成功，需要补充些人。'我不能为了顾虑别人的情绪，就什么都不做，我要考虑公司的目标。"

怀森斯基向董事会呈交了她的提案。在药物上市时，福泰需要准备好5个核心技术体系，她也在5个关键的位置需要得力干将。此外，她还和慕克的团队合作，建立了一个项目管理系统，追踪"运营、政策、基础设施、组织结构"的构建进度，以期上市前万事俱备。在即将到来的春天，怀森斯基将在埃门斯和董事会的支持下，实施她的计划，将福泰转变为运营型组织。

"我立刻为三类最重要的岗位找人：药物销售代表、丙肝营销主管、管理式医疗市场经理*。"怀森斯基说，"我还去见了见囊性纤维化团队，我对他们说：'我不熟悉你们的工作，但看起来你们做得不错。继续努力，我半年后再来看看。'他们有自己的主心骨，完全自主运作。"

埃门斯之前就料到，怀森斯基的商业思维会大幅改变福泰的风格，很多人

---

\* 管理式医疗（managed market），美国的一种医疗模式，采用了经费管理的医保系统。管理式医疗市场经理负责将公司的药物纳入这些医保体系。——译者

难以适应。怀森斯基知道自己需要什么,她在福泰建立了一个亚组织,而其他人没有相应的经验,也提不出什么建议。如果福泰是一支军队,那怀森斯基就是在其中成立了一支特种部队。福泰早期的发展离不开开放、民主的文化。怀森斯基知道她正在践踏福泰的价值观,但是有些事比福泰的"社会规范"更重要。怀森斯基说:

> 在运营型组织,争论会让人们觉得混乱,人们总搞不清楚"我们决定了啥"。在销售部门,我不能允许这样,得让人们闭嘴。我们要明确每个人的工作,以及如何互相帮助。我们必须专业化,这样才能有效率。有些人不喜欢这样,因为工作会变得无聊。但事就得这么办,我们就得这么做。

> 在与其他人的讨论中,我感觉他们认为商业很简单,我必须反驳他们。福泰不尊重商业的智慧和经验,觉得商业很容易,比研发**容易**。或许他们深入思考一下,的确也能找到解决办法,但这来不及了,我必须现在就有人才。这正是我在寻找的:有经验的人才,之前已经想过这些问题的人才。我需要那些曾经在这些问题上摔过跤、吃过亏的人才,需要他们一来就能搭建商业结构,然后执行。

怀森斯基现在最需要的是管理式医疗市场经理,因为药企不能直接把药物卖给终端客户,即患者。在医保系统付钱前,患者拿不到药,你得争取这些管理式医疗机构同意报销,你的药物销售代表才能卖出药。但她先找到的人才是销售团队主管。乔·科佐利诺的资历非常亮眼:曾担任吉利德抗艾滋病药物东部地区市场资深主管,任期内年销量高达35亿美元。"理论上,乔满足我们的一切需求,"怀森斯基说,"他是难得的绝佳的销售主管。"

2010年3月底,在民主党做出一定让步后,奥巴马终于成功将医疗改革方案立法,这是美国40年来最昂贵的社会福利法案。他在白宫东厅举办了盛大的纪念仪式,签字通过了《患者保护与平价医疗法案》。"我签署的法案是许多代美国人梦寐以求并为之努力的。"他说,"今天我们共同认识了每一代人都会重新发现的真理,那就是我们这个国家,从未放弃自己的抱负。"共和党人纷纷抨击这项政策是政府疯狂扩大的证据。"这是美国人悲伤的一天,"共和党领袖约翰·博纳说,"奥巴马总统在签署这项法案时,背离了我们'最好的政府是管得最少的'的建国原则。"

❖

就像在艾滋病领域,第一款上市的丙肝病毒蛋白酶抑制剂一定会将丙肝治疗带入新时代。但更大的奖励是鸡尾酒疗法:最理想的情况是,某种药物组合使疗程进一步缩短,患者还不用忍受干扰素和利巴韦林治疗的不良反应。福泰收购ViroChem获得了非核苷类药物VX-222,在药物多样化方面领先众多竞争者。百时美施贵宝开发了一款蛋白酶抑制剂,将会配合他们的另一款药物,一起阻断丙肝病毒的第四个靶点NS5A。NS5A是非结构蛋白\*,参与多种生化途径,在病毒复制中尤为重要。罗氏、法莫赛特和InterMune在探索联合使用蛋白抑制剂和核苷类药物。吉利德的情况也差不多。

3月,福泰宣布他们将主要在美国招募100名患者,测试联合疗法的效果。每名患者都服用同样剂量的替拉瑞韦,其中一些患者还将服用不同剂量的VX-222,一天两次;另一些患者则同时使用干扰素和利巴韦林。"之前从未有人证明,没有干扰素和利巴韦林,也能产生持续病毒学应答。"考夫曼在接受Xconomy的蒂默曼采访时说,"步子总得迈,我们想成为第一家迈出这重要一步的公司。"组合这两种抗病毒药物是否足以杀死所有耐药的病毒,第三种甚至第四种药物是否有必要?这是福泰等公司评估丙肝治疗未来走向时重要的科学问题与商业问题。

近10年间,没有新的丙肝疗法问世,丙肝患者愈发绝望。随着网络上信息

---

\* 病毒会利用宿主细胞产生多种蛋白质,有的蛋白质会参与新病毒的组装,被称为结构蛋白;不参与新病毒组装的是非结构蛋白。——译者

增多,他们也开始思考是不是药物上市的环节出了问题。他们不再沉默,开始在社交媒体上频频发声,呼吁鸡尾酒疗法尽快问世,这样他们以及他们所爱之人才能免于常规治疗之苦,从疾痛中获救。考夫曼提到的无干扰素疗法让一小群患者重燃希望,纷纷在这篇在线访谈下留言。

**网友米歇尔**:我的丈夫接受了三轮联合使用干扰素和利巴韦林的治疗。前两次虽然不良反应很大,但是他的体内的病毒数量一度低到无法检出了,不过几个月后又上升了。第三次治疗中他因为使用干扰素得了精神病,无法继续接受治疗了。采用没有干扰素的新治疗方案将拯救我们。

**网友戴安娜**:我希望无干扰素的治疗方案能尽快问世,并为之祈祷。我之前就接受了联合用药治疗。虽然很多接受治疗的人都会得溶血性贫血,但我得的是自身免疫溶血性贫血,就是说我的白细胞会攻击我的红细胞,这都是干扰素造成的。如果有人知道有无干扰素疗法的临床试验,请告诉我。我还有很多事情想做……

**网友威廉姆**:我一直听说这病会在接受治疗6—18个月后复发。有人5年后体内还是没有病毒吗?我没听说过,所以我怀疑丙肝是不是无法治愈的。这或许对制药公司是个好消息。我要接受24周的标准治疗,头12周还要用一种实验性药物。我最近感觉像得了流感一样,还有严重的湿疹。我觉得我们太惨了。这一切值得吗?

**网友罗伯特**:让我参加临床试验吧,看看它是否真的有效!

福泰的各个部门都在加速,以赶上数个截止日期。考夫曼和他的临床团队要完成两个关键的临床试验,康登在世界各地打造供应链的最后环节,威特及其团队在为新药申请撰写海量文件,众多重要的会议和讨论都是由米勒主持的。虽然之前博格、埃门斯等人都担心他要操心的事会不会太多了,但米勒让一切尽在掌控。他常穿着一件一丝褶皱都没有的黑色正装,有时还会在肩膀上披一件浅色的毛衣，透过他的半框眼镜，像一位巴伐利亚将军一样盯着大家。与此同时，埃门斯向华尔街承诺他们将于年底前提交新药申请。怀森斯基派出大量猎头，为商业组织填补空缺，科佐利诺则在准备将销售团队投入实战。

"这段时间真的是非常、非常紧张。"考夫曼说，"我们的时间表很紧凑，大部分公司根本不敢尝试。此外新的数据也不断涌入。我们都非常努力，很多时候是自我驱动的。我们想干件大事，证明福泰能做到。还有就是，每多耽误一天，就少卖一天药。我们想尽早让药物上市。"

5月底，临床试验"先进"（第108号试验）的数据揭盲了。这项试验纳入了上千名患者，是规模最大的丙肝临床试验。实验组的患者接受标准剂量的替拉瑞韦、干扰素和利巴韦林治疗12周。治疗结束的24周后，75%的患者的血液中无法检出病毒，可以被认为治愈。而仅用干扰素和利巴韦林标准疗法的对照组中，治愈率仅为44%。福泰的股价在股票市场闭市后的盘后交易中大涨12%。花旗集团的分析师亚龙·韦贝尔认为，替拉瑞韦的全球销量可以在5年内达到每年30亿美元。

"先进"试验和另一项Ⅲ期临床试验"实现"都成功了，足以让福泰提交新药申请。但是第三项关键临床试验"启明"（第216号试验）还在欧洲进行，由比利时的蒂博特克制药负责。阿拉姆之前在提交Ⅲ期临床试验计划时与FDA闹了矛盾，有些人担心这些试验是否足够，尤其是威特。福泰与FDA预约在9月28日进行一次申请前会议（pre-NDA）。他们将在会议上探讨正式申请时要提交的内容和格式。如果FDA认为哪个试验不行，那么就麻烦了。"注册的流程是这样的：你提交了新药申请，FDA就开始形式审核（file），"威特说，"他们有60天的时间。这期间，他们可以说'你的数据不够，或者你的数据不充分'，然后拒绝受理你的申请。如果这种事情发生，公司可能就要倒闭了，英克隆就是这样，FDA拒绝受理他们的申请。如果我们的申请遭到拒绝，股价就可能跌到一钱不值。"

威特与弗莱舍等FDA官员现在保持着常规且合作的联系，他努力加速申请。在准备申请前会议时，威特担心来不及获得"启明"试验的数据，想先提交最重要的"先进"和"实现"试验的结果,之后再提交"启明"试验的结果,这样如果数据有问题,福泰还有时间去解决,他们压力也能小一些。试验足够严谨吗?患者数量够多吗?非裔患者数量够多吗?默沙东此时完成了两项波普瑞韦关键性临床试验,也说要在年底提交新药申请。米勒希望福泰能领先一步,截止日期越来越近,大家的精神也越发紧张。

"我们最后决定要在简报中包括全部3项试验的结果。"威特回忆说,"但是我们和比利时有6个小时的时差,等不了这么久了,我们决定一起飞到安特卫普去,然后在蒂博特克制药的办公室,亲眼看着数据库解锁、新鲜数据出炉。我们之前都没见过这些数据,因此注册人员、临床人员都过去了,一齐解读这个关键的数据。我们在当天把信息分析好,赶在截止日期前把资料发到FDA的系统中去。我们真的没有6个小时,将将赶上。"

乔·科佐利诺从吉利德挖来了亚历山大·昆博来组建福泰在美国的销售团队。他们都曾是吉利德的新星,怀森斯基评价说,他们"知道好的销售是什么样子的"。更重要的是,昆博熟悉意见领袖,不光是那些全国闻名的,他也熟悉各个地区、各个城市的。

昆博时年39岁,一头银发。他生长于亚拉巴马,声音轻柔,为人礼貌,干事精练,热爱抗病毒药物。他如果没有进入制药界,做个教练或者牧师也一定非常成功。昆博在20世纪90年代初从亚拉巴马州的奥本大学毕业,他那时单身,没有工作,在佛罗里达州的杰克逊维尔卖维生素和避孕药。1997年,他分别参加了默沙东、罗氏和葛兰素的面试。他选择了葛兰素,因为他们的抗艾滋病药物规模最大,他想在这个快速变化的疾病领域中享受速度与机会。他负责美国东南的一大片区域,曾经数次因工作劳累过度,需要到医院输液治疗。昆博在2000年加入吉利德,那时吉利德刚准备推出第一款抗艾滋病药物。他在吉利德主管面向各级政府以及监狱的药物销售。替拉瑞韦将是他参与销售的第十个新药。

入职福泰第一天,他查看了堆积的大约400份医药代表申请简历,然后把它们全退回给了人力资源部。他需要的是消化道疾病和感染性肝病方面最好、经验最丰富的销售经理、销售培训和医药代表;还要这些人像他一样,哪怕在当下的岗位如鱼得水,也更愿意去业界下一个热点领域开拓天地。

为了找到这些人,昆博直接联系了各地的意见领袖,让他们推荐8家专长是抗病毒的公司中合适的医药代表。但想让这些人离职并投奔福泰绝非易事。他说,"销售专家一般比较孤僻",这些人与同事和总部都比较疏远,很少在公司待着,只是因为所销售的产品还有时不时的工作汇报才与公司产生联系。福泰成立21年了,没有产品也没有利润,过去3年烧掉了15亿美元。昆博认为,代表这样一家公司去销售产品"极其有挑战性"。

他这么形容:"我觉得我就像是大学的橄榄球队教练在招募球员:'为什么你不来我们学校?我们虽然不是路易斯安那州立大学或者奥本大学,但是我们南密西西比大学也不错啊。你过来,一定不会亏待你。'我甚至得安抚一些医药代表的妻子,她们可吓坏了。这些医药代表有妻子、孩子,他们可不想跳槽过来后发现我们的新药申请被拒。"

一个销售领队的绝招正是他自己的经验。昆博跟他们讲了**自己**的故事,一个与博格等福泰人经历类似的朝圣故事,不过他是在氨普那韦上市之后才顿悟的:他那时还在葛兰素,他们每天卖出价值700万美元的抗艾滋病药物,占据了七成到八成的市场。百时美施贵宝的依法韦仑(商品名Sustiva)是他们强劲的对手,这是第一款每天只用吃一次的抗艾滋病药物。

昆博深吸了一口气,加入了吉利德。吉利德当时还是个小公司,他们第一款药物卖得不是很好,市场份额很小,但是他们的替诺福韦潜力很大。这是一种非核苷类聚合酶抑制剂,一天只用吃一次。"销售经理把我叫过去,问我:'你为啥要走?他们要么被收购,要么只能有一成的市场。如果新药没有获批,你很可能要睡大街了。那个药还有肾和骨的问题。你大错特错了,在葛兰素待着你会很好。'我说:'我能看到市场的走向,有一天一切都会改变。'那时葛兰素非常傲慢，他们占据了市场，自以为无敌。"

在博格的故事中，福泰是基因泰克和吉利德这两家传奇的挑战者，昆博的故事也有着相似的基调。吉利德后来的确夺取了葛兰素的市场，现在是抗艾滋病领域的庞然巨兽，他们也在尝试用新的治疗方式攻入丙肝市场。来接受面试的人会了解到福泰的三个价值观，但他们直接感受到的是昆博的热情与鼓励，对医药市场历史变迁的感慨，以及要么做大要么回家的理念。

我会说："看看现在吉利德多强大。你不能预测未来，但是你应该抓住机会，敢拼才会赢。你想待在一家年销量80亿的公司里，做个平庸的销售代表，还是在福泰从零开始，把市场份额抢过来？我是说，后者会**很有趣**。"

我还会说："之前的成功不代表以后也能成功，但你会是成功故事的一部分。"这让人血脉偾张，很吸引人。这就是为什么我相信肯来这的人都有类似的气质，他们都想翻越山丘，打败默沙东，改变制药界。

8月，默沙东宣布他们完成了第二项关键的Ⅲ期临床试验，让比赛更加激烈，福泰更加紧张，于是福泰制订了更加紧凑的时间表。由于替拉瑞韦对丙肝治疗是重要进步，患者应当尽早获得药物，福泰争取到了FDA的优先审评。即FDA从收到新药申请开始，将在6个月内完成审评，而不是常规审评的10个月。如果FDA认为药物可以批准，他们会召集一群外部专家，组成顾问委员会，举办听证会并进行投票表决*。先提交新药申请的公司能决定顾问委员会开会日期，但是这样的会一年只开一到两次，因此先递交申请的公司就可能甩开对手半年——在针锋相对的市场竞争中这就是永恒。更关键的是，新药申请不需要对外公布，传言称默沙东已经提交了新药申请，福泰不知道他们是否已经输了比赛。福泰的新药申请指挥部位于华盛顿堡Ⅱ号楼的一间加密会议室，那里的

---

\* 顾问委员会的投票仅是建议，FDA最后的决定可能与之相悖。——译者

焦虑情绪达到了高峰。

威特雇用了一家咨询公司 ProEd Regularotry 来协助福泰准备顾问委员会会议。福泰希望用申请前会议为顾问委员会会议预演,但是第一次排练让他们手忙脚乱。ProEd 好好刁难了福泰的人一番,让他们感觉很糟糕。"我记得邝达仪给我一张纸条,上面写着:'幸亏彼得不在这,不然他就要当场吐血了。'"威特回忆说,"太糟了。ProEd 扮演 FDA,一直质问我们。我们要么回答不上来,要么不知道该谁回答,只能勉强应对,场面很混乱。"

最后考夫曼站出来,担当主讲人。他陪伴 VX-950 项目 10 年了,在礼来退出合作时就是他坚持继续研发。考夫曼驳斥了默沙东已经提交了新药申请的说法。他知道这个研究的大体时间线,认为"不存在比我们早这么久就提交申请的可能"。福泰的每个人都竭尽全力,希望在 11 月底提交申请。传言考验着他的镇定。"彼得一直督促着我们,我们的时间表不可能更紧凑了,"考夫曼回忆说,"有很多事需要做,最后材料多得甚至读不过来。那时候大家都很焦虑,我甚至有点生气。10 天的差异其实没有什么,但是我们这些年来一直都领先,如果最后关头落后了可真让我咽不下这口气。"

考夫曼之前在兴泰克开发骁悉时曾参与新药申请。威特也有类似经验,但在他上一个公司,新药申请团队搬去了另一座城市,这样高管们眼不见为净,也不会来提出新的要求。与此同时,在欧洲,蒂博特克制药也在准备向欧洲药监局申请新药上市。威特很在意默沙东可能已经申请的传言。"我们不知道他们什么时候申请,"他说,"情报显示他们可能在 9 月就申请了。我们想:'糟了,如果他们 9 月就申请了,那 2 月顾问委员会就要开会怎么办?必须尽快提交申请。'我们担心赶不上顾问委员会会议。"

ProEd 又模拟了两次申请前会议,他们请来了一位之前在 FDA 主管抗病毒药物审批的官员,还有两位资深意见领袖,在离福泰不远的凯悦大酒店设立了会场。他们轮番向考夫曼"开火",考夫曼要么自己回答,要么将问题转交给团队内更熟悉相关数据的人回答。威特认为,关键是让 FDA 同意福泰有足够的数据支持他们的主张,然后受理他们的申请。

这段时间里,福泰虽然精疲力竭,偶有办公室斗争,积压了不少不满情绪,但没有发展到有人拍桌子摔凳子的地步,也没有人临阵跳槽。到了日期,他们集体飞到毗邻华盛顿的银泉市FDA总部去参加申请前会议。

在银泉市,威特、考夫曼、怀森斯基和彼得·米勒等人总算是第一次直面对手:FDA资深抗病毒审评专家,以及其他会审评替拉瑞韦和波普瑞韦的专家。威特希望他们和FDA的矛盾已经化解了,希望他和弗莱舍的关系改善后,FDA的部门领导会对他们感兴趣。尽管万络的召回令默沙东蒙羞,但他们的注册业务依然是业界的金标准。福泰的人很好奇,是默沙东的人还是先灵葆雅的人在主导波普瑞韦的申请。

25位FDA的专家听着考夫曼用数据介绍,在各个患者亚组中,联合使用替拉瑞韦都优于单独使用干扰素和利巴韦林。FDA的官员们有时候会要求看看更多的数据,但他们主要从纯科学的角度提问,而不是像在法庭上一样拷问、质疑他们,让福泰的人着实惊讶。最后FDA认为福泰的数据足够支持申请。邝达仪、考夫曼、威特、怀森斯基等人认为FDA的态度积极合作,问题准确而有深度,相信他们能够公正地评估两款竞品。

不谈与默沙东的竞赛,这次会议证明了福泰准备充分,各种迹象都是积极的。"和顾问委员会的感觉很像,"威特说,"之后就是我们的快乐时光了,会议后彼得真的在FDA的大厅里跳了一段舞。"

❖

与此同时,昆博和他的招募团队也工作了一段时间。他们选定了几个城市作为全国大规模巡回招募的中枢,将在这些城市面试该地区的候选人。候选人要经过三轮面试,如果表现不错,那么昆博将亲自面试他们,他每天平均要面试12个人。他们从吉利德一连挖走接近30个销售培训和医药代表之后,昆博收到了吉利德法务部的威胁信,吉利德的销售总监也写信要求他停止挖墙脚,埃门斯也收到类似的威胁。10月底,全国惩教机构医疗卫生会议在拉斯维加斯召开,关注监狱中的艾滋病和丙肝问题。加州超过40%的犯人都感染了丙肝。超过50岁的犯人是新药的巨大市场,但是监狱的卫生官员对改善医疗条件并不感兴趣。监狱医院中更是HIV感染丛生,导致了艾滋病流行第二次高峰。昆博在吉利德就接触过类似业务,熟稔业内人士,自然要代表福泰与监狱长、狱医、公共卫生专家、政府官员,还有患者组织打交道。他在周末飞到拉斯维加斯参加这场为期三天的会议,他的团队则前往下周的招募城市。

但昆博最近累得有点吃不消。"我在半夜醒来,喘不上气。"他回忆说,"我给一个在吉利德工作时认识的医生打电话,他也来参会。我把自己的症状告诉他,他说:'你得立刻去医院。'一位同事扶我下楼,帮我打了一辆车。他对司机说:'去医院。'司机问:'去哪一家?'他说:'去枪伤病人比较少的那家*。'"

"在医院,他们发现我得了肺炎,还好是轻度的,不用住院。他们给我静脉滴注了抗生素和补液。第二天早上10点我出院了,因为我12点还跟人有约。我回到了会场,赶上了约见。"

昆博就是这样一个能够激励手下为他上刀山下火海的领袖。福泰积极准备与默沙东的战斗,重视每一次交锋。对福泰而言,这不仅是在热门疾病领域针锋相对的新药上市竞赛,更是命中注定的拳王争霸赛。即使博格是编剧,他也不能把这场对决写得更好——美中不足的是,波普瑞韦不是默沙东自行研发的,而是先灵葆雅的。福泰也不清楚默沙东会派什么人参加顾问委员会会议,主管上市后的营销。最完美的情况是,这个药物是默沙东自己研发的,再由他们高傲的销售团队推销。不过,博格不能什么都想要。

今年的波士顿肝病年会规模更胜以往,参会的医生、投资者、销售代表人数破了纪录。年长的医生和公共卫生官员觉得会议又有了1996年温哥华艾滋病会议上那种突如其来的乐观、兴奋的感觉,那年蛋白酶抑制剂成为艾滋病联合

---

\* 美国部分城市犯罪率较高,一些靠近犯罪高发区的医院擅长处理枪伤,但是其他科室水平有限。——译者

用药的主心骨。不过今年的会议更像是汽车展销会，福泰、默沙东、罗氏、吉利德等企业纷纷在充满咖啡味的大厅中摆出自己的摊位。新的困难和问题随着希望产生。**之后怎么办？**

医生担心不管他们怎么选，新的疗法都不会很简单。患者依从性已经很差了，再加一味药会让更多的患者不能按时服药，更不要说可能还要加上不良反应不小的EPO。公司、投资者和分析师认为这场竞赛将导向无注射药物的疗法，他们试图预测10年之后的情况。市场下一步会怎么走，这两个药物能卖多久，新药价格如何，谁能用这个药，世界上其他地区数以亿计的患者怎么办？

当福泰和默沙东展示新数据时，会议室很拥挤，人们只能站着。关键问题是如何在不直接比较的情况下评估这两种药物——两者的试验设计差异很大，有时候还有欺骗性，医生分不出哪个药更好。这是可以理解的，因为试验本身就不具可比性。这也是福泰和默沙东希望的：毕竟谁也不想这么早就输掉。

大部分华尔街的分析师认为福泰的药物更好——药效更好、起效更快、更安全、更易用。两家公司都竭力抢先提交申请，至少别落后太久，错过顾问委员会开会。默沙东已经于9月提交了新药申请的传言让疲惫的福泰烦恼不已。剑桥市总部里的每个人，包括埃门斯，都担心错过这次截止日期可能会让他们之前20年的筚路蓝缕前功尽弃，使替拉瑞韦的上市受阻，给公司造成无法挽回的损失。

申请前会议之后，临床、注册、注册运营*部门的所有人都火力全开，要赶上11月28日的截止日期。他们将把福泰100万页的材料整理为适合电子提交的格式。一般来说，从最后一项临床试验中的最后一名患者完成最后一次检查算起，到写好申请材料并仔细检查过，用时6个月已经算是快的了，但是福泰只给自己4个月。注册小组的工作表上充满了各种时间和事件，首要任务是进一步

---

\* 新药申请等注册业务会产生大量的文件，注册运营部门（regulatory operation）负责整理、管理，并向FDA提交这些文件。——译者

分析第216号临床试验的数据,这项工作将会得到蒂博特克的支持,后者计划在两周之后在欧洲提交新药申请,就在附近的一栋办公楼里工作。有时候双方有不同的解读,或者美国和欧洲的注册要求不一样,双方会就用词僵持数天甚至数周之久,让情绪紧张,连按时完成任务都困难。到了肝病年会时,几个小组已经编写好了药物说明书,还有可以同时用于美国和欧洲新药申请的通用技术文档。

在福泰内部,他们还将截止日期提前到了11月23日,这是感恩节假期前的周二,从25日开始就是感恩节公众假期了。周末时,注册运营部门的员工加班将新药申请材料转化为最终的格式,将零碎的文件打包起来,一章一章地发送到FDA的系统中去。"他们要最终检查目录和超链接。"威特这么解释注册运营部门的工作,"在药物说明这里,有很多指向临床研究概要的超链接;在临床研究概要那里,又有很多指向临床试验的超链接;在临床试验那里,又有很多导向附录中图表的超链接。他们要检查这些链接,看看能不能用,还真找到一些有问题的链接。"文件中有超过100万个超链接,审评官可以点进去核实每个事实和数据点。他们将有60天来审评这份文件,决定是否受理福泰的申请,以进行更详细的审评。到了11月21日,所有文件都准备好了。罗伯特·考夫曼、米勒还有威特都仔细看过了申请材料。"我们把所有事都做完后,罗伯特站在旁边说:'这真是我职业生涯中最特殊的时刻。'"威特回忆,"他动了真情,我们也是。首先我们解脱了,更重要的是,我们可以说:'我们有一款自己的药物了。'"

之后大家在指挥部开香槟庆祝。自研发开始已经过去了17年,除了考夫曼、米勒等少数几人,最初研发出替拉瑞韦的人都已经不在福泰了。接力棒从皮蒂和赖斯手上传到了汤姆森、慕克、邓、萨托等项目的早期支持者手里。当礼来退出合作时,接力棒掉到了地上。但阿拉姆、邝达仪、基弗、赫特、康登等人又将其捡起,最终传到了考夫曼、米勒、威特等人手里。制药的信念在个人和团体间交接,在制药的经历中,每个人或许都是过客,没有人可以声称药物是属于他自己的。一个社交媒体或者手机应用,或许能够由一个人在寝室里想象出来并

215

实现，然后将其变为价值十亿美元的产品，或以此建立市值千亿美元的公司。但药物研发不是这样，它更像是在酷暑中进行的超长程马拉松接力赛。最初让这一切得以发生的博格，当然也不在场。

11月23日，福泰宣布他们提交了VX-950，也就是替拉瑞韦的新药申请。"我们为改进丙肝的治疗，努力了超过15年，新药申请的提交是个里程碑，"埃门斯说，"我们决心和FDA密切合作，让替拉瑞韦尽快上市，惠及数百万丙肝患者，用新药帮他们战胜病毒。"

默沙东并没有公开宣布他们提交了申请，这是可以预料的。当福泰的员工去过圣诞节时，没人知道默沙东是否提交了申请，更不要说是否在9月就提交了申请。

第三部分

# 好戏上场

# 第十章

*2011年1月9日*

今年J. P.摩根健康产业大会的参会人数比去年又多了20%,在各个分会场,都有超过1400人试图找到椅子。午餐时,数千人挤在通往大宴会厅的走廊里,去听奥巴马的卫生顾问南希-安·德帕尔以及摩根大通董事长杰米·戴蒙的演讲。摩根大通的董事长为会议致贺词已经成了传统,戴蒙更是金融危机后华尔街的顶尖人物。"这和橄榄球比赛中冲过球门前的防线差不多,唯一不同的就是这里有人化了妆,还有些人喝醉了。"一名参会者在博客上写道,"在这里,他们被钱味熏醉了。"

福泰将要"达到新的高度",但CNBC热情的记者胡克曼,以及众多参会者可能并不这么认为,他们心目中的升华是将公司的科学变现,让股东们大赚一笔。福泰继续坚持博格的理念,但不再像他那样傲慢张狂了。在一间坐满人的会议室中,埃门斯说福泰会坚持研究治疗肝病,他们的目标是成为21世纪独立药企的新标杆。他宣布福泰计划在年底提交VX-770的新药申请,提及了囊性纤维化研究,第一次向投资者介绍了抗流感项目,还承诺福泰将在下半年开始有稳定的收益,此时福泰已经成立超过20年了。他给听众一人发了根吸管,让他们试着通过吸管呼吸,体验囊性纤维化患者的困难。有人打趣说,正好用这吸管来尝尝福泰的陈酿如何。

威特说,福泰显然引领着"寻找丙肝药物的狩猎"。上周五,默沙东宣布,FDA受理了他们的新药申请。福泰的人往前推算60天,意识到默沙东是在11月6日提交申请的。默沙东借此大肆吹嘘他们在药物上市的关键节点击败了福泰,而此前每次都是福泰领先。但是福泰提交申请的日期也很接近,也就是说FDA会为两个药物一起召开顾问委员会会议,这比象征性地领先两周重要得多,考夫曼也不用真的为此生气。

默沙东的体量毕竟比福泰大得多,能用的资源也多得多。埃门斯很平静,他在接受道琼斯新闻的采访时说,他不认为首先上市的药物必然有很大的优势。他认为在这个专业化的市场,医药代表的质量比数量更重要。福泰的销售团队人均经验长达14年,其中8年专攻抗病毒药物。他不担心他的人,他担心的是未知的市场。最大的变数就是有多少人会来接受治疗?这是市场营销的上限。"市场足够容纳两款药物。"他的评论很像典型的外交辞令。

埃门斯等人从旧金山回来几天后,福泰收到了FDA受理他们申请的传真。传真中还说,FDA将在5月底决定是否允许替拉瑞韦上市。FDA的信就像上市竞赛冲刺阶段的发令枪。默沙东虽然被万络事件打乱了阵脚,但依然是最坚持自主研发的制药巨头。福泰还有4个月的时间做准备,之后就要跟默沙东针锋相对了。很多人都一直在期待这场决战,商业媒体更是为此摩拳擦掌。福泰和默沙东的药物都会被优先审评,威特、考夫曼、康登、科佐利诺带领各自的团队为这个紧张的时间表做准备。

❖

去年12月,福泰测试了他们"虚拟供应链"生产替拉瑞韦的能力,这个遍布全球的生产线是康登的小团队这5年来在各大洲筹备资源的成果。中国的工厂将生产被称为"五难题"的化学原料,之后这些原料会被运到英格兰北部,那里的一家印度公司会将这些原料合成为替拉瑞韦的原料药,产量可达每年50吨,之后原料药会被送到葡萄牙,那里一家药企自费建立了一座3层楼高的反应器,原料药和赫特团队找到的多聚物会在那混合,避免在后续的工艺中结晶。

原料药会被溶解在有机溶剂中,然后被高速喷入两个5000升的容器。与此同时,加热过的氮气也会被鼓入,形成旋风,将溶剂抽干,原料药和多聚物的混合物则会析出为稳定的无定型细粉,像雪花一样飘落到容器底部。这种工艺就是喷雾干燥,最初用于生产奶粉,在制药界用于提高难溶药物的生物利用度。

这些粉末还不能称之为药物,但已经很接近了。它们要再跨过大西洋,被送到辛辛那提市,与其他化合物混合。有的化合物能促进药物互相粘连,这样称重时会更加精确,还有助于吸收;有的化合物是防止药物与生产片剂的机器粘连的,等等,这些非药物成分被称为辅料。替拉瑞韦片剂中药物与辅料的比例为7比3,是化学工艺的重大成功(以前礼来曾说VX-950不可能成药,博格很喜欢提及这点)。原料药与辅料混合后,会被压成药片,然后经陆路运输到伊利诺伊州的包装厂,在那里装入药盒。"我们做了大量的工作实现这一切,比如药明康德的工厂在2010年就开工了。"康登说,"我们为各个环节计时,这样就能将活性原料及时送到喷雾干燥器那里,再将它们送去压片,最后在上市时刚好有足够的药片。"

康登认为可以等到4月再开始全面生产,这样药物在获批后能有更久的保质期。药物上市对福泰是最重要的,而顾问委员会堪比拦路虎。福泰请的咨询公司ProEd安排了两次模拟会议,将请来一些外部专家担任委员会成员。威特经历过4次药物上市,他记得是注册部门主管先简单介绍,然后由一位资深医生详细讲解,这位医生通常也是公司的首席医学官,他相信ProEd也会遵循惯例,并开始为2月中的第一次模拟做准备。考夫曼也开始认真考虑替拉瑞韦的故事该由谁讲,怎么讲。

在商业这边,怀森斯基请杰夫·亨德森担任管理式医疗市场主管。亨德森毕业自弗吉尼亚军事学院,之前在辉瑞工作;还请来了保罗·达鲁瓦拉作为丙肝营销主管,他之前是默沙东的明日之星。他俩和科佐利诺密切合作,设计了销售计划。计划将于1月底发布,销售团队也将于那时候在迈阿密首次集合。

福泰去年亏损了7.5亿美元,FDA的通知不是真金白银,但也是有分量的抵押品。由于剑桥市已缺乏福泰的发展空间,政治气氛也变得不太友好,1月24日,福泰接到FDA的通知不到一周,埃门斯宣布福泰的总部将由剑桥市搬到波士顿东南的扇形港。那里一直比较贫穷,波士顿市长汤姆森·梅尼诺一直想通过税务减免等措施鼓励企业向该地区搬迁,将其打造为"创新街区"。福泰计划租用一座占地10万平方米高18层的大楼,他们将是这里第一个大租户。福泰目前在波士顿地区有1300名员工,分散在10个不同的地点,以后所有人将集中于此办公。这份合约是波士顿市历史上最大的商业租赁合约,登上了头条,可能也是自金融危机以来最大的非政府主导的发展计划,还能让当地的政治家吹嘘一番。当然,这都是基于FDA批准替拉瑞韦上市的前提下。

昆博有些紧张,但更多的是解脱。他完成了任务,招募了一支精锐销售部队。他说:"我的上司是乔,我的团队很棒,万事俱备,我感觉很好。"他6个月以来第一次自由享受周末,他飞回位于佛罗里达州坦帕市的老家,接上妻儿,在佛罗里达礁岛群上的马拉松镇买了一座度假小屋,之后就要去迈阿密参加销售会议了,他保证药物上市后会多回来陪陪他们。

乔·科佐利诺和销售团队已经在迈阿密待了一天,昆博到了之后直接加入销售培训。周一下午,结束了一天的培训之后,大家准备参加晚宴。科佐利诺打趣般给了昆博一美元,还拍了拍他的肩膀,称赞他工作做得不错。但当昆博回到房间里时,他的私人手机响了,是南希·怀森斯基打来的,她说:"15分钟后我们谈一下。"昆博有些紧张,发短信问科佐利诺:"乔,我可能有麻烦了,南希说要马上见我。怎么了,我惹什么事了吗?"科佐利诺安慰他说:"没事的,你不用担心。"

怀森斯基见到昆博后,把他拉到一间没人的房间,告诉他科佐利诺刚刚辞职了,她需要昆博临时担任负责销售的副总裁。昆博懵了,他讲起那张一美元的事,希望是他理解错了。怀森斯基说:"不,他真的走了。"

福泰旋转门式的管理层变动(你可以说这是"福泰漩涡")将昆博突然推上了风口浪尖。过了一分钟他才缓过神来,接着他感觉膝盖都软了。"我想:'现在是1月,我们还有4个月,新药上市危如累卵。'南希说:'明天早上8点,我会首先宣布这件事,然后把你叫上台。你得说几句话,让销售团队留下来陪你干。'我说:'我不知道我行不行。'她说:'可是我需要你做到。噢,顺便说一下,在此之前你不能告诉别人。'"

迈阿密的佩里南海滩酒店大堂一尘不染,墙壁上嵌着巨大的水箱,鲨鱼游弋其中。酒店顶层露台足有5个篮球场大,中间有一个30米长的露天泳池,水底总是播放着音乐。站在18层楼的高度极目远眺,越过海浪起伏的比斯坎湾,越过车流不息的堤道,闪闪发光的天际线是市区临水而建的摩天大楼。但这样的繁荣有一定的假象,迈阿密在房地产泡沫破裂后元气大伤,很多摩天大楼其实是空置的。

露台上的酒吧旁有许多小帐篷,每个帐篷里还有平板电视。埃门斯,几位新上任的副总裁,还有大部分高管聚集在这,昆博也混迹其中。(博格退休之后,在包括卫斯理大学还有哈佛医学院等数个董事会任职,不能亲自前来,但早些时候他通过视频电话向大家表示问候,说他们"非常棒",还半开玩笑地说,如果他再年轻一点,"一定立刻赶来"。)大家都在问科佐利诺在哪。"我假装不知道。"昆博说,"那晚我没睡着,我试着闭上眼睛,但我肚子很痛。我在想'我要跟这些人说什么呢'。"

博格想要建立的福泰以改善患者生命为目标,以自我选择为核心能力。昆博加入福泰不到一年,和科佐利诺都没说过几次话,更不要说其他人了。他突然发现他要仅凭自己,向福泰最新、最珍贵的员工(都是他招募来的)解释,尽管销售领队在新药上市前4个月突然离职,但他们无需担心。

怀森斯基宣布科佐利诺已经离职。所有人不是倒吸一口气,就是惊呼一声。她接着说,昆博将立刻接任这一位置,大家又开始鼓掌。昆博并没有做好演讲的准备,他甚至不记得他走上了讲台,也不记得他说了什么。

"后来别人告诉我,我说我在艾滋病流行期间加入葛兰素,见证了蛋白酶抑制剂拯救了许多患者的生命。我说:'我不是为了乔才来这里。我来这里是因为我想来,我想和你们一起打拼,这比跟谁干更重要。'我还说:'我们会创造历史,我们会一起创造历史。我会带领你们,支持你们,实现这一切。'我激动得流泪了,我知道听众也听哭了,他们站起来给我鼓了5分钟的掌,时间长得我下台时都有些腿软,之后我离开了房间,但他们还在鼓掌。"

顾问委员会听证会的第一次模拟是在2月10日,在公司外举行。梅甘·佩斯是福泰的发言人,她时年35岁,身材苗条,金发披肩,是位干练的佛罗里达人。对于别的公司,发言人不会来参加这样的早期排练,但佩斯的责任是宣传公司的理念,提高公司的知名度,而顾问委员会会议和上市正是福泰一生一次的为自己定调的机会。目前为止,福泰并没有广泛的社会知名度——博格会是第一个表示同意的——他们上一次引起关注还是在20世纪90年代初,那时他们把抗艾滋病的海报做得跟摇滚音乐节似的。迈克尔·帕特里奇负责建立和维护与**投资者**的关系,他联系的是那些想买福泰股票的人,不是普通公众。萨奇戴夫与华盛顿还有地方政府打交道,他们也不是那些最终购买药物和服用药物的人。福泰很快就要和公众见面,佩斯之前在基因泰克长期担任发言人,经历了他们推出重磅药物和被罗氏收购的时期,熟悉药物上市中的关键环节。

模拟会议一开始,顾问们轮番发难。威特做了开场介绍。前一段时间,彼得·米勒在接受采访时被问到他的角色,他说他是公司的首席科学家,罗伯特·考夫曼是首席医学官,他俩应该代表福泰,不过这一观点遇到了阻力。"ProEd做过上百次模拟,"威特说,"他们对谁应该是发言人有明确的态度,不想让公司的顶层担任发言人,不然万一被顾问委员会猛攻,会对公司形象有很不好的影响。

他们要求找一位高级,但不是最顶层的人。"

"他们认为注册部门的主管应该做开场白,"他说,"所以第一次模拟时,我做了整体介绍,罗伯特做了临床研究综述。我不记得具体怎么回事,但我记得梅甘说不应该由注册主管开场,而应由一位临床研究人员,一般是首席医学官开场,大家为此争论不休。"

紧张而焦灼的会议持续了一整天。威特认为,这不是因为公司准备不充分,而是因为太多的人前来围观。FDA将顾问委员会会议定在了4月27—28日,由于默沙东先提交了申请,将先讨论他们的药物,到时候将有超过20位专家来建议FDA是否批准药物上市。福泰有10周做准备。威特认为时间足够了,模拟就是为了发现漏洞,但是模拟也会让大家紧张焦虑。

"我不想太多人来围观,因为第一次模拟肯定会发现很多漏洞,"他说,"不过由于这是件大事,所有人都来了。保罗·达鲁瓦拉、帕姆·斯蒂芬森(负责市场营销的副总裁),还有彼得,他们都来了。看完之后,人们说:'简直是灾难,我们还没准备好。'我们当然没有准备好!我上一家公司在纽约州的罗切斯特市,但我们专程跑到俄亥俄州的克利夫兰市去模拟顾问委员会会议,就是不想让太多人围观。我是说,当我们搬走后,真的没人管了,那感觉太好了。模拟结果很糟糕,但这正是模拟的意义,这样我们就能改进了。"

福泰一直在摸索中前进,但他们总觉得自己第一次做任何事都应该是业界最好的,因为他们的人都是经过精挑细选的,是来自默沙东、吉利德、基因泰克等业界巨头的精英。最后佩斯赢了,首先是大家相信她的经验;其次就是埃门斯和博格兄弟都认为既然她在基因泰克待过,那么她就"上道了":她知道如何从一个愿景开始,建立制药界的灯塔。考夫曼是替拉瑞韦当之无愧的发言人,他也将在公司外部支持替拉瑞韦。

◆

默沙东的新CEO肯·弗雷泽的职业轨迹不太典型。母亲在他12岁时就去世了,他是由父亲——一个看门人带大的。他读书勤奋,以瑟古德·马歇尔为榜样*，考入哈佛法学院，之后在费城执业，以凌厉的诉讼风格闻名。他知名的案例包括在亚拉巴马州为一个在20年前因谋杀被判死刑的人成功翻案。他后来在多起诉讼案中击败默沙东，默沙东注意到了这个对手，在1992将他招揽，并在1999年请他出任首席律师。

万络撤市后，默沙东面临数千起诉讼，称他们明知万络不安全还将其上市。一般的律师会选择快速而低调地和解，让案子"消失"，但弗雷泽兵行险招，决定一桩一桩地打到底。默沙东打赢了16桩案子中的11桩。占据优势后，他们同意设立48.5亿美元的和解基金。最后核算下来，法律成本不到80亿美元，而美林的分析师曾估计这笔费用将高达180亿美元。

价值有多种衡量方式。弗雷泽强硬的诉讼技巧比默沙东引以为豪的实验室为股东们创造了更大的价值，引起了华尔街的关注。更不要说此时默沙东最畅销的抗哮喘药顺尔宁（通用名孟鲁司特）专利即将到期，而他们的研发部门并没有拿得出手的新重磅产品。弗雷泽在默沙东快速升职，先是主管人类健康部门**，之后出任总裁。2011年元旦，他正式就任默沙东的CEO，这也是非裔美国人第一次担任大药企的CEO。根据销售业绩衡量，默沙东是世界第二大药企。

弗雷泽上任不到两周，抗血小板药物沃拉帕沙纳入了近1.3万名患者的后期临床试验，但因为安全原因被迫终止***。这个药物是收购先灵葆雅得到的，被分析师奉为默沙东管线上的明珠，预计在2015年的销量可能达到50亿美元。弗雷泽和默沙东的董事会有麻烦了。就像辉瑞，默沙东希望通过收购，用其他药企研发的产品补上自己管线的漏洞，渡过药物专利到期导致的专利悬崖。沃

---

\* 瑟古德·马歇尔是第一位担任美国最高法院大法官的非裔美国人。——译者

\*\* 默沙东在收购先灵葆雅后，重组为5个部门，包括人类健康、动物健康、消费者健康护理、研究实验室以及默沙东制造部门。人类健康部与消费者健康部分别负责处方药与非处方药的市场与销售。——译者

\*\*\* 沃拉帕沙后于2014年获批上市，商品名zontivity，但销量惨淡。——译者

拉帕沙已经失败了,要是波普瑞韦再失败,收购先灵葆雅就没有意义了*。

与此同时,辉瑞在年终的投资者会议上(比默沙东早一天,与福泰同一天),宣布要削减1/3的研发经费,还要大规模回购股票。过去10年间,他们收购了不少对手,但股价一直在下跌**。他们希望通过收购拓展新产品,但这一计划从未实现,新CEO伊恩·里德甚至说这不再是目标。里德宣布辉瑞将重组研究部门,侧重最有利可图的项目。他们将会关闭英格兰桑威奇镇的研发中心。辉瑞最畅销的20款药物中的5款都在那里诞生,包括著名的"伟哥"万艾可。里德对分析师说:"投资人要求我们从研发中获得回报。"

华尔街也向弗雷泽和默沙东施加着同样的压力:缩减研发部门,卖掉不盈利的部门,筹集资金,分红给投资者,刺激股价,而不是冒险研发新疗法。弗雷泽和默沙东严阵以待,在华尔街要求短期回报与药物创新需要长期投资之间,坚守他们的价值观:哪怕没有"药物是为人类而生产,不是为追求利润而制造"这么高尚,他们也坚信制药的利润来自重大新药。弗雷泽告诉投资者,默沙东将在2011年投入85亿美元坚持进行研发,这样他们的研发经费将与微软和辉瑞规模相当——辉瑞正是长期以来美国最大的药企。此外,他没有预测默沙东的长期收益。可以预见的是,辉瑞的股价在之后半年内节节攀高,而默沙东的股价跌去了4%。"不能投资人说什么,我们就做什么,"弗雷泽在电话会议中说,"他们想让我们投资时谨慎点,让我们的投资有更直接的回报。但默沙东的理念是,在医疗卫生行业,唯一的可持续发展战略就是不断创新,让患者和医保支付方获益。"

"9·11"事件前,美国社会和制药业处于黄金时代,提倡快速增长。数百万的美国人一直都得益于他们资产组合中医药股票的分红,乐于见到华尔街无休

---

\* 默沙东收购先灵葆雅最大的收获其实是PD-1单抗药物帕博利珠单抗(商品名可瑞达),2010年下半年,管理层才因为百时美施贵宝的研发进展意识到这个药物的价值。——译者

\*\* 因此他们希望以回购股票的方式提高股价,对持股者有利。——译者

止地要求年利润增长。为了实现目标、争夺市场,制药业推出了许多"me-too"药物*,创新力、生产力因此下降。现在一切都变了。2007年的大衰退之后,股票不再分红了,重要的新药越发难寻。新药研发本来就是各行业中研发风险最高、周期最长的,为美国的经济繁荣提供了超过20年的动力,付出的代价却是自身的未来。弗雷泽值得称道的是,他公然对抗华尔街,以默沙东的股票为赌注,在任期内坚持了乔治·默克的理念。

博格和埃门斯也深受乔治·默克理念的激励。在对分析师的讲话中,埃门斯并不认为福泰越来越快的烧钱速度和巨大亏损是什么值得道歉的事。福泰的研发费用占到上一年总支出的25%。单在2010年最后一个季度,他们就亏损了1.8亿美元,相当于每股亏损90美分。但他们的收益也翻番了:从3400万美元提高到6600万美元。福泰的股价到闭市前跌了17美分,以38.80美元收盘。他们在全球共有接近2000位员工(去年不到一年新增了数百个岗位),总市值接近80亿美元。华尔街并没有看到福泰巨额研发费用的价值,很多分析师甚至认为这"摧毁了公司的价值"——他们坚信替拉瑞韦会大卖特卖,并且认为福泰应该乘机把自己卖掉。高盛的分析师特伦斯·弗林将对福泰的评级上调至"买入",认为替拉瑞韦将会占领80%的市场。他甚至认为,替拉瑞韦会牢牢占据市场,其利润曲线将比一般的药长许多年。"我们认为替拉瑞韦的上市将超过预期。华尔街低估了常规疗法失败的患者群体的大小,以及替拉瑞韦的定价能力,"弗林写道,"高盛比华尔街的同行对替拉瑞韦的持续盈利能力更有信心,我们认为哪怕在2014年,新一代竞争产品上市后,替拉瑞韦的销量也依然会不错。"

史密斯将披露临床试验数据比作"打开信封"。这是一个意味深长的比喻,令人回想起过去那个简单的邮件时代,改变生活的通知——比如承载所爱

---

\* 以首创新药的骨架和靶点为模板研发的药物,属于专利药物,但效果与首创新药类似。——译者

之人消息的电报或信纸——被严实密封着,而我们会满怀期待,急切地打开信封;或令人想起奥斯卡颁奖典礼这样的重要仪式,信封于流光溢彩的舞台之上、悬念迭起之中被打开,少数幸运儿兴高采烈,大部分人失望沮丧。在福泰的数据披露会上,没有信封,取而代之的是一本打印出来的幻灯片,一名医生平静地解释这些数据,其他人则翻看着、汲取着信息。

"福泰对勾"、"完全治愈"、证明VX-770对囊性纤维化患者有效的Ⅱ期临床试验,这些临床试验里程碑预示了对未来强烈的满足与恐惧。2月中旬,在总统日小长假即将到来的前几天,VX-770的Ⅲ期临床试验"奋斗"结果出炉,令之前三项重要试验相形见绌。"奋斗"试验中,161名具有G551D门控突变的囊性纤维化患者被随机分配使用VX-770或者安慰剂。像往常一样,肯主持会议,考夫曼介绍数据。

试验发现,服用VX-770的患者的FEV1(深吸气后第一秒最大呼气量占比)相较对照组提高了17%,这个效果在试验结束48周后持续存在。不良反应包括头痛、鼻塞、红疹、眩晕、呼吸道感染,不过都可以耐受。史密斯在考夫曼介绍安全性数据时又翻看了一下资料,发现更多安慰剂组的患者退出了试验。

药物的效果超出了所有人的预期。服用VX-770前,很多人爬一小段楼梯都会咳嗽不止。用药几天后,有些人说他们从未感觉这么好过,就像是一盏灯突然被打开了。很多患者本来没抱多少期望,现在感到了前所未有的活力,重燃希望。因为囊性纤维化也会影响消化道,所以患者很难维持体重,但用药之后有的患者体重增加了。增重不是该临床试验的主要终点,但是这表明药物的作用不仅局限于肺部,更能提高患者的吸收功能,改善他们的生活,是非常鼓舞人心的。在此之前,患者很难通过进食获取能量,时常需要补充胰腺酶,吃个早餐对他们来说都是艰难的战斗。

用药后,他们的肺和气道可以更有效地清除细菌和灰尘,"肺功能恶化"显著缓解。肺功能恶化是指咳嗽积痰、胸闷气短、食欲不振、体重减少等一系列症状的不断恶化,可能导致需要长期住院。这次试验明确表明,对于那4%可能因增效剂获益的患者，VX-770能根除病因，让他们重返正常生活。VX-770就是他们的解药，一切好像科幻小说成真。

"奋斗"试验结果的意义远超"福泰对勾"，它为福泰以及制药界揭示了新的视角和未来的可能性，督促福泰再次加快步伐，跟上节奏。在场的所有人都被震撼了：福泰有另一个值得开发的价值10亿美元的分子，这是他们一年内拿出的第二个重磅产品，极有可能在下一年上市，这样的"梅开二度"史无前例。福泰虽然还在烧钱，建设运营部门也占据了很多精力，但是他们要在组织上和财务上准备好在2012年成为业务全面、产品多样的全球性生物制药企业。

替拉瑞韦的上市是公司这6年来唯一的目标，更是福泰近期收益的主要来源，从这个角度上说它更加重要；但公司也即将迈入新的进化阶段，从这个角度看它又不那么重要，甚至被VX-770超越了。替拉瑞韦的上市是近期公司上下的人都在关注的，高管们不光要尽可能多地治愈患者、打败默沙东，还要赚取足够的利润，让福泰达到"逃逸速度"，实现长期可持续性发展。埃门斯说："这是'土星5号'运载火箭的第一阶段。"

伯恩斯坦的分析师波格斯注意到了这一改变。他和许多分析师一致认为VX-770将很快获批。尽管患者数量有限，他仍然预测VX-770的销售额可以达到每年5亿美元。波格斯认为福泰为VX-770的定价可达每位患者每年25万美元，而政府和医保部门依然会买单。一来他们认为VX-770的效果的确值这么多钱，二来患者的数量也很少，而治疗罕见遗传病的生物制剂有的定价高达每年40万美元。他更认识到了这一发现的意义：福泰在囊性纤维化上远超其他竞争者，福泰会加大力度，研发能治疗另外96%患者的治疗方案，还会对其他遗传病发起进攻，这正是个体化医疗的热点方向。他认为福泰的股价应该涨到每股80美元，力促投资者买进：

> 丙肝的治愈率将从35%提高到70%，这实在令人惊喜。成千上万的患者将从替拉瑞韦获益，它将减少这些患者未来的痛苦与花销，这

很好。但想想囊性纤维化,目前这种致命的、导致孩子夭折的疾病可以成为慢性病——患者需要终身服药,但他们的寿命可以达到正常水平,这简直令人**无法呼吸**!

囊性纤维化项目的成功让福泰的精气神在半年内大幅改观。华尔街一直认为他们不过是能短暂漂亮盈利的公司,口袋里最多还有一两件小玩意儿。福泰现在也同意华尔街的观点了,同意替拉瑞韦不过是前菜,因为他们现在有了真正的大家伙,能够治疗我们社会中最常见的遗传病。

"奋斗"试验的数据让福泰的股价暴涨15%。圣迭戈分部和剑桥市总部都在庆祝,但是对那些真正从事囊性纤维化研究的人来说,他们觉得事情还远未结束,直到更广大的患者得到有效的药物前,他们的工作不算完成。他们现在有两个矫正剂,VX-809和VX-661,都即将进入临床试验。大家对此充满希望,但是华尔街的希望更盛。"我们更多的是反思。"奥尔森回忆,"我们想:'这对那4%的患者不错,就像是我们有了种子,而且它能发芽。但为了种出一片庄稼,我们需要更多的种子、种更多的地。'"

20年前,弗朗西斯·柯林斯的团队发现了导致囊性纤维化的基因。10年前,人类基因组解析完成,宣告生物医药即将进入新纪元。但没人能预见,如果真能为每一种患者人数极其稀少的疾病都找到极其特异同时也极其昂贵的药物,会带来怎样严重的社会难题。已知的罕见病有6000—7000种,影响300万患者。像辉瑞这样的行业巨头关停不能盈利的项目以求生存,FDA受理的新药申请从去年的30份下降到22份。与此同时,新药平均收益下降。波格斯对VX-770的乐观引发了人们的道德思考。《福布斯》的首席生物医学产业专栏作家马修·赫佩尔以"个性化用药重要以及危险的一天"为标题报道"奋斗"试验,他这么问道:

如果每种药物只对几千人有效,那么会怎样?这种关注少数人基因的新药研发方式，挑战了制药界几十年的传统思想，即我们倾向于为成千上万的患者研究类似降血脂的药物……这是罕见病与大规模研究的冲突、创新与成本的冲突，这是正在成型的新理念与医药界处于困境的旧传统之间的碰撞。这可能为每个人都带来很多新药，也可能带来很大的麻烦。

基思·约翰逊**知道**他吃的不是安慰剂。他42岁，是曼哈顿一家公司的信息储存专家，已婚，有两个学龄前的女儿。囊性纤维化的患者很少能活到中年，所以他在患者中已经算年长的了，是一个幸运的异常。18个月前，他得了流感，他的FEV1仅剩30%多（正常值大约为80%）——已经属于严重呼吸道阻塞，有资格接受肺移植了。约翰逊在大学时被诊断患有囊性纤维化，医生告诉他预期寿命只有几年。他的姐姐也有这种病，曾经接受过一次双肺移植，但还是在36岁时去世了。尽管接受静脉滴注抗生素后，他的呼吸道阻塞得到了缓解，FEV1提高到45%左右，但他知道，他的呼吸能力会逐渐退化，每年下降1%—2%。他自忖时日无多。

在对抗肺部感染最艰难的2009年底和2010年初，支持他走过来的是参加VX-770临床试验的希望。这是一项为期16周，有安慰剂对照组的临床试验，入组患者120名，都是携带两个F508缺失突变的成年患者，是最大的囊性纤维化患者亚组。这段时间，国会就医保问题激烈争吵，共和党就临终关怀发难，说立法者不重视民众生命，是"死刑委员会"。这项试验旨在测试VX-770能不能对更广大的没有门控突变的患者有效。这些患者的问题是他们的CFTR没有正确折叠，因此无法到达细胞表面，但科学家猜测，他们或许还有一丁点儿有活性的蛋白质，或许VX-770能够提高这些蛋白质的活性。

约翰逊的医生说这个药物"能改变局势"，但他习惯了不要期望太高。约翰逊是一个求知欲旺盛但谨慎而冷静的北卡罗来纳州人。他生来好奇，这一天性在求学生涯中得到了充分的培养。他体型匀称，有着深褐色的眼瞳、灰色的络腮胡,还经常用发胶打理他黑色的短发。囊性纤维化患者的生活非常艰难,每天都要花去两小时接受呼吸治疗。每天早上,他先吃药,然后一边看电脑,一边通过雾化器吸入雾化的药物和盐水,这个过程要持续一个小时。然后他要穿上一件气动"排痰背心",同时试着工作。这件背心会不断用力挤压他的肺部,让他能咳出近100毫升的黏液。他是死硬派的存在主义者,痛苦、绝望,但依然忍受着磨难。

"这个病不是你休息一天就能好的,"他说,"这是持久战。《孙子兵法》认为,这是力量的对决。你要使出比对手更大的力量才能胜利,但这会让你身心俱疲。如果你想带着囊性纤维化活下去,并且有一点生活,你需要现实点。如果你每天醒来时都遗憾不能去跑个马拉松,就不是正确的心态。"

约翰逊和家人租住在纽约城北的韦斯特切斯特郡一座靠近哈德逊河的房子中。他周末时会去参加临时组队的足球比赛,但是下半场就喘不上气了,只能在场上大喘着气,走走停停,甚至需要弯腰休息。他还喜欢打高尔夫,每年都要在当地的哈德逊岭高尔夫球场打二三十次球。2010年2月,约翰逊参加了VX-770的临床试验,每天除了常规的治疗,还要服用两种没有标志的药片。这时他FEV1为52%。虽然患者的FEV1并不稳定,每天都会有差异,但约翰逊试验前的FEV1一直稳定在50%多。

3月的第二周,约翰逊和朋友在一个温暖的下午去打高尔夫。第18个球洞是一个4杆洞,即一般要打4杆才能把球打进,从发球点到这个球洞有近370米。以往约翰逊走上果岭时,就已经"呼哧呼哧"了,但是今天他一点问题都没有。"我觉得太好了,"他说,"我觉得我病好了,我以前想都不敢想,以为没有人能找到解药。"几周后,他的FEV1达到了58%。6月底,约翰逊回曼哈顿的贝斯以色列医疗中心接受体检,这是这次临床试验的基地之一,他的FEV1达到了60%。

"当我呼气时我就知道,"他说," 我能感觉到。我觉得这10天内,我的生活彻底改变了,变好了。不光是药物有效,而且我的生活也多了许多可能,这是我曾经不敢奢望的——不是我不想去想,而是我不想期望太多,最后只有失望。"

"我生活中的一切都改变了,一切都变得有可能。这是我工作以来效率最高的一段时间。我赢得了每份合约,从未挣过这么多钱。我的同事说:'哥们,你怎么了?散步时我甚至跟不上你了。'我每天晚上都期待新的早晨到来,我要享受生活。"

基思·约翰逊和他的妻子一直避免谈未来,这个话题之前太沉重。他们虽然组成了家庭,但是不敢对未来有太多奢望。他的妻子想要孩子,但约翰逊像大部分囊性纤维化男性患者,是不育的。他们找到了一个医生,那个医生分析说,囊性纤维化影响了输精管,但约翰逊可能有一些活跃的精子。他们进行了8次尝试,从他的睾丸提取精子,进行体外受精。约翰逊最终有了自己亲生的孩子,两个。尽管如此,他们还是不敢向前看。"生活之于我就像是从一个发薪日熬到另一个发薪日那么枯燥,不同的是,主要的问题不是钱,而是'基思今天感觉怎样',"他解释说,"我没法作出可靠的计划。但现在我和妻子的谈话完全不一样了。我们开始讨论现在能做什么,比如搬到更好的学区,或者再买一辆车?我们现在真的可以作计划了。"

16周的对照试验结束后,符合要求的患者还能进一步参加"开放试验"(open-label),通俗地讲,就是说根据试验结果,愿意吃药的人还能继续免费得到几个月的药物。约翰逊还记得他签收好几盒VX-770后,如获至宝般把它们收到包里。这段时间他的公司被惠普和戴尔竞相争购,最后卖了个好价钱。他和妻子也开始看新房,看上了更靠近纽约市的欧文顿镇上一处错层住宅,附近有一间很好的学校。他周末两天都会去踢球,甚至锻炼到体重降低了——这有点反常,因为几十年来他第一次消化得这么好。"我一有机会就去锻炼,任何形式都行,做多少运动都不会累。"

11月,约翰逊的FEV1达到了62%,为此他请医生吃饭庆祝。他和妻子买了那套房子,用股票期权付了首付,但是没有钱为客厅买家具了。他管客厅叫"麦琪的礼物"。他的两个女儿把客厅当成室内足球场。他甚至开始幻想,有朝一日,他兴许能彻底摆脱现在每天一次都不能少的治疗。"你知道吗?"他说,"或许有一天，我能少吸一次妥布霉素或者沙丁胺醇。我能晚上出去玩，回来就睡觉，不用做雾化治疗，还没什么影响。这是我……我曾经不敢想象的自由，这个药太有效了。"

约翰逊感慨道："我愿意用**一切**代价换这个药。"

福泰把第二次模拟选择在了一个更远的地方，但还没有远到另一座城市——选在了波士顿洛根国际机场的凯悦酒店，这里能看到一条单独的跑道。前一晚，总统专机"空军一号"就在那儿停留，被强光灯和狙击手层层拱卫。白天时，上百辆车簇拥着奥巴马总统往返市区，参加学校和募集资金的活动。这个地点对专家更加便利，也减少了出席的高管的数目，但是会议室内的紧张气氛一点也没有缓和。

一个月以前，发言人名单调整了。福泰本来请了一位德高望重的丙肝及肝癌治疗专家做最后的总结演讲。但第一次模拟时，ProEd请来的统计专家批评说，他替福泰说话有损他的职业道德，质疑他的可信度。结果这位重要发言人突然收起他的文件，站起来说"我要赶飞机"，然后就走了。每家公司都需要独立专家来支持他们的主张，现在福泰完全依赖于艾拉·雅各布森博士的支持，他是"先进"试验的首席研究员。他同意介绍丙肝治疗的困难，以及新药的重要性，但不直接推荐替拉瑞韦。雅各布森博士是纽约长老会医院的消化道疾病与肝病科的首席专家、杰出教授，这家医院也是哥伦比亚大学医学中心和康奈尔大学医学中心的教学医院。2010年，之前主持临床试验的麦克哈奇森进入业界，去吉利德工作了，之后就是雅各布森在主持临床试验。与此同时，他也在主持默沙东的项目，至少不会有人质疑他偏袒福泰。

考夫曼做了开场演讲，概述了福泰的研究。埃门斯早已注意到，在跟华尔街对话时，考夫曼总是沉着镇定。作为高管，他胸有成竹，不会被逼得焦急上火，也不会偏离他要介绍的数据。不管对方是穷追猛打还是轻微冒犯，他总能保持真诚和耐心。雅各布森就像他要求的那样，只是介绍了丙肝的背景以及现有治疗方案。之后考夫曼会再次发言,介绍替拉瑞韦的研发:福泰在实验室阶段以及总计4000人的临床阶段都做了些什么。福泰的两位医生,乔治和普里亚·辛格尔将分别讨论药物的有效性和安全性,之后考夫曼会以风险-效益分析作为结束语。

代表公司讲话显然会被质疑,考夫曼的策略是不光介绍福泰惊人的数据,更要展示福泰在各项试验中的透明程度达到甚至超过了监管机构的要求。药企会被要求研究药物相互作用,即多种药物在患者体内可能有什么相互作用。丙肝患者,尤其是那些已经发展到肝硬化、肝癌甚至接受了肝移植的患者,要服用多种药物;感染了艾滋病的患者要吃的药就更多了;有腹水的患者还需要利尿剂;丙肝还能增加罹患糖尿病的风险,可能需要服用相关药物。药物的相互作用一般没有机体的生物化学途径那么复杂,但很多新药最终襁抱难开,就是因为它们不能和患者已经在服用的其他药物联用。

考夫曼告诉专家组,福泰进行了全面的临床药理学研究,他展示了一张幻灯片,显示了替拉瑞韦与50多种药物可能的相互作用,这是他为模拟准备的1600多张幻灯片之一。他们研究了替拉瑞韦与阿片类止痛药和免疫抑制剂的相互作用,还发现替拉瑞韦可能会降低雌激素类口服避孕药的药效。虽然福泰的细致值得称赞,但威特等人担心他们**太过**勤奋反而不好。"我们做了很多药物相互作用研究,这很好,"威特说,"但也可以说不是很好。我们发现了很多相互作用,可能会引起担忧。"

辛格尔将介绍替拉瑞韦最严重的安全问题:皮疹。辛格尔的演讲将决定顾问委员会的讨论是科学理性的,或是如埃门斯所说,是"情绪化的",她也将面临最严厉的问题。辛格尔前几年和丈夫(也是一位医生)从印度移民到美国,并在哈佛进修,之后加入福泰,主管全球患者安全。她图文并茂地介绍福泰如何处理皮疹,尤其是那些最严重的皮肤反应。

临床试验中第一例皮疹出现后,福泰请了一支外部专家组,由一位哈佛的皮肤病专家领导,他到时候也会出席接受问询。福泰启动了多项调查,研究皮疹的起因以及如何解决,所有严重不良反应都被专门归档并详细调查。辛格尔指出,外部专家怀疑三起"皮疹"其实是重症多形性红斑(或称史-约综合征),这是一种可怕的皮肤细胞死亡,会导致表层皮肤脱落,甚至危及生命。只有一起被确诊:患者在最后一次接受替拉瑞韦治疗11周后出现症状,但这位患者还在接受干扰素-利巴韦林治疗,并且服用其他药物,专家认为症状与替拉瑞韦无关。专家们还调查了11起可能的药物超敏综合征,但只确诊了一起,病因尚不明确。

慕克曾经评论说,科学是个循环往复的过程。第二次模拟比第一次好太多了,不过依然有可以改进的空间。打印出来的幻灯片已经够厚了,每一次模拟之后,又会更厚一些。每一页幻灯片都是为了应对一个可能的问题。听过排练的人越多,新问题就越多,还有人会对旧的问题提出新的质疑,这就要搜集更多数据来绘制新的幻灯片——考夫曼的团队还需要在被问询时立刻找到对应的幻灯片。

困难在于信息过多了。福泰在过去18年间得到了大量的试验数据,超出了演讲者的控制范围。如果他们能猜到专家们会问什么,再准备好答案就简单得多。罗伯特·考夫曼、乔治和辛格尔的演讲虽然组织周密、用词精确,但依然无法覆盖这么多的数据,这时他们就要依靠20多位坐在候补席上的科学家。考夫曼总结之后,进入了答辩环节。威特说,这是最紧张的时候:

> 第二次模拟时,依然有彼得觉得不合适的人被叫上台,被要求详细回答问题。他觉得这些人要么说得太多,要么说得不清楚,总之他不喜欢。我那时坐在他边上,他说:"我不喜欢正在回答问题的这个人。"我说:"我们得让罗伯特尽可能多地回答问题。"他说:"对,必须这样做。"我说:"我同意。"在回答另一个问题时,他说:"**我记得你说过这个人不会去回答问题!**"我说:"彼得,罗伯特不是万能的。毒理学、临床药理学,这些问题得专家才能回答。"他非常、非常紧张。当然,别人也因为彼得在所以紧张。

◆

3月底,欧洲肝脏研究协会年会将在柏林举行。日子越近,埃门斯越兴奋。他有一个突破性药物,有很多的试验数据,公司组织形态已如他所愿地趋于完善,所有负责人都在埋头准备上市。现在还不能提前庆祝,但埃门斯觉得随着赌注越来越大,大家也越发地团结。"当公司上下拧成一股劲,都为了这个药物而努力时,我们才真正成为一个团队。"他说,"这时候我们不需要很多花里胡哨的东西,你不用再大谈愿景来鼓励大家。你知道我们现在的愿景是什么吗?'**天哪,最好别把事情搞砸!**'我们现在要让公司可持续发展,就这么简单。之后几年里,我们挣的钱要比花掉的多,这就是我们的融资计划。我们需要筹到足够的钱,持续进行科研。"

董事会之所以要罢免博格,就是因为他们认为福泰以前缺乏这样的专注。但埃门斯现在担忧的是,福泰会不会**太过**专注于丙肝,也就是过于依赖于丙肝。"这是我唯一担心的。"他说,"这是目前真正的难题。我们需要另一个替拉瑞韦,不然就谈不上可持续发展。丙肝项目是个火箭,能把我们发射到太空,之后它就应该掉进海里。"

埃门斯能够在福泰的现状及其10年之后的愿景中切换自如。有一次,他化身为公司药物开发的首席啦啦队队长,在午餐时间面向全公司做网络广播,播放了一部真人定格快放电影:一群白领工人从零开始组装一架波音757,然后将其推到跑道上,机身上是福泰的名称和紫色的标志。另一次,他公开称赞博格以及他的愿景,并将华盛顿堡Ⅰ号楼命名为乔舒亚·博格创新中心,将Ⅱ号楼称为乔舒亚·博格Ⅱ号楼。还有一次,他亲自在华尔街上挥舞福泰的横幅,宣传福泰高风险、高回报,以科学和患者为中心,灵活的商业计划与公司文化,他们就是挑战巨人歌利亚的大卫。他这么说:

> 每次我说我们是研发型企业时,不是为了安慰员工。这个行业唯一的出路就是,为没有得到足够治疗的患者提供突破性疗法。从长期

来看，这是**唯一**的办法。从战略的角度看，这是个一以贯之的原则，这也是我喜欢的一点。

我加入董事会因为我相信如此。我在夏尔制药时，我们没有研究部门，只是搜索、购入然后开发，这样也不错，但是我认为这是不可持续的。我们要不断地去寻找研发早期的产品，总有一天我们会发现这和自行研发一样昂贵，而唯一的优势就是可以广撒网。所以到福泰后，我的理念是：基础研究也要广撒网——在不同的学科、不同的领域，我们要有很多项目；与此同时，每件事也得做好。我们是一家科创企业，但不代表我们就不能去外面买更多的科研和项目。

我认为制药界的问题是很多企业想缩小撒网范围，即收缩到2个、3个，最多4个领域中。生物很复杂，你其实不知道你会研究出什么，很可能你最终开发的产品不属于你开始时的领域，因此我说他们的思维很疯狂，是流水线式思维。没有什么比告诉创新者他们应该做出什么更压制创新了。我们一开始没有说要研发抗癫痫药，它就这么自然而然地发生了。我们还有一个处于研发后期的抗银屑病药物。一开始它效果不好，但最后我们做成了。

埃门斯承认默沙东的CEO弗雷泽"非常聪慧"，但是他怀疑，哪怕有这么出色的CEO，再重新拥抱他们的文化与原则，默沙东可能还是不能克服影响大药企的组织冗余。他认为默沙东的丙肝策略是"研发和福泰几乎一样的药物"。如果医生和医保机构能够看出替拉瑞韦和波普瑞韦的差异，福泰可能会从中获益，因此默沙东乐于模糊这两种药物的差别。弗雷泽和董事会也要证明收购先灵葆雅不是臭棋，所以一定要保住波普瑞韦。埃门斯承认默沙东商业组织的强大，但他并不害怕。如果他处在弗雷泽的位置，他也会关注福泰，但是会更担心他们贫瘠的管线，濒临瘫痪的运营，充满官僚主义的实验室，万络对文化和声誉造成的影响，还有就是华尔街。埃门斯说：

> 我最初加入［福泰的］董事会是因为我相信制药界的未来在于药物……制药公司被称为制药公司是因为我们能开发出药物……你开发这个产品唯一的原因是它有市场价值，市场价值是产品的固有属性，药企不能只有销售团队。医药市场在收紧，me-too类药物行不通，仅有微小改进的药物行不通。
>
> 我是说，我们为什么不多用用非专利药呢？我有高血压。我吃的4种药都是非专利药，它们效果很好，我也不用为每片药都付6美元。而我们应该为之付钱的，是那些创造了好的机制，能持续产出特别好的突破性药物的公司。如果你做不到，那你不应该在行业中。
>
> 很多大药企都缺乏持续性，简直是自寻毁灭。市场想看到盈利增加，分红增加，如果你没有这两样，股价就会下跌，于是他们就说："我们要回购股票，要分红，要缩减研发经费。"这就陷入了恶性循环。自主研发才能让公司的业绩真正增长。如果你把家具都烧了来取暖，过一段时间房子依然会变冷，而你也没家具了。这样的公司空有庞大的研究部门，却不能支持自己。

欧洲肝脏研究协会年会之前这段时间，华尔街关心的不是福泰与默沙东的对决，而是法莫赛特的核苷药物联用。他们宣称，这是对所有丙肝基因亚型都适用的、最有前景的口服药物。生物制药基金经理们已经在福泰这里尝过一次甜头了，因此一拥而上。

3月7日，欧洲肝脏研究协会年会在网络上公开了法莫赛特的研究摘要，语调与福泰如出一辙。研究显示，在一项有16名患者的小型Ⅱ期研究中，15名患者（也就是94%的患者）接受联合用药治疗14天后，体内病毒就无法检出了。虽然具体的数据在会议上才会公开，但是这份粗略的摘要已经激起了一波淘金潮。法莫赛特的股价一天内大涨24%，甚至第二天还涨了8%，达到每股66.92美元。

法莫赛特的胜利就是福泰的失败。分析师们重新评估了丙肝的前景,有些人下调了福泰股票的推荐力度,导致福泰股价下跌了5%,以每股47.07美元收盘。福泰在欧洲肝脏研究协会年会上宣布"四联疗法"效果明显,即替拉瑞韦、VX-222、干扰素和利巴韦林联用——但是这比法莫赛特的新闻逊色许多,甚至是明日黄花了。在通向全口服药物应许之地的竞赛上,他们只是保持住了位置,并没有继续领先。"我们的演出**不错**,"昆博评价,"但不是**一出好戏**。"

在福泰内部,法莫赛特的策略起效了。邝达仪是福泰丙肝项目的主管,她担心福泰没有处于研发后期的核苷药物,史密斯也有同样的担忧。但福泰总体的反应是怀疑:不是认为行不通,而是作为过来的人的怀疑。"我替他们感到遗憾,"帕特里奇说,"他们不知道自己要面对什么。"福泰研发了这么久,清楚地知道法莫赛特在进行临床试验时要花费多少时间、克服多少困难、承担多少风险,因此不觉得他们的核苷药物会一直这么风光。埃门斯更是对"谁会最终赢得丙肝市场"这样的问题毫不在意。他确信赢家不会只有一个,就像吉利德在艾滋病领域也不是一家独大。

福泰派出了80人的团队,包括除了埃门斯和肯之外的所有高管,大张旗鼓地参加欧洲肝脏研究协会年会。"参加这个会议太烧钱了,"埃门斯评论说,"人太多了,但我们每个会场都要有人,什么信息都得知道,各方面都要顾及。"埃门斯一向精力充沛,但这一年来他已经患了三次憩室炎。几年前,他还能在马拉松中超过比自己年轻一半的人。现在他年已六十,在公司餐厅里拿着餐盘时看起来就像刚做完手术。他越发觉得岁月不饶人了,决定在周末休息一下。

3月30日,周日,NBC夜间新闻简短地报道了欧洲肝脏研究协会年会开幕。"今晚的新闻是丙肝治疗获得突破性进展。"主持人说,"美国大概有超过300万丙肝患者。针对其中最常见的亚型,有一种叫作Victrelis的新药,配合现有疗法,能将治愈率从35%提高到70%,治愈率翻倍。这种新药有望在未来几个月上市。"

Victrelis是默沙东波普瑞韦的商品名,报道没有提到其他的药企。

# 第十一章

*2011年4月27—28日*

如果有可能,考夫曼希望先召开福泰的听证会,为生物技术行业专栏作家亚当·福伊尔施泰因所说的"丙肝盛会"定下基调。FDA的顾问委员会有18位专家,他们将在FDA白橡树园区31号楼的大会议室连续开两天会,投票表决是否支持替拉瑞韦和波普瑞韦上市。由于这两款产品的获批已经十拿九稳,听证会的关键是审评药物说明书。药物说明书不是公司的自夸,而是明确了处方药物能够卖给谁以及怎么卖,福泰决心要在说明书上压过默沙东一头,考夫曼认为先被评估的药物会有优势。

博格还在说FDA关于EPO的白皮书足够阻止波普瑞韦上市。不过他已经不在团队中了,其他人早就接受了将要与默沙东激烈对决的事实。福泰的听证会定在周四,他们40多人的团队周一飞到华盛顿,入住贝塞斯达市的希尔顿逸林酒店,在这个前进基地做最后的演练,通过网络直播看默沙东的听证会,然后等待。在剑桥市,埃门斯、史密斯、帕特里奇、肯以及他们的团队也在为结果做准备。

米勒是一切行动的总指挥，但是听证会的影响是全方位的。佩斯带着她的人马准备新闻稿。怀森斯基等销售团队高管密切关注着排练（只有昆博不在），蒂博泰克的代表也跟他们在一起。萨奇戴夫现在是加拿大市场的销售总监，但他以前在FDA干过，所以专程过来讲解FDA的人事关系，以及该如何措辞，这是他少有的不在剑桥市或者渥太华的日子。

福泰的团队中有二三十位长期钻研替拉瑞韦的科学家和医生，少数像邝达仪这样的老资历已经研究替拉瑞韦近15年了。他们并没有用职业性的冷静来掩盖自己的兴奋。卡米拉·格雷厄姆博士是主管全球药物注册的副总裁，来福泰前在哈佛医学院任职，主要研究丙肝。当她第一次听说VX-950后，她毅然向福泰毛遂自荐："我是你们不可或缺的。"早在1925年的小说《阿罗史密斯》（*Arrowsmith*）中，诺贝尔文学奖得主辛克莱·刘易斯就描写了一位进入药企的医生，他被舆论谴责为"误入歧途"。进入制药界的医生会被质疑他们会不会为了公司的利益而忘却了对医学的誓言，但格雷厄姆依然在一所哈佛的教学医院出诊，不认为在企业工作会影响她的中立性。她在制药界和医学界都是"正向偏差"。

威特一直在联络FDA，可谓是这次听证会的制片人。他要让团队齐心协力，管理大家的情绪。他担心大家准备过度了。"我想大家放轻松点，"他说，"或者说，我想大家少练一点。你不用在比赛前一天跑个8公里。"在周二排练时，大家有点泄气，不够完美，于是ProEd要求他们完整地再来一次。"默沙东的听证会那天，大家都想放松一下，看看他们怎么讲，"他回忆，"但在午餐休息时，ProEd的领导说：'5点集合，我们再练一遍。'达里尔·帕特里克（药物早期研发主管）用拳头敲着桌子吼道：**'够了，你会把他们逼死的！'** 房间里的紧张气氛可谓是一触即发。"

从各个角度说，默沙东这天的听证会都很轻松，令福泰更加丧气。默沙东在开市前宣布将回购价值50亿美元的股票，这是当下流行的"用现金回报投资者"。他们的领队贾尼丝·阿尔布雷克特是"老先灵帮"，之前是先灵葆雅主管肝病临床研究的副总裁。这支团队并非"默沙东帮",他们研发了持续病毒学应答率高达63%—67%的药物,还和监管部门一向交好——他们在数据不能说清的地方,就含糊地带过。

在给顾问委员会的简报中,FDA的专家提出了几个重要问题。审评官批评默沙东将EPO加入临床试验,无法反映使用波普瑞韦的患者的真实退出率。默沙东还试图重新定义"无应答患者",他们没有遵循"之前接受过(完整的)治疗但无效的患者"这种传统定义,而是把那些只尝试性接受过4周标准疗法但无效的患者算为无应答患者。波普瑞韦的疗程是28—36周,但那些用药8周后体内还能检出丙肝RNA的患者,哪怕在24周时已经无法检出丙肝RNA了,还是要再接受一段时间的治疗。他们把这个复杂的方案称为"结果导向治疗",但是并没有足够的数据证明这能治愈患者。最后,他们的研究还缺乏黑人患者,干扰素和利巴韦林联用的标准疗法对非裔患者的效果本来就不太好。阿尔布雷克特和她麾下的演讲者一一解释时,专家们也继续追问,但比福泰想象的要温和多了。

上午最严厉的指责是默沙东没有提交重要的数据。林达·玛丽·迪伊,一位来自巴尔的摩市的患者代表律师,谴责顾问们和FDA允许默沙东不研究波普瑞韦的药物相互作用,尤其是没有研究波普瑞韦与抗抑郁药的相互作用。对于抑郁症患者,除了抗抑郁药,他们还要吃止痛片才能忍受干扰素和利巴韦林的治疗。"根本没有药物相互作用研究,"她说,"没有研究与抗抑郁药的相互作用,太让我震惊了。我知道这些药物在争相上市,但这些试验现在还没做实在是太不负责任了。"

虽然有这些问题,顾问委员会还是全票推荐波普瑞韦上市。劳伦斯·弗里德曼博士说:"[持续病毒学应答率]能到达60%—70%简直是我们的美梦成真。"他是波士顿市郊的牛顿-卫斯理医院的药剂科主任,在多部教科书中撰写了超过100章的内容,同时在哈佛大学和塔夫茨大学医学院任教。他接着说:"我认为这是重大突破,我对这个药物非常期待。"弗里德曼还稍微打趣了一下默沙东药物复杂的方案——有一个治疗导入期,还要反复测试病毒RNA含量,临床终点变来变去——"或许需要一个辩经专家才能开这个药。"帕特里克·克莱是药剂师,主管密苏里-堪萨斯大学的临床试验部门,他坚定地为默沙东的过失辩护,宣称缺失这些数据没什么大不了的。投票结束后,他说:"基于默沙东的历史,我相信他们。"

在宾馆中,福泰的团队焦躁不安。听证会于5点左右结束,核心成员简单地排练了一次,然后出去吃饭了。威特说:

> 整体感觉就是没人深究默沙东的问题。FDA为顾问委员会做的简报已经提到了所有的问题。贫血:他们把EPO和波普瑞韦一起用,这样你就无法识别波普瑞韦会引发多少贫血了。EPO的适应证不包括丙肝,明明不应该这么用的,这是适应证外用药。我们不知道专家们怎么看。
>
> 药物相互作用:他们什么也没做。我们要向他们摆摆手指:"太丢人了,默沙东,我们本来期待更多。"他们所谓的"结果导向治疗"根本就是胡扯。还有"无应答患者"——压根没有无应答患者,他们的"无应答患者"是自己定义的。只要在短期治疗中无效,他们就说"那标准疗法可能对你无效"。考夫曼用力扯着自己的头发,大声说道:"**这太过分了!**"因为我们的无应答患者是真的接受了48周标准疗法还无效的。但他们就这么通过了。
>
> 所以从某种程度上,我们在目睹一起犯罪。那些血液专家本来该就贫血的事好好盘问他们的,可竟然从头到尾一言不发。贫血就这么算了,无应答患者也这么算了,"结果导向治疗"还这么算了。没做药物相互作用除了让他们得到点口头指责外也过去了。毕竟他们是默沙东。我们既感到沮丧,又感到宽慰,"或许我们不会太糟"。

在福泰总部的大会议室中,这天有大概100人围坐在屏幕前,一边嚼着冷比萨,一边看听证会的直播。埃门斯时不时也进来看看,最后的结果让他倍感压力。顾问委员会全票支持默沙东的药物意味着福泰不能做得比这差。顾问委员会的投票不是决定性的,但是一致通过给了福泰很大的压力。如果福泰不能得到一致推荐,默沙东又可以吹嘘他们的药物更好了。

❖

周四早上,银泉市狂风大作,天气预报发出了龙卷风预警。天色灰蒙蒙的,映衬着白橡树园区中棱角分明、规模堪比一座大学的现代主义建筑群。大会议室内,考夫曼身着深灰色西装,配蓝色牛津衫,打着酒红色领带,缓步登上讲台,准备接受问询。如同他们预期的,皮疹是关键。辛格尔一直强调,绝大多数情况下,替拉瑞韦导致的皮疹是温和的,医生按照福泰提供的方案做就可以处理好皮疹。

评审委员克莱坐在一张巨大的会议桌之后。他一头棕发,梳了个大背头,非常拉风。克莱在路易斯安那州南部的法语地区长大,在海上钻井平台上当过电工学徒,后来立志读书,获得了临床药学博士学位。他每周工作80个小时,经历丰富,长期研究如何治疗低收入的艾滋病患者。他认为他的工作最具挑战的部分是预测药物间相互作用,推崇在真实世界中开展研究,尤其是抗反转录病毒药物与其他药物的相互作用——当然,他对默沙东的药物非常有信心。他将身子向前靠了靠,调整了一下话筒。

  克莱:我想就福泰已经进行以及计划进行的药物相互作用说几句话。我在网站ClinicalTrials.gov上看到,你们有一项研究是针对接受替拉瑞韦治疗失败但依然服用药物的患者。你们有在做这个,值得称赞。我想关注一下你们药物的安全性。FDA提供的资料提到你们药物的代谢产物有PZA,还说这是烟酸的代谢产物。但我更熟悉的PZA是吡嗪酰胺的代谢物,是一种抗肺结核药物*。

---

  * PZA就是吡嗪酰胺(pyrazinamide)的缩写,不是吡嗪酰胺的代谢物,原文如此,所以福泰的人才不明白克莱在说什么。——译者

你们描述的不良反应似乎是由吡嗪酰胺导致的：尿酸增加，甚至导致痛风、发热、贫血、血小板减少，还有皮疹。我对肺结核治疗中的皮疹不是很熟悉，但我猜是因为单药治疗。我很好奇在你们的临床试验中，你们有没有进行结核菌素试验，看看患者是否有肺结核？如果是这样，他们是否已经在接受抗结核治疗？

这个问题很复杂，考夫曼没有预料到。观众席上大约坐了300人，福泰的人混坐其间，他们在手机上搜索克莱，看看他的背景，猜猜他可能想问什么。

考夫曼：我们没有提供相关信息，也没有进行测试。负责招募患者的医生会决定某名患者是否达到入组标准。我们没有明确限制肺结核患者入组。但我要指出，吡嗪酸——虽然是替拉瑞韦的代谢产物——但是它的浓度比用吡嗪酰胺治疗结核时能代谢出的浓度低很多。

克莱：我不怀疑这点。但是你们的不良反应看起来的确像患者在使用足量的吡嗪酰胺。我想知道，你们向临床研究者提供了多少信息，让他们判断患者在使用替拉瑞韦前是否需要测试肺结核？我觉得这意味着……不过我不知道你们的药物会代谢出多少吡嗪酸，所以如果你们能告诉我，那会很有帮助。但我其实并不需要知道你们的药物具体代谢出了多少吡嗪酰胺或吡嗪酸，因为从结果上看，应该有不少吡嗪酸。

弗莱舍与一排FDA高级官员坐在会议桌的一侧，正是他经手替拉瑞韦的申请。在听证会之前，弗莱舍公开热情地和威特打招呼。他详细介绍了福泰对严重皮疹的调查，尤其是其中被简称为SCAR（严重皮肤不良反应）的罕见情况。他强调，很少的患者——大概1%——胆红素增加，这是血红素分解的结果，说明患者可能贫血。当主持人宣布进入提问环节时，很多人纷纷举手。克莱再次发话。

克莱：我先简单说一点。我觉得你们皮肤病学的汇报很不清楚。你们把很多症状都统称为SCAR，我分不清你们指的是作为症状的SCAR还是单纯指瘢痕（scar），毕竟瘢痕也是皮肤症状。我想问问这些试验的双盲性如何保证，这些结果是在双盲试验中得到的吗？

弗莱舍：第108号和第216号试验是双盲的，111号是开放标签的。

克莱：好。在双盲试验中，实验组和对照组的皮疹发生率有显著差异。如果没人知道药物会导致皮疹，这可能也没什么。但我想知道，在福泰的文件中，是否讨论了他们在临床试验阶段如何处理这个问题？

弗莱舍：你是说他们怎么处理皮疹？

克莱：不，我是说他们怎么确定皮疹是否和治疗有关。

弗莱舍：我记得他们有皮疹管理项目。他们为如何诊断和处理皮疹提供了处理方案，并发放到各实验中心，所以他们有应对措施。但是考夫曼可以进一步——

克莱：不不不，我不是问如何管理。我是在问临床研究者是否会意识到皮疹与治疗相关，并且在向福泰的报告中提及这一点。

福泰的成员被问懵了，他们不知道克莱究竟想说什么。他是在说发生皮疹的患者应该被从试验中剔除，因为皮疹可能暴露了这个患者属于实验组，从而破坏了试验的双盲性？还是说临床研究者不应该讨论这些？他的问题含糊不清，但是态度咄咄逼人，来者不善。考夫曼稳住了阵脚，与弗莱舍一起解释克莱的疑问——不管他到底想说什么。

考夫曼：在双盲阶段，当然没人知道患者怎么分配的。研究员需要自己判断皮疹是否由药物引起的。

克莱:那么你们在信息手册中是否提到了可能出现皮疹?

考夫曼:提到了。而且在Ⅲ期临床试验,一般都会认为皮疹是由替拉瑞韦导致的,这是明确写在给研究员的手册中的。

克莱:好,我下一个问题是另一个角度——可能也是关于试验双盲性的。你们提到很多患者的胆红素在头两周会显著升高。所以当患者血样被离心以做病毒量检测时,你会看到很明显的黄色。你们是否在对照组的血清中加入了黄色色素呢?

考夫曼:我不知道他们有没有这么做。

克莱:因为你们要分离血清,所以试管会很明显地分为黄色和非黄色的。这样对各临床中心的实验人员而言,你们的试验就不是双盲的了,或者说被强制揭盲了,我质疑你们双盲试验的有效性。

考夫曼:我是说,我认为大部分的情况下胆红素没有显著升高,因此血清不太可能变得你说的那么黄。

弗莱舍:只有4%的患者是C级,大部分是A级或B级*,因此——

克莱:我明白,你想说他们没有出现黄疸。我要声明一下,我只是个药剂师。但是我以前处理过阿扎那韦(一种抗艾滋病药物),或者说含阿扎那韦的血清。患者不用出现临床上的黄疸,血清就是黄色的了。

到了这会儿,福泰的人,不管坐在听众席上还是待在总部里的,已经知道克莱接受过默沙东的研究经费。当然,这些专家一般都接受过不少公司的研究经费,但是怀森斯基、威特、佩斯等人很担心他的攻击(目前还没什么效果)会鼓励其他专家以及公众来质疑福泰的临床双盲试验不严格,这样他们的结果也不可信了。埃门斯知道FDA和顾问委员会的意见不总是一致的,安全性是关键。几年前,有个药物仅因为一例重症多形性红斑就被毙掉了,即使市面上有不少药物会导致重症多形性红斑。还有一次,顾问委员会以9∶0推荐一款药物上市,

---

\* 应该指蔡尔德-皮尤改良分级评分(CTP Score),C级患者肝功能最差。——译者

但是FDA还是拒绝了其上市申请,这可是从来没有过的。一切皆有可能……

**千里之堤,可能毁于一处小小的缝隙。**

福泰的人在低声谴责克莱时,考夫曼全力反击。他向前轻轻倾身,像只乌鸦落在电线上。

> 考夫曼:你会发现,不光实验组,对照组患者的胆红素也会升高。仅凭血样的颜色,除非经手人知道患者是如何分配的,不然不太可能判断一管血是属于实验组还是属于对照组,因为两组的胆红素都有增加。
>
> 克莱:好吧,实验组有40%的患者胆红素高了,对照组也有20%。
>
> 考夫曼:因为两组胆红素都有提高,因此对于任意一管血样,不太可能辨识出属于哪组的。我想回到你有关皮疹的问题。你会发现,皮疹在对照组中也经常出现。虽然实验组中皮疹发生率的确挺高,但纵观整个试验,皮疹还是很常见的。因此,仅凭哪个患者出现了轻度到中度的皮疹,是不太可能确认他就属于实验组,因为对照组中也有30%的患者出现皮疹。我们尽最大努力思考后,认为试验的双盲性是有保证的。

观看直播的众人爆发出一阵欢呼。在有些人已经急得干瞪眼或者悄声咒骂时,罗伯特·考夫曼耐心地用科学与逻辑击退了克莱。"(上帝创造世界的)第七天,"有人突然说,"罗伯特出现了。"

◆

米勒认为讨论集中在皮疹,说明没什么大问题,他没有被克莱干扰。他说:"我不会因为有人说了点什么就要跳窗逃走。"午餐之后,是公众发言时间。昨天支持波普瑞韦上市的患者代表也支持替拉瑞韦。临近结束时,凯利·安·曼-赫斯特起身发言,她在宾夕法尼亚州一家医疗机构监督保费报销。曼-赫斯特在生孩子后因输血感染了丙肝,之后接受了7次常规治疗,每次长达一年,都失败了,最后替拉瑞韦治好了她。她是在1993年被确诊的。

"那时,一位医生诚实地告诉我,说我可能看不到我孩子高中毕业了,那时他才上幼儿园。"曼-赫斯特说,"我回到家,告诉家人我不能坐以待毙。我试过干扰素,干扰素加上利巴韦林,半剂量的长效干扰素加上利巴韦林,全剂量的长效干扰素加上利巴韦林,最后是替拉瑞韦,替拉瑞韦治好了我。"

17年来,曼-赫斯特一直觉得自己活不了太久,没有考虑过退休之后的事,现在她要好好想想了。她站在房间中央的麦克风前,继续说:"我的确因为替拉瑞韦得了皮疹。我手上、腿上、脚上都起了皮疹,但它们对我影响很小。如果替拉瑞韦能救我的命,这些皮疹又算什么呢?它们真不算什么,我会为了活下去做一切我能做的事。"

"我曾经觉得我随时会死。我相信丙肝最后会把我带走。我已经实现了我的人生目标,不光看到我的孩子高中毕业,还看到他大学毕业。我已经没有什么遗憾了,就等着这病哪天把我带走。但现在我要**活下去**,这对我是个新鲜事,出现了许多我不曾奢望的新窗口、新道路。因此我诚心希望各位专家批准这个药物上市,这样更多的人才能讲述与我类似的故事。"

下午的听证会中,气氛明显轻松了很多。劳伦斯·弗里德曼称赞替拉瑞韦是历史性的药物,在投票前就公开高度称赞了福泰。一般来说,先进行秘密投票,然后专家们再发表评论。在之前的展示中,FDA提供了他们对替拉瑞韦持续病毒学应答率的计算,比福泰算出的75%还要高,达到了79%。弗里德曼称赞了这一数字。"想想丙肝还被称为非甲非乙型肝炎的时候,现在我们几乎能治愈80%从未接受过治疗的患者,复发患者治愈比例差不多相同——他们中的2/3仅需吃24周药,真是个了不起的成就。"他说,"我们将基因1型丙肝的治愈率提高到与2型、3型持平了,这真是医学史上值得大书特书的进步。"

"替拉瑞韦另一个值得称道的特点就是使用相对简单。它能很好地融入我们习惯使用的干扰素和利巴韦林的方案中。它可能有不良反应,但本身只要用12周就好。而且它还比较灵活,如果你不得不稍早停药,可能药效也不会差。

我认为这个药物益处颇多,对我们这个领域的人来说,真是激动人心的时刻。"

10年前,约翰·阿拉姆因为父亲的丙肝,力主缩短疗程,这是促成福泰临床策略的主要原因之一。现在阿拉姆已经成了肯·博格所谓的"福泰过去高管的幽灵",消失在迷雾中,但弗里德曼对替拉瑞韦的称赞正是对阿拉姆的努力以及急迫的肯定。7位专家依次解释了他们为什么投赞成票,快速营造了肯定的气氛。专家们依次表扬了福泰精巧细致的演讲,称赞了替拉瑞韦,比如一位消化科专家就说它是"巨大的进步"。克莱面无表情地坐在那里,是唯一的未知数。

当轮到他时,他说他也投了赞同票,但并不是毫无保留的,他认为更重要的是尽早推出组合药物,这将能拯救更多人的生命。"(替拉瑞韦的)好处超过了风险,但这只是一小步,"他说,"这就是我要说的。我们还有很长的路要走,这是一场马拉松,不是短跑冲刺。"

除此之外,其他的专家都很高兴。林达·玛丽·迪伊,那位指责默沙东故意含糊的患者代表,盛赞了福泰的公开透明,以及对临床效果的重视。考夫曼、佩斯以及公司形象塑造团队认为,药物重要,公司的行为也很重要。迪伊说:"你知道的,活动家之间经常辩论药企的表现能不能得个A,我的一个讨论组还给各个药企做成绩单……我不能说福泰能得个A,但离A很接近了。看到这么清晰的数据,简洁的临床方案,可控的毒理研究,我非常高兴,这真是非常、非常出色的研究。"

下午4点,投票结果是振奋人心的18:0,让福泰获得了远超基本要求的成功:这是完美的最终批准,是他们与默沙东平手的官方证明,确保了在上市时能获得强势的药物说明书。福泰这艘船,在经过20多年的航行,消耗了36亿美元的投资后,终于越过了最后的障碍,能全速前进了。高盛将福泰的产品获批的概率上调到100%,并立刻通知了投资者。

顾问委员会为福泰戴上了桂冠,这是福泰迄今为止在最重要的赛场上得到最高的荣誉。但对更广大的医药界而言,克莱的话虽然不好听,却是真话。蛋白酶抑制剂即将上市,它们与常规疗法配合,能倍增丙肝治愈率,并让治疗时间减半,**然后呢?** FDA抗病毒产品的主任德布拉·比恩克兰特提出了这个问题,请与会专家思考,常规治疗效果显著增加,对大量已经进入临床试验的分子(无论是单药治疗还是多种药物组合治疗的)而言意味着什么。她不希望对这两款药物的溢美之词太多、把话说得太满,希望为业界提供一些建设性意见。

比恩克兰特说:"想想我们过去两天看到的数据,听到的陈述——这改变了游戏规则,改变了范式,我们进入了新时代——想想这些药物对目前和未来临床试验的影响,它们会怎样影响治疗标准,新的对照组应该是什么样的?未来已来。因此我们也要作出一些艰难的抉择。这也是为什么我想大家再进一步讨论,这样当我们面对其他公司时,除了陈述事实,还可以提出一些共识。"

两小时之后,福泰的团队回到了贝塞达斯市,在逸林酒店的酒吧中聚集。米勒举起香槟,致了一番颇长的祝酒词,逐一感谢了在场的每个人,表扬了他们的贡献,连蒂博泰克的人也没落下。今天他格外慷慨大方,发自真心地大笑。"一般我只是说还不错,"他说,"但今天我们真的太棒了!"

昆博成为临时销售副总裁后,第一个决定就是调整上市周的工作计划。药物正式上市前,销售团队一般都要有一次集体会议,他将这个会议提前到了5月初,距替拉瑞韦获批还有好几周。这样做实属冒险,因为这意味着福泰的销售团队要在替拉瑞韦的说明书最终确定前受训,但是昆博希望医药代表们能在"获批的第一天"就给医生打电话——并超过默沙东。会议在波士顿后湾的威斯汀酒店举行,目标是培训并鼓舞代表们,既像重要考试前的突击培训班,又像放着高八度音乐的喧嚣赌场。电影《爱情与灵药》(*Love and Other Drugs*)这么描绘辉瑞的培训会议:有伴着《玛卡雷娜》(*Macarena*)舞曲的助兴舞蹈,还有培训领导和受训代表间的露水情缘。

会议内容包括信息培训、角色扮演训练、意见领袖讲座、合规培训,其商业目的不言自明。福泰的商业先遣队已经出发了,他们一轮又一轮地宣传丙肝以及丙肝检测的知识,成立了一条24小时的患者热线,一个帮助患者获得(甚至购买)药物的项目,并且安排了在各个城市以Incivek为名宣传替拉瑞韦的计划。福泰需要让医药代表们了解这些信息。但最重要的依然是自我认识、价值观与愿景。福泰已经有了药物和销售团队,但如果他们的销售人员像自动售货机一样冰冷机械,药还是卖不出去。

肯·博格计划在9月卸任公司的总律师。他在"9·11"事件以及免疫抑制剂VX-745失败的动荡时节加入福泰,至今有10年了,他今天将做一个简短的演讲。他穿着时下流行的运动外套,打着领带,看起来像个严厉但是关心后辈的叔叔——人很好,但不能跟他嬉闹。肯伴随着震耳欲聋的摇滚乐出场,站在一块曲面电子屏前(几名医药代表打趣说,这块屏幕能引发抽搐),笑得很开心。他说:

> 我很高兴今天到这里来……哪怕是早上8点就要到。因为在这座城市、这家公司、这个讲台,我们终于要开始实现20年前的梦想了。我说"开始实现",是因为福泰的创始人——你们昨天听了他的演讲了,顺便提一下,他是我弟弟——他说他成立这家公司不只是为了研发药物,更要改变世界,他总是这么夸张。我提到这个,是因为这依然是我们的目标,我们的基本自我认知,我们的品牌根基。
>
> 但请允许我稍微离题一下。你们来猜一猜,在《财富》的调查中,哪家公司是1987年美国最受敬仰的公司,猜猜看?对,正是默沙东。我不是要来指责默沙东的——好吧,其实我要说他们两句,这会很有趣。那你们再猜猜看,哪家公司是1988年美国最受敬仰的公司?还是默沙东。那1989年呢?默沙东。1990年呢?默沙东。1991年、1992年、1993年呢?都是默沙东。在1993年,《商业周刊》称默沙东是"国家的财富"。

像肯这样的公司元老,提起默沙东总会让他们心潮澎湃。博格在1989年

默沙东的巅峰时期辞职,福泰所有的故事于此滥觞。肯继续说:

> 让我们快进到2011年。现在默沙东和其他药企连**前50**最受敬仰的公司都进不了。强生还在榜单里,但是他们是卖奶粉和创可贴的,不算数。默沙东依然在说1993年的话,什么道德、透明、重视患者,但20年后他们就沦为现在这样。他们企业文化的核心是信任,然而他们失去了信任,哪怕他们花了很多时间说他们非常关心患者、非常值得被信任。
>
> 当他们在2002—2005年发行一个假的学术期刊,并诱骗人们那是经过同行审议的正规期刊,以便推销药物时,他们没有考虑患者。当他们对质疑万络的医生搞黑名单、泼黑水,并隐瞒不良反应的数据时,他们没有考虑患者。例子还有很多,不光是默沙东,整个业界在过去20年间都是一般黑。

万络事件之后,博格想要福泰和默沙东不一样的原因又多了层深深的道德考虑。至此之后,肯既是公司睿智的顾问,又是高效的执行者。他认为医药代表们需要理解,如果这样的事情发生,福泰失去的不光是声誉,更是未来的可能性。

> 说回到创始人,他说他想研发新药**并且**改变世界,但这不代表他没有个人的追求。我们早期的标语包括"野心——而非同情——治愈艾滋病",我非常喜欢它。这可能不是最有效的广告,但是我喜欢,这句话意义深刻。
>
> 我不是说经济目标不重要。乔治·默克在20世纪50年代的口号首先提醒我们永远不要忘记医药以及制药业是为了患者的,其次告诉我们,如果我们铭记这一点,自然能获利。我们的创始人则说,应该关注严重的疾病,尤其是那些重要且未被满足的医疗需求,要以改变患

者的生命为追求。这是我们企业认知、企业形象的核心。

福泰自豪于对违法和违反道德的行为零容忍。肯的另一个兄弟,杰克·博格,现在是北卡罗来纳大学法学院的院长,也是知名的反对死刑活动家,给肯讲过一个他自己的故事,肯认为这个故事说明公司应该处理犯规的人:法学院一位老资历人物指点杰克,他上任的第一天应该给他看见的第一个人来个下马威,这样以后就不会有麻烦了。肯希望这些公司的新员工们知道他们的行为会给福泰带来什么——医药代表们曾用现金和礼物向医生行贿,败坏了业界的名声,政府和业界都在对这种行为重拳出击。

大药企失去了消费者、患者、监管机构,乃至社会的信任。我们怎样会失去他们的信任呢?与大药企是一样的:用公关标语代替了对患者的关心;忘记品牌反映了我们是什么样的、公司是什么样的,反映了我们真实的价值观。品牌是靠行动而非宣传建立的。

这与合规又有什么关系呢?不管你怎么看业内的种种规定,他们都是为了患者的利益——你的爷爷奶奶、兄弟姐妹、儿子女儿都可能是患者——这些规定大多数的确是有利于患者的。当我们忽视,或者故意曲解这些规则时,我们就不是为了患者的利益,而是在逐步摧毁公司的自我认知。

所以我想总结几点基本原则——非常简单的原则。第一,空谈是最简单的。如果你没有时常因为在实际行动上每天关心患者的利益而觉得疲惫,说明你可能压根没有在意患者。第二,五个聪明蛋凑在一起,就敢抛开一切规则。关注患者——你的祖父母、父母、子女,还有亲朋好友——不要成为那五个挑战一切规则的聪明蛋。最后,我转述我亲爱的已经离世的祖母的话:"说真话,不要扭曲事实,不要超越事实。"这些原则会长期对你们的事业有帮助,对你们的人生有帮助,对我们希望能够引领的制药新时代有帮助。

## 第三部分 好戏上场

谢谢你们。

❖

在高管团队中,如果肯·博格是超我,那么伊恩·史密斯就是自我。他们是福泰在最危险的时候,于同一个月加入的。他们帮助福泰规避早期岁月中的种种暗礁,肯是首席谈判代表以及公司的良心,史密斯则是公司的支柱。史密斯任职时,福泰有很多财务问题,博格和萨托对他说:"伊恩,你是金融高手,你能搞定的。"史密斯的确做到了。他行家里手般满足了华尔街对奇迹的期待,随着替拉瑞韦的上市,他的事业也到了新境界。

史密斯与一位人气很高的费城地区经理一起,用现场问答的形式将活动推向了高潮。他穿着蓝色衬衫和黑色紧身裤,没有打领带,经过了这么多年的工作,身材依然健美。他和肯一样,担心销售代表们不能完全理解公司的使命,因此,尽管有点感冒,也依然连珠炮似的向他们快速介绍了福泰的金融情况。

我们此前没有产品,没有收益,依靠华尔街来支持公司。现在华尔街的工作结束了,**我的**工作也结束了,该你们接手了,要靠你们挣钱了。

我们的商业策略就是钱和药,就这么简单。我们拓展管线,减少研发风险。但是我们的项目还是超过了我们的承受能力,我们只能十指交叉然后祈祷。

我们打开信封,看到了惊人的结果。我们看到了"福泰对勾",看到患儿呼吸能力提高了50%。这些惊人的结果一年能出现好几次,这就是福泰的独特之处。福泰有一种其他公司缺乏的特质:我们为自己创造机会,为许多疾病创造希望。

福泰现在是运营型公司,要收敛研发时的种种傲慢行径了。为米勒的研发巨兽提供食粮的重任从史密斯肩上转到了怀森斯基肩上,公司营利不再依靠出售股票,而是依靠销售,依靠这些坐在史密斯面前的新员工们。埃门斯曾说过,从开始盈利那一天起,一切都变了。史密斯希望医药代表们投入工作,去做必要的事,但也别忘了福泰的文化与历史。他盼望他们也能习惯福泰"恐惧与乐趣"的文化。

> 你们开始工作后,将代表一家以另辟蹊径为豪的公司。我知道有很多监管条例,所以别太有"创意"了。但请始终保持创意,想想事情怎么做会更好。享受旅程,四处看看,我们是家很不一样的公司。
>
> 在制药界,你要怀揣希望,你要承担风险。当你开始工作时,你总会想说,不行,我做不到。但是我们不说"不行",我们的文化就是坚持,而正是你们带来的现金才能让我们坚持,因为我**不会**再去融资了。
>
> 我的挑战是在之后的三年里,打败华尔街的钱,这是可能的。想想看,借了20年的钱之后,你能在三年内把这些钱都挣回来,这是可能的。

史密斯看着他的观众,喝了一大口水,然后转过身,慢慢走向讲台后部一张小桌子旁。"我最喜欢的一句台词是,"他咯咯笑着说,"'你管这叫刀?**这才是一把刀**'。"大屏幕上适时地播出这句台词的电影片段:热情洋溢的澳大利亚猎人"鳄鱼邓迪"掏出狩猎用的砍刀,吓退了试图用弹簧刀抢劫的街头混混。"每个故事都有英雄和反派,"他说,"现在是 Incivek 和 Victrelis 的对决\*。"福泰的员工们戏称默沙东的 Victrelis 为"victory-less",即"赢得少"。史密斯走到了桌前。"我要拿出一件道具,我们的总律师肯·博格说这是不违法的。这就是我的刀。"

史密斯从黑绒桌布下摸出一把大砍刀,比他小臂还长。他笑着挥舞着这把刀,继续说:

> 我在谈到 Incivek 时都要挥着这把刀。我不是在威胁谁,但是根据

---

\* Incivek 是替拉瑞韦的商品名,Victrelis 是波普瑞韦的商品名。——译者

数据，Incivek 在任何方面都比 Victrelis 强。我们的治愈率高得多，79%对 63%。他们靠什么"结果导向治疗"，而我们能治的患者更多。我个人觉得这两个药目前最大的差异就是我们的药用起来更简单，希望这能反映在药物说明书上。

为了支持公司，我们要在市场上好好干。华尔街认为今年我们能把药卖给1.5万名患者。你们一共有100人，所以每人要搞定150名患者。你们每个人都要开始考虑怎么搞定这150名患者。我希望你们都能完成目标，我真心这么希望。这样我们才能给华尔街讲个好故事，我们的价值和现金流才能提高，我们才能一起建设公司。

我现在有点在逼迫你们了，所以让我把刀先放下，但是你们一定能赢得市场的。我们的武器削铁如泥，要好好使用它。Incivek 应该能明显地压过 Victrelis。我真的相信我们有机会做大，这会反应在股价上。我们会建立一家大公司。我们已经是纳斯达克100家股指企业中的第四十家，希望几年内我们能进入标准普尔的100家股指企业。我们的市值正在追上吉利德。这真是天赐良机。

第二天晚上是医药代表们的"毕业晚会"。福泰在保诚大厦的顶层为他们召开了一场盛大的宴会。保诚大厦是安德鲁·约翰逊总统时代的产物，算不上好看，但高耸入云，俯瞰整个后湾地区。这个宴会厅可以说有波士顿最好的景观，很大程度是因为这是你在波士顿唯一看不到保诚大厦的地方。会场中有几张掷双骰桌和轮盘赌桌，医药代表们在那儿吵吵闹闹地赢取代币，同时品尝着当晚的特调酒——"福泰对勾"。

埃门斯从憩室炎中恢复了，他今晚不喝酒，但依然在靠近电梯门口的地方和大家轮流交谈。他喜欢远离中心、远离注意，他觉得在边上更有机会学到东西。他年轻时也担任过销售领队，有一次他得把一群受训期的医药代表从温泉中拖出来。而眼前这群人都是经验丰富的老手了，除了在赌博桌前过于激动外,埃门斯很高兴看见他们表现得很成熟。

◆

波普瑞韦在5月14日(周六)获得了FDA的批准。自弗雷泽在年初接任CEO后,默沙东的股价一直低迷,回购也没有什么刺激效果。波普瑞韦是默沙东向华尔街证明他们依然优秀的重要机会。业界认为,FDA对波普瑞韦的说明书可谓是非常慷慨,没有黑框安全警告,没有麻烦的"风险评估与缓解策略"。贫血与虚弱、恶心等常见不良反应被列在一起,没有被单列出来。默沙东自行定义的无应答患者概念也被接受了。福泰的药物说明书当然不会差,但是也没法显得更好。

默沙东采用了阶梯定价,根据患者接受4周的干扰素和利巴韦林导入期治疗后还需要用波普瑞韦多长时间来决定价格。他们希望尽可能多地争夺市场,因此定价很激进。论周买的话,每周药价是1100美元。从未接受过治疗的患者,全疗程价格大概是3.1万美元。接受过治疗的患者,全疗程价格大概是3.5万美元。如果有人需要接受足足48周的疗程,那么价格可能高达4.8万美元。

三天后,当福泰在等待替拉瑞韦获批时,默沙东宣布了一个大部分记者和分析师都认为很重要的商业策略。他们将与丙肝领域中的主要对手罗氏一起销售波普瑞韦,以倍增市场力量。默沙东和罗氏加在一起,可以说控制了整个市场。他们能频繁地拜访全国5000位肝病医生,这些医生治疗着90%的丙肝患者。罗氏的派罗欣占有了长效干扰素85%的市场。虽然波普瑞韦还没有被测试过与派罗欣联用,但罗氏的销售人员将会在销售时以"三联治疗"为名提到波普瑞韦。

许多焦虑的医药代表纷纷给昆博打电话,他说:"我得安抚好些人。"怀森斯基一开始也颇为震动,但之后她专心研究了这个合作的具体条款,很高兴得知条款不是排他的,并不禁止罗氏的医药代表也提到替拉瑞韦。埃门斯承认这的确是个出乎意料的好球,但是他并没有很担心,因为罗氏的医药代表们一直在贬低的先灵葆雅的长效干扰素佩乐能，没什么动力去推销对手的药物。\*默沙东丙肝销售团队基本就是先灵葆雅的人马，本来联合销售波普瑞韦和佩乐能是他们对抗派罗欣的唯一手段，现在这行不通了，他们肯定会觉得自己被出卖了。

制药界上次有这么激烈的市场竞争还在10年前，那时默沙东的万络和辉瑞的西乐葆（通用名塞来昔布）也是针锋相对地上市。丙肝市场机会很大，更让双方摩拳擦掌。有的分析师认为，市场几年内就能达到100亿美元的规模，10年后甚至能达到200亿美元。昆博希望他的人能够更有干劲，比对手意志更强，这样默沙东靠人海战术也没什么用。销售战争的目标是控制市场，而不仅是取得一点优势。"我们会让他们意志崩溃，"他说，"这就是我们要干的事。根据我的理解，以及作为医药代表的长期经验，医药代表非常情绪化。他们有时斗志昂扬，有时低迷，而一旦低迷了就很难重新振作。默沙东是有一些优秀、有才华、有热情的人，我们就是要打垮这些人。"

到了下周一（5月23日），FDA一上班就用传真通知福泰，批准替拉瑞韦上市。说明书没有大问题，障碍都清除了。1小时内，一条24小时咨询热线开通了，销售和患者支持团队也开始工作。芝加哥郊外，穿着白色工作服的工人加班加点地做最后的包装，要在24小时内将药物运出去，在周三让第一批药物进入药房。

福泰各个部门纷纷开香槟庆祝。11点时，埃门斯、米勒、史密斯、怀森斯基、佩斯、帕特里奇齐聚在博格Ⅱ号楼一层一间没有窗户的方形办公室中，与分析师进行电话会议。会议桌上散着资料、马克笔、印着邓肯甜甜圈的杯子、无糖可乐还有黑莓手机。考夫曼正在出差，也从机场打电话过来准备回答问题。

---

\* 波普瑞韦是由先灵葆雅研发的，因此他们在做临床试验时选择搭配自己的佩乐能。佩乐能理论上药效和派罗欣药效接近，但是由于波普瑞韦在临床试验中没有与派罗欣联用，因此罗氏的销售人员不能直接组合推销波普瑞韦和派罗欣。而福泰在临床试验中使用的是派罗欣。——译者

"注意两个地方,"帕特里奇在做最后的培训,"治疗指南中的药物相互作用;替拉瑞韦要在餐后服用,是餐后。"

"不要评论波普瑞韦,"史密斯建议,"就说我们对说明书很满意,对未来预期的问题都由我来回答。"

最要紧的问题自然是定价。埃门斯和米勒先介绍了福泰如何发现并研究替拉瑞韦,强调替拉瑞韦对患者和医生的重要意义,紧接着怀森斯基宣布福泰如何为他们第一款产品收费。

"我们相信,有需要的患者就应该获得替拉瑞韦,不管他们能否支付得起。"怀森斯基是这样开场的。福泰的商业计划类似一些有钱的学校"不考虑经济情况"的招生方式:他们虽然收费不菲,但是在招生时不考虑学生家庭的经济条件。如果他们认为一个学生值得被录取,就会确保这个学生能来上学,哪怕提供全额奖学金。怀森斯基说,患者拿到替拉瑞韦的处方后,可以在网上找到协助支付药费的项目,还有免费提供药物的项目。今天她穿着一件印着佩斯利花纹的衬衫,套着嫩绿色的冲锋衣,戴着小链条组成的项链,配一条宽松时尚的黑裤子。她进一步解释说:

> 我们的协助支付项目能够报销有商业医保、接受完整疗程的患者20%的费用。这个项目**没有**收入限制。对于**没有医保**或者**实质上没有医保**,并且家庭年收入10万美元以下的患者,我们计划免费提供替拉瑞韦。

"至于替拉瑞韦的售价嘛,"怀森斯基停顿了一下,埃门斯和史密斯也用沉默烘托着气氛,"完整12周疗程,价格是4.92万美元。"她继续道:

> 下面我介绍一下我们在定价时考虑的因素。宏观来说,我们的使命是发现、研发并上市治愈或显著改善严重威胁生命疾病的药物。这个过程昂贵且风险颇高,我们承诺会将收入用于解决更困难的疾病,

包括聘请最优秀的科学家和医学团队。具体地讲，我们认为丙肝与艾滋病或乙肝不同，丙肝患者能够在一个疗程内被彻底治愈。我们也考虑了目前治疗丙肝药物的价格以及效果。

福泰不因患者的经济能力将他们拒之门外，希望这能减少争议，并用高昂的价格向医生保证替拉瑞韦物有所值。大学等教育机构早就发现，有些产品，比如教育和医疗，消费者接受高价格，并相信这是质量和价值的保证。因此除了为进入锱铢必较的政府药房，福泰没有必要和默沙东打价格战。

分析师对多个问题进行了追问。他们对替拉瑞韦的售价估计偏低，福泰的定价会严重影响他们的估值。他们想知道，虽然他们估价低了，但还能不能继续用数月之前对福泰股价的估值，哪怕这意味着得调整用于预测收益的处方量。福泰的股价在开市时走低，但随着电话会议的进行，福泰的股价回升超过1%。讨论结束后，怀森斯基和佩斯击拳庆祝，大家各自收拾材料。这时帕特里奇接到了投资人亚当·科佩尔的电话，他可以说是与福泰关系最铁的基金经理。

科佩尔是贝恩资本旗下的对冲基金波士顿溪畔资本（Brookside Capital）的经理，手上持有福泰500万股*。科佩尔是炒福泰股票起家的。他在2004年认识博格后就买了福泰的股票，之后陆续增持福泰的股票。2005年，福泰的股票不到20美元时，他大赌了一把，自此以后福泰都是溪畔资本持有最多的股票。他最多时持有价值2.8亿美元的福泰股票。

科佩尔曾从事过医学研究和咨询。他20世纪90年代在宾夕法尼亚大学获得医学、神经科学双博士学位，接着读了一年MBA，之后在麦肯锡做生物技术行业咨询。他青睐拥有"复制成功"基因的公司，相信福泰是自基因泰克后第一家携带这种基因的公司。科佩尔在替拉瑞韦不断取得临床进展的时期熟悉了博格、史密斯、阿拉姆和格雷夫斯，他喜欢福泰的夸张和另辟蹊径。他更喜欢"老福泰人"，因此一开始没给怀森斯基好脸色，总是抨击她的商业策略，现在也没

---

\* 2011年时，福泰总流通股大约2亿股。——译者

完全接受埃门斯。

科佩尔对默沙东和罗氏的联合"非常震惊",他想直接听听埃门斯的看法。"你能告诉我他们想干啥吗?"他问。

"我认为他们知道自己在市场上处于劣势,"埃门斯说,"所以急于进攻。罗氏的加入壮大了他们的声势,但这不能改变药物,我们的药就是更好。"

科佩尔还很想知道福泰是否打算买一个后期的核苷药物,以应对法莫赛特、百时美施贵宝还有吉利德的威胁,麦克哈奇森已在吉利德测试多种核苷药物的临床效果。"我们今天不想讨论商务拓展。"埃门斯说。史密斯坐得较远,科佩尔从电话中听不见他的声音。他告诉其他人,科佩尔的基金有Idenix制药10%的股份,这家公司也在研发一款核苷药物。

"罗氏没有什么牌可以出,"埃门斯说,"他们的医药代表没有动力去推销波普瑞韦,他们不能按着医药代表的头,逼他们去卖药。"

佩斯督促埃门斯在电话会议后去外联部的小会议室讨论接受媒体采访的事,这是他站在聚光灯下的机会。不管埃门斯是不是真的认为默沙东和罗氏的联合没有实质性威胁,或者认为波普瑞韦不足为道,他都必须像博格一样,去挑战业界巨头。"我们虽然小,"他喜欢对员工说,"但是我们凶。"他对记者说的话和对分析师说的类似:福泰的药物更好、更有效、用药更简单;考虑到替拉瑞韦对患者、医生和医保机构的价值,价格也算"合适";默沙东和罗氏的联合就是吹嘘。"他们只会有很少的处方量,"他对路透社的记者说,"我们不用太介意。"他还说,要向前看,下一轮竞争将是全口服疗法。但他也强调,别被早期结果骗了,大部分的实验性药物最后都会失败。

"毕竟他们要参照的标准很高,"他说,"就是我们的药物。"

米勒站在博格Ⅱ号楼咖啡厅的收银台旁,身边还有一个藏在幕布之下的物件。他宣布:"欢迎各位出席今晚的活动!"这是博格Ⅱ号楼中最大的地方,四处传递着香槟。100来人受邀出席这个下班后的小庆功会,他们是将VX-950带出实验室，带着替拉瑞韦闯过临床试验和监管部门的重重难关，最后将其商品化为Incivek并交到患者手上的最关键的成员。其他员工要么还在工作，要么已经回家了。米勒说："这太精彩了，我不能告诉你我有多激动，我很难相信这成真了。"

埃门斯在边上嚷了一声："我也很难相信你今天拥抱了我！"

米勒继续说："我认为这是我们公司迄今为止最惊人的成就，我们现在真的向正确的方向发展了。""我想向你们介绍一项新传统。"米勒一边说，一边揭开幕布，幕布下是一个从eBay上淘来的消防钟，被漆成了福泰的紫色，装在小推车上，"这个怪家伙是座钟：改变生命之钟。"他说，人类历史上，钟是希望、自由、成就和团结的象征。从今往后，每当福泰有产品获批，他们都会敲响这座钟。

"我们的成就不光是使Incivek获批，还有给数百万人带去了治愈的希望、追求更好生活的自由。这真是太棒了，我想把这一殊荣归功于你们。"

福泰这一路上做出了许多决定性的突破，逆着极高的风险，顶着高强度的竞争，勇往直前，击中目标并得分。不管是考夫曼、慕克、邝达仪、基弗、赫特、康登、威特，还是其他贡献了重要思路，或者在遇到困难时自愿在周末加班的许多人，都不是绝对不可或缺的，Incivek是集体合作的结晶。慕克算了算，至少有50个人有重要贡献，没有他们及时的帮助，替拉瑞韦项目可能无法走到今天。在祝酒词中，米勒感谢了所有人：

> 我还想简单回忆一下研发的过程。当我们开始这个项目时，这是个非常、非常有挑战性的活性位点；蛋白酶抑制剂很难弄，也没什么人做。我认为，我们的科学家和研发体系出色地解决了它。接着，最初药物每千克需要250万美元，而且我们这样的小公司根本做不起任何临床试验，看起来我们不可能做出药。但我们继续推进研发，这是非常大胆的。
>
> 之后我们又发现，化合物没法成药，也就没人能吞下那药。我真

的得说,我们能把替拉瑞韦做成一次两片、一天三次的药,实在是太了不起了,这样的成就来之不易。在临床试验时,我们又面临漫长的试验期,足足要48周,这对我们这样的小公司而言实在是个大困难。昂贵,费时,困难重重。感谢临床团队的巨大努力,改变了治疗的范式,着实不容易。他们与监管部门做了很多的沟通才实现这点。去年我们还建立了最先进的生产网络,可以说我们的供应链是业界前所未闻的。药物的成本比最初低了许多个数量级,这是非常非常不同的。

福泰创造了Incivek,Incivek也创造了福泰。米勒是最大的受益者。他接手的是一个具有强烈科研氛围的小型但世界一流的早期研发机构。他将其建设为坚定而进取的临床研发组织,在生产和质量控制上也极具创意。他组建了一支每年仅需5亿美元,成功率却破纪录的高效团队。作为一家日渐成熟、在世界舞台崭露头角的制药公司的科学领导,米勒知道未来不光依靠于他的能力和创新力,也取决于他为福泰打造的联盟。他最后称赞了大家的团结。"你们治愈了患者,"他说,"这是我们的最高成就,一个现象级的旅程。这不仅是福泰自己的成就,也是福泰与众多行业伙伴共同的成就。我们一起攻克了前人无法解决的难关。"

米勒拉动钟绳,低沉悠扬的钟声在咖啡厅回荡。他又多次拉动钟绳,让钟声反复响起,直到大家的欢呼声淹没了钟声。

又一次,汤姆森没有出席这类庆祝。他坐在楼下的办公桌前,翻阅着邮件。他刚从中国回来,更想回家与妻子团聚。在楼上喧嚣的众人可能已经不记得,在通往Incivek之路中,所有的机遇都是由"这个药可以做成,并且可以由资源紧张的福泰做成"这个最初的信念点燃的。最初正是汤姆森秉持信念,力排众议,坚定支持丙肝项目。汤姆森是博格最初愿景最真诚的信徒,Incivek也是他的成就。

汤姆森一向不喜欢出席公司的庆祝。他年轻时自称"蛋白质狂人",曾彻夜在冷冻室里为公司最初的项目攻坚奋战。现在他53岁,又感受到了当初那种挫败感和紧迫性。他想将福泰建设为可持续发展的组织,也就是说,根据博格的愿景建立"教堂"。他曾经这么跟博格说:"听说你要建立一家公司。这是个商业计划,还是说你真的需要一些科学家?"福泰目前有两个突破性药物,管线上的产品也很有潜力。但当汤姆森展望10年后,也就是2020年,福泰的重磅炸弹在哪儿,以及福泰能否成为全球协作网络的中心时,他担心公司过于保守,没有准备好。尤其是,他觉得公司在中国和环太平洋地区进展太慢。

福泰计划在秋天举办一次全公司的盛大宴会,以庆祝Incivek上市。不过在此之前,埃门斯想为剑桥市的成员提前办一个小型的庆功会。到了下周三,下班之后,800位福泰员工涌入君悦酒店的宴会厅。人群在吧台和摆满美食的长桌之间流动,宴会厅四角彩纸花炮已经就位。埃门斯首先发言,强调Incivek对公司的重要性。

"我们不只是上市了一款新药,"他说,"我们还向世界展示了福泰的实力、我们的理念,以及未来的方向,这是件大事。从此我们有了可持续发展的能力。从今天起,我们每天收入320万美元,收入能支持我们的开销。"福泰的员工现在都很敬重埃门斯,因为他决策果断,自信却不盛气凌人,谦和但依然有福泰崇尚的反抗精神。在接受采访时,他将福泰与默沙东的对抗比喻为大卫挑战巨人歌利亚,而且这回有两个巨人。埃门斯引用这个圣经故事,强调体量并不重要——他们比对手敏捷、有激情,还占据了有利位置。

"大卫相信他能做好他的事。他拿起一块石头,击中了歌利亚的脑袋,然后砍下了他的头。我们现在也要扔出石头。他们虽然大得可怕,但我们也有自己擅长的事,而且很专注。"

患者活动家曼-赫斯特有点紧张地走上了台,接过了怀森斯基的话筒,正是后者邀请她赴宴。曼-赫斯特曾在顾问委员会会议上声情并茂地请求顾问们支持替拉瑞韦上市。曼-赫斯特的丈夫在20世纪90年代因丙肝去世,那时她有4

个儿女、5个孙辈。她重述了她如何从"向死而生"转向追求**寿终正寝**。"我试过了所有的药,"她回忆说,"当我开始尝试Incivek时,我觉得我纯粹是来做公益的。我真的认为'我这病治不好了,我之前试过7次治疗,这次也不会有什么用的。但他们或许能够通过研究我,找到治疗其他人的办法'。"

曼-赫斯特的丙肝在2010年被治愈后,她将推广"测试和治疗"作为自己的使命。如果患者不知道自己得了丙肝,有新药也没什么用。目前美国大概有300万名患者(全球有数亿患者)不知道他们患有肝病。她通过一个小调查来说明这点。"符合下列情况的请举手。"她说,"有纹身或者打过耳洞;与他人共用过针头,或者意外被针头扎过,尤其是在90年代以前担任过医护人员;接受过输血或透析,或者母亲生你时输过血。"

几十个人举起了手,他们不安地四下张望。这些情况虽然有风险,但并不总是会导致感染丙肝。

"那么请问举手的人,你们谁去测过是否感染了丙肝?"她问。

现在只有少数几个人举手了。曼-赫斯特强调这就是问题所在,"这就我要说的,这就是为什么我在这里。研发丙肝药物的公司也需要受教育。请你们去测试、去治疗。你们要确认自己没问题,这样公司才能健康发展。我们不能污名化丙肝,这会阻止人们去测试,这种诋毁毫无道理。我就是个活生生的例子。作为一个被Incivek治愈的人,我知道。我希望你们能有美好的未来,希望你们去帮助其他人拥有美好的未来。"

最后一位演讲者是博格。大概只有一半的听众认识他,他站在讲台上,看着下面簇拥的人群,他说:"嗨,大家好,我是乔舒亚·博格,目前失业。"新成员听不懂这个笑话,不过也随着老人一起笑了起来。作为创始人的博格两年前卸任了,但依然是董事。他的离职对公司是不小的打击,但是埃门斯一有机会就赞扬博格,并坚持博格的理念,缓解了这种痛苦。虽然博格提前退休了,但是福泰的文化似乎保留了下来,先驱们也没有"放下火炬"。按埃门斯的话,福泰不管是内里还是外在,都依然是"乔舒亚梦想中的样子"。

博格曾经在上市周通过卫星电话向销售团队说,关心他的人最常问他的问题是:你是否想过这些会发生?"这正是我早就预见的,"他说,"但是我也知道这是需要许多人才的大量努力的,并且我们不能期望这些人会自发地聚集在一起做这些事。"

"研发一款重要的药物,将其从早期发现带向临床开发,从临床开发带向市场,再送到患者手中,改变他们的生命,这是……**人类最大的挑战**。"博格接续说,"把人送到月球上?没这么难。工程学能创造许多惊人的奇迹,但是只要投入足够时间和努力总能成功。如果你给我20年和5000亿美元,我保证我能把人送上火星再把他们带回来。我保证能做到,你们也都能做到。但研发一种能改变患者生命的药物,这超出了人类的理解。"

"下一个常见问题是'福泰接来下会怎么样'。我的回答是'我还真想象不到'。我们创造了这样的组织,冲过了终点线,获得了像Incivek的巨大成功,可不是为了说'就这样吧,我满意了'。"

不管福泰想怎么低调处理它早年的嚣张,博格认为,现在更需要更胜以往的大胆冒险,既是为了鼓舞自己,也是为了恐吓对手。设计并研发改变患者生命的药物——不是那种号称"突破"却只能在严格控制的临床试验中延长预期寿命几个月的抗癌药,不是收费昂贵却收效寥寥的药物,而是真的能拯救生命、让患者重返正常生活、超越人们幻想的药物——这是否是人类最大的挑战?或许不是。但目前他们还想不出更难的事。此时此刻,又有谁会去想这种事呢?大家热烈鼓掌,四角的彩纸礼炮齐鸣。电影《甜心先生》(Jerry Maguie)结尾,汤姆·克鲁斯饰演的体育经纪人在客厅深情告白时,仅是一个"嗨"就赢得了早就对他仰慕许久的女主角的芳心。博格一张口,也立刻鼓舞了所有人。

# 第十二章

*2011年6月6日*

周一早上10点,肯走进一间小会议室,坐在了会议桌的一端。坐在他对面的是克里斯托弗·怀特博士,临床研发副总裁。考夫曼去参加路演宣传替拉瑞韦后,怀特被迅速提拔为福泰的首席医学官。怀特是一名谦和的非裔美国人,医学及科学双博士,40岁出头,身强体壮,留着长长的鬓角,用着时尚设计师设计的杯子。他以前是神经科医生,像福泰很多人一样,也是来自哈佛医学院的学术圈。

他今天要揭晓一项囊性纤维化的双盲临床试验结果。这项 II 期临床试验纳入20名有两个F508缺失突变的患者,研究单独使用矫正剂VX-809、联合使用矫正剂VX-809及增效剂VX-770在多个剂量下的安全性、耐受性、有效性,以及药代动力学性质。通俗地讲,福泰已经证明单用VX-770对G551D突变的患者有效,而这项试验要在很小的群体中研究组合治疗能否对最广大的囊性纤维化患者群体同样有效。

米勒和怀森斯基挤在桌子的一边,另一边是帕特里奇、奥尔森、佩斯还有道恩·卡尔马,她是从基因泰克跳槽来的,将担任产品发言人,并组织新闻发布会。大家对这项研究预期格外地高。如果这项试验失败,或者效果不明,将会重挫福泰。此前的试验已经证明,单用VX-809对F508缺失突变没有效果。大家希望在组合治疗中,VX-809能够修复足够多错误折叠的CFTR,使其能够被运送到细胞表面,之后VX-770会使离子通道开放更长的时间,增加进入细胞的盐分,进而润滑气道以及其他受影响的组织。

"我们计划在周四开市前召开发布会。"肯说。这让大家意识到,接下来三天福泰不光要决定如何公布试验结果,重要的是,他们可以从数据中得到什么结论。

怀特一边看着笔记本电脑,一边概述了数据:耐受性良好,鸡尾酒疗法没有意外的安全性问题——药物越安全,剂量就能越高,这总是好消息。试验的主要终点是汗液中氯含量是否降低。单用VX-809时,汗液氯含量相较对照组有所下降——但还不足以让VX-809能单药治疗患者;加入VX-770并且服用7天之后,患者汗液氯含量进一步下降,证实了福泰的假设。很显然,这两个化合物有协同作用。对试验组中20%的患者——也就是两名患者——组合治疗效果拔群,汗液氯含量显著下降。

虽然不如"福泰对勾",或者其他改变公司的"信封"中的数据那么震撼,但怀特的报告毋庸置疑地证明了概念。他们不知道组合用药能否缓解肺部疾病——服药后一周的FEV1数据很少,也没有明显的趋势,但是数据显示值得继续推进研究,提高药量或许能增加效果。大家既情绪高涨又沉着冷静,兴奋中夹杂着谨慎与安心。

史密斯根据那两个效果格外好的患者,快速估算了一下销售曲线。全球有60 000名患者至少携带1个F508缺失突变,如果组合治疗能显著提高其中20%的人的CFTR功能,那么大概有12 000人能受益于福泰的鸡尾酒疗法。他兴奋地说:"如果(用福泰药物的人)从3000提高到15 000,那就很多了!"* 坐在他旁边的米勒不为所动,提醒史密斯说这个研究样本太少了,不能支持这样的结论。米勒说:"我不想赋予它过多的解释。"福泰可以说他们在一个实验性的研究中验证了概念,并将在进入Ⅲ期研究前优化最终方案。

史密斯还想坚持一下,他想在发布会上强调一下那两个效果显著的患者。奥尔森坚决反对,他说:"这说明不了什么。"

"我同意。"肯说。

"我也同意。"怀森斯基说,"我不想过度解释这个数据。"

"还有个大问题。哪怕我们能从目前的数据推测出一条价值10亿美元的曲线,这也可能低估了药物的潜力,我们或许能治愈更多的患者。"米勒说,"我就想把数据这么直接展示出去,不做过多的解读。"

"我们证明了概念。"肯总结道,"联合治疗有效。没有人因为不良反应而退出。"

最后在卡尔马主持的发布会上,他们没有超越事实。卡尔马引用米勒的话:"这项研究开启了通向治疗最常见的囊性纤维化患者的道路。"在囊纤基金会,比尔也很谨慎。他这么评论:"这些数据虽然很早期,但是提供的信息将帮助我们治疗绝大多数患者的基础缺陷。"

分析师和投资人持悲观态度,福泰的股价因此下滑,到中午时,跌去了13%之多。摩根大通的分析师杰夫·米查姆曾在读博士时研究过囊性纤维化,他认为汗液氯含量的数据不如大家期待的那么好,这个观点具有代表性。"数据显示他们在正确的方向上,但协同作用很一般,不能称之为'改变了规则'。"米查姆这么告知他的客户,他质疑联合疗法能否"从实质上改变病程或者其管理"。闭市时,股价略有回升,相较前一个交易日下降了7%,以49.30美元收盘,这是

---

\* 3000指那3000名仅有G551D门控突变的患者,再加上12 000名能受益的有F508缺失突变的患者,一共15 000人。——译者

公司两年内最大的单日下跌,抵消了过去半年间所有上涨的60%。埃门斯没有在意股价的波动,他认为股价跳水很大程度上是因为恐慌性抛售,只要股价还够高,没人能乘机收购福泰就行了。

波格斯像以往一样,依然看好福泰。他认为"(数据)足够激发兴奋"。像史密斯一样,他备受那两个效果格外好的患者鼓舞。他认为未来的研究能够找出这些获益最多的人群,他们细胞表面还有些CFTR,因此能获益于增效剂,哪怕是病得最重的患者,CFTR也有一定的活性。这将开启个性化用药的新时代:检测人们的基因,识别那些最能从特定药物获益的个体。波格斯比福泰的管理层更加有希望和野心,他认为联合治疗的数据是重大突破,福泰已经找到了囊性纤维化的命门。

"我告诉投资者:'VX-770对囊性纤维化患者就像防晒霜一样,如果你肤色浅,涂防晒霜就很有用;如果你肤色深,涂防晒霜效果就差一点。但是不管怎样,有太阳时都值得涂防晒霜。'"他解释说,"对某些患者,VX-770能提高他们CFTR的功能3倍,对另一些患者,提高效果是10倍。但都是有效果的。我认为总有一天每个囊性纤维化患者都要用上VX-770,不过目前还没有其他人认同我的观点。此外,当你为一种罕见病找到疗法后,会有更多的患者被发掘出来。"

史密斯和波格斯在新闻发布会后通了电话。肯开始担心史密斯和华尔街互献殷勤是不是太频繁了。他担心史密斯会受华尔街的预期影响,接受他们的假设,被牵着鼻子走。波格斯的兴奋超过了史密斯,但他们都认为,福泰的囊性纤维化资产从长期来看,会比丙肝项目带来更多的回报。福泰的专利保护期一直到2025年,期间也不用担心任何竞争者。患者会集中在几个专业化的肺病医院,20来个销售代表就够照顾全球市场了。未来维护市场的费用微乎其微,上限不可估量。

史密斯在解读研究数据时已经很大胆了,但是离这位伯恩斯坦的分析师还相去甚远。"他想知道,"史密斯说,"为什么我们还没宣布治愈了囊性纤维化。"

❖

默沙东因为药物先获批上市，出尽了风头，他们的医药代表似乎也会抓住机会先联系医生。在顾问委员会投票之前，有些医药代表已经劝说医生们提前开始那4周仅用干扰素和利巴韦林的导入性治疗，这样波普瑞韦一上市患者就能立刻用药了。但是默沙东的上市计划着实糟糕。或许担心FDA会让他们修改说明书，或许单纯想减少风险，他们决定在药物获批上市后再召开上市会议。波普瑞韦获批后，他们的医药代表不是在四处出差，给医生买星巴克的拿铁咖啡和三明治，或在酒店和餐厅与意见领袖一起召开药物信息会，招待当地的医生、护士、患者顾问，而是聚集在一起接受培训。

"那这一周就归我了。"昆博说，"我们会比他们多打2400通电话，启动各种项目。这周我们将启动47场网络会议，上百场推销活动，这就是5天的差距。除此之外，我们还把所有专家下周的时间都预约满了。这样当默沙东的医药代表们信心满满地开完会时，我们就能给他们当头棒喝。"

替拉瑞韦第一周的销量备受瞩目，制药界中最重要的咨询机构艾美仕（IMS Health）*会监控药物销量，分析师也会对这些数字大做文章。但埃门斯提醒高管们前几个月不要对艾美仕的数据过于上心，他们的数据需要过一段时间才能稳定。他这么说："我们是在运营一家公司。"

囊性纤维化试验结果宣布一周后，福泰从位于旧金山南部的生物制药公司Alios收购了两个早期的核苷药物，巩固自己在丙肝治疗领域的战略地位。福泰没有收购这家公司来扩张自己的资产（就像他们收购ViroChem和VX-222一样），他们支付6000万美元，获得了Alios两个临床前丙肝候选化合物的全球独占权。如果这两个化合物都获批，福泰将再支付15亿美元。在宣布这一交易的同时，米勒还预告福泰将在年底开展组合使用替拉瑞韦、VX-222，还有这两种药物的全口服丙肝疗法的临床试验。

---

\* 艾美仕后和昆泰（Quintiles）合并，2017年改名为IQVIA。——译者

埃门斯下午提前离开了办公室，前往华盛顿和纽约进行一场48小时的"闪电战"。在华盛顿，萨奇戴夫带他在首都四处拜访国会议员，争取他们支持国家为婴儿潮一代报销丙肝筛查。埃门斯还去了一趟贝塞达斯市的国立卫生研究院总部，与院长弗朗西斯·柯林斯谈了两个小时。柯林斯是囊性纤维化基因的共同发现者，率先提出了基因药物的概念，自然对福泰还有VX-770的成功很高兴，也很欣赏福泰的研发路线。柯林斯对制药界过去15年间生产力的下降很沮丧，他之前曾对《时代》杂志说："没有任何转折的迹象。"今年早些时候，他曾向白宫要求为国立卫生研究院拨款10亿美元，让他们能自行进行药物开发。不管政府能不能做到业界无法做到的事，奥巴马政府都认为这个问题事关重大，值得一试。

埃门斯之后飞到纽约，入住57街上毗邻麦迪逊大道和中央公园的四季酒店。帕特里奇和他的团队选择了这座由贝聿铭设计的豪华酒店召开投资者早餐会。有钱的购物者评价这里"哪怕对纽约标准而言，也是绝佳的奢华体验"。第二天早上，埃门斯下楼时精神抖擞。其他参会的人——考夫曼、史密斯，还有范古尔，则有点憔悴。尤其是范古尔，他是囊性纤维化项目的首席生物学家，昨晚坐通宵航班从加州赶过来。虽然替拉瑞韦刚刚上市，但福泰想让华尔街看到更宏大的蓝图，因此这次早餐会将重点展示福泰在欧洲囊性纤维化会议上的报告，这个会议刚刚在汉堡闭幕，早餐会中的上百名基金经理和分析师几乎都没有出席。埃门斯说道：

> 我们今天将介绍我们如何攻克一种复杂的疾病。最新出炉的数据让我们很兴奋，自信已经找到了囊性纤维化的突破口。我们获得了我们全力研发的化合物对囊性纤维化一个患者亚组的Ⅲ期临床数据，数据非常好。我们将发挥我们对疾病的理解去帮助更多的患者。这是件大事，也是个尚未被关注的机会。
>
> 我们还没有完成所有的临床试验，但是我们有独特的优势。我们

已经找到了门路，正在撬动机关。我们有了听诊器，正在细听律动。我们认为，我们离彻底治愈这种疾病、改变众多患者的命运只是时间问题。

从商业角度来说，囊性纤维化市场紧凑，易于高效开发，对于想在这个市场深耕的公司，比如我们，是个很容易控制的市场。囊性纤维化的治疗集中在少数专家那里。只要很少的努力，我们就能接触到患者及其亲友家属。在囊性纤维化中，我们不管销售人员叫销售人员，而是叫"赋能者"。我们的科学目标是改变重大疾病比如囊性纤维化和丙肝的治疗。医保部门愿意为这些疾病报销，我们也不用维持庞大的销售团队，易于全球运营。这就是我们发展业务的原则。

之后他将话筒递给了苏珊娜·麦科利博士，芝加哥儿童纪念医院囊性纤维化中心的主任。麦科利穿着饰有黑色纽扣的收腰白色针织套装，戴着金色项链，踩着细高跟鞋。她用自己特有的口音开始讲解幻灯片。她20世纪80年代初在约翰斯·霍普金斯大学进行博士后研究，那时她就决定要从事囊性纤维化的临床研究，但是她的导师告诉她不存在这样的领域。到了1989年，虽然囊性纤维化的基因被发现了，但是依然无药可用，她只能眼看着患者失去希望，在痛苦中逝去。麦科利详细分析了VX-770的Ⅲ期临床试验结果后，她总结说："这是我见过的最激动人心的临床试验数据。我不想夸大其词，也和这家公司没有经济关系。但是自从1989年有（治愈囊性纤维化的）希望后，我已经等待了22年，这真让人兴奋。"

麦科利仅稍微提了一下组合用药的数据，毕竟这只是很初步的结果。但是她介绍了刚刚揭晓的"发现"试验，研究VX-770对有两个F508缺失突变的患者的作用，也就是基思·约翰逊参与的研究。

"单用VX-770对患者没有临床效果，"她分析说，"但我要强调的是，虽然VX-770理论上对这种缺陷无效，但是有些患者的汗液氯含量显著下降了，这是出乎意料的，可能他们虽然有F508缺失突变，但依然有少量的CFTR蛋白抵达了细胞膜表面（因此能被VX-770激活）。这是种推测。但这个非常惊人的发现支持我们继续研究联合使用VX-809和VX-770的效果。"

史密斯请大家提问。摩根大通的米查姆认为，联合用药的数据看起来更像是想给投资人留下好印象，而不是真的提供什么新信息。考夫曼重复了麦科利的话，说福泰还在继续研究。"我们计划提高矫正剂的剂量，让尽可能多的CFTR到达细胞表面，然后再让VX-770起效。"考夫曼说，"如果这能行，我们会看到更显著的效果。"

米查姆继续追问："你们有采集患者的支气管上皮细胞吗？"

"我们不能采集活人的细胞。"考夫曼回答。

麦科利在30年间看到患者的预期寿命提高了两倍，但是她"刚刚失去了一名11岁的患儿"，表示有很多研究亟须开展。另一位投资者问麦科利，她是否会给所有G551D的患儿开福泰的药。"临床医生面临的压力主要来自0—6岁的患儿，"她说，"美国已经实现了全面筛查，欧洲筛查的比例也很高，我们能在新生儿出生4周时就发现疾病。我们面临的压力是：'能不能把药片研碎，给婴儿服用，这样他们从一开始就不会得囊性纤维化肺病？'我的回答是'很可能行'。但是，首先要了解药物的安全性、药代动力学性质，等等。这种药物还未对婴幼儿进行研究，我不能安心给他们开这种药。"

"顺便提一句，"考夫曼插进来说，"我们正在设计一项覆盖从3个月到6岁的幼儿的临床试验，我们正在做。"

"这对有些家庭来说已经太迟了，希望你们能理解。"麦科利说。

"我能理解。"

史密斯将最后5分钟用于讨论替拉瑞韦的上市，虽然福泰目前也没比分析师掌握更多的销量数据。他请大家提问，但是在大家举手提问前，埃门斯抢先开玩笑似的问道："上市进行得怎么样？"大家不清楚该不该笑。听众知道史密斯说不了什么：《公平披露规则》不准他说，哪怕他想说，他也没有数据可说。"抱歉,这个问题我无可奉告。"他说。

史密斯反过来问埃门斯:"上市进行得**怎么样**?"

"这是我职业生涯中上市的第十六个药物。"埃门斯回答说,"首先,这说明我挺老了。其次,我们要从两个方面看。一方面,要看处方量,但如果看得太早,预测就会太离谱。根据我听到的销售团队的零星消息,他们说他们做到了110%。另一方面,这样的情况能持续多久会是个好指标。如果不能持续,那就糟了,出了些问题。"

"目前一切都好,我们得到的反馈很好,这就是现在我们能说的,一切都好。"

❖

6月13日周一时,基思·约翰逊接到了贝斯以色列医院儿科和肺科囊性纤维化中心主任玛丽亚·伯戴拉博士的电话。那时他正在纽约联合广场上的W酒店里谈生意。

"她说:'他们终止了试验。'"他回忆道,"她说:'嗨,我知道药效很好,但是他们说试验没达到终点,因此停止了试验。'我问:'你说停止试验是什么意思?没有达到终点又是什么意思?为什么要剥夺**我的药**?'我以为我能一直用这个药,药会得到FDA批准,然后我能通过什么途径继续得到药。我以为有人会说'行,让他继续用药吧'。我以为有人会帮我,会有什么机制。为什么他们不愿意患者有药呢?"

肯预计像约翰逊这样继续用药的人会很失望,他在公司内部说:"我们的办法让我很矛盾。"史密斯很想公布说有1/3的患者在试验结束后自愿继续用药,说明药物效果很好。但是肯认为,是否允许患者继续用药的标准其实设计得很差,可能会激起虚假的希望:**在试验中的任一时间**,只要患者的FEV1提升了10%或者汗液氯含量下降了10%,他们都能进入后续的开放试验。肯解释说:"患者可能在试验结束时,比试验开始时糟了20%,但是只要试验中他有一次10%的提升,那么他就能继续用药。"汗液氯含量不会受其他因素影响,但是

FEV1"不是非常精确的指标",他解释说,"有时候就会出现高峰。比如,安慰剂对照组中不少人的FEV1也有那些峰,因此他们也符合继续用药的标准。有很多人是这样的,因此我要确保我们不能披露这些,这会是非常具有误导性的。所以我们宣布停止继续用药试验,因为这没有任何意义。换句话说,这正是我担心的。所以我不想继续获得这些信息了。我让这个事情尽快落实,因为我想让医生们知道我们的数据显示VX-770**没有用**。"

肯担心,医生不清楚该不该单用VX-770治疗有两个F508缺失突变的患者,这会让福泰进退两难。虽然实验室证据显示药物对其他门控突变的患者也很有用,但是FDA素来谨慎,很可能只批准对那4%有G551D突变的患者用药。如果说明书上的限制这么多,医生和医保支付方该如何面对剩下96%的患者?恐怕他们会让公司很难办。

肯说:"我担心发生这样的事:很多囊性纤维化专家告诉我,他们会给那些有F508缺失突变的患者开VX-770。但如果支付方不同意怎么办?按我的愚见,医生们最好还是不要开药。我不认为我为国家医保交的税应该用于治疗那些仅有F508缺失突变的患者,因为这是无效的。但是医生们还是会这么做,他们会想让我们扩大用药人群。我的回答不代表公司的意见,但如果我能做主,我会说'不行'。没有数据显示VX-770有用,因此我们不能给他们药。贸然开药是很不负责任的,我们给患者的可能是苦杏仁\*。"

约翰逊了解自己的身体,不相信之前吃的是安慰剂。自2004年来,他每年的愿望都是今年不用静脉滴注抗生素。每年他能坚持六七个月,但还是会因为肺功能恶化不得不接受治疗。但自从加入试验后,他已经18个月没有住院了。VX-770彻底改变了他的生活,他不能突然失去药物——"就像把基思丢在荒岛上"。他觉得迷惘、孤独、绝望、愤懑。他被要求归还没吃完的药物,他的妻子陪他去了贝斯以色列医院。"我们离开时,"他说,"我什么也没说。我很崩溃。还

---

\* 苦杏仁中有微量氰化物,指可能对患者有害。——译者

药之后,每分每秒,我都在滑回到原来的生活。我不是说我宁愿没过过这一段好日子,我这段时间很高兴,而是现在这段时光就像在我的后视镜里,离我越来越远。"

对于部分患者,福泰可以通过"同情用药"的政策,让他们在VX-770获批前获得药物。5月,福泰启动了一项拓展用药项目,纳入了大约100位FEV1低于40%,但是"风险不太大"的美国患者——比如那些需要呼吸机的患者就不能获得药物。肯说:

> 这些人不太可能从VX-770获益,而且他们的身体随时可能出问题,到时候我们可能无法证明这与我们的药物无关。
>
> 在囊性纤维化的世界中,有很多动人的故事,比如有个患者快不行了,明明有一种药可以救他,却没有获批。我们能做什么?我们的态度一如既往:只要我们关注特定的患者,他们总是有动人的故事;但我们应该关注更多的患者,关注患者整体的利益。这不是患者活动家想听到的,但这对公司来说是最重要的。我们的态度是,我们需要化合物翔实的数据,这样才能确保我们良好地掌握其不良反应以及毒性。
>
> 如果药物研发受阻,或者上市申请被拒,我们本可以为更大的群体争取的利益就会受损。我们需要明确的数据,才能决定是否给某个患者用药。还有就是,我们在拓展用药时,不想纳入那些未来可能参与临床试验的患者,不然会影响我们的临床计划。在拓展用药中,患者总是能拿到药物,但是在临床试验中,他们未必能得到药物——他们可能得到安慰剂。如果我们把拓展用药项目弄得太大,患者就不会参加临床试验,药物也就无法上市了。FDA也清楚这一点,因此和我们立场一致。

约翰逊的工作是销售先进数据储存技术,他很理解福泰科学研发的需要,以及过度分享信息的危险。他很重视个人隐私，基本不用社交媒体，因为后者过度挖掘用户数据。他仔细读了他参与试验时签署的厚厚的条款文件，尊重且遵守福泰的要求，尤其是不准患者公开讨论他们用药经验与感受的要求。他相对健康，不符合拓展用药的要求，也知道好运即将离开自己，但他同意肯的逻辑和论点。"我能想象，如果我在网络论坛上说：'我有两个F508缺失突变，我在吃VX-770，效果很好。大伙，我们有救了！'这是多么鲁莽、不负责任。"他说，"要知道，我开始试药时几乎是绝望的，控制预期很重要。所以我严格遵守要求，因为我知道这真的会影响科学研究。"

在贝斯以色列医院，约翰逊交还药物后，他的FEV1低于52%了，接近开始试药时的基线。他的FEV1在去年11月达到62%的峰值后不断下降。他不认为这种下降是正常波动。"那天真是不幸的一天，这样的一天总会出现。"冷静下来后，他决定努力应对这个突如其来的死局，虽然他不知道该怎么做。他知道的是，FEV1的确会有波动，决定一个药物是否有效还要考虑很多——这也是让肯困扰的。"谁能决定我的基线呢？"他问道。

"5%对我意味着什么呢？是一切。这意味着我从地铁走上楼梯时不用喘气，意味着我一天里大部分时间都能陪我的孩子们玩。每个5%都是一种生活，一种不同的生活。"

*2011年7月28日*

"当我看到报表时，"迈克尔·帕特里奇开心地说，"我在想：'谁负责盯防威尔特·张伯伦？我想好好拍拍他的脸。'"帕特里奇在说1962年，篮球明星张伯伦在NBA的一场比赛中，单场夺得100分的故事。最近几天，艾美仕报告的数据非常惊人，替拉瑞韦和波普瑞韦的市场占有率分别是92%和8%，替拉瑞韦取得了压倒性的优势。如果福泰和默沙东在丙肝中的竞争将以这个分数收场，那么胜负已分。

帕特里奇在白板前准备第二季度的电话会议。福泰之前20年都是在汇报管线进度和临床数据，现在他们终于可以谈产品收入了。华尔街对替拉瑞韦销量的主流预期是3000万美元。波格斯的预测偏低，只有2000万美元。也有4000万美元的小道消息在流传，不过这是算上库存后的数字，而且大部分分析师觉得这太夸张了。

伊恩·史密斯笑着在他的黑莓手机上打字。之前10年里，他一直兜售希望，用其他人的钱支持着福泰，现在他能得意地挥舞结果了。在报告销量前，他先对分析师阐述公司的开销原则："替拉瑞韦的机会非常大，我们也将利用这个机遇，谨慎地进行再投资和研发，促进未来的增长，为持股人实现盈利，获得现金流。"史密斯宣布，这个季度的销量达到了1.14亿美元（去年同期是3200万美元），其中来自替拉瑞韦的收益是7500万美元。其中一半又来自各地药房的进货储备，即"填充渠道"，剩下的才是真正的处方量，但依然远超普遍预期。福泰的现金之前不到5亿美元，但是第二季度后，达到了6亿美元。根据替拉瑞韦的强劲走势，史密斯保守地估计，福泰"在2012年将会显著盈利"。

20年来，华尔街一直试图通过模型和预测评估福泰的价值，现在福泰终于有了第一批真实数据：他们的旗舰药物上市一个半月内的销量。仅凭这点数据去预估药物总销量显然是荒谬的，所有人心知肚明，但他们依然纷纷大做文章。花旗集团的亚龙·韦贝尔做了一些简单的推算，他请史密斯看看是否合理。

"这是6周的销量，你们卖出了7500万美元的药。"韦贝尔说，"你说其中一半是来自销售需求，就是说3700万在库存里，3800万是真正卖出去的。这是3周的销量，已经计算过存货的。看起来我可以预计从7月起算的三四周内，你们的销量会比去年同期高一倍，可以这样算吗？"

"大体来说，亚龙，我认为你算得没错。"史密斯说。

肯也在听电话会议，觉得史密斯的评论只是"单纯的预测"，福泰可能得专门发布条新闻强调这点，这是《公平披露规则》要求的。他认为这对福泰没什么实质性损害，但是他的工作就是看紧史密斯。史密斯和华尔街走得太近，关系太暧昧。肯说：

我认为伊恩已经有些收敛了。迈克尔才是过火了,不过这毕竟是他的工作,也无可厚非。他想回答华尔街所有的问题,哪怕我们没有答案,他也想说说我们是怎么想的。而伊恩的大挑战马上要到来:让他不去预测销量和盈利,太压抑他了。

伊恩正确地坚称不能为了季度业绩被华尔街牵着鼻子走,但是关键不是怎么说,而是怎么做,这是我没有看到的。有一次他在高管会议上展示了一张让马修跳脚的幻灯片,我也很崩溃。幻灯片有4张图,列出了华尔街在2012年和2013年对福泰每股收益的预测。标题是:我们能符合华尔街的预期吗?

这正是我说的行胜于言。他说不会屈服于华尔街,但你一旦开始**考虑**怎么去实现华尔街的预期,你就犯规了。我真的得批评一下他,但在我说话前,马修说:"在翻到下一页前让我先说一点,别再让我看到类似的幻灯片。"

马修·埃门斯像球队老板一样,很高兴他的团队在第一季度稳定领先,他对目前的形势很满意,但也为任何变动预备着。像分析师一样,他也有自己的计划。公司的下一步是联合、增长、全球拓展,这三项都将耗费巨大。但是CEO们都不能忽视华尔街喜欢打赌的文化,以及对持续收益无止境的追求。福泰正快速实现盈利,埃门斯想让投资人和分析师满意,但是华尔街喜欢猜测,他们设下各种赌局。这些坐在豪华包厢里的所谓"粉丝",关注的不是比赛的真实结果,而是他们所投注的一系列不同指标。他们一向如此,以后也不会改变,尤其是在上市期间。解决方案是彻底胜利,碾压这些赌局,让别的队伍陪他们玩,自己抓住机遇悄悄改变打法,无视这些投机分子和他们的筹码。埃门斯说:

我们怎么用钱?投资人总是倾向于"快还钱",但我们想再投资,因为双方对时间的理解不同。对投资人而言,5年就像是一个世纪那么漫长;对制药界而言,这可能仅是开发一款新药1/3的时间。这样的矛盾总是存在，所以我们要创造信任，让他们知道钱在我们这儿很好，我们能让钱运转起来。不过大药企缺乏生产力，给我们造成了负面影响。

在夏尔制药时，我收购了一家研发罕见病药物的药企，市场对此狂怒。他们不喜欢这样，认为这不是我们该做的。虽然说得没错，但是从战略上来说我们必须做一些"不该做的事"。我们需要做研究，也需要学习，于是我们买了一家独立进行开发的公司。战略上，这是建立自主研发平台的第一步。但是市场不理解，我们的股价下跌了15%，我被鄙视了好一会，可能有三个月吧。现在这家公司的业务已经占了夏尔制药的1/3，也贡献了最多的增长。夏尔制药每季度收益已经有10亿美元了，但是每季度还是能增长25%。

你要跳出市场去思考，你既要有战略远见，也要能抓住机会，这两者时常是矛盾的。

早期研究当然有风险。很多事情可能发生，而且的确不尽如人意。可能连续死了两名患者，FDA要求暂停药物研发；可能供应链断了；可能政府要缩减医保经费……一天前，西雅图的生物科技企业丹瑞（Dendreon）宣布他们的抗前列腺癌药物普列威\*销量显著低于预期，因为医生担心药物无法报销，而丹瑞之前的股价曾因这个备受期待的药物上市而飞涨。怀森斯基曾说，消费者和支付方之间的任何阻力，哪怕是一丁点的质疑或迟疑，对销售都可能是灾难性的。普列威一个月疗程的药价高达9.3万美元，医院不愿意或没能力垫付这笔钱，因为他们担心医保支付方可能无法及时报销，甚至压根拒绝报销。丹瑞的股价闻声跳水62%——再次证明华尔街经不起药物上市时一丁点儿不确定。整个行业的金融状况往往是捆绑在一起的，投资人很容易受惊，生物技术行业专栏作家

---

\* 丹瑞于2014年申请破产，后被瓦伦特制药（Valeant Pharmaceuticals）收购。2017年，被出售给南京三胞集团。普列威是一款细胞免疫药物。——译者

福伊尔施泰因这么写道:"丹瑞的溃败不仅是这家公司的失败,也会影响到整个生物制药业。"

与此同时,默沙东那里也传来了不好的消息。他们与福泰在同一时间召开电话会议,宣布在2015年底要裁掉1.3万人,自从和先灵葆雅合并后,他们已经裁掉了2万人。一位评论人说:"制药界越来越像前两年的汽车行业了。"默沙东这一季度的销量达到120亿美元,但是波普瑞韦的销量只有2100万美元,分析师们很不满意,对CEO弗雷泽穷追猛打。他们本期待波普瑞韦能催化默沙东在丙肝市场的业绩,但是失望地发现默沙东只有25%的市场。"制药业面临着逆风,正如默沙东的前景,"晨星公司(Morningstar)的分析师达明·康诺弗总结说,"大环境迫使默沙东削减经费,这正是人们预期的。"

虽然福泰表现很好,但他们的股价也就多坚挺了一周,在达到每股52美元后,很快就受整体恐慌情绪影响,跟行业内其他公司一起下跌,收于每股43美元。整个夏天,制药界弥漫着消沉的气氛,好像时日无多的样子。博格曾说,不管福泰多独特,华尔街不会仅用福泰能掌控的来评价它,福泰所处的庞大的网络也会影响华尔街的估值。"我不担心我们自己,"他曾这么说,"我担心那些会摔到我们身上的人。"

在华盛顿,又有新的问题。2010年中期选举后,共和党控制了众议院,民主党政府难以提高债务上限,险些导致美国债务违约。在2011年7月31日晚上,奥巴马和两党的众议院领袖终于达成了共识,避免了危机。提高债务上限成了共和党限制政府支出的重要筹码,因此奥巴马政府承诺近期在各方面立刻削减9000亿美元的预算。国会成立了一个"超级委员会"来起草第二轮削减支出的方案,还设立了一个"机关",即如果国会没有成功地削减预算,就立刻减少军事、教育、交通还有国家医保的支出。到了周末,评级机构史无前例地下调了美国国债的信用评价,震动了股票市场。

福泰的业绩很好,但股票重挫了17%。投资人的整体焦虑会导致后来被称为"丹瑞效应"的事件。福泰的员工们本指望他们的养老金账户增值,却看到股价下降。帕特里奇知道这种割裂,试图去安慰他们。他在公司的新闻栏中撰文,鼓励大家擦亮眼睛,看清形势。他写道:

> 在最近的市场衰退中,医疗卫生行业的股价格外受影响,很大程度上因为投资人认为提高债务上限会导致政府近期大幅削减医疗预算。自年初以来,医疗卫生行业的表现超过了大部分其他行业,这使得投资人可以及时卖出股票,确保收益。
>
> 横向比较,人类基因组科学公司(Human Genome Sciences,刚上市了治疗系统性红斑狼疮的新药贝利木单抗,商品名Benlysta),上周股价下跌了25%;InterMune(也上市了治疗特发性肺纤维化的新药吡非尼酮,商品名Esbriet)股价下跌了29%。值得注意的是,相较去年同期,福泰的股价依然涨了23%,而纳斯达克的生物技术指数可是下跌了3%。在纳斯达克100指数中,福泰是今年表现排前10的股票,比那些你们熟悉的名字,比如艺电(Electronic Arts)、星巴克、苹果,还有吉利德表现都好。所以虽然局势不佳,但我们还行。
>
> 我们有理由乐观估计未来。替拉瑞韦的上市远超华尔街预期,近期艾美仕的数据会告诉明智的投资人,我们将继续强势表现。与此同时,我们在几个月内可能就会向监管部门提交我们的第二款药物,也就是囊性纤维化新药VX-770的上市申请。我们的价值显而易见,可以估量。我们预计这阵恐慌结束,尘埃落定后,投资人会回来的。

史密斯也认为下挫不过是短期现象,茶杯里的风暴。他认为有三个因素影响福泰的股票:首先是资本市场现在充满令人胃痛的不确定性,投资人纷纷从高风险的股票中撤资;其次是投资人普遍不看好上市昂贵药物的公司,觉得这样的上市风险更高;最后,也是与前两者毫无关联的因素是,福泰的内在。史密斯认为,自上市伊始,福泰就稳如磐石。"看看数据,"他说,"销量数据每天都在更新。我们日渐接近申请囊性纤维化药物上市,并对此对很有信心。我们一直在跟FDA沟通能否单用VX-770治疗其他突变,扩大适应证,快达成共识了。我们还有JAK3的数据。金融上,我们的资本结构能够应对未来。所以福泰的内部是越来越稳固的。"

他眼下担心的是一起可能与替拉瑞韦有关的严重不良反应。在成千上万的患者用上药物之前,任何这样的不良反应,哪怕只有一例,都是统计上显著的,可能会对公司的声誉造成严重影响。这样的事件发生得越早,越可能让药物"出轨"。不管替拉瑞韦前景看起来多好,高管团队的每个人都在担心。"我可不想哪个患者出毛病,"史密斯说,"我们就像个大木桶,桶箍却不是很紧。我们每年运营成本接近10亿美元,需要上市继续进行,还需要在2012年获得足够的利润,我们就靠这个药活着了。"

史密斯和埃门斯都强烈同意,公司需要有长期计划,也需要权衡长期战略和短期机遇,这样才能在现在和未来几年内智胜华尔街。现在的挑战,如同博格曾经对哈佛商学院的研究者所说,是控制资产组合中的风险。往10年之后看,埃门斯不知道福泰会在哪些新领域有什么新产品,但是他认为他知道他对2016年时福泰的管线有些想法。他说:"如果我们有最好的抗炎药,能对类风湿关节炎也有用,到时候就可能是个值60亿—100亿美元的产品;流感产品可能每年值10亿—20亿美元;癫痫产品可能值5亿美元。但是市场对这些毫不知情,因为市场没有适合我们的模型。"

除了难以预料的后期临床试验失败,最可能让埃门斯的预期蒙上阴云的是福泰被其他公司的全口服丙肝疗法击败,这会让替拉瑞韦在JAK3抑制剂或者流感药物(才刚开始临床试验)获批前就销量锐减。替拉瑞韦每周快速增长的处方量形成了一条很好看的销量曲线,能支持公司运作很多年**并且回报投资者**。但如果全口服疗法提前到来,或者管线中的药物研发受阻或失败呢?三四年后,公司的收入和花费之间可能会产生巨大的鸿沟。

史密斯开始频繁地进出埃门斯的办公室,得意地提出他喜欢的方案——也是所有分析师喜欢的:"我们的后期核苷药物怎么样了?"Alios的药物还需要几年才能进入临床试验,比法莫赛特、百时美施贵宝、吉利德等药企的分子落后太多。在艾滋病领域中,核苷药物最终战胜了蛋白酶抑制剂。如果这也是丙肝领域的未来,史密斯觉得福泰需要更积极。但是埃门斯不这么认为。相较于认为这种情况会是巨大威胁,他更关注福泰在2020年后会怎么样。

"现在就像期中考试,"埃门斯分析说,"我们现在能做的一件事是,花很多的钱,买下其中一家公司,然后改变局势。企业的策略有时是攻击性的,有时是防御性的,更多时候同时具有攻击性和防御性。我们做了一些防御,但还没有主动出击。伊恩想稳住基本盘,他知道华尔街也会喜欢这种做法。但我认为,有这么多候选药物时,竞争会变得很激烈。到2017年时,我可能不想还留在丙肝市场中了。我不想太依靠丙肝,因为守住市场会越来越困难。竞争者闯入后,哪怕我们还领导着市场,在华尔街看来我们依然是不进则退,他们会杀了我们。为此我一直和伊恩争论。他想让市场今天就开心,我担心的则是10—15年之后的事。"

波格斯不光依靠艾美仕和福泰的销售数据来预估销量。替拉瑞韦上市一个月后,他和伯恩斯坦的同事成立了两个焦点座谈小组,与10位纽约州处方量很大的医生探讨他们的偏好,他们明显更喜欢替拉瑞韦。8月中旬,他在写给投资人的报告中认为,替拉瑞韦会比预期更好,到2011年底其销量就可能达到10亿美元——从上市之日算起,一共才222天。

他描述了三个场景:如果处方量不再增加,总销量会达到7.25亿元\*,略超过华尔街7亿美元的预期;如果处方量增加放缓,总销量可以达到9亿美元;如果处方量按目前的速度增加,总销量就可以达到12亿美元,那么这将是历史上最强劲的上市,会超过西乐葆、万络和立普妥。投资人将在第三季度财报中看

---

\* 虽然处方量不增加,但已经开始用药的患者要持续用药,因此可维持销量。——译者

到哪种情况更可能发生。药物的价格不是障碍,而且替拉瑞韦比波普瑞韦多卖3倍,昆博的销售团队碾压了对手。几天之后,加拿大的监管部门也批准了替拉瑞韦。

埃门斯评论说:"没什么比这更棒了。"他不担心过于自满,他想让公司内外的人都明白福泰的独特优势。他相信成功的配方包括勇敢,即兴发挥,挑战常规的思考,忍受高精尖科学中巨大的不确定性,还有就是博格等公司奠基人大胆设计并坚定执行的灵活战略愿景,替拉瑞韦的上市证明了这一点。

当我们反思这个行业时,会发现大部分成功来自抓住机遇,而非科学或者商业上的优势。能规划的很少。每次我们试图做规划时,比如"我想做出最好的降脂药,我想做出最好的降压药,等等",这些从不奏效,一次都没有。20世纪50年代、60年代,甚至70年代,抗生素都主要是礼来在卖,之后他们还发明了抗抑郁药百优解(通用名盐酸氟西汀)。他们看着手中的两个重磅产品,然后说:"我们要在这两个方向上好好发展,打造世界上最好的产品,把别人都挤出去。"猜猜后来发生了什么?什么也没发生。他们研究了30年,研究到专利都过期了,还是什么也没做出来。这样的故事我还有一打。

所以说,我们第一个药物能支持我们多久?我们有多大的概率让后续的试验都成功?如果10年前,我告诉你我们的第一个药物会在上市第一天就击败默沙东,你肯定会说:"这不可能。"如果我还说这是历史上最强势的上市,你甚至会说我疯了。因此,当我回过头来看这一切时,感觉很不可思议。

分析师总是说:"该用什么模型评估你们?我需要一些参数。"我们的模型是:"找到那些病得很重的人,看看能不能在实验室模拟他们的疾病,再看看我们能不能治疗这种疾病。"有人还会问我们的策略是什么。你知道我会说什么吗?"找到患者,给他们做药。"如果你的策略太复杂,你注定会搞砸。我们不搞机会主义,策略很简单:我们从事医疗卫生行业,是否因为我们真的想去治疗重症患者,且不会因为靶点困难就退缩不前?这样的策略对我来说足够了。

美国劳动节(9月第一个周一)之后,福泰公布了JAK3抑制剂VX-509的Ⅱa期临床试验的结果。结果显示,这个化合物显著改善了风湿性关节炎的症状,实验组一半患者的症状改善超过50%,巩固了福泰在通往"可口服的恩利"的竞赛中的位置。福泰在这个赛道中后来居上。辉瑞的JAK抑制剂特异性稍差,药效也较低。他们虽然完成了后期试验,并可能在年底向FDA提交申请,但是VX-509看起来不良反应更少。至于恩利,它虽然是最早的治疗风湿性关节炎的注射药物,但是已经过气了,现在市场热捧的是雅培的修美乐(通用名阿达木单抗)*。修美乐年销量接近80亿美元,待辉瑞的立普妥专利保护期结束后,就会成为世界上销量最高的药物。福泰宣布,会进行一项更大的为期6个月的Ⅱb期试验,以进一步研究VX-509。

11位分析师对此表态。总的来说,他们认为VX-509与其他10多种在测试中的JAK抑制剂药效接近,也接近恩利和修美乐。华尔街还没有为这款分子估值,但是大部分分析师认为这个分子有希望。他们的分歧在于安全性。波格斯说VX-509是"很有前景的资产,会显著增加价值",还说:"我们认为,这个分子血液方面的不良反应少,有一天仅用药一次的潜力,这是它的两大卖点。"ISI集团的马克·舍恩鲍姆也同意:"VX-509不会导致中性粒细胞减少,最终可能因此脱颖而出……如果更详细的数据也没问题的话,我们看不到消极的因素。"摩根大通的米查姆也对这个药物刮目相看,不过他是业界质疑福泰的代表:"我们认为VX-509的数据很积极……但是目前还没有足够的临床资料,证明VX-509相较其他风湿性关节炎口服药有明显的不同。"

---

\* 修美乐由雅培于2002年上市。2013年1月,雅培将新药研发业务分离,成立了艾伯维(AbbVie),此后修美乐属于艾伯维。——译者

福泰的另一个著名的反对者是摩根士丹利\*的戴维·弗里德曼。弗里德曼也曾是位医生，他在2006年加入摩根士丹利，在2009年离开去管理了一年对冲基金，之后又回来关注中小型生物技术公司。4月他第一次关注福泰时，福泰的股价是每股56美元。弗里德曼并不买账，将预期股价定在了每股22美元。他猛攻VX-509会导致肝功能的指标之一谷丙转氨酶水平小幅升高（安慰剂组患者的这一项指标也有升高）。"从安全性角度来说，"弗里德曼这么建议投资者，"谷丙转氨酶水平升高是最主要的不良反应，再加上血脂的升高，这让VX-509的安全性接近[辉瑞的]的托法替尼。"

下周二，摩根士丹利在曼哈顿召开全球健康大会，埃门斯受邀演讲，台下坐满了投资人。弗里德曼向听众介绍了埃门斯。埃门斯强调替拉瑞韦的上市非常成功，又补充说福泰计划在之后几个月内向监管部门申请VX-770上市——这样的梅开二度可谓史无前例。他对弗里德曼说："我认为我们做到的，比你认为我们能做到的，多了那么一点。"

"我完全同意。"弗里德曼说。

但埃门斯没有就此放过弗里德曼，他对分析师的耐心不比博格多。5月时，他也要卸任CEO了，很高兴之后自己不用在这种会议上说些例行套话了。Xconmy的蒂默曼评论说，在这种场合下，大家尽一切可能不冒犯任何人，结果只能说一些"政治正确的陈词滥调，什么技术创新，帮助患者，和FDA有着'良好的工作关系'，开展建设性的合作关系会谈"之类的。埃门斯抓住机会，严词批评这群习惯了别人百依百顺的听众。

"你了解福泰吗？我不这么认为。"他说，"根据我读到的你写的东西，我可

---

\* 1935年，应监管要求，摩根士丹利（Morgan Stanley）由前文提到的J. P. 摩根分离，成为独立的投资银行，J. P. 摩根则成为单纯的商业银行，后经合并成为现在的摩根大通（JP Morgan Chase）。由于监管的改变，现在摩根大通也从事投资。在本书中，J. P. 摩根、摩根大通均指同一家公司；摩根士丹利是另一家公司。此外，摩根士丹利更偏重投资，因此在投资界被称为"大摩"，作为历史上的母公司，体量也更大的J. P. 摩根反而是"小摩"。——译者

不认为你了解我们。我会尽我所能一遍又一遍地证明你错了,因为这很好玩。但你什么时候才能真正了解我们呢?"

埃门斯表面上很得意,但是他内心对金融市场的赌注游戏更多的是失望。他认为弗里德曼就是个莽撞的年轻人,他之后在和摩根士丹利的CEO进行私人会面中更明确地强调了这点。他这番惊人之语被道琼斯新闻报道了,又被业界博客广泛讨论。这既是则"人咬狗"的新闻,也是实业与华尔街之间鸿沟的崭新表达。华尔街不是看多就是看空,总是过于高估或者过于低估一家公司。弗里德曼的回应是:"我尽力了,结果大家拭目以待。"

说完了他想说的话,埃门斯最后说:"很好,你做你的,我们做我们的,等着瞧吧。"

# 第十三章

*2011年9月23日*

  波士顿会展中心位于波士顿南部一处老工业区，一般组织商贸展销或者大型会议，有接近5万平方米的室内展览空间，比6个足球场加起来还大。会展中心门口有一座8层楼高的电子屏，数百米外的行人都能看见。入口处又悬有一块180平方米的电子屏，足有福泰上市周会议时那块电子屏2倍那么宽。福泰将在这座新英格兰地区最大的建筑中进行一整天的"里程碑会议"，晚上还有个盛大的宴会，两位顶级音乐人将出席助兴。1750人——福泰全球90%的员工都将出席这场大会。参会者登记后，将乘电梯来到有落地窗的顶层，俯瞰这片正在复苏的港口区，也就是波士顿的"创新城区"，这里也将是福泰新总部的所在地。早早到来的人不少是专程飞来的，还有时差。他们聚集在咖啡机前，猜测着今晚的娱乐项目。主流的小道消息说史密斯飞船乐队会来，他们的主唱史蒂文·泰勒曾患有丙肝，在2006年接受了11个月的干扰素及利巴韦林联合治疗后痊愈。泰勒后来说："这个病差点干掉我。"

  公司邀请了所有的员工来波士顿过周末，每人还可以带一个人，旅费全包。

埃门斯深信这次盛会是空前绝后的,因为以后福泰就会太大了,再举行全公司聚会将会规模太大,太昂贵。这次大会的账单已经高达400万美元,但埃门斯认为这笔钱花得很值,福泰再也不会有这么适合庆祝过去和现在,又能规划未来的时候了。上周,《科学》将福泰评为当年生物技术行业最佳雇主,击败了去年的赢家——基因泰克。今天肯也要退休了,从此公司进入了没有博格家族成员的时代。这是个适合庆祝成就、分析局势、描绘愿景、奖掖后进,然后畅饮狂欢的时刻。

即使之前还有人不买埃门斯的账,埃门斯在摩根士丹利的会议上当着戴维·弗里德曼的客户和老板的面好好教训他的故事也立刻成了传奇。他在开场白中再次煽动了大家。他像脱口秀主持人一样,摇摆着走上台,告诉大家他经常梦到两个未来。他用一张幻灯片展示了他的"噩梦"未来:这是《商业周刊》2036年9月23日的封面,图上是福泰18层高的扇形港总部(那里正在施工,几分钟前一些螺纹钢砸到3名工人,压住了其中两人,迫使施工暂停)挂着大大的标语"办公楼出租",标题是《福泰制药:问题在哪》。"听说摩根士丹利打算接手,"埃门斯说,他假扮成驼背而粗鲁的弗里德曼,"他会在那里说:'**我早说过了!**'"

在他的"美梦"未来中,他和博格垂垂老矣,他们卷着裤腿,拿着金属探测器,在海滩上颤悠悠地找着硬币。他俩把这个场景也演了出来。"这是什么?"他颤颤巍巍地问博格。"一支笔。"博格说,一边慢慢地弯腰将其捡起来。埃门斯说:"上面写了啥?"博格说:"默沙东。""默沙东?"埃门斯好像是因为这个名字太过久远,需要思索才能想起来似的慢慢说道,"就是那家被我们用替拉瑞韦赶出市场的公司吗?"观众们哄堂大笑。下一幕是米勒模仿摇滚歌手猫王,埃门斯评论说:"他唱完每首歌都会说'蟹蟹你们'。"*这又引起了一阵大笑。再下一幕是在华尔街上。"我们10年内的目标是买下摩根士丹利。"埃门斯狡黠一笑,"然

---

* 原文为 Zank you,是埃门斯模仿米勒的德国口音,而猫王表演完经常会说"谢谢你们"。——译者

后在第一天就把他们都开除,还要说:'**这就是你要的协作!**'"

为了激励员工,每个CEO都要立起些靶子。但是埃门斯有个更大更严肃的目标:他想让全公司上下都思考福泰将何去何从,不光是几个月、几年后,而是几十年后。高管们坐在他身后的咖啡桌边,他邀请每个人用一张画比喻转型期的福泰,简单说两句福泰的过去和将来。人力资源主管凯利-克罗斯韦尔展示的是一张手的特写,这只手正在织布机上织挂毯,这是人们在织就一张不断扩张的全球医疗网络。怀森斯基展示的是一张19世纪80年代时的黑白照片,上面是还在搭设骨架的埃菲尔铁塔,暗示巅峰尚未到来。萨奇戴夫用了两张照片,一张是赛道用自行车,另一张是骨架外露的摩托赛车,意味着福泰进化后会更快。史密斯展示的是围栏中的羊,他经常用这张图,比喻如何管理投资人。看着台下无边的人群,他不禁感慨福泰能走这么远真是不容易。

米勒是团队中首屈一指的未来主义者,他回忆说福泰成立时,是理性药物设计的先驱,而他们将在接下来的50年中引领新的趋势,不光是用基于靶点的理性设计去取代旧的筛选法,更是要跨领域、跨专业,整合技术和知识。"理性主义很好,"他说,"综合主义更好。"他还说,新的科学**必须**超越治疗症状,新的范式将是"修复,替代,重建,再生"。他的幻灯片种满了发着荧光的干细胞、人工器官、虚拟肢体和仿生义肢。"健康是价值,"他说,"不仅是药丸。"

晚上,人群来到了底层庞大的展览大厅。大厅直接裸露着水泥地面,足有两个足球场那么大。四处张灯结彩,橡上吊着直径达三米的彩球,还飘着巨大且闪闪发亮的章鱼型气球。赴宴的来宾有4000多人,各个国籍的都有。女宾们大多身材高挑,穿着极简风格的礼服,男宾们则盛装出席。他们或一群群地围着靠近主舞台的低矮白色沙发,或穿巡于吧台与摆满美食的长桌之间,或在大厅后部的小型游乐场玩玩体感游戏、桌上足球,或在照相亭自拍合影。博格穿着燕尾服,打着金色的华丽领结。他的妻子艾米穿着饰有亮片的礼服,稳稳地站在高跟鞋上。博格上台即兴发言几句:"我们学到的是,不要把你的孩子交到大药企的怀里。"台下观众哄堂大笑。一位老资历科学家这么说:"这是我第一次看到乔舒亚笑得这么开心。"

对仅存的几位元老来说,眼下的场景证明了他们的牺牲与付出是值得的,但是他们又有一种既视感。他们叛离默沙东,试图为每件事找到更好、更有创意的新方法,拯救堕落的制药界。到目前为止,他们毫无疑问成功了。但是他们头顶的显示屏展示的是埃门斯和米勒——公司新愿景的化身——在白天大会上的特写,身边是无数号称继承了他们旗帜的陌生人。福泰还是当初那个只为迎接挑战而生的福泰吗?

"我无法相信伊恩说他从没想到有今天,"慕克大声说道,不然在喧嚣的雷鬼舞曲中很难听到他的话,开场歌手是来自圣迭戈的杰森·玛耶兹,"我们当然想到会有今天,不然干嘛离开默沙东。"慕克很少忧伤或者不满,一向以自己的客观自豪。但是今天的欢呼和庆祝对他来说少了一些福泰的关键记忆:创始人们决心打败大药企,兴致勃勃地和前雇主斗争,他们是一群好斗的异端分子,任性的自我流放者。

博格等先驱们创造了公司现在得以庆祝的基础,但是慕克觉得在20年、30年后,甚至过去5年间,他不再觉得实验室和研发部门有以前那样的魔法。他总是不自觉地去想这些事,令他深深困扰。制药最难的部分始终是发现新药,慕克认为福泰已经和业界其他公司一样,吃着往日研发成功的老本,却不能创造新的机遇。公司强行营造了欢快的气氛,但是尖端科学的巨大风险与付出,以及更高的个人追求与更大的胜利,不再那么受重视了。"你可不想在聚会上自我介绍说在药企工作,"他嘟囔道,"你说你每周工作80小时,这辈子都这么过来的,然后大家觉得你就像个坏人。"

玛耶兹献唱过后,人群被彻底点燃了,他们喧闹躁动,就像所有大型宴会一样。慕克和他的妻子凯西打算提前离开,凯西是一名音乐家兼教师。下一个上台的是创作型歌手莱昂纳尔·里奇,20世纪70年代时曾在海军准将乐队当歌手和萨克斯手,声名大噪——那时福泰大部分员工还没出生。他演奏了一些旧日经典。慕克说这让他想起了他还在默沙东的时候,那时默沙东曾请脱口秀主持人迪克·卡维特来主持一次上市庆功会。在一支8人乐队伴奏下,里奇唱起了海军准将乐队1977年的单曲《放松》(Easy),这是一首蓝调风格的西部乡村民谣,讲述了一个男人结束一段纠缠的关系后的心情:

> 这就是为什么我很放松
> 我就像在周日早晨那么放松

慕克坐电梯上到了观光台,看着下面的人潮,顺便从桌子上抓起巧克力曲奇,这本是让狂欢后的人去拦出租车或者找自己的车时吃的。他说:"真让人难过。"

"企业就是这样的。"凯西悄声说。

伊恩·史密斯认为10月将是福泰股票"非常有趣的一段时间"。艾美仕的数据显示替拉瑞韦上市表现很强劲,他们的股价也回到了每股50美元。看空福泰的理由,比如福泰定价太高,搞砸了报销体系,或者发生其他会像丹瑞生物一样让投资人失望的事等,都随着节节攀高的处方量烟消云散了。史密斯现在关心的是11月初即将在旧金山召开的肝病年会。第三季度的业绩报告电话会议刚结束,这是分析师们考虑福泰到底是不是只有一个药物,并且为他们通向丙肝全口服疗法的方案下注的黄金时段。

"看多/看空\*的游戏又开始了。"史密斯说,"分析师会说:'法莫赛特的数据很棒,他们的药物会在2015年上市。'的确,他们数据很棒,是我们的主要对手,投资人也相信这点。因为法莫赛特可能会在2014年或2015年抢走市场,我们整个10月都要听着多头和空头辩论。就算这样,人们还是会问:'你们三周后的收益大概会是多少?'"

---

\* 看多/看空即预测一家公司股价涨/跌,多头/空头即支持相应预测并采取相应投资策略的资本。——译者

福泰在丙肝和囊性纤维化等领域都有突破,但史密斯说福泰还是分析师眼中的"一条销售曲线就可以描述的公司"。分析师用七彩的曲线预测福泰不同情况下的收益,这些收益几乎全是基于替拉瑞韦的销量。福泰证明了替拉瑞韦目前销量很好,华尔街于是就改为关注他们来年以及未来的销量了,这让史密斯又有了和埃门斯、高管们,以及董事会争论的动力。"我们现在要做的是,不要在曲线末尾掉下来,让曲线继续上升。"他说,"替拉瑞韦和VX-222让我们信誉很好,如果我们再添加一个后期核苷药物,并且做大规模Ⅱ期试验,他们会相信这能成功的。其他厂家正在开发全口服疗法,目前我们没有对抗的手段,但只要这样做,我们很快也能有。"

博格现在就像个被废黜的老国王,是个边缘人。他能在重要仪式上穿上王袍,却不能进入作战指挥室。他抱怨福泰太重视华尔街的游戏,失去了很多实现自身愿景的机会。"分析师的确会喜欢这种刺激,"博格说,"总会有分析师作出些分析,支持这种刺激。"他始终相信生物制药的价值在于描绘未来,创造可能和希望,而不是分析数字以反驳某些现金流折现模型。

"这就是我失望的原因。"博格说,"我爱死伊恩了,但是他把华尔街的价值观源源不断地输入公司。当我坐在没有实权的董事席上提出些建议,比如'伊恩,这个秋天是不是很适合举办一天研发宣传会,讲讲他们现在不关心的项目?这些项目虽然不能让他们提高对我们每股收益的预期,但是我们需要开始讲新的故事'。他会回答:'没人会来的,他们不感兴趣。'"

"我觉得这不是个好的回答。华尔街对我们最初的故事也不感兴趣。但如果我们从来不讲,他们自然也不会为其估价。"

汤姆森面临的情况不同,但他也觉得组织内阻力很大,过于依赖传统的方法拓展业务。他虽然有米勒的支持,但他担心埃门斯和其他高管成员对发展东亚市场不感兴趣。当他准备在中国招募伙伴开发窄谱抗生素或者抗流感药物时,他沮丧到了极点。在20世纪,在亚洲做生意的范式是与一家日本公司合作,让他们打理整个亚洲市场。福泰此前把替拉瑞韦在亚洲的权益全转让给三菱制药了,汤姆森督促高管们别再犯这样的错误。

"日本获得了在整个亚洲销售替拉瑞韦的权力,"他回忆说,"就是说这个分子没机会在占世界人口 1/3 的市场,同时也是最需要它的市场挣到一分钱。我们严重损害了我们目前最重要资产的价值。关键是我们能从中学到什么。我的观点是,我们要和各地区——中国、马来西亚、印度——的伙伴单独合作,这样更有效。这需要我们去熟悉那些我们不熟悉地方,可把我们的商务拓展部门**吓坏了**。"他接着说:

> 中国的制药界,哪怕是那些远古的、老旧的,主要做天然产物的,都在快速发展。他们学得很快,发展速度惊人。你能在中国的药企看到那些又脏又旧的设备,也能看到他们在建设全新的 10 层楼高的高精尖研究设施。他们绝对处在变革中,而且是向好的方向发展。他们的政府也在刺激他们进入研究快车道,只是他们还不知道该怎么做。他们几乎还没有上市什么新药,开发新分子的经验很少,更不要说首创新药或者进行首次临床试验,这都是我们有优势的领域。

汤姆森想在亚洲点起一把火,怀森斯基等人则试图在欧洲竖起一面稍小但是显著的旗帜。欧洲监管部门说会考虑允许**所有**囊性纤维化门控突变的患者使用 VX-770,这扩大了潜在市场,超过一半的销售力量将部署在欧盟地区。威特、怀特、考夫曼还有他们的团队正在做最后的准备,之后就该向美国和欧洲的监管部门提交新药申请了。FDA 承诺快速审批 VX-770,这让福泰预期他们第二款药物在 2012 年第二季度时就能开始盈利,制造第二条曲线,而这条曲线应该不会下降了。艾美仕的数据显示替拉瑞韦的销量增速有所下降,不过这是分析师们预料到的,所以他们没有反应。

❖

里程碑庆祝日之后,米勒着手计划开发未来的药物。目前福泰各个研究机构之间各自为政,工作流程图复杂得堪比纽约地铁路线图,各个研究部门及指挥链亟须重组。10月4日,米勒召集了300名研究人员在海因斯会议中心的宴会厅举行剑桥市科学日活动,这是一年一度的公司科研领导们的私人聚会。他发表了一小时的讲话,描述发展计划,畅想蓝海战略,设定工作目标,还宣布到年底时,福泰会是第一家在中国研发新药的西方公司\*。午餐时,他和各分部领导,还有慕克等人进一步描述他的志向。"巨大的失败,"他说,"也比平庸的成功好。"

福泰越是奋力向前,华尔街越是试图把他们拉回原位。下周一,10月10日,艾美仕发布数据,显示替拉瑞韦在9月30日这周销量相较上周下降了3%。销量增速趋于平缓,让人们怀疑对替拉瑞韦的需求能否持续增加。与此同时,法莫赛特宣布将扩大他们的核苷药物PSI-7977的中期临床试验,增加两组试验:一是12周的单药治疗,二是与利巴韦林组合。

福泰知道艾美仕的数据是错的。管理式医疗市场主管杰夫·亨德森从货运数据上能知道每周有多少药从伊利诺伊的工厂运出。数据显示,到目前为止,每周出货量都在增加。帕特里奇熟悉艾美仕的方法,督促史密斯去调查一下。艾美仕每天从多个渠道采样,然后通过算法估算各种药物的销量,这样他们才能跟踪每天上百万单的处方药销售。帕特里奇说:"把(艾美仕)每天的销量数据相加得不到每周的数据,而且差得会很离谱。"福泰联系了艾美仕。原来是大型渠道商Caremark-CVS在9月底停止汇报替拉瑞韦的销量,导致销量数据减少了12%。

10日这天风和日丽,是哥伦布日小长假的最后一天,也是"占领华尔街"运动的第24天,其他的城市也零星出现了抗议者。不管是真实的还是人们认为的,抗议震动了金融系统,余波向整个经济扩散。纽约市长迈克尔·布隆伯格在哥伦布日花车游行开始时,对记者说他不打算赶走占领者。他说:"人们有权利表达自己的意见,只要他们守法,就可以待在那儿。""布隆伯格说我们可以无限

---

\* 这个计划并没有实现。——译者

期地待在这儿！大胜利！"名为"占领华尔街"的推特账号这么说，可惜他们高兴得太早了。

福泰的股价开始下跌，福泰督促艾美仕尽快矫正数据。焦躁的投资人和分析师纷纷给帕特里奇打电话，想知道公司的销量和利润预期是否可信。但是第三季度的电话会议已经结束，《公平披露规则》禁止他私下讨论业绩。与此同时，在纽约举行的科文公司投资者会议上，一些医生说他们认为全口服疗法将比预期更早上市，似乎印证了业界的传言。临近中午时，福泰的股票跳水了。一般来说，福泰的2亿流通股中，每天有1%的股票也就是200万股换手。长期投资者一般不会在意短期波动，但现在有人大量卖出。几分钟内，30万股被卖出去了，导致股价下跌到了每股38美元。在福泰决定做点什么止损前，他们损失了20亿美元的市值。

"艾美仕承认9月最后2周的数据偏低，但是他们没有立刻矫正，"达里尔·帕特里克回忆说，"我们说：'看看你惹的麻烦，对我们的业务造成了很大影响，你们能处理一下吗？必须是公开宣布，因为我们不能只告诉个别人。顺便说一下，因为是你们闹出的问题，我们希望你们自己承认，这样我们就不用在媒体发布会上说我们**认为**是怎么回事。'"

替拉瑞韦下一批患者在哪里？法莫赛特提高了赌注，不是通过数据，而是两个小型但激进的Ⅱ期试验表现他们对PSI-7977的信心，这又是个多头和空头可以争论不休的话题。就因为这三个分散的传闻，人们现在都相信医生又开始积攒患者，等着下一代疗法问世。大家都在说替拉瑞韦已经式微，法莫赛特才是未来。

埃门斯虽然有些恼火，但承认投资者很吃多空大战中"非此即彼"这套简单清晰的逻辑。"他们给我们和法莫赛特开盘，让大家赌大小。这真是个绝佳的交易机会。他们认为法莫赛特会在两年后抢走我们的生意，然后说'我赌法莫赛特赢，但也给福泰下一点注对冲一下'。万一法莫赛特暴毙了而福泰依然疯狂增长，他们也有得赚。这就是丙肝领域的赌注。"

那天交易量比平时大了5倍,收盘时,福泰股价跌了9%,而法莫赛特的股价创了历史新高。闭市后,美银美林\*的生物技术分析师蕾切尔·麦克明通知投资人她下调了福泰的预期价格,她此前一向是看好福泰的。麦克明依然建议"买入",但是目标价格从每股72美元下降到了每股65美元,减少了30亿美元的估值,这又导致了周二第二轮的卖出。整个早上,不断有长期持有福泰股票的基金经理急着打电话找帕特里奇,说风险控制经理逼着他们卖出福泰的股票。《公平披露规则》不准帕特里奇透露业绩,显而易见,他很沮丧。

"我们的业绩会议结束了,不能提前宣布盈利,"他回忆说,"我告诉他们:'我只能告诉你我们之前说过的——我们非常有信心。'我们不能说艾美仕的事。我们知道艾美仕在调查他们的数据,但是什么也不能说。"

史密斯希望投资人相信公司的长期价值。"我们在打信任牌,"他评论说,"但是你不知道这招有没有效。"他督促埃门斯介入来保护股价。埃门斯给艾美仕和Caremark-CVS的CEO打了电话,督促他们尽快修正数字。第二天,也就是周三,董事们来参加常规的全天会议。埃门斯已经恳请他们无视华尔街无头无脑的波动性。这种波动性的破坏性与黑魔法,还有导致"占领华尔街"活动的破坏性借贷不相上下。埃门斯觉得董事们还是需要再被安抚一遍,哪怕不是用真实的数字,也要告诉他们他和史密斯心里有数。他在给董事的信中总结了目前的矛盾:

> 这是福泰史上最好的时光。我们的团队把一切打理得完美无瑕。我们的上市堪称重磅炸弹,另一款药物也即将提交申请。我们同时也在构建未来,有8个化合物在进行10项临床试验,其中7个化合物的概念是已经被确认可行的,目前还没有试验宣告失败。一切都在正轨上,这样的优势在业界史无前例。德国人会低调地说"不赖"。
>
> 唯一的麻烦是华尔街的关注点跑偏了。现在市场是牛市,波动性

---

\* 美林证券在2008年金融危机后被出售给美国银行。——译注

很大,他也因此短视。我认为他们迟早会理解我们的真正价值。

整个上午,董事们一直在博格Ⅱ号楼5层的董事办公室开会。到了中午时,艾美仕才告诉福泰,他们会发布一份关于最近两周替拉瑞韦销量的简报。这份报告在闭市后发出,承认了数字有问题(9月最末两周的销量应该分别提高5%和4%),同时指出数据还可能有其他的问题,数字可能会进一步调整。福泰股价稳定在每股40美元。埃门斯今天的工作包括数小时讨论他任期之后谁该担任CEO,以及听取外部顾问评估福泰被收购的风险。他对这个修正并不满意。休息时,他看着黑莓手机上的消息嘟囔道:"真是垃圾。这既不是我们的业绩,也不是我们干这行的目的。"

虽然福泰股价跌了一截,但幸好这会儿生物技术行业中的并购与收购(顾问称其为"交易")热潮已经消退了,大药企们都在消化前10年疯狂收购所得。福泰的股价本身还是比较高的,大基金对他们也有信心。富达、威灵顿、溪畔等基金持有他们90%的股票。这些基金的经理虽然不清楚他们的投资为何缩水了,但还没有恐慌。哪怕按照每股40美元算,福泰的市值也超过80亿美元。他们快速改善的财报,充足的现金,有潜力的管线,这些还能再溢价50%,也就是说另一家公司需要120亿—150亿美元才能收购福泰。这么一大笔钱,动心思的CEO可得好好掂量一下。

3周前,埃门斯在痛斥戴维·弗里德曼时意气风发,现在他也有些消沉。**它停在哪儿了?** 华尔街竟然会因为一个误报的数据一泻千里,实在是太不看好生物技术行业了。他想,这跟我们做了什么无关,那些唱反调的家伙随时可能突然激起恐慌。福泰熬过了23年高强度的创新和研发,但市值还是会在一夜之间被低估30亿美元,只是因为有一周的销量被**估错了**,再加上人们突然相信有个对手会抢了他们的饭碗,这事明明八字还没一撇呢。福泰现在情况还好,但是埃门斯担心整体趋势。如果情况继续恶化下去,有人乘机发起收购袭击,福泰可能难以维持独立。

"现在真困难了，"他嘟囔道，"我们明明已经向市场证明了我们能解决所有的大问题。我们有**管线**，管线中的新药也被证明是理论上**有效的**；我们的药物上市后表现很**强劲**，堪称重磅炸弹；患者有了，价格也够**高**。我们做到了所有这些，他们还是能挑毛病。我不在乎股价，但是如果有人了解我们的内在价值，就知道现在真是太便宜了。我们在股票市场中的价值，与作为一家药企、一个可盈利资产的价值之间，是很不一样的。"

"买下我们这家公司，"他算了算，接着说，"你立刻能得到持续的收入，到交易完成时大概能有10亿美元吧，更不要说我们还有产品管线。我们是个值90亿美元的公司，哪怕花150亿买我们，溢价超过50%*，还是有赚头。**哎**，我们需要说服投资者们，我们被低估了，市场太乱了。"他想起电影《大白鲨》（Jaws）中的场景。"或许我们能做到，又或许只能安慰自己'也许鲨鱼已经离开了'。我们去试试水，鲨鱼可能就会咬过来。"

第二天早上，在艾美仕发布快报更新了替拉瑞韦的销量后，福泰的股价回弹了7%，达到每股43美元，但依然比周一时低了20%。埃门斯、史密斯和帕特里奇希望福泰的终端数据能证明福泰的能力，证明外部估计并不可信，但是损害已经造成了。波格斯在焦点座谈中采访了许多医生，还通过细致的建模，研究了医生如何分阶段接受新药，此前也质疑过艾美仕的数据。他告诉路透社的记者，这个故事告诉我们投资者应该等待可靠的数据。他利用这个机会捍卫看多福泰的理念，还批评了美银美林的麦克明。麦克明本来是和他一起对抗摩根大通的米查姆、摩根士丹利的弗里德曼、花旗集团的韦贝尔等空头的。

"药物上市就是这样，"波格斯对记者说，"不管分析师关注的是大药企还是生物制药界，不管他多有经验，也不能仅凭1周、2周或者3周的数据，还是第三方的数据，来预测一款药物上市的表现……我相信投资界同行们在经过这次数

---

\* 收购溢价=(收购价格−被收购公司市值)÷被收购公司市值−1，衡量收购方为了收购付出超出市值的程度，一般30%的溢价已经属于高溢价。——译者

据矫正后,以后会少干点这样的事。"

◆

"未来,"负责防御福泰被收购的银行家也告诉客户,"每天都在重新定价。"新的信息会搅乱每项投资决定的计算和心理。收购,对于大药企的CEO们来说不是个容易的决定。他们要扪心自问,想不想把自己的工作押在这桩交易上。如果赌错了,股价会下降,他们也会被开除。

对福泰感兴趣的大药企认为,丙肝市场的未来将是福泰和法莫赛特这两家小药企之间的零和博弈,赢者通吃。但到了下周五(10月21日),离肝病年会还有两周时,雅培宣布,根据一项微型中期试验,他们可能组合4种药物,实现疗程为12周的全口服疗法。这个疗法可能在2015年上市,年销量达到20亿美元。他们的试验仅有40名患者,但数据显示,他们的持续病毒学应答率能达到90%。雅培的股价连涨了好几天。福泰、法莫赛特和吉利德的股票都跌了,因为华尔街认为这几家公司会一起分丙肝市场的蛋糕,这也是埃门斯的观点。

这一天,慕克请了假,将他的母亲从医院转去了康涅狄格州的一家疗养中心。他本来每周都要与米勒见面,他将见面改到了下周一,并且邮件通知了米勒他今天不在公司。"我没有收到他的回信,"他之后回忆说,"什么都没有,这太奇怪了,一点也不合理。我想,'天哪,他可能真的忙得不可开交吧'。我不知道他在忙什么。"

追求颠覆性创新的公司内部总是不断地进化,目前的挑战是如何将福泰的创造性基因放大、延伸,建立高效、可持续发展的研发管线。慕克说:"问题一直都是'我们是否足够勇敢,是否有行动力'。"这些年来,大概有20人直接向米勒汇报。米勒想精简领导结构,于是他提拔调动,调整职能,减少冗余。为了建设有力且目标一致的研发组织,他任命了两名研发主管:剑桥市的研发主管纳姆丘克将总领北美地区研发,英国的朱利安·戈利克则总领欧洲地区研发。他提拔怀特主管全球药物的临床工作和注册事宜。这个过程中,他解散了慕克的颠覆性技术团队,并将人员重组入相应的职能部门。

周一下午,慕克带着一摞科研文献,很多的研究思路,走进了米勒的办公室。这么多年来,他一直力促公司研究神经系统变性疾病(也称神经退行性疾病),他很高兴科学日上的主题发言人是治疗肌萎缩侧索硬化的先驱。肌萎缩侧索硬化俗称"渐冻症",是适合福泰跟进的机会。

米勒抢先开口说:"你的职位被解除了。"慕克沉默了半晌,他在找合适的回应方式。他知道米勒的逻辑。大部分中型企业最后都不需要首席技术官,而慕克的独立性和影响力也随着米勒在2008年解散了他的新项目工作组而与日俱减。米勒明明和慕克一起共同奋斗了近10年,此刻他竟显得毫无感情,一点也没有友谊或者熟悉的痕迹,更没有同情或者遗憾的情绪,只是在念稿子。

"这很常见,"慕克回忆说,"他什么也不想说。我们的谈话持续了4分半钟。我问了他几个问题。其中一个是'跟我有关的人还有谁要离开',我担心我的秘书。他说'我不想谈这个'。我还问了他有没有其他东西……比这个通知更多的东西。我说:'据我所知,没有任何书面文件表达对我工作的不满,是这样吗?'他说:'是的。'"

"我记得通知上还有类似'这个决定不代表我们对你表现的评价',他还说愿意帮我写推荐信,或者在我需要时帮我澄清这点。之后他就把我交给了丽莎(人力资源主管)。她的办公室就在边上。她帮我处理完了程序,然后建议我先回家。我说:'行,但是我想收拾一下我的办公室,跟我的人说再见。'她说:'没问题,我们会安排这些的。'我回到办公室时,发现我的公司邮箱已经被关闭了。"

慕克开车回家了,很快进入了"超然、客观的科学家模式。这一切真是'哦,很有趣'"。在福泰,或许除了汤姆森,没人比慕克为实现博格的梦想更加努力。慕克对福泰所有上市或在临床试验中的分子发现都有重要贡献:他共同主导了抗艾滋病药物的开发;为ICE抑制剂进行了关键的建模,这个化合物后来演化为福泰的实验性抗癫痫药物;他是替拉瑞韦的共同发现人;在欧若拉协助孵化囊性纤维化项目,并带奥尔森来剑桥市攻克难关;主持了产出JAK3抑制剂的激酶项目;主导了原型筛选,获得了抗流感候选化合物。马克·慕克被扫地出门的消息一传开,实验室、办公室中人们情绪激动。

大家都说彼得·米勒是个背后捅刀子的人。大家都见过他在走廊上公开训斥毫无反抗能力的科学家。有些工作了很多年的科学家认为,他的冷酷无情暴露了他的真面目,看来他早就想惩罚那些胆敢挑战他的人。米勒的确推进了福泰的科研,但药物不是他发现的,他只是继承了前人的成果。他在那些知晓药物研发来龙去脉的人眼中,并没有那么权威。"彼得就像狼群的头狼一样,"一位老资历研究人员嘟囔,"他需要别人表示臣服,但是马克不会按彼得的要求公开服从。"对那些珍视福泰最初精神的人来说,福泰的忘恩负义让人实在无法继续信任米勒、福泰,及其所代表的一切。"再也没有福泰了,"有人这么说,激发了更多的抗议,"福泰已经死了,他们可以给公司起个新的名字。"

米勒果断出击。"尊敬的同事们",第二天早上,他用一封群发邮件稳住军心。他概述了研究、全球拓展、药物注册的人事调整,他强调可持续发展的重要性,并祝贺了纳姆丘克、怀特、赫特、基弗等十几个被提拔到领导岗位的人。最后他写道:"与此同时,马克·幕克\*,杰克·威特,保罗·卡伦……[还有另外三人]离开了福泰。请和我一起感谢他们的贡献,并祝他们未来一切顺利。"在上周,威特刚精疲力竭地向FDA提交了VX-770的新药申请,11个月之前,他还完成了替拉瑞韦的新药申请。卡伦是那个在研发早期预测了丙肝蛋白酶活性位点像"保龄球"一样难以抑制的建模师。

米勒和他的人马通过一系列讲座完成了这些改变。纳姆丘克是个大家喜欢的科研经理,在福泰和诺华合作之前就在这里了,他在博格II号楼进行了一场小演讲。"我们需要比现在做得更好,"他告诉众多听众,"我们的工作是比所有人更快更好地研发首创新药。我们现在已经很接近顶级了,但是之后几年要做得更好。"他没有提到大清洗的损害,只是说"混合传承与创新"。

---

\* 慕克的姓是Murcko,米勒错写成了Murko,因此此处将"慕"写作"幕"。——译者

纳姆丘克兴奋而长篇大论地介绍几个研究项目,尤其是剑桥市这边的部门对多发性硬化的研究。多发性硬化是一种自身免疫病,会令患者疼痛麻木,并且不断恶化。多发性硬化是由于包裹脑神经细胞和脊髓神经细胞的髓鞘受损、脱落引起的。髓鞘就像电线外面的绝缘层,没有了这一层绝缘层,神经细胞就无法有效地传导电信号,最终会死亡,患处也会形成硬化的瘢痕。福泰的科学家花了两年半的时间开发了一种新型测试:可以说他们在试管中创造了多发性硬化的脑模型。"我们把脑的部件拆开,放在培养皿中,让它们获得多发性硬化,看看我们能否逆转疾病,然后再把它们组合起来,看看我们做得对不对。"纳姆丘克说。他们想找到一些小分子,这些小分子能刺激脑中的其他细胞去修复受损伤的髓鞘。

"这些细胞就像波士顿红袜队的投手,"他解释说,"他们坐在总部中,吃着炸鸡喝着啤酒。所以我们得比特里·弗兰克纳(波士顿红袜队的总教练)给力点,让这些细胞动起来,在事情无可救药,我们也无牌可出前干点什么。我们想刺激修复过程,让这些细胞保住神经。"

纳姆丘克展示了一张细胞的图片,细胞周围有着蜘蛛网样的染色线条,这是重生的鞘磷脂。福泰的化合物激活了细胞,让它们"从座位上动起来",试图给暴露的神经细胞重新包裹绝缘层。范古尔曾用视频展示了福泰的药物能激活囊性纤维化患者支气管上皮细胞的纤毛,证明了福泰的方法有效,鼓励化学家们继续优化分子,纳姆丘克的这张图片也起到了类似的作用。但是,囊性纤维化是个思路清晰的项目,一支团结的队伍围绕一个得到了充分研究的靶点做了出色的工作,整个项目非常高效,还有囊纤基金会的鼎力相助。至于多发性硬化项目,虽然纳姆丘克展示的图像很诱人,比喻也很形象,但是这些优势都没有。

周五,慕克低调地回来清理办公室,跟大家告别。像其他处于研发早期的候选化合物一样,多发性硬化的化合物很有前景,但是还需要很多的研究。即使它们能上市,至少也要10年。米勒的挑战是超越现在的销售曲线,去寻找下一代药物,以及更未来的药物。但是他赶走了慕克,福泰也就失去了最资深、最有远见的药物猎人,没有人能再去尝试各种新生的技术,并在这些技术成熟时利用它们了,福泰必须在这样不利的条件下实现目标。慕克写了一封感人肺腑的邮件:"说真的,我还担心会不会有人说我一直效率低下,庆幸我终于走了……我从未奢望我能在离开后继续获得美誉。"慕克将他的书和论文装进了箱子,没有向那些不断来和他道别的人抱怨,而很多人已经热泪盈眶了。他决心当个好战士,为了福泰的利益以及良好的美德,他发誓"不会做个混蛋"。后来他说:

> "别做个混蛋"是我重要的原则,我可以想象,在那种情况下,我可以任性地说一些完全合情合理的话,甚至不怕被告上法庭,但是之后我会后悔像个鼠辈一样说了那些话。所以我不能那样做。
>
> 但是我很想知道,他们非要这么对我不可意味着什么。我知道其他组织也有像我这样的人,但是收场好看得多,前东家会跟他们好好谈谈,问问他们之后想去哪儿、想干什么,有一段过渡期。但在福泰这些都没有,太让我震惊了。而且这很没效率,因为我本可以在过渡期继续为福泰做点什么的。可能他们有自己理由吧。我不知道能不能从这推测福泰发生了什么变化,但是不少人告诉我,他们认为这次事件,不光对我,对其他同时离职的人,也是非常残忍的。如果他们的评价是公允的,我得问问福泰怎么了。希望没有什么事,只是一个异常,而非文化发生了改变。

❖

在第三季度业绩报告电话会议两天前,埃门斯开始寻找继任者了。董事们希望他留任CEO,但是他说福泰下一任CEO应该是"运营专家"和顶级的科学家,因为福泰在囊性纤维化实现商业突破后的一段时间,需要专注科研。

董事会列出了大概30名候选人,但是目前没有共识。埃门斯决心在年底宣布继任者。他认为福泰需要能适应公司的领导,而非认为"这是我的公司"的领导。同时他认为，福泰需要能与彼得·米勒互补的领导，而非执行任务的专家。他需要一个细致的人，既有高超的情商，又有充足的科研智慧，能够应对米勒复杂的暴脾气。埃门斯说：

> 我认为彼得很有趣，当然，因为我看到的彼得和你们看到的不一样。他非常、非常苛求，控制欲很强，因此很擅长按时将产品推进市场。但是他的生活也是这样，他太努力了，总是在工作。他永远不会说"不，我做不到"。他永远只会说"是"。对我来说，彼得是个很好的员工，因为当我说"彼得，我想要这样做"时，他只会说"好的"。我跟他说话时也得小心点。如果我说我们不做癌症研究了，他可能略有抵触，然后就把整个部门裁掉了，就是这样。他的本质和你看到的不一样。

> 另一方面，只要你让彼得做他感兴趣的事，他很容易控制，目前他的兴趣和公司的利益正好一致。我希望下一任CEO能愿意去了解他在做什么，理解他，在更大的视角中看待他的工作，帮助他。如果能这样，福泰就能留住彼得，他也能开心、专注。他喜欢学习，他一直在学习，如果他无聊了，他就会离开，他就是这么不寻常。

10月27日，周四下午，股票市场闭市后，高管团队们照例参加第三季度的业绩报告电话会议。他们计划用惊人的销售数字挫一挫空头的锐气，让大家知道替拉瑞韦的销量不会在上市5个月后就持平了。"我觉得我们应该炫耀，但不是狂妄，"埃门斯建议，"我们应该非常、非常自信。"

销售数字代表了替拉瑞韦上市后第一个完整季度的表现，这是22年来福泰首次通过销售自己的产品实现季度盈利：既是对艾美仕数据的有力回击（此时他们已经发了三次快报更正估计销量）；也是对分析师的挑战；还证明了埃门斯和怀森斯基策略的成功；更是预言了未来（尤其是之后15个月）的水晶球，因为华尔街会通过每周销量估计2012年一整年的销量。

"我跟你们说,"米勒捂住电话,然后说道,"明天万一又有什么事,他们还是会慌得跳窗户。"

"有人看好你。"考夫曼对米勒说。

埃门斯接话道:"其中有个分析师做了项研究,说如果研发主管是德国人,第一个药物获批后,公司就再也没有产出了。"

米勒回应:"不过他研究的对象都来自法兰克福。"*

帕特里奇指示话务员准备开始会议,史密斯插嘴提醒:"这些人从不认错,别中了激将法。"福泰烧了十几年钱,让业界对他们充满希望,又因为艾美仕的问题被责难了两周,现在史密斯高高兴兴地揭晓了第三季度的业绩。这一季度他们收益为6.59亿美元,是去年同期的25倍。其中替拉瑞韦的销量是4.20亿美元,远超预期。福泰宣布总收益为2.21亿美元,每股盈利超过1美元。史密斯乘胜追击,用内部数据显示替拉瑞韦在9—10月每周销量达到4000万—4500万美元,那么全年的销量将达到5.20亿—5.85亿美元,远超目前4.11亿美元的共识。

9—10月的数字好看得惊人,远超所有人的预期。但是目前销量的确是在下降。艾美仕或许方法错了,但是结论没错。怀森斯基解释说,处方量很高的医生那里的患者非常踊跃,已经有7000名患者开始吃药了,达到了医生们的极限,因此他们要等一段时间才能再治疗新的患者。她说福泰将专注鼓励更多医生使用替拉瑞韦,迎接下一波患者。

在问答环节,美银美林的蕾切尔·麦克明抓住了弱点。"我想问一下,有一张幻灯片上说每周销量是4000万—4500万美元,"她说,"请问我们该如何解读它?这是总销量或者净利润?此外,由于我们正在说到第四季度,我们是否可

---

\* 米勒出生于德国南部的巴伐利亚州,法兰克福位于德国东部的黑森州。另外,勃林格殷格翰、默克、安万特等德国知名药企总部均在法兰克福附近。——译者

以用这个数字乘以13周,预期销量达到5.6亿美元?以此类推,2012年的销量就是23亿美元?"

史密斯一直在鼓舞信心,但是也知道他没有给分析师提供足够的信息,供他们预测未来的收益,于是急着澄清道:"这样算有很多问题。首先,让我告诉你这些数据的含义,然后你就可以随意运用。这个数字是我们的净利润……那么,你可以用这个9—10月4000万—4500万的数字预测11月和12月的销量吗?我把这个工作留给你。我们提供这个数字不是为了预测的。我想只是想让大家了解参与治疗的患者数量很多,医生开出了很多处方。"

史密斯接着说:"我们想说的是,(艾美仕对)替拉瑞韦的销量估计和我们的内部记录不一样。我们相信,我们的数字更准确地衡量了上市,因为我们的数字是每天更新的。我们只是想让大家了解上市的情况,而利润是最好的指标。"

怀森斯基接过话头,为福泰的商业策略辩护,她说:"蕾切尔,回到你的问题,你也注意到增长速度变了。但我觉得这反映了上市初期极快的拓张速度。未来我们还有机会继续渗透市场。还有很多患者需要治疗,我们高效的销售团队会继续行动,找出这些患者的医生们。"

埃门斯一直担心的事情发生了,即分析师试图根据替拉瑞韦的销售曲线衡量福泰的价值。更理想的情况下,他们不应该根据一种大部分患者既不知道他们被感染了,也没有症状,更不需要立刻治疗的疾病猜测一家公司的未来。300万美国丙肝患者是否会来接受治疗?如果是,他们什么时候来,接受谁的治疗?这些都只是猜测。此前大约有10万名患者在等待替拉瑞韦和波普瑞韦获批,因此在上市之初有极大的需求。但现在的情况是,似乎2015年全口服疗法就能出现,而且疗程只要12周,医生们明显又开始囤积患者了——当然,看多法莫赛特和看空福泰的分析师们对此功不可没。

周五开市前,随着分析师们各自给客户提供报告,福泰的股价上涨了3%,达到43.99美元。ISI集团的舍恩鲍姆大力赞扬了替拉瑞韦,说它是历史上最强劲的上市。史密斯给舍恩鲍姆起了个绰号"普查员",因为生物制药业内大大小小的公司几乎都有他的人,他的人脉无可匹敌,他也自诩行业的先知。他预期这个季度末时,替拉瑞韦的销量就会超过10亿美元——是一款不折不扣的重磅炸弹。默沙东的销量也超过了分析师的预期,但是只有可怜的3100万美元。他们拉上罗氏的团队,再加上通过极高的折扣进入退伍士兵医保等政府医保系统,勉强夺得了25%的市场。

"在两款丙肝新药这场备受瞩目的对决中,"资深生物技术记者安德鲁·波拉克在《时代》杂志上高调指出,"第一轮就K.O.了。"下午1点时,虽然福泰实现了盈利,销量破了纪录,打败了默沙东,他们的股价依然比昨日低了1.43美元,跌到每股41.15美元,而昨天明明没有这么多利好消息。未来每天都在重新定价。尽管福泰的销量超乎想象,但在多头空头的争论中,越来越多的投资者开始担心销量会走平。

# 第十四章

*2011年11月2日*

溪畔资本的科佩尔曾在2007年、2008年大力买进福泰的股票,那时福泰曾因为与先灵葆雅的竞争、替拉瑞韦可能引发重症多形性红斑等原因,股价一度跌到了十几美元,科佩尔抓住了这个机会,后来赚得盆满钵盈。现在科佩尔、麦克明还有十几位基金经理和分析师,坐在圣迭戈市欧若拉的会议室中,桌子上挤满了他们的笔记本电脑。他们来这里不是因为博格之前说的科研宣传日,而是帕特里奇请他们来看看福泰囊性纤维化的研究。麦克明今天早上降低了她的预期股价,让波格斯成了市场上最后一个有影响力的看多分析师。下午时,他们将集体登上豪华大巴,前往大洛杉矶地区东南部的阿纳海姆市,参加北美囊性纤维化协会年会。之后这群人几乎都要接着去旧金山的肝病年会,可谓持续四天的连轴转。

"你对VX-809的单药试验结果是不是很失望?"科佩尔问圣迭戈的主管内古列斯库。

"不,我非常兴奋,"内古列斯库说,"我们看到了想看到的。"

科佩尔接着又问了几个问题,想确定VX-770的市场规模。福泰最近宣布VX-770的商品名是Kalydeco。科学家认为,这个药物应该对G551D以外的门控突变,以及其他细胞表面有残存CRTF的患者也会有效,如此一来最多还能再覆盖10%的患者,这让科佩尔很满意。"为什么不对所有患者来一次试验?"他建议说,"给他们一个月的药,然后测一下汗液氯含量。"奥尔森说监管部门要求必须严格试验。

科佩尔一行人之后又参观了实验室,见识了由机器人控制的支气管上皮细胞库,这是福泰10年的积累,让他们可以不断地测试各种新药及其组合的效果,科佩尔等人啧啧称奇。他们还可以玩一玩移液枪,做做膜片钳实验,即将化合物注入一排排小培养皿中,几秒钟后就能在屏幕上观察到氯离子通道开放的信号,就像范古尔曾经展示的视频那样。这次参观印证了科佩尔认为福泰有"底气"的看法,即福泰能复制成功。

他实在想不通为什么别人会看空福泰,甚至有些气恼,这些空头一遍遍地挑战他的耐心和职业操守,他们搅起的不确定性让他很难理性地管理投资人的钱。4月时,在替拉瑞韦通过了顾问委员会推荐,但还没被正式批准时,福泰的股价几天内从每股48美元升到了每股55美元。当时市场预测替拉瑞韦在第三季度的销量为1.56亿美元,也就是每股将亏损30美分。科佩尔认为这是个机会,买入了190万股。结果现在在替拉瑞韦第三季度的销量足足有4.20亿美元的情况下,股价却在每股36—37美元波动,自上周的电话会议后每天都在跌。他责备美银美林的麦克明、摩根大通的米查姆、花旗集团的韦贝尔,怪他们不断卖出,拉低了股价。他们私交其实不错。他生气的是他们之前就这么干过一次,从长期来看他们的判断错了。第二天早上,他和一众人等坐到了囊性纤维化协会年会的会场上,他躁动不安,压抑难耐。

"就是他们仨在2007年搞出了那么多不确定性,那时(替拉瑞韦)有一点皮疹,他们就叫着:'天哪,竞争要开始了!'"他回忆说,"皮疹是值得关注,但他们也太能炒了。2007年的竞争在今天看来不值一提。"

"为什么股价走势这么弱?"科佩尔自问自答道,"股价因为每周的销量而走低,这太可笑了。投资人投资的是未来,不是现在。而福泰的问题是,高管们需要让大家看到2015年的希望,可是他们没做到。因为没有2015年后的希望,市场只能疯了似的看每周的情况,是他们自己让市场这么敏感的。如果他们能动起来,让我们知道福泰在2015年、2016年依然能有个十几亿、二十亿美元的收入,可能是全口服疗法的玩家之一,股价肯定能回到70多美元——不是一天、一个月就涨回这么多,但半年内肯定能行。"

波格斯也在会场,他在装饰着福泰横幅的扶梯上拦住了帕特里奇,跟他说投资人对福泰的"疲惫情绪"越来越多了。帕特里奇看起来很坚毅,但内心也很焦虑。"想到那些陪我们一起发展的持股人得经受这样的折磨,"他说,"真让我想死。"看多福泰的理论有两点:第一,福泰的药物会率先上市,或者是市面上最好的,这已经被证实了;第二,福泰的科学家、资产组合策略及其文化,形成了可以复制成功的平台和配方。华尔街对第二点并不买账,这让公司很脆弱。基金经理毕竟只是资产的管家,哪怕像科佩尔这样公司的朋友和公司理念的追随者,也不能无条件地持股。

福泰的金融团队和金融支持者陷入重围,喘不上气。但是3000位参会者,大部分都因为Kalydeco(VX-770)仿佛重生般兴奋。囊性纤维化基金会的鲍勃·比尔兴致高昂,伴着詹姆斯·布朗的《感觉真好》[I Got You (I Feel Good)]小跑着上了台,台下座无虚席。他用惊诧的口吻说,有个患者根据她们家的猫不再舔孩子,知道孩子在试验中用的是VX-770,而不是安慰剂。他说福泰提交新药申请的那天"可以与囊性纤维化基因被发现的那天相提并论"。比尔的阻力曾经非常大,他们可谓是付出了愚公移山般的努力才有了今天的成果。他的兴奋或许还来自囊纤基金会能从Kalydeco的销量中获得数亿的专利费,从而证明他具有非凡的领导力。不过基金会应该会把这些专利费卖出以维持他们作为慈善组织的资质。

史密斯游走于会议室和海报展区,时不时看看他的黑莓手机,神秘地微笑。

大厅里人群激动,全国性的媒体大篇幅报道福泰的临床发现——恰好同时发表在《新英格兰医学期刊》(New England Journal of Medicine)上,确认了他早已经从科学家和意见领袖那里得知的消息:Kalydeco的市场可能是华尔街估计的两倍之多。有些患者是其他类型的门控突变,还有些患者CFTR数量够,不需要补充胰腺酶,但也能因为离子通道通透性增强而获益。如果算上他们,患者数量又会增加4000人,Kalydeco每年的销量可以达到17.5亿美元。

科佩尔相信这是大好机会。更重要的是,囊性纤维化和丙肝不同,科佩尔说:"没有另外50家公司跟在你屁股后面。"其他研究CFTR的公司也获热捧,各种实验性疗法都在进行临床试验,但福泰目前是这个罕见病市场唯一的玩家,不管别人怎么担心替拉瑞韦的销量,福泰2015年的经费肯定不是问题。"一句话概括圣迭戈会议,"科佩尔说,"那就是VX-770能用于12%的患者。"

但是多空论战在华尔街大行其道,很受那些只能理解"非此即彼"的投资人欢迎,目前福泰和法莫赛特的市值接近,都接近70亿美元,而法莫赛特明明只有两个有潜力的核苷类抗丙肝分子。与此同时,在旧金山,"占领华尔街"的抗议者们通过和平抗议,成功逼停了全国最繁忙的港口之一奥克兰港的晚间运营,壮大了他们的声势,让交易员们更加担心。奥巴马支持率走低,国会也处于瘫痪,他发布了一项行政命令,要求制药界稳定对生命至关重要的药物的供应。最近不少关键药物供应短缺,这是制药界的新丑闻。不确定不光搅动了制药界,甚至会影响到全球。千里之堤,可能毁于一处小小的缝隙。

福泰的展位设在莫斯克尼会议中心西楼,这里离旧金山的主干道市场街只有两个街区。这是替拉瑞韦福泰团队的临时据点,销售团队在此展示,临床团队和高管们也来助阵,只有埃门斯留守剑桥市。会场四处循环播放着各公司的宣传片,医生和研究者漫步其间。每家展位都有配有iPad的舒适白色沙发。福泰还有其他厂家,都聘请了姿色出众的咖啡师,调配拿铁和其他风味咖啡来吸引观众。市场研究经理卡罗琳·程说他们的环境是"高级休息室"——既有格调，又能提供信息。

　　周日午后，史密斯和米勒站着讨论下一步该做什么。米勒兴致勃勃。法莫赛特将在3点展示他们主打核苷药物PSI-7977的小型中期试验结果，造势震耳欲聋。米勒坚信，配合VX-222还有利巴韦林，福泰将是丙肝全口服疗法的有力竞争者。史密斯主管商业，不知道公司在试验中的药物信息，也不知道米勒的信心来源，只能从肢体语言解读。米勒认为，福泰有所需要的一切了，尤其是再加上从Alios那里买到的核苷药物。凭现有的管线，不需要再披露任何新信息，史密斯也不用做什么妥协，就够让华尔街相信他们有竞争力了。米勒压根不相信"核苷药物的扯淡故事"。

　　史密斯有自己的想法。如果米勒是对的，那么"更有理由"去买一个后期的核苷药物，彻底断了华尔街认为福泰会在2015年遭遇销售断崖的念头。他认为福泰面临艰难的选择：要么花10亿美元买一个核苷药物，要么把钱留着，继续忍受不确定性。

　　昆博也在附近。他拿着手机，察看了一圈周围的展台：默沙东、吉利德、罗氏。销售团队回报说，虽然替拉瑞韦有着史上排得上名次的上市，但是就像其他药物一样，出现了许多在临床试验中没有暴露的问题。医生反馈说皮疹没那么常见，但是贫血和肛门—直肠处令人疼痛的瘙痒发生率更高，迫使福泰作出反应，赶工提供建议，并向医生和FDA保证不良反应被严格监控，尚可处理。医生都说福泰的医药代表是最关心患者的，但昆博从手下那里听说默沙东的医药代表在散布替拉瑞韦不良反应激增，甚至会导致死亡的谣言。维持良好的声誉、争取处方量稍低的医生的战争仍在持续，因为这些医生会提供下一波患者。不过，目前销量是趋于平缓了。

　　米勒、史密斯和400多名听众一起，挤在会议室中听新西兰肝移植中心的爱德华·甘恩博士介绍法莫赛特临床试验"电子"的结果。总共40位患者接受了聚合酶抑制剂PSI-7977和利巴韦林的联合治疗，持续12周。他们被随机分配搭配使用罗氏的干扰素派罗欣，有的用4周，有的用8周，有的用12周，还有的彻底不用。甘恩说,研究结束时,所有的患者都实现了持续病毒学应答,没有病毒复发的迹象。所有的严重不良反应都属于使用了干扰素的患者,仅使用2种口服药物的患者没有出现不良反应。甘恩用一张幻灯片让很多人目瞪口呆:各种分析都显示,100%的患者都实现了病毒学应答。法莫赛特的重磅消息是:法莫赛特的药物加上利巴韦林在12周内可以治愈丙肝,**不需要**干扰素。这是丙肝治疗的终极希望:不用组合三种或四种药物,两种药物就够治疗所有的基因型,这是所有人都能用的超级药物。

虽然仔细研究数据后,会发现这个组合不是万灵药。hivandhepatitis.com 是家独立的评估实验性抗病毒药物的网站,他们几乎是唯一一家这么报道的媒体:"研究人员对单用两种口服药信心不足,所以他们选择了一群相对容易治愈的患者,万一实验性疗法失败,也能通过增加药物或延长用药期相对容易地'拯救':患者都是从未接受过治疗的基因2型(占1/3)或基因3型(占2/3)病人,都没有肝硬化,40%的患者从基因上看较易治疗(他们的IL28B基因为CC基因型),大部分是白人男性,平均年龄48岁。"

也就是说,没有常规疗法无效的患者,没有之前治疗失败的患者,没有复发的患者,没有难治的基因1型患者,难治的黑人患者也少,没有肝硬化,没有老人——这些人正是福泰在他们的关键试验中证明能治疗的患者。

甘恩报告完后,主持人请大家提问。虽然会议室里人山人海,但是足足有20秒的沉默肃静。主持人对甘恩说:"你把大家都惊呆了。"第一个问题问出了大家共同的担忧。上一个抑制丙肝病毒聚合酶的核苷药物因为毒性在大型试验中失败了。PSI-7977会不会面临同样的命运?甘恩说他不能保证,但是他和同事在这12周的研究中没有发现安全性问题,因此他持乐观态度。

会议室内响起了热烈的掌声。史密斯坐在后排,欣赏地一起鼓掌;米勒站在更后面,手一直插在口袋里。更让人震惊的是丙肝市场的瞬息万变。法莫赛特无疑会立刻开展大规模Ⅲ期试验。6个月前,也就是丙肝10年来首次重大突破的前夕,福泰和默沙东万万没想到丙肝直接抗病毒药物市场会这么快再次发生巨变,而且对手会这么强势。丙肝药物研发可谓一日千里,但不管谁家的药物获批,对患者来说都是难以置信且接连不断的好消息。

当晚,法莫赛特在离莫斯克尼会议中心不远的一家当代艺术画廊召开投资者关系聚会。法莫赛特的高管们得意洋洋,他们播放了短片《核苷战士》(The Nucinator),CEO舍费尔·普赖斯以阿诺·施瓦辛格在《终结者》(The Terminator)中的形象出演。普赖斯扮演核苷药物抵抗运动的领袖,重装上阵,面无表情地消灭着通向无干扰素疗法之路上所有类型的丙肝。这个短片的风格类似廉价漫画中的打斗场面:"碾碎竞争者!""这就是我的病毒抑制力!"观众笑得前仰后合。

普莱斯持有法莫赛特3%的股票。他预测2014年就能实现无干扰素疗法,也就是全口服的丙肝疗法。普赖斯展示了一张标题是"谁不能用干扰素?"的幻灯片,画着一座冰山,沉在水下的庞大部分代表了人群中数量庞大的隐形患者。如果有人认为法莫赛特估价过高,他认为这张图一定能说服他们。他兴奋地说道:"每个人都可以用同样的疗法……我们的药物对每个人都有用。"他还像乔布斯一样,为产品举行了揭幕式:一片浅蓝色的椭圆形药片,印着法莫赛特的标志还有一个"1"。"一天一次,"他说,"就这么简单。"

第二天早上,福泰股价暴跌。帕特里奇想不出减少损害的办法。又过了一天,福泰的股价又跌了17%,低至每股30美元。他虽然担心,但也没有很绝望。由于福泰的股价不断下跌,帕特里奇收到了许多投资人的电话。这些投资人是他和史密斯多年来找到的长期投资者,也就是价值投资者。他们在公司股价低于公司的内在价值时买入,是公司非常重视的投资者。帕特里奇为持股人和福泰的员工感到遗憾,但是他也指出,祸兮福所倚。

史密斯在大厅中一边踱步,一边与埃门斯通电话,顺便拿了一袋薯片,然后走进展示科研海报的走廊,这是展厅离福泰的摊位最远的地方。在危机时,他想独处。"我们还要不要继续做丙肝?"他和埃门斯都同意这是当下最重要的议题。福泰现在有两种声音,一是想赶上对手,二是认为比赛已经结束了。史密斯担心那些生气的投资人以及福泰内部数百名想拓展丙肝业务的人,但是好消息是"囊性纤维化药物很好,能帮助我们渡过难关"。

对患者来说,经过20年的波澜不惊后,丙肝新疗法以惊人的速度和成功率涌现,尤其是相对其他疾病领域。从整体来看,这对所有人来说都是胜利,福泰的人也同意这点,但是他们仍有各自的工作。肝病年会后,他们得面对销售曲线在之后几年会比预计更低、更短的情况,这给所有人施加了不小的压力。不过目前还是有很多患者来接受治疗,尤其是那些已经肝硬化同时感染了艾滋病,或者之前治疗无效的患者,他们等不到下一波药物上市了。福泰加倍了销售力度,萨奇戴夫说:"趁着天气好,赶紧晒谷子。"

福泰在豪华的四季酒店举办了一场正式的投资者关系聚会,风格比法莫赛特的沉稳。他们在此展示新的季度数据,显示对一些最难治的患者,他们药物组合的持续病毒学应答率比预期高。进展不错,但是分析师不买账。他们今天都在和意见领袖讨论,一致认为法莫赛特会抢走剩下所有的患者。经过5年的努力,为婴儿潮一代集体进行丙肝筛查的计划终于快要成功了,确诊人数将创新高。患者就是丙肝领域中的货币,只是分析师把他们从福泰的账户中转移到法莫赛特的名下了。科佩尔和波格斯,一个是投资人,一个是分析师,坐在后面,在科佩尔的iPad上查看费城老鹰队对芝加哥熊队的比赛结果。

怀森斯基嘟囔道:"我希望这就是最糟的时候了。"她刚从电梯中出来,就撞见法莫赛特的销售总监拉住一个她的销售人员在谈话。一家公司在肝病年会上,要么前进,要么退步。会议的最后一晚,他们垂头丧气。永远轰轰烈烈的路演让他们疲惫不堪,还有可能更糟,他们可能会输得像默沙东那么惨。每个人都急着去机场。萨奇戴夫这几天晚上都要赶好几场饭局,吃到凌晨1:30。他想搭一班早点的飞机回去,这样就能回到自己的床上睡一个小时,第二天还要工作和陪孩子。

考夫曼是最不泄气的。他对这一季度很满意,第二天还要跟史密斯和帕特里奇去亚利桑那州的首府凤凰城，参加瑞信银行举办的投资者会议，在那儿待几天。囊性纤维化会议后，他同意对公司来说，囊性纤维化比丙肝更有价值。福泰的股价可能深陷危机，但是福泰发展得比他预想的好得多。至于法莫赛特，他想再等等之后的数据。

❖

第二天早上，科佩尔心情复杂地独坐在四季酒店大堂的一角，叉开腿，弓着背，蜷在咖啡桌前，在iPad上敲打着。他这一周多都在和福泰纠缠。对投资人来说，对自己下的注投入这么多感情是很少见的，但是多头和空头的论战裹挟着每一个投资了福泰或法莫赛特的人，让他们随着这两家公司的运势一起浮浮沉沉。他恨透了埃门斯和怀森斯基，不相信他们有什么中期计划，认为他们应该立刻买下剩下两家有后期核苷药物的公司之一，也就是溪畔资本持有13%股份的Idenix。他说："他们没有把恐惧植入空头的心中，还支持空头。我从没见过像他们这么支持空头的管理层。"

波格斯也来了，他从电梯那边走过来时，看起来就像刚参加完葬礼那么憔悴，但也带着一点死里逃生的庆幸。"水已经被血染红了，"他阴森森地笑着说，还特意夸张了他的澳大利亚口音以加强效果，"食人鱼正在游荡，但身体还有点气。我们估计股价会在每股30—50美元。"他坐下来，笑着说："这些人真操蛋。"

"我昨天也这么说。"科佩尔说，他把iPad递给了波格斯。上面有一张表，根据30个事件的可能性，绘制了3组数据。"我认为他们面临着三个重要的问题。首先，有多少患者会被囤积起来？其次，他们有没有核苷药物？如果有的话他们还是能在2015年继续销售丙肝药物的。最后，囊性纤维化药物怎么样了？"

"我赶时间，"波格斯打断了他的话，"我挺感兴趣的，但看来目前最重要的是第三点。"他指了指最后一个柱状图。

"我同意，"科佩尔说，"但是我想知道近期现金流如何。"

"等10月的数据出来吧，然后假设之后的销量都等于它。"

过去几个月的种种转折已经说明，试图为福泰或者其他任何公司估价都是徒劳的，但是他们还是一定要试试。埃门斯所说的模型，即找到患者并为他们做药，可能对科学家来说够了，但是华尔街需要根据一些更具体的东西来估价，哪怕他们的算法充满了种种猜测，是个"输入垃圾，输出垃圾"的体系。

科佩尔回应说："也有可能会更糟。"他解释说，他的团队已经评估了接下来三年内，替拉瑞韦受10个不同的事件影响下的销量。"我们计算了每种情况的现金流折现额。最糟糕的情况，它能产生20亿、17亿和13亿美元，然后没了。一般情况下——这就是我随手算的——大概是22亿、23亿和15亿美元。好的情况下，也就是我们在周末前提出的数字——"

"好，好，这很好……"

"我们还分析了他们有核苷药物、没有核苷药物两种情况。"科佩尔继续说，"如果他们花15个亿买了个什么，那就可以假设他们从2015—2020年每年能维持15亿—20亿的收入。如果他们什么都不买，收入就会断崖式下跌。"

"你认为断崖什么时候会到来？"波格斯问。

"2016年吧。"

"要我说，2014年底。"

科佩尔也为VX-770列出了一系列可能的事件，从临床试验失败，或者监管部门不予批准，到破纪录地获批，取得重磅炸弹级的销量。

波格斯看了看这些数字，然后问道："那么，你觉得VX-770对其他门控突变患者无效的概率有多大？"

科佩尔来精神了。"我觉得它会有用的。我估计有95%的概率VX-770会获批上市，然后有60%的概率它的适用面不仅限于G551D突变。"他解释说，考虑了8种最有可能的情况后，他的研究人员算出股价应该在每股48美元，接近波格斯给出的每股50美元。如果福泰的未来是一本书，哪怕他俩读的不是同一行，看的也是同一页纸。

波格斯放下了iPad。"这太麦肯锡了，这就是为啥我不去咨询公司。我只消开一枪，这些就破了。"他停顿了一下，接着说，"你没有考虑法莫赛特完蛋的情况。"

"你是要说,你的模型更好吗?"

波格斯接受了这个挑战,他说:"最关键的变量是囊性纤维化折现值多少钱。这对现金流折现额很重要。"

"他们总要花掉那15亿美元,总得干些啥。"科佩尔说,又回到了福泰缺乏后期核苷药物的问题。

"回购些股票!如果他们认为股价不应该这么低,就回购些股票!"

昨晚和今早,科佩尔在纽约的合伙人都打电话咨询了他。他认为最有可能的情况是"医生只会囤积一部分患者,他们会花15亿美元试图维持自由现金流\*,囊性纤维化药物覆盖面会更加广一些",他想听听波格斯的看法。

波格斯挠了挠他的额头,带着怀疑地笑了一下。他回到了他早期的问题。"那么,怎么把法莫赛特的研发失败纳入模型?"

"呃,我觉得这就是利好福泰吧,但是这不值得纳入模型。我不想依靠竞争者自己完蛋作为我的投资理念。我现在就想给这个该死的股票找个基准价值。我不太害怕,迄今三次较量,看多每次都对了。作为投资人,如果你不承认犯过错那你就瞎了。上市那次我对了,和波普瑞韦较量那次我也对了,囊性纤维化我还对了。但是我显然看错了前景,高估了管理层的能力,没想到他们竟然能在维持丙肝市场上做得那么差。"

科佩尔继续说:"埃门斯和福泰**知道**会这样的,这就是让我生气的地方。为什么我们,还有其他人劝他们在法莫赛特还便宜时拿下,他们就不听呢?他们不能理解它。"

"这真奇妙,"波格斯说,"每家药企都会栽在他们的科学傲慢上。他们的研发主管因为之前的科研成功而洋洋自得,高估了他们在面对新信息时作科学决

---

\* 自由现金流,即现金流减去需要偿还债务后剩余的部分,类似可支配收入相对总收入的概念。——译者

策的能力。默沙东是这样,安进是这样,吉利德也是这样,你甚至可以预测基因泰克最后也会是这样。可能福泰已经是这样了。"

"4年前,我就告诉他们,得买下该死的法莫赛特,那时它只要10亿美元——"

"我也这么做了,我告诉他们了,但他们自以为更聪明。"

"这就是我说的:科学上的傲慢。"

但他们不知道的是,埃门斯曾在2009年和普赖斯吃过饭,提议双方合作,他说福泰的VX-222和法莫赛特的化合物的合作将会"独霸天下"。普莱斯对此很感兴趣,但是到了周一,他们的科学家毫无理由地拒绝合作,普莱斯也没有直接告诉埃门斯。埃门斯说:"这不符合CEO之间的礼仪。"和那些现金充沛的大药企不同,福泰买不起法莫赛特,哪怕对方肯卖,他们想买,更何况他们并不想买。埃门斯知道这群事后诸葛亮会怪他,但他更生气于为什么华尔街会认为他没有试过这么显而易见的方案。

科佩尔思索着波格斯的分析。"我同意你说的,当他们成功后,就目中无人了,以为什么都能靠自己做了。但是我认为他们还是有些不同的。"

"如果你指的是他们的创新能力,我完全同意。"

"但是还没人为他们的创新付钱。"

"他们的劣势,"波格斯说,"是他们没有买核苷药物,错过了好几次,尤其是没有买法莫赛特。7年前,我就写了一份报告,建议吉利德收购福泰。但是吉利德鼻子翘得老高,然后说:'哦不,我们真不喜欢替拉瑞韦。'如果他们买了,现在会很不一样,不会市盈率只有7倍了。"

"的确。他们会有替拉瑞韦作为自由现金流,还能有其他一两个资产。"

快到午餐时间了。几个退休的老人坐在豪华沙发上,靠着烧天然气的壁炉,翻看着《旧金山纪事报》(Chronicle)。桌子边围坐着几位职场女士,还有出来旅游的一家人。波格斯和科佩尔都另有日程,各有各的电话要打。波格斯突然起身说要离开了。

"就像吉利德认为自己知道得更多,以为对手的药物无法上市,彼得·米勒也认为他更懂,以为法莫赛特的药物无法成功。"

"这就是我们的处境,"科佩尔说,"我们都想福泰比现在更成功。他们需要一个核苷药物,或者压榨完替拉瑞韦的价值就走人,然后一季度都别花钱。我真希望他们能好好做全口服药物的Ⅱ期临床试验,如果PSI-7977对基因1型丙肝效果不好,他们这么做就很有价值了。希望他们的数据非常好看,治愈率高,不良反应少。"

波格斯开始了哲学层面的思考,"法莫赛特现在和其他厂家离得很远,他们一直在强调他们的药物100%、100%、100%治愈,让期望高得爆表了。他们咬定能治疗所有人,不论什么病毒或什么患者都能治。他们的理论是他们能治好任何患者——不管是哪种类型的患者。所以我们找到越多的反例,他们的理论就越站不住脚。"

离开前,他恨恨地说:"真是个该死的会议。"

虽然这是段痛苦的时期,但福泰只要能坚持对科学的信念,依然是真金不怕火炼。昆博认为肝病年会后会有一段"自由交易期"——丙肝领域内各大药企都会疯狂地试图与法莫赛特合作或者干脆买下法莫赛特。他相信米勒、考夫曼和研发组织会继续研发无干扰素口服疗法。但他的确不知道福泰下一步会怎么走,只能盲目地安抚手下。他在制药界很久了,知道失败和失望是常态,平稳过渡已经值得称道。最新长期看好福泰的投资人情绪不安,帕特里奇的信心也受到了打击,他同情地说:

> 这对那些来我们这儿努力工作、促成成功上市、在一线拼搏的人来说太糟了。他们宣传替拉瑞韦、教育护士、联系医生、联络社区,等等。他们做了非凡的工作,但成绩突然化为泡影,而他们本应得到回报的。股价没有反映我们的成功,新闻也净说坏话。你努力工作,得

到了成果,却没被认可,这真让人泄气。

福泰上下都受到了重创,人们互相攻讦。除了销售团队,被提拔为丙肝药物研发主管的邝达仪也被不确定折磨着。这些年来,她一直都用艾滋病举例,说雅培和默沙东先开发出了蛋白酶抑制剂,但是当吉利德以核苷药物为中心推出了一天一次的组合疗法后,雅培和默沙东就被赶出市场了,福泰可能也会这样。她之前在肝病年会上都高调出场,今年她主要在幕后督促米勒和怀森斯基更积极点。

表面上来看,什么也没变,但是竞争突然变得激烈了,各药企不再龙争虎斗,追求赢者通吃,整个行业转而为不同的患者群体寻找最合适的抗病毒药物组合。默沙东、罗氏、百时美施贵宝、诺华、强生,都在积极地联合。最绝望的是吉利德。麦克哈奇森的团队在测试6种药物的各种组合,但是没发现什么突破性药物。这样一来,当吉利德抗艾滋病药物的专利在2015年过期后,他们就惨了。

肝病年会三周后,吉利德的董事长兼CEO约翰·马丁宣布将以每股137美元收购法莫赛特,总价超过110亿美元。这个交易不光规模巨大,而且溢价竟然高达85%。两天后,福泰的股价在闭市时只有26.60美元了,市值不到55亿美元,相较半年前的好日子,市值跌去了60%。那时,他们药物上市的势头史无前例,华尔街人人都相信他们将在2012年卖出20亿美元的替拉瑞韦。而现在,都是过眼云烟了。如果有哪家大药企想收购福泰,现在就是个天赐良机,不过没人表达出意愿,甚至连传言都没有。福泰的丙肝收益化为云烟,剩下的价值集中在研发中,很难定价。行业巨头不喜欢风险,这不是他们想要的交易。

埃门斯希望杰弗里·莱登博士担任下一任CEO,他自2009年加入福泰的董事会,也一直是埃门斯在夏尔制药董事会的同事。莱登现年56岁,背景很独特。他本是杰出的心脏病学家,在哈佛医学院任教。2000年,他加入雅培,领导了修美乐的上市,之后成为雅培处方药部门的总裁兼首席运营官。他在2006

年离开雅培，担任一家生命科学风投公司的执行董事。埃门斯敬重他，认为他是目前唯一满足福泰需求的候选人：科学背景扎实，商业经验及金融经验丰富，判断力和领导力强大。

埃门斯此前让博格还有另外两位董事来主导筛选继任者，他对博格说："关键是你要觉得可靠。如果你不认可，我也会担忧的。"博格要求在职位描述上加上忠实于福泰的价值观，董事会同意了。他认为人们低估了科学家这一群体的思想广度。他曾经对记者说："很可能一位顶级科学家能随口哼唱三部奏鸣曲中的旋律，但是那些人文学科背景的员工哪怕连医学院入学考试的科学知识部分都通不过。"莱登作为美国人文与科学学院以及美国医学院的双料院士，轻松在面试中赢得了博格的青睐。

12月9日，福泰宣布他们将开始测试Alios核苷药物的安全性和耐受性。福泰不再专注为那些常规治疗无效的患者开发四联疗法，改为侧重更适合基因1型丙肝患者的核苷药物。米勒补充说，福泰希望在2012年下半年快速进入Ⅱ期临床试验，评估Alios的药物与替拉瑞韦、VX-222，以及利巴韦林合用的效果。这是福泰的新招，或许能成为杀手锏。华尔街对此热烈欢迎，福泰的股价回升到每股30美元。

2011年是福泰疯狂的一年，接近年尾，各部门都开始节前准备，纷纷收尾工作，放两周圣诞假，然后就要开始准备1月的J. P. 摩根健康产业大会。Kalydeco上市在即，又将激起新一轮的起起伏伏。现在是评估与奖励的季节。在The Street网站对"年度最佳生物技术CEO"的调查中，33%的读者都将票投给了埃门斯，使他获此殊荣。但是专栏作家福伊尔施泰因插手干预，将奖项同时颁给了埃门斯和普莱斯，虽然后者得票率最低，仅有11%。"这样并不对，"福伊尔施泰因这么评价投票结果，"因此，我将利用我作为评委的特权给普莱斯颁一个特别奖，表彰他去年的杰出工作。我觉得这不需要太多解释。这不是贬低埃门斯和其他提名人的成就，但是普莱斯极大地推进了丙肝的治疗，并且为投资人获利，因此他也应当获奖。"

## 第三部分 好戏上场

无可否认,普莱斯和法莫赛特赢得了这场多头空头大战,让其投资人和员工都赚得盆丰钵满,普莱斯本人足足赚了2.5亿美元。至于他们是否真的能极大地帮助到患者,而非仅是满足华尔街的奇思妙想,只有时间能告诉人们。唯一能明确的是,法莫赛特的神奇故事令福伊尔施泰因等关注制药业的人意乱神迷,就像福泰当初用VX-950治愈了所有12位患者一样。

这是几个月来帕特里奇第一次在家过周末,他陪孩子们在院子里做了个冰场。他努力让自己保持乐观。"他们大肆宣传早期数据,我们以前也这么干过,应该感到奇怪吗?"他问道,"所以我们要接受毫无办法的现实。我们真做不了什么。你知道的,我们把自己的事做得很好了,我们开发了自己的药物,在药物获批上市阶段的宣传做得非常好。我们利用这些宣传获得了很高的市值,防止被收购,筹集了很多钱,这很好。我们上市了药物,上市进行得**特别好**。我们还有后备药物,这证明了我们的管线策略不错。但是你知道,丙肝市场不好做。我们一次就能把患者治好,之后再也见不到他们了,然而他们又不需要被立刻治愈。"

12月15日,福泰宣布了两个消息:FDA同意优先审核Kalydeco(VX-770)的上市申请,预计在4月中旬答复;董事会任命莱登为下一任总裁兼CEO,2月1日生效。这个时间是他自己要求的,另一次上市在即,他希望立刻进入状态。埃门斯将留任董事会主席。

# 第十五章

*2012年1月10日*

"福泰本应炫耀他们的胜利",《波士顿环球报》的罗伯特·韦斯曼这么评价今年的J. P.摩根健康产业大会。已经有2.5万患者用上了替拉瑞韦,比华尔街此前的共识多出一倍。但是这次大会的头条被百时美施贵宝斥资25亿收购生物制药公司Inhibitex抢去了,这样目前有后期核苷药物且还没有被收购的公司只有Idenix了。Xconomy的蒂默曼写道:"(福泰)从丙肝领域的霸主跌落神坛,只过了新闻频发的6个月。"

埃门斯在大会上介绍了莱登。莱登在福泰自成立以来的巅峰时刻上任。此时福泰收入充沛,现金充足,第二款产品上市在即,不断有新的临床数据提示他们下一步研究该如何进行。莱登在演讲时主要讨论了囊性纤维化及其管线,这将是他任内的重点,但他也努力防护自己的侧翼,在丙肝领域低调地准备守护未来庞大的市场。"不会有什么神奇的药物一片下去就能药到病除,"他说,"目前很清楚的是,丙肝领域将会是为不同的患者提供不同的组合治疗。目前还不清楚最好的组合是什么,我们要做的就是也提供一份药物。"

莱登保证延续管理方针,让员工和投资者稍稍放心。但是埃门斯这么快就卸任,再次激起了大家一直关注的问题:福泰高管的旋转门到底**怎么回事**?福泰这么不稳定,怎么能够实现全球拓展?博格和埃门斯的交接让福泰更顺利地实现了盈利,但这对文化和人才的长远影响尚不清楚。莱登显然很聪明,但如同埃门斯所说,"房间里最聪明的人是房间里所有人组成的这个集体",他将怎么领导这个集体呢?莱登精力充沛,永远乐观,工作勤奋,专注起来甚至有点过头。他清楚自己的职责是用好福泰目前的药物收入,滋养其研发,并让投资人有理由继续持股。他清晰地描绘着他希望在5年任期内上市多款药物的愿景。一切看起来都非常好。

FDA决定快速审评Kalydeco的上市申请,也就是说他们要在4月中旬给出审评结果,因此Kalydeco的顾问委员会会议被安排在了2月底。但J. P.摩根产业大会三周后,福泰就收到了FDA的传真,说他们批准了Kalydeco的上市——不需要顾问委员会投票了。此时距莱登接任CEO不到一天,离第四季度电话会议不到两天。波格斯对路透社记者说:"FDA想证明他们愿意帮助有重大医学价值的药物尽快上市,Kalydeco正是这样一款药物。"

在囊性纤维化领域,20年来有太多虚假的希望,FDA的通知意味着新时代的黎明破晓。"Kalydeco是个性化药物的杰出范例。"评审委员玛格丽特·汉堡博士说,她同时也赞扬了囊纤基金会投身风险慈善的壮举,"这段独特的互利关系让Kalydeco获批,展现了公司和患者组织合作开发药物的可能性。"比尔强烈赞同,他这么评价福泰:"我得到了他们的注意,因此才能和他们共进晚餐。"

在福泰,大家齐聚博格Ⅱ号楼,米勒用力地再次敲响了那座紫色的改变生命之钟。福泰为Kalydeco的定价是每年29.4万美元,是价格第八高的罕见病药物。在电话会议上,怀森斯基花了最长的时间讨论福泰将"不考虑经济情况"的患者支持计划,保证所有有需要的患者都能用上药,不管他们是否有能力支付,这部分的讨论比其他临床信息讨论都长。意见领袖们赞扬了这一成就。邦尼·拉姆齐博士是华盛顿大学和西雅图儿童医院囊性纤维化研究的领军人物,他将

Kalydeco 的获批和第一次登月相媲美。福泰开始配送药物，在 48 小时内将 Kalydeco 送向药房。Kalydeco 的说明书上有显眼的警示标签："不适于 F508 缺失突变纯合子患者"，即不适用于那些仅有两个 F508 缺失突变的患者。奥尔森非常高兴，但他更牵挂着那些有其他基因突变，正等待着矫正剂的患者。

史密斯主持了电话会议，展示了惊人的盈利数字，去年替拉瑞韦的总销量为 9.51 亿美元。福泰在 2010 年亏损了 7.55 亿美元，在 2011 年盈利 3000 万美元，这是他们第一次实现年度盈利。这也意味着，他们要向华尔街证明他们不会哪天又滑落回亏损。不管他们下一个想推上市的药物是什么，都不能超出自己的预算范围。为了帮助分析师估值，史密斯预测替拉瑞韦今年的销量大致为 15 亿—17 亿美元。

麦克明问杰弗里·莱登福泰打算用这些钱做什么。"前任 CEO 马修·埃门斯曾说，投资研发将是第一位的，然后是一些小型的并购交易，最后是回购股份。"她说，"杰弗里，我想问一下，您对资本分配策略的态度。"

"我认为我和马修的态度完全一致。"

"我想再问一下。您对丙肝有什么想说的吗，您对你们的丙肝项目是否满意？"

"我们的管线多样化，这点我很喜欢。"莱登说，"我们有两个 Alios 的核苷药物，它们可以互相组合，显然可以和利巴韦林组合，还可以跟我们的非核苷药物 VX-222 以及替拉瑞韦组合。我认为我们的管线有所有可以创造胜利配方的药物。"

科佩尔等人或许以为，CEO 换人可能会让福泰也加入收购后期核苷药物的大赌局，莱登堵上了这一可能。福泰要为长期做准备，他们有很多实验要做。两周后，吉利德宣布，在一项联合使用利巴韦林和法莫赛特的旗舰核苷药物——现在被叫作 GS-7977——的临床试验中，有 10 名此前接受过其他治疗但无效的患者，其中 6 人在接受此次治疗 4 周内病情复发了。吉利德股价狂泻 15%，而福泰的股价攀回了每股 37.60 美元，似乎证明了福泰的远见。"这对那些相信核苷药物能'彻底征服'丙肝的人来说可谓是一记重拳。"波格斯对路透社说,这既是对普通投资者说的,也是对那些此前嘲笑过他的建议的对手说的,"这是对吉利德、他们的管理层、投资者预期、GS-7977,以及整个收购法莫赛特的决定的重大打击。"

福泰还在舔舐伤口,适应匆忙的领导层变换,但他们抓住这阵逆风减弱的机会,乘着吉利德的麻烦,重新争夺公众的关注,于几天后宣布了他们全口服丙肝疗法的早期数据。他们组合了替拉瑞韦、VX-222以及利巴韦林,结果显示,受试的46位患者中有38人,也就是83%的患者,在试验结束12周后体内无法检出丙肝病毒。现在核苷药物大行其道,这个不加入核苷药物的三联疗法可能无法最终赢得竞争,但是这个结果表明福泰有志守住市场,Xcomony的蒂默曼写道:"福泰可以小小地引以为豪一下。"

基思·约翰逊一直关注着Kalydeco的进展,他非常渴求这个药物,试着通过各种方法获得药物。1月,他从一名同情他的护士那里听说一项组合Kalydeco和矫正剂VX-661的试验即将开展。2月初他接到电话,请他第二天早上去接受检查。这时他的FEV1接近50%,符合入组条件。3月8日,他去医院领药。他回忆起他的兴致高昂:"我那时不在意VX-661,如果它有效,那更好。我只想要VX-770,其他我都不在乎。我很可能得到VX-770,我想抓住机会。"

约翰逊的手机里留着一张那天的照片。"结果他们给了我这个:一片药片。我说:'等等,Kalydeco在哪?''没有Kalydeco,在第一组试验,患者有1/5的概率仅使用VX-661。''什么叫只有VX-661,该死的VX-770在哪?'那时候我理解那些瘾君子了,有那么几秒钟,我很想摸进这个该死的地方,偷走所有的VX-770。"

第一组试验评估VX-661单药治疗的疗效。患者将用药28天,然后停药28天;第二组试验测试VX-661和VX-770在不同剂量下联合用药的效果。约翰逊面临一项选择。"他们说:'你可以退出第一组试验,选择进入第二组试验。'这有太多不确定性了,我想看看会怎样。我心想,如果我拿到的不是安慰剂,那就能证明我的猜测,就是像我这样有两个F508缺失突变的患者中,有一些人的细胞表面还有一些CFTR蛋白。所以让我看看会发生什么。"

"(试验结束停药后)我唯一的感觉就是疲倦。停药8小时之后,我觉得难以置信地疲倦,这跟我上次停药的感觉不一样,可能这次是安慰剂,我不知道。"

整个春天,约翰逊强压着他的失望,他知道福泰必须严格测试药物。哪怕他能找到愿意开处方的医生,他也找不到愿意付钱的医保公司。他唯一的希望是让福泰相信他是个特例,值得进行更多的医学观察和测试。

4月,福泰得到了对有两个F508缺失突变的患者联合使用VX-809和Kalydeco的中期试验的数据,结果优于预期。虽然只是初步分析,结论可能会进一步调整,但46位患者的改变是一致的,他们呼吸显著改善,体重明显增加,汗液氯含量显著下降,让福泰可以快速启动关键试验。福泰担心外包研究机构和医生们会私下分享这些数据,决定公开肺功能的数据,展现组合用药的效果。

经过计算,帕特里奇认为,如果分析师真的忠实于他们的模型,会立刻将VX-809在两三年内获批的概率大幅提高到50%。他说:"我们的药物能覆盖的患者从几千人一下提高到3.5万人。"根据这些数据,帕特里奇做了个简单的现金流折算模型,认为股价能提高12—20美元。到底能涨多少取决于福泰的可信度,"这是他们对我们信任度的气压计。"

5月7日,周一,福泰股价直线上升,从每股37.41美元涨到每股58.12美元——足足涨了55%,这是他们最大的单日内增幅,市值增长了42亿美元,让他们回到了一年前,在替拉瑞韦上市前夕,普遍被市场看好的状态。周二时,股价继续涨到每股64.16美元。ISI的舍恩鲍姆说福泰的囊性纤维化药物可能让他们每年有40亿美元的收入。福伊尔施泰因预测囊性纤维化的收益将达到每年60亿—70亿美元,和吉利德所有的抗病毒药物收入相当,包括他们主导市场的抗艾滋病药物。

第二天早上，摩根大通的米查姆，在煽动了一年的看空福泰后，将他对福泰的评级从"中立"提高到了"推荐买入"，将目标股价从每股45美元提高到了每股82美元。他在写给投资人的信中称，他这些调整"稍微晚了点"。

❖

"VX-809的数据非常惊人，"博格在一封邮件中写道，"数据简单直接，说明药物就是有效。"

他兴高采烈。福泰在没有他的情况下依然稳健发展，福泰的成功让博格风光无限，也让他有信誉和资本在医药、商业、政府、政治、教育、公共政策、慈善和艺术中多方投资，这些都是他热衷的。5月的一个雨夜，他和妻子艾米像主人一样来到波士顿喜来登酒店宴会厅，这是美国公民自由联盟的权利法案年度晚宴。今年的特邀嘉宾是哈里·贝拉方特，他既是歌手，又是演员，更是社会活动家。新闻栏目《立刻民主！》（*Democracy Now!*）的主持人艾米·古德曼作了主题演讲。博格一家为联盟捐款10万美元。

2012年是总统大选年，也是马萨诸塞州参议员改选年，最近博格在波士顿北部的洛厄尔市度过了一整个周六，参加民主党集会，为对抗共和党参议员斯科特·布朗造势。马萨诸塞州的参议员选举结果事关奥巴马的医保法案能否存续，以及全国的政治方向，他预测说："这将是美国2012年第二重要的选举。"他最近还牵头为哈佛医学院筹资10亿美元。他曾经发誓说再也不回业界了，连顾问都不做，但又在一家致力于治愈儿童视盲的创业公司担任执行董事长了。再一次地，他没有停在边界。

在晚宴上，博格对着900名公民自由联盟成员讲述他对《权利法案》（The Bill of Rights）的理解："如何建立关心公民、有利经济发展的国家，历史上有两个相互竞争的理论。"他这么说，"我管第一种叫作'欧洲封建主义'，这对当权者很有吸引力：踢开一切挡路的东西（因为我拥有它们），维护我的优势（因为这是自然次序），只在一定能赚的情况下才投资（万一亏了，就彻底掩盖它，因为你知道，我太重要了，不能失败）。"

"另一种经济和社会的典范,我称之为'权利法案'。这是一种激进的社会合约,《权利法案》阐述了许多重要的理念。简单来说,它追求正义与尊严,让所有人过得更好。"

他总结说:"《权利法案》不是我们付出的代价。我们相信这是正确的事,也是一份经济发展计划:我们团结在一起才能更加强大,比我们各行其是更有生产力。为了最有效率地团结在一起,我们需要一些基础规则,让大家清楚所有人都有机会,以及集体的力量不能用于欺压个人。我们喜爱《权利法案》,因为它保护了我们所有人,100%地保护我们。"

博格在研究生期间就加入了公民自由联盟,那时公民自由联盟阻止了新纳粹组织在芝加哥郊外犹太人区的游行,博格对此非常钦佩。博格将《权利法案》比作商业计划,并因为它保护了所有人,哪怕是最糟的人,而喜爱它。他不是盲从,而是因为这是智慧、进步、爱国的政策,他认为这就是经济发展的秘方。他后来在一封电子邮件中谴责美国放弃愿景和希望,沉迷于短期回报的刺激:

> 博格税收计划:对持有一年内资本的收益征收99%的税,对持有两年内资本的收益征收90%的税。你想当投资人?那就好好长期投资。你想当交易员?那就去赌场好了。

5月底的阵亡将士纪念日假期,帕特里奇带着妻儿去新罕布什尔州的一处山间小屋度假。在开始一天的远足之前,他检查了一下语音邮箱。肯的继任者,泰·豪顿从公司给他打了电话:"请在收到信息后尽快回电。"

帕特里奇假设发生了最糟的情况,比如患者死了,毒理学试验结果很差,政府介入调查,或者FDA要求停止试验,这些突发情况都是生死存亡的考验。昨天下午,豪顿获知囊性纤维化试验的FEV1数据分析出错了。FEV1是以百分数衡量的,福泰从外部研究者那里获悉的FEV1提高不是百分数提高**绝对值**,而是百分数变化的**相对值**,并向华尔街汇报了这个数据。这是个常见的错误,很多医生都会偶尔混淆。其他指标没有变,药物依然有效,但是他们需要更正数据。

尽管山间的电话信号很差,帕特里奇下午依然参与了数小时的电话会议,晚上他在山间小屋中写出了一份草稿。高管们在周日齐聚公司,开了一整天的会。帕特里奇回忆说:"杰弗里是理性的声音:'事情就是这样,我们得承认,在周二早上开市前发布更正。'"更正的数字显示,经过8周联合使用Kalydeco和VX-809,35%的患者肺功能至少提高了5%,19%的患者至少提高了10%,而此前他们宣布的是46%和30%的患者分别达到了5%和10%的提高。

杰弗里·莱登和怀特宣布了这个消息。他们都不是分析师熟悉的老福泰人。怀特解释说虽然数据修改了,但是"基于这么短的时间,这么少的患者,依然是个显著的临床结果"。莱登强调福泰正在积极进入临床Ⅲ期。一如既往地,波格斯率先发难,指责公司的态度。莱登回应:

> 听着,我想明确地告诉你,这样的错误令人失望,我们不能接受。这不是该在福泰发生的事。我们是一家高科技企业,我们自豪于正确的科研和正确的数字。
>
> 我们看到的就是那样,所以以为那是绝对值,但实际那是相对值。我们一发现这个错误就更正了它。我们今天不仅给你们提供更正的数据,还提供更多的数据说明我们为什么对结果很有信心。今年年中,我们会得到最终的数字,会比这些都重要,到时候我们就能更肯定地告诉你们研究结果如何。但我们今天想说的就是,哪怕是更正过后的数字,我们依然有理由相信我们看到的效果是真实的,至少对这个中期分析而言。

史密斯曾说,这招是"信任牌"。一家公司能打几次信任牌,取决于它的历史。一小时之内,福泰的股价大幅下跌,上一次这么大的当日下跌还是8年半以前普那卡生项目宣布终止的时候。随着分析师重新定价,收盘时股价回升到了每股52.85美元。ISI集团的舍恩鲍姆率先向投资者解释："这是个负面的调整,但我们认为这依然是积极的数据。"

第二天晚上,在纽约的贝尔斯登的投资者会议之后,波格斯举办了一次聚餐,有30名分析师和基金经理到场,莱登向他们亲自解释。"他们很生气——'你们怎么能这样?''你们怎么能犯这样的错误?''你们怎么可能不知道?'"帕特里奇回忆说。有些人开始长期质疑福泰,不管高管们表现得多么聪明或者跟他们握多久的手都没用了。ClearBridge的健康产业分析师马歇尔·戈登对Barrons.com说:"这对管理层的信誉影响很不好。他们以往就被认为是过于热衷推销。看起来他们过早地大肆宣传数据。但是我认为这不会影响药物的临床价值或者商业价值……药物显然有效,应该能上市。"

分析师们依然积极,他们谴责了莱登但没有进一步惩罚福泰。周三时,福泰股价回升到了60美元。紧接着,很不巧地出现了另一个稍小的问题,进一步损害了福泰的声誉。FDA的处方药推销监督办公室常规性地批评了福泰提交的推销替拉瑞韦的材料。材料中引用了一名患者的话:"治疗结束6个月后,我发现我身上的病毒都被清除了,我觉得太好了。我很高兴我能活久一点,看着儿子长大。"FDA批评说:"这个促销故事有误导性,让人们以为绝大多数甚至所有丙肝患者用药后都能成功实现持续病毒学应答。"他们反对使用"清除"一词,要求福泰修改这份没有公开流通的文案,福泰同意合作。

第二天,《波士顿环球报》在报道囊性纤维化数据错报的同时附上了FDA的信件,说这是"剑桥市的生物技术公司这周内第二次受挫",并且报道说早些的误报让福泰的股价在5月7日上涨了55%,"5位高管以及2位董事会成员行使他们的股权,卖出了价值数百万美元的股票"。虽然现在的股价已经比更正前更高了,受到质疑的替拉瑞韦广告文案也非定稿,但这篇报道突然营造了一种负面舆论,好像又有一家生物制药企业系统地曲解数据,夸大其词,好让内幕人士赚个盆满钵丰。这样的故事人们很熟悉,"家政女王"玛莎·斯图尔特当年就是因为内幕交易英克隆公司的股票而锒铛入狱的。

舆论很快发酵。下周一时，圣迭戈一家自我描述为"提供专业的预防亏损,弥补损失,监控资产组合服务"的投资者基金会——也就是一家法律公司——开始征集起诉人,宣布他们将调查福泰是否违反了联邦证券法。当天晚些时候,艾奥瓦州的参议员查尔斯·格拉斯利,参议院司法委员会中重要的共和党人,联系了证监会主席玛丽·夏皮罗。"我今天向你写信是为了通报一件可能引起制药界投资者以及联邦政府关注的事情,福泰制药发布的临床数据以及他们高管卖出的股票让我深感担忧。"

他引用了《波士顿环球报》的报道,要求证监会调查博格、怀森斯基、米勒、萨奇戴夫、凯利-克罗斯韦尔,以及公司的会计长保罗·席尔瓦。5月7日、8日和14日,怀森斯基以每股59—64美元的价格卖出了365 300股,比其他人加起来卖的都多,让她净赚了1300万美元。很多公司允许高管在预定的时间和预定的价格销售股票,和其他人一样,她的卖出是符合这些规定的*。"虽然福泰这么解释,"格拉斯利总结说,"但福泰的高管们可能利用了股价升值的窗口,因为他们知道被高估的临床数据终会曝光的,势必会对股价有负面影响。"

故事愈演愈烈,福泰亟须令公司形象免受更大损伤。周五时,福泰宣布了两位高管的人事变动,都将在数月后实施。豪顿将不再担任首席律师,但是他会留任一段时间交接工作。怀森斯基也要退休,毕竟随着埃门斯退休,她本来也没有朋友和导师了。公司发言人扎克·巴伯对《波士顿环球报》说,这些变化与公司股价下跌以及之后的事件"完全无关"。10天后,《波士顿环球报》报道,福泰斥资145万美元,为波士顿的一所公立高中建设高级实验室,并计划在河边修建一座9000平方米的工厂,行文充满溢美之词。这些项目早已进行了数月,报道刊出的时机显然不是巧合,而是试图转移话题。

6月底,福泰公布了囊性纤维化试验更全面的数据,结果与调整过的数据相

---

\* 2020年11月,辉瑞CEO在新冠疫苗宣布重大利好当天也抛售了大量股票,这一行为虽然也符合类似的预定计划,但引发了许多争议。——译者

似,但是趋势不是那么明确了,令有些投资人再次恼火。帕特里奇说:"我认为没人卖出股票,但是他们都讨厌波动性。"

证监会没找到什么疑点,没有继续回应格拉斯利的要求。

基思·约翰逊听了囊性纤维化试验公布数据的电话会议。他认为,根据福泰的论调,他在VX-770试验中FEV1的提升是"统计学显著,并且具有临床意义的",怀特和FDA都认可这个数据的有效性。他不明白为什么他还是不能获得Kalydeco,这个药明明可以改变他的生命。

他觉得自己就像试验用品,比如一只豚鼠,不光帮助福泰和囊性纤维化患者社群研究了药物,也凸显了个性化药物开发模式的戏剧性进展。FDA非常鼓励开发罕见病药物,甚至在研究如何在只有一名患者的情况下进行临床试验。他认为自己为公司、医生、基金会提供了一个关键数据,即CFTR折叠突变的患者也可能从一款治疗门控突变的药物中获益。约翰逊知道他现在有些偏执了,但是他在脑海中与医学界对话,认为自己的好斗是合理的。

他打磨了他的论证。"我是这么想的,如果我错了,你们就再也不会听见我放一声屁。如果我只有2%的提升,那就2%,我会继续过我原来的日子。但我确信我的提高不止2%,这让我晚上睡不着。这事快把我逼疯了,我得吃安定才能睡着。所以必须有人告诉我:要么我的提高只有2%,那么我就算了;要么我的提高是显著的,是有意义的。我需要知道。"

范古尔很早以前就说过,当个性化药物出现后,疾病也会更加个人化。人们的基因会告诉他们谁是最有可能受益的患者,然后这些可能获益的患者就要去向医学界论证为什么他们需要药物,哪怕一年的药费比房价还高。没人知道这个新系统将如何运行。约翰逊努力在VX-809或VX-661获批前保持健康,为自己争取一切机会,他在不经意间成了尖端医疗市场中的新型用户:了解自己基因的消费者。

6月27日,最高法庭支持了奥巴马医改计划,排除了违反宪法可能,也让奥巴马再次获选的机会大大增加。几天之后,葛兰素承认向未经批准的适应证推销自己最畅销的抗抑郁药,以及没有上报一款畅销抗糖尿病药物的安全性数据,并为此支付30亿美元的罚款。这是制药界至今最大的和解协议。而不久之前,雅培曾因为向养老院违规销售抗精神病药物被罚款16亿美元,强生也因相似的原因被罚20亿美元。

在7月底的季度电话会议上,福泰和他们的股价罕见地达成了一致。此前华尔街要么高估,要么低估福泰,在看好福泰的才华和看空福泰未来的不确定间摇摆。虽然替拉瑞韦的销量下降了,再加上医生和患者都盼着全口服疗法问世,替拉瑞韦未来的销售曲线势必更低,但福泰的股价反而上涨了5%。因为在一项小型临床试验中,Alios的核苷药物ALS-2200的病毒学数据不错。这个分子药效强劲,不比吉利德的药物差,而且不像吉利德和百时美施贵宝,福泰没有为其花掉数十亿美元。"这让他们重回丙肝的竞赛中,"布林资本(Brean Capital)的分析师布赖恩·斯科尔尼对业界新闻FierceBiotech*说,"让他们再次成为真正的玩家。"

不过这在公司内部不是什么新闻。福泰从未停止前进。一方面,去年福泰的股票在丙肝的热潮中受到重创,这让高管们更加积极;另一方面,更加节约。他们降低了销售预期,承认吉利德是新的领跑者,意味着大家都只能得到更少的经费,之后几年内日子都不会太好过。对销售团队而言,他们要更努力地向更少的医生推销药物,尤其是那些等不了两年,等不到下一代药物的患者。近期的预期晦暗了,远期的前景明亮了。丙肝药物的销量走势越发疲软,公司上下大家都有些疲惫,但依然斗志抖擞,不为任何事困扰。

"只要你不关注行情几小时,"一则行业笑话这么说,"丙肝局势就会改变。"

---

\* 这家新闻网站每年会发布业界知名的年度生物技术猛公司榜单(Fierce 15),展现具有创新精神的生物技术公司。——译者

现在很多公司都在为这200亿美元的市场,竞相开发下一代抗丙肝疗法,这个笑话似乎成真了。几天后,竞赛的局势大幅改变。百时美施贵宝宣布他们将停止测试Inhibitex的核苷药物,因为一名患者服药后死于心脏病。这个消息宣布三周后,一共有9名患者入院,这让大家再次关注起核苷药物的安全性问题,百时美施贵宝的高管们也得为8个月前他们大肆宣传的25亿美元收购事件的失败辩解。FDA担心核苷药物都可能出现类似的问题,暂停了Idenxi的两个核苷药物的开发,科佩尔曾经相信它们能解决福泰的问题。

FierceBiotech称各药企竞相开发第一代无干扰素疗法为"丙肝药片竞赛"。福泰此前一直都在追赶,现在他们赶上了吉利德和雅培。在未来,丙肝患者或许会根据他们丙肝病毒的类型以及自身的基因型,从多个疗法中选择。哪怕就像华尔街预测的,吉利德在2014年推出了全口服疗法,他们一年能治疗多少患者呢?7万人就已经很多了。而仅在美国,就有超过320万的患者,其中75%的患者还不知情。在丙肝市场,大奖是婴儿潮一代数百万现在还没发病的患者,随着年龄的增长,他们的肝迟早不堪重负,甚至癌变。

8月底,疾控中心督促婴儿潮一代所有人去接受丙肝血液筛查。这时距博格和萨奇戴夫思考如何撬动华盛顿去考虑丙肝的公共卫生问题已经6年了。疾控中心的官员称,丙肝每年导致的死亡从1999年到2007年已经翻了一番,但在2011年,由于两款新药上市,更多的人可能被治愈。"除非我们立刻行动,"疾控中心主任托马斯·弗里登对记者说,"不然死亡数会显著升高。"

博格的两个目标同时达成了:上市一款突破性药物,同时唤醒政府和世界,让大家意识到,除非让受感染的人得到治疗,否则他们会发展出严重的肝病,花掉巨额经费。事实上,这个计划对长期投资者以及公司里一些人而言太成功了。福泰引领了直接抗丙肝病毒药物的开发,大幅提高药效,拓展市场机会,鼓励竞争者入场。虽然他们目前落后了,失去了市场主导地位,不得不收缩,在更长的一段时间内可能面临被收购的风险。但是福泰全力投入科学,巧妙地游说政府,给患者带来了巨大的福利。曾经人们得忍受一年痛苦的治疗,却仅有

40%机会痊愈。几年后，患者只要口服12周药物，就能有90%的治愈率。这么短的时间，这么大的进步，在医学界着实少见。

有远见的领导的目光不会仅停留于一个未来的目标。他们带动了发展，永远着眼于下一个挑战，也会因为世界没有跟上他们的步伐而烦躁、失望。只要福泰没有被收购，博格对他们的丙肝策略总是满意的。但他担心福泰不再公开宣布野心，似乎臣服于重力。在公司内部，大家依然认为他们能做到其他人不愿意做或者做不到的事，但是对华尔街，那个傲慢地坚持自己是杰出和正确的福泰似乎不再有了。博格感慨道：

> 我们本来不是这样的。以前人们总因为我从未作出的承诺谴责我，但那些承诺都是人们自己想象出来的，比如"替拉瑞韦绝对可以单药治疗丙肝"。我只是根据当时的数据，描述愿景。这只是可能性，在被证明为不可能之前，一切皆有可能。为什么我们现在不这么做了呢？这个方法很他娘的好，其他行业中也有很多市盈率很高的公司，他们都他娘的这么做。苹果公司市盈率那么高，不是因为人们根据什么分析，认为他们会在2020年控制手机市场。这只是一种可能，但为什么苹果可以这么假设呢？因为他们就是这么做的，他们不是说假设这会发生，而是**假装这已经发生了**。
>
> 我们不再假装自己多么杰出，不再假装有最好的创意，比如有最好的JAK3抑制剂，这样迟早我们会陷于"呃，我证明不了。不，我们还没有数据"这样乏味的对话。我认为我们形势很好，没有过高地承诺丙肝的销量，没有陷入这样的对话，而是不断爆出更高的数字。但是，最重要的是始终对未来保持绝对的激情。为什么这两种情况不能同时存在呢？我不明白为什么我们要对研究那么保守。研究是关于希望、关于可能性的，而不是关于确定性的。

夏去秋至，福泰又开始准备肝病年会。今年的肝病年会将回到波士顿的海因斯会议中心,又会是一场旷日持久的大战。去年的惨痛记忆已经不在了。哪怕这几年中吉利德或者雅培抢走了福泰在丙肝中的领先地位,他们也能找到办法应对,但是销售团队可能会因为即将到来的无干扰素疗法损失惨重。现在替拉瑞韦还在标准疗法中,为了鼓励医药代表们继续努力,防止他们跳槽,昆博为他们向史密斯和莱登争取到了慷慨的留任奖励,振奋了士气。与此同时,福泰也宣布与葛兰素和强生合作测试组合使用VX-135和他们各自的药物。VX-135就是此前收购得到的ALS-2200。福泰这个季度的销量不尽如人意,在10月底发布季度报告后,股价下降到了每股40美元左右。在连接博格Ⅰ号楼和Ⅱ号楼之间的空中走廊里,挂着展示福泰三个价值观的横幅,现在又新添了一个彩色横幅:**患者第一**。

越来越多的事情越来越快地改变了,但这些价值观依然没变。考夫曼此前得以从投资人关系中暂时解脱,又开始为丙肝会议忙碌起来,他将再一次成为公司无瑕形象、海量数据的化身。和博格不同,他对夸大其词不感兴趣。FierceBiotech的瑞安·麦克布赖德询问他对丙肝领域中堪比淘金潮的竞赛有何看法,考夫曼说:"这里不光参与的玩家众多,变化的速度也是独一无二。我们很高兴能处在前沿,替拉瑞韦为更多直接抗病毒药物铺好了路。"

自创业伊始的20年间,福泰都是一家研发型企业。但在过去几年间,他们在丙肝领域经历了生死攸关的大起大落。在一败涂地之际,又发现了囊性纤维化这个富矿。现在他们财大气粗,在多个疾病领域有多种进入中后期临床试验的药物,管线堪比丰盛的自助餐。回想这些变换,昆博觉得天翻地覆。他建立的替拉瑞韦团队原本能在未来十年间不断卖出各种药物,但是2014年初全口服疗法就可能面市,他们却没有有竞争力的产品。与此同时,替拉瑞韦的销量也到顶了,相较去年销量下降了40%,之后也将持续这个趋势,最终会断崖式下跌。昆博说:"潮退了,而我被困其中。"

尽管这两年来昆博全身心投入,但他像所有人一样清楚福泰始终是家研发型企业,在这里做销售总是很困难,而且不被认可。无论是华尔街还是市场,都不能改变福泰认为研发最重要的观念。米勒坚持以替拉瑞韦为基石组合用药、回避核苷药物的观念,这让史密斯难以大量融资、拓展管线,也让福泰在一段时间内不得不节衣缩食——他们短期内没有拿得出手的丙肝治疗方案,长期来看更没有明确的计划。销售团队没有机会"狠踹吉利德的屁股",至少几年内没有。他们只能希望囊性纤维化药物能担起重任。

建筑者总会为自己建造机会。8月,昆博飞到圣迭戈,然后去墨西哥的瓜达卢佩岛度假。一个旧铁笼子载着他潜入海底,近距离接触大白鲨,感受它们传承自史前的鼻子和锋利的牙齿。他领悟到了什么?"待在笼子里。"他拒绝了雅培等丙肝领域内重量级公司的邀请,低调地加入了萨雷普塔治疗(Sarepta Therapeutics),这是一家只有70人的公司,即将上市一款治疗肌营养不良的罕见病药物。12月初,昆博提出了离职,但下一年元旦后才会通知他的团队。

福泰对昆博表示感谢的方式是没有在他提出离职的当天就把他扫地出门,还允许他在假期继续使用公司的笔记本电脑。昆博在萨雷普塔治疗将主管商务拓展,从销售药物转战并购与全球授权等交易。他将在新一年的J.P.摩根健康产业大会上首次以新身份登场,萨雷普塔治疗已经开始为会议准备日程表了,福泰将是第一个洽谈对象。

在华盛顿,奥巴马再次当选,尽管"财政悬崖"阴云笼罩,他的医改法案依然很快就会生效,注定为价值2.7万亿的美国医疗卫生产业带来繁荣。另一方面,制药界一改10年间的颓势,产出了大量新药。2012年获批的39种新药中,一半都是像Kalydeco这样治疗罕见病的药物,标志着制药界后基因组学时代的新典范已经到来:将有许多价格令人瞠目结舌但彻底改变少数患者生命的药物出现。就像福泰早已知晓的:发现这样药物的美妙愿景、较少的上市阻碍,以及无可比拟的价值,是所有公司,尤其是小公司无法抗拒的。

12月19日,福泰发布了两则新闻,反映了福泰在莱登任内的成熟。首先,英国国家卫生服务体系(NHS)在价格谈判后,同意为英国270位有G551D突变的患者报销 Kalydeco，这项决定将消耗英国**所有**囊性纤维化患者预算的一半，不过福泰也同意了未披露的折扣。打入注重节俭的外国政府主导的医保市场，显然比劝说美国富裕的医保商以及管理式医疗公司为一款药物支付 30 万美元更难。全球的医保体系都面临着不断增加的金融压力，已经有人开始担心价格高昂的罕见病药物可能不能持续。这不是杞人忧天。

福泰同时宣布，FDA 要求替拉瑞韦印上黑框警告，警告医生这个药物导致了至少两位患者出现致命的皮疹，这时 50 000 名患者已经开始用药了。虽然公司有详细的皮疹控制方案，但两名在日本的患者得了中毒性表皮坏死松解症，一种可能致命的皮肤病，其中一名患者因为多器官衰竭而死，另一位患者停药后幸存。之后还出现了第三例患者，入院治疗后依然死亡。福泰再次对医生强调一旦发现严重的皮肤病要立刻停药，死亡的患者就是在出现皮肤病后继续用药。

对于面向大量患者的药物，一个黑框警告足够干掉一款产品。但对于专注重症患者的专业疾病领域，这样的警告很常见，大家习以为常。昆博称之为"一个小嗝"。他经手上市的每一款药物最后都有黑框警告。不过这让销售团队颇为焦虑，昆博和其他销售领导努力稳定组织。"这真折磨人，"他说，"我得组织各种电话会议，跟地区主管、地区经理、医药代表、治疗培训人员沟通。"如果是在一年以前，这样的激动情绪可能会让公司陷入危机，但现在 Kalydeco 已经上市，因此一切安好。华尔街无视了这个新闻，一致看好 Kalydeco。福泰当天股价提升了 1.5%，以 45.85 美元收盘。

华尔街不再通过替拉瑞韦的销售曲线为福泰估值了。替拉瑞韦上市 20 个月后，销量达到 25 亿美元，福泰也到了转折点。年终总结时，17 家评级公司中的 13 家给福泰积极评价，4 家给出中性评价——没有一家给出负面评价。分析师都很喜欢福泰的囊性纤维化药物，认为它将是主要的增长驱动力。多头对他们与葛兰素和强生合作，以 Alios 的核苷药物为核心开发鸡尾酒疗法非常看好。没有空头。

◆

2013年1月2日,昆博在他公开宣布离职的36小时内,回复了130条短信,他在领英(Linked-in)的页面被200人查看过。他的离职对福泰的影响尚不明确,但显然沉重打击了早已军心涣散的销售团队,昆博说:"他们惊慌失措。"萨雷普塔治疗最主要的药物刚进入后期临床试验,还有两个分别针对可能导致出血的病毒和流感病毒的药物,尚处在早期和中期临床试验,昆博目前还不会招人,但他享受从头建设一家公司,并期待与最优秀的人在未来继续合作。到了周末,又有三人提出离职,这是否会引起一波离职潮取决于其他条件,但是福泰需要考虑这一可能。

福泰放弃了在丙肝领域的领先地位,让焦虑情绪蔓延。销售团队的士气低下的确是亟待解决的问题,但绝不是最重要的问题。长期来看,替拉瑞韦所剩无几的时间以及越来越小的机会窗口,加上以核苷药物为基础的全口服疗法似乎很快会到来,会给他们带来很大的麻烦。如埃门斯所说,替拉瑞韦是个火箭,但如果它没能将福泰的商业发射得足够高、足够快,不能达到进入太空的逃逸速度,那会怎样?福泰是一家要长久经营的运营型公司。现在呢?

福泰没能留住如昆博和慕克这些忠于福泰理念的人,它还能持续进取创新吗?慕克已经找到了新的事业,他在麻省理工学院和东北大学从事咨询、教学,并无偿指导年轻的科学家。另一个正向偏差邝达仪也离开了,她创办了一家药物创新咨询公司。药物注册主管格雷厄姆回到临床工作中去了。高管们从中学到了什么吗,能否避免他们再次失去囊性纤维化和其他领域中的领先地位?大药企或许不知道该如何创新,但是很擅长采纳、跟随其他可行的创意。福泰虽然曾经引领了比赛,但是现在处于困境。一位波士顿的基金经理称福泰为"最差的第一名"。不说米勒能否摆脱"德国科研主管只能产出一款新药"的魔咒,福泰的实验室已经5年没有产出什么突破性药物了。领导者总要领导。福泰现在还能像过去那样科学地运营吗,他们还是21世纪新药企的典范吗?

在J. P.摩根健康产业大会上,压抑许久的制药界因为FDA批准的大量新药兴致高涨。有人这么评论，"合理的兴奋"。莱登在20分钟的演讲中，强调了公司的策略，以及他们今年的重要商业目标。2012年，他们获取了苦乐参半的成功。他说福泰正向专业化的疾病转型，专注丙肝、囊性纤维化、亨廷顿病、多发性硬化以及癌症，并将寻找伙伴共同开发JAK3抑制剂以及抗流感药物。他宣布FDA将今年头两个"突破性药物"的地位赋予了Kalydeco和VX-809，这是尽快为患者开发重要新药的庞大计划的一部分。"创新在我们的血液中，"莱登对观众说，"是我们的独特风味。"

莱登在接受布隆伯格新闻的采访时说，他们在考虑通过合作，在自己不出资进行大规模临床试验以及维持庞大的商业团队的情况下，将VX-509提供给风湿性关节炎和其他自身免疫病的患者，这样的合作能"维持长期价值"。同时他说，福泰不打算自己支持流感药物VX-787的临床试验，这肯定会影响这个项目的进展，并让那些认为这个药物是管线中最有希望拯救福泰的人颇为失望。"我们要不做一些事，"他说，"这对福泰是新鲜事。"

在另一间会议室中，昆博第一次担任策略专家和磋商者。坐在他对面的是福泰的资深商务拓展副总裁克里斯蒂安娜·斯塔莫里斯。斯塔莫里斯的履历就像应有的那么亮眼：在麻省理工学院获得双学位，从事过咨询行业，在高盛和花旗集团担任过重要职务，经手过业内数个最大的交易。昆博觉得自己得到了足够的尊重，颇为安慰。

福泰已经不是他的东家了，但依然对他很重要，就像默沙东对博格那样：他在福泰接受教育和历练，现在福泰又是他的竞争者、潜在的合作者，甚至未来会收购他的公司，或者被他的公司收购。"商务拓展的世界很奇妙……"快到中午时他写道，"但是我喜欢！！！这将是新的挑战……看着其他公司的商务拓展官因为我没有哈佛的MBA学位，或者出生于亚拉巴马而轻视我，这会很有趣，我得忍受这种被轻视的情况，然后做生意。"

◆

2013年2月，受到FDA快速批准Kalydeco上市的鼓励，福泰宣布将启动两项后期临床试验,在200个试验场所招募1000名患者,评估两种剂量的VX-809与Kalydeco联用24周的效果,进一步研究联合用药的效果。大部分囊性纤维化患者依然急需解药,奥尔森的团队也加速推进着时间表。"如果Ⅲ期临床试验最终在2013年底或2014年初成功,这对股票的刺激将远超我们此前的分析,"ISI的舍恩鲍姆预测说,"但是同样程度的打击也可能出现。我们维持对福泰的'买入'评级,但我们承认这是个豪赌,并不适合所有人。"

几周之后,基思·约翰逊接受了三年半以来第一次静脉滴注抗生素,上一次还是在2009年12月,几个月后他就开始服用VX-770了。他希望能够符合进入联合治疗临床试验的标准,但是他的FEV1不断下降。另一方面,经历了上次VX-661的临床试验后,他不太确定参加临床试验对他是最有效的。他觉得获得Kalydeco最大的希望是联合治疗获批,并且他的基因型符合适应证。"我只想获得我知道有效的药物,"他说,"让别人去研究科学问题。"

4月15日,周一,爱国日假期,两枚炸弹在波士顿马拉松的终点线处爆炸,三人遇难,数百人受伤,波士顿和剑桥市陷入恐慌,引发了自"9·11"事件后最严密的反恐搜捕以及媒体的密集关注。这时候福泰得到了联合使用VX-661和Kalydeco的临床试验数据,就是约翰逊第二次参与的试验。服用100毫克VX-661的患者肺功能提高了9%,服用150毫克的患者提升了7.5%,耐受性良好。福泰权衡了局势,在周四闭市后宣布了结果。在下午4:30的电话会议中,米勒宣布第三款矫正剂VX-983也将进入开发。

投资者热捧福泰,福泰的股价在盘后交易时段的3小时内涨到了每股79.75美元,大涨51%。他们的热情与其说是看好分子本身的前景,不如说是受到福泰新策略的鼓舞,即他们在囊性纤维化领域不会重蹈在丙肝领域的覆辙,会积极地保护自己的市场,遏止任何觊觎者。最重要的信息是:福泰的药物组合开发一切顺利,他们正在测试多种组合,能帮助病情最严重的患者,也没有竞争者的威胁。福泰的市值现在超过了160亿美元,比一年半前高了两倍,梦幻般地快速接近进入标普500指数股票的条件了。

最后一位高管下班后，住在剑桥市的一对移民兄弟杀害了一位麻省理工学院的校园警察，抢走了他的枪。之后他们劫持了一辆SUV，并告诉车主他们就是在马拉松放炸弹的人。车主是位中国人，后来伺机逃脱，根据他提供的信息，警方在波士顿西郊的水镇发现了兄弟俩。双方展开枪战，哥哥在激烈的交火中倒下，弟弟驾车碾过兄长的身体逃离。第二天早上，波士顿地区的多座城市实施了封锁，波士顿到纽约的火车也停运了。

这一天，福泰股价持续上涨，最高达到每股86美元，波士顿四处警笛长鸣，媒体密集报道，全国震惊。19岁的嫌疑人所属组织、能力以及计划均不明，州长德瓦尔·帕特里克要求大家"待在家中"。史密斯和帕特里奇不能去上班，在家里接听投资人的电话。当晚，嫌疑人被捕，他同时是大学生和独狼式恐怖分子的双面生活也被公众知晓。福泰股价此时回落到接近每股80美元，并一直维持到月底的第一季度电话会议。电话会议上，虽然替拉瑞韦的销量不断下降，非核苷药物VX-222也被从资产表中除去，福泰的表现依然超过了分析师的预期。目前来看，希望战胜了担忧。

未来每天都在重新定价。

# 后记

我重返福泰时,约翰·汤姆森给了我一本迈克尔·沃卡什的《药企的异化》(*Pharmaplasia*),这本书批判了制药界的商业模式。沃卡什担任过默沙东的销售代表,也曾在欧若拉生物技术公司担任总经理,现在是独立商业顾问。沃卡什分析了制药巨头的根本问题:"制药公司快速而不受控制的成长超过了他们有效管理的能力,导致了各种意想不到问题。"

药企的异化是药企畸形发展的结果,医生会说这种病"就是出现了"。毫无疑问,制药巨头在兼并收购,用略有改进的产品进行日益激烈的"军备竞赛",争夺全球市场,取悦华尔街和投资者的过程中管理能力失调,丧失了自身的哲学理念。我同意沃卡什所说的"快速而不受控制的成长",即组织危险、超速的成长是罪魁祸首,而非成长出来的庞然蠢物。

在商业界,不是拓张就是消亡,你必须熬过这些环节。福泰作为一家商业公司,成长引人注目。他们现在专注于特定的疾病,这有利于他们的发展。制药界整体也试图从慢性病的巨大市场中抽身,这样他们就不用做大规模的临床试验,也不用建立并维持昂贵的销售团队。福泰近期没有扩张到数千人以上的计划,较小的规模能让他们保持灵活。问题是他们是否保留了足够的早期创造性基因,尤其在研发部门,以及他们能否在接下来的20年中继续传承这种创新能力。

博格等先行者照亮了前路,福泰将尽力去延续,但未来不可预测。公司的未来取决于它的管理层。还不知道莱登和米勒等现任领导能否带领大家研发出类似替拉瑞韦和Kalydeco的首创新药,但他们肯定会因此获得不同的评价。

华尔街认为Kalydeco等囊性纤维化药物能卖很长一段时间,于是又开始热捧福泰的股票了。替拉瑞韦何时会遭遇销售断崖等"2015年的问题"已经被淡忘了。但代价是什么？5月，当埃里克·奥尔森宣布离职，去一家小型创新药企担任首席科学家时，这个问题再次被提出。福泰很清楚，奥尔森的激情还有领导力对囊性纤维化研究、他们与囊纤基金会良好的合作关系是无价的。一家公司在认识到他们的文化是无效的，他们的管理层有重大问题（而非仅是几个季度的糟糕表现）前，会流失多少"正向偏差"的人才？

福泰一开始就有很高的标准。为了保险起见，福泰允许我详细记录公司内外大大小小的事——两次。如果福泰在成长中不幸地要重蹈大药企的覆辙，至少人们能知道它曾经知道什么是正确的。他们坚持并发展博格的创业理念，不断挑战极限的努力已被广泛报道，供所有人参考。这是一个"证明概念"的数据。

作为我近距离观察福泰的条件，是允许肯·博格和梅甘·佩斯检查我是否在书中泄露了公司机密（就像我在撰写《十亿美元分子》时那样）。在书出版前我给了佩斯书稿。她是福泰的新闻发言人，我估计她会对我的书持批判态度——她的确这么做了，毕竟她要保护福泰的形象，要表现出福泰能承担重要责任，实现自身潜力的一面，而不是具体到决策是什么、个人如何决策，以及作决策时的情绪。"那么，你觉得怎么样？"我问她。

"看来还不至于直接扔了。"

博格已经考虑过福泰成长为跨国企业后会有什么样的影响。要么是"药企异化症"吓不倒他，要么他认为正确的战略、重视研发的科学家—企业家组合，再加上福泰的价值观，或许能找到这种异化症的解药。不管怎样，他都志在远方，他知道山巅的景象。在2006年，"福泰愿景"进行到一半的时候，福泰举办了一次聚会，聚会上加里森让高管们详细描述一下他们认为公司未来会如何。博格出去了，一小时后拿回来一份两页纸、单倍行距的即兴备忘录，落款是2039年4月12日。这是福泰健康集团（Vertex Health Inc.）在2038年对股东的年度报告，同时庆祝公司成立50年来的成就：

## 后记

　　创新的激情一直都激励着福泰,今年我们为世界健康市场研发了三款新药,分别针对阿尔茨海默病、耐药性癌病,以及所谓"火星病毒"。这是我们连续10年每年推出三个药物。

　　很多人可能已经不记得癌症是绝症的年代,更不要说更早以前,那时抗癌疗法可能比癌症的伤害更大。现在治疗癌症并不比你修理家用核聚变发电机更麻烦,你只要给诊疗机插上电,扫描一下不舒服的地方,然后服用对应的药物组合即可。社会上90—120岁的老人越来越多,他们思维依然敏锐,还有上百年的人生经验。很难想象,如果没有这些"第二春""百岁一代"的创造力和智慧,世界会变得怎么样。我们才刚开始感受到他们在艺术、科学以及文化上带来的改变。

数千万有工作能力的百岁老人,他们不断扩大的医疗需求,以及相应的社会负担与经济负担并没有吓倒博格。相反,他相信当福泰主导市场后,他们能以降低成本的方式解决医保危机。甚至有一天,老年人能积极地为社会作贡献,他们的消耗也不再是负担。他总结道:

　　去年是我们第五年采用全球药价模型,这种模型已经成为业界标准。我们在2030年股市备受质疑时首创这种方法,我们不再直接出售药物,而是根据我们的药物给各个市场带来的健康价值盈利。这个模式超出了我们的预期,让我们的新产品在世界各地被快速地采用,我们倍感荣幸,投资者也赚到了钱。根据我们的财报,福泰的产品是现在日益减少的"第三世界国家"的主要经济驱动力,这些地区的收益占我们年利润的1/3。我们今年还很荣幸地获得诺贝尔经济学奖,这是该奖项首次颁发给一家公司。过去10年间,我们已经有5位科学家获得诺贝尔生理学或医学奖,我们还在2037年荣膺诺贝尔和平奖。

　　我们的经济模式非常成功。根据我们"分享利润"的定价模式,福泰现在占世界经济的16%(其中30%是在美国和欧洲之外),比2037

年的14%提高了2%。我们在核心产业之外的现金与投资达到了12.5万亿美元,比去年提高了15%。常言道,"能力越大,责任越大",我们将运用我们新的经济力量去驱动创新,让所有的行业都受益。我们相信这对福泰、行业以及世界都是好事。我们只是暂管这些从先人手中继承的财富,在我们离开这个世界时(或许会比我们的父辈更加长寿、更加健康),我们应当留下一个更好的世界。

当这封信写就时,博格将会88岁了,还没到"第二春"。信的落款是"首席执行官某某某"。他没有指望自己去写这封信,但他在写这封信时一气呵成的流畅暗示这或许不是他现想的。"在被证明为不可能之前,一切皆有可能。"在他脑海中,他已经到了那里。

巴里·沃思

马萨诸塞州,北安普敦

2013年10月9日

## 致谢

随军记者在伊拉克战争和阿富汗战争中没有什么好名声,可有时候这是记者唯一能找到新闻的方式。我曾近距离报道过福泰征战科研与商海,现在又完成了第二次部署。我很高兴地看到福泰依然是那个士气高涨、乐于交流的地方,他们的成员对自己的工作热情而骄傲,欢迎外界了解他们的工作。我在公司内部采访过数百人,他们过着紧张高效同时也是充满压力的生活。他们向我展现了他们的志向、耐心、幽默,唯独没有枯燥。我特别感谢乔舒亚·博格,肯·博格,马修·埃门斯允许我进行采访,他们认为我的记录对福泰和广大读者都是有价值的。

福泰的员工从来都没有义务跟我说话,但可能因为大家好奇于我的工作(就像我好奇于大家的工作),我在各处都受到了热情的接待,尤其是在圣迭戈分部。他们给了我很多时间和帮助,用善意容忍我唐突的问题。我想感谢班邦·阿迪维查亚、约翰·阿拉姆、理查德·奥德里奇、瓦莱丽·安德鲁斯、迈克·巴迪亚、扎克·巴伯、弗吉尼娅·卡纳汉、保罗·卡伦、卡罗琳·程、希瑟·克拉克、约翰·康登、帕特里克·康奈利、彼得·康奈利、亚历山大·昆博、保罗·达鲁瓦拉、戴夫·戴宁格尔、玛丽亚·德卢西亚、戴安娜·费鲁奇、马修·菲茨吉本、特德·福克斯、宾克·加里森、谢利·乔治、卡罗尔·冈萨维斯、史蒂夫·古德斯坦、卡米拉·格雷厄姆、吉米·格里芬、彼得·赫罗腾惠斯、萨比娜·阿迪达、马修·哈丁、贝斯·霍夫曼、汤姆·霍克、泰·豪顿、翠西·赫特、马克·雅各布斯、道恩·卡尔马、罗伯特·考夫曼、丽莎·凯利-克罗斯韦尔、塔拉·基弗、利兹·库拉、邝达仪、杰弗里·莱登、克里斯·莱普雷、朱迪·利普克、戴维·利文斯顿、乔恩·穆尔、彼得·米勒、马克·慕克、达朗·默里、马克·纳姆丘克、维多利亚·纳拉斯基、保罗·内古列斯库、蒂姆·纽伯格、埃里克·奥尔森、梅甘·佩斯、迈克尔·帕特里奇、黛博拉·皮蒂、戴维·罗德曼、阿米特·萨奇戴夫、维姬·萨托、普里亚·辛格尔、伊恩·史密斯、拉斯·史密斯、克雷格·索伦森、辛西娅·斯潘塞、克里斯蒂安娜·斯塔莫里斯、梅甘·斯蒂尔、帕姆·斯蒂芬森、厄恩斯特·特哈尔、约翰·汤姆森、罗杰·邓、弗雷德·范古尔、阿莉莎·凡泽、杰克·威特、克里斯托弗·怀特，以及南希·怀森斯基。

很多熟悉福泰的人给我讲了许多故事。尤其是鲍勃·比尔、鲍勃·布朗、道格·戴特里奇、克林特·加廷、亚当·科佩尔、约翰·麦克哈奇森、杰弗里·波格斯、查尔斯·莱斯、马克·鲁滨逊以及戴维·斯坦，他们见解深刻，乐于分享。埃丽卡·杰斐逊在FDA帮助了我。约翰·哈利南、马克·琼斯、阿诺德·撒克里，以及杰米·科恩-科尔及时地向他们的同事和社区介绍了我的作品。基思·约翰逊自愿分享他的经历，为我介绍了个性化药物为患者带来的困境，这是我从未考虑过的角度。

我特别感谢那些在书稿早期帮助我的人，那时候我的稿子还很混乱，我真希望他们能免于这种痛苦：希尔达·沃思、凯西·古斯、亚历克斯·沃思、艾伦·索斯以及弗雷德·艾森斯坦。凯西·布菲迪斯·沃尔什、理查德·莱文、杰基·奥斯汀、戴维·温特劳布、埃米莉·菲略伊、苏珊·艾森伯格以及苏珊·沃思在我周游采访时招待了我。杰米·穆尔帮我誊写了草稿，可惜不少内容没有最终呈现。史蒂文·夏皮恩、山姆·弗里德曼以及托尼·贾尔迪纳时常鼓励我。克里斯·杰尔姆是我的挚友，他的火眼金睛让我没有沦为最糟的作家。

在西蒙-舒斯特出版社，艾丽斯·梅休、乔纳森·卡普以及乔纳森·考克斯将我以及我的故事中最精彩的内容挖掘出来。埃莉莎·里夫林、菲利普·巴舍以及玛拉·卢里极大地协助我将手稿成书。我还要感谢乔治·图里安斯基、渡边京子以及杰基·肖为我的书做美工设计，并将其最终出版。我还要感谢茱莉亚·普罗瑟、史蒂芬·贝德福德以及凯特·盖尔斯营销并宣传我的书。

作为一名独立记者和历史学家，我还要感谢史密斯学院的美国研究部门为我提供工作空间，尤其是里克·米林顿、迈克尔·瑟斯顿以及丹·霍罗威茨。我还要感谢从未令我失望的代理人阿曼达·厄本以及她的助理玛格丽特·索瑟德。最后,没有语言能够表达我从家人那里得到的支持——凯西·古斯、埃米莉·沃思、亚历克斯·沃思,他们知道我每写一本书都像是得了一场大病,在他们的鼓励下我才能熬过来。

# 文献与资料

## 第一章 1993年4月28日

此处描写的两个场景,我均在场(关于福泰HIV项目的缘起,可参见《十亿美元分子》),其他资料来源如下:

13—17 Interviews with Josh Boger, Rich Aldrich, and Mark Murcko. Rupert Cornwell, "Clinton Lambasts Greedy Drug Firms," *Independent*, February 13, 1993; Elizabeth Rosenthal, "Research, Promotion and Profits: Spotlight Is on the Drug Industry," *New York Times*, February 21, 1993; Philip J. Hilts, "U.S. Study of Drug Makers Criticizes 'Excess Profits,'" *New York Times*, February 26, 1993; Tom Petruno, "Penny Pinching Squeezes Growth Stocks," *Los Angeles Times*, June 21, 1993; Thomas Stossel, "The Discovery of Statins," *Cell*, September 19, 2008.

18—22 Interviews with John Thomson, Josh Boger, Vicki Sato, Mark Murcko, and Roger Tung. Lawrence K. Altman, "Conference Ends with Little Hope for AIDS Cure," *New York Times*, June 15, 1993; Editorial, "The Unyielding AIDS Epidemic," *New York Times*, June 17, 1993.

## 第二章 1993年8月22日

本章大部分材料来自同期报道,其他来源:

23—26 Interviews with Debra Peattie, Charles Rice, John Thomson, and Vicki Sato. Gina Kolata, "Mysterious Epidemic of Furtive Liver Disease," *New York Times*, January 19, 1993.

26—29 Interviews with Josh Boger, Vicki Sato, Richard Aldrich, Roger Tung, and David Deininger. David Gold, "Highlights from the First Conference on Human Retroviruses," *Gay Men's Health Crisis: Treatment Issues*, March 1994; ACT-UP Capsule History, 1989 (www.actupny.org/documents/cron-89.html); Huntley Collins and Shankar Vedantam, "8 Years and $700 Million Later, How a Better Drug Was Found," *Philadelphia Inquirer*, March 17, 1996.

29—32 Interviews with Rich Aldrich, Josh Boger, Vicki Sato, Mark Murcko, John Thomson, and Roger Tung.

32—34 Interviews with Roger Tung, Josh Boger, Vicki Sato, and Carl Dieffenbach. Collins and Vedantam, "8 Years and $700 Million Later ..."; John James, "Searle Abandons Its Protease Inhibitor," *AIDS Treatment News*, November 4, 1994.

34—36 Interviews with Mark Murcko, Paul Caron, John Thomson, Ted Fox, and Matt Fittzgibbon.

36—38　Interviews with Rich Aldrich, Josh Boger, and Ken Boger. David Dunlap, "From AIDS Conference, Talk of Life, Not Death," *New York Times*, July 15, 1996; *Time*'s Man of the Year: Cristine Gorman, Alice Park, and Dick Thompson, "Dr. David Ho: The Disease Detective," December 30, 1996. (Remarkably, the story credits Ho for coming up with the idea of combination therapy, while giving one company, Abbott, a single mention in the thirty-fourth paragraph.)

38—39　Interviews with Mark Murcko, Paul Caron, Ted Fox, John Thomson, and Josh Boger. Lisa Benavides, "Hepatitis C Discovery Could Be Boon for Vertex," *Boston Business Journal*, October 18, 1996; Lawrence Fisher, "Schering-Plough and Lilly Sign Liver Drug Deals," *New York Times*, June 13, 1997.

## 第三章　1997年4月11日

40—43　Interviews with Ann Kwong, Vicki Sato, John Thomson, and Roger Tung.

43—45　Interviews with Rich Aldrich, Josh Boger, and Vicki Sato.

45—50　Interviews with Josh Boger, Vicki Sato, and Ann Kwong. Walter Isaacson, *Steve Jobs*, Simon & Schuster, 2011. Veronica Hope Hailey and Julia Balogun, "Devising Context Sensitive Approaches to Change: The Example of GlaxoWellcome," *Pergamon*, 2002; Janet Kelly, "GlaxoWellcome Cultural Change," *Management Development Review*, 1996; GlaxoWellcome: Fighting Disease and Improving Health (http://folk.uio.no/ivai/ESST/GlaxoSmithKline_Case_Study.pdf); Wendy Orent, "Out of the Shadows (On the Long Road to Fighting Hepatitis C)," Proto, Summer 2007; Jon Cohen, "Chiron Stakes Out Its Territory," *Science*, July 2, 1999; "Chiron's Hepatitis C Patents," *Hepatitis C Harm Reduction Project*, June 22, 2004.

50—53　Interviews with Josh Boger, Rich Aldrich, and Michael Partridge. Gabi Horn, "Vertex Vortex," *POZ*, September 1998; Alana Kumbier, PopPolitics.com, "Despite Ad Images, HIV Still Not Carefree," *AlterNet*, posted June 12, 2001; Tom Abate, "Passing the 'BioBucks'—Small Investors Aren't In on the Joke/Inflated Deal Values Sometimes Only Way Firms Can Raise Funds," *SFGate.com*, June 14, 1999.

53—60　Interviews with Mark Murcko, Josh Boger, Ken Boger, Rich Aldrich, and Vicki Sato. Andrew Pollack, "Finding Gold in Scientific Pay Dirt," *New York Times*, June 28, 2000; Philip Ball, "Bursting the Genomic Bubble," *Nature*, published online March 31, 2010; Siddhartha Mukherjee, *The Emperor of All Maladies*, Scribner, 2010; Daniel Vasella, *Magic Cancer Bullet*, HarperCollins, 2003.

## 第四章　2001年1月22日

61—64　Interviews with Josh Boger, Ann Kwong, Roger Tung, Dave Deininger, Vicki Sato, and John Thomson.

64—66　Interviews with Josh Boger, Vicki Sato, and Mark Murcko. Amy Tsao, "The Vertex

Vortex: Drug Development at Hyperspeed?" *BusinessWeek*, March 15, 2001; Andrew Pollack, "Vertex Buys Biotechnology Rival for $592 Million," *New York Times*, May 1, 2001; Kevin Fogarty, "Speed Is the Vertex Creed," *BioIT World*, April 7, 2002.

66—69　Interviews with Josh Boger, Vicki Sato, Bob Beall, and Rich Aldrich. Vertex's decision to partner with the nonprofit Cystic Fibrosis Foundation is the subject of an excellent academic case study, which I relied on heavily in reporting this section: Robert F. Higgins, Sophie Lamontagne, and Brent Kazan, "Vertex Pharmaceuticals and the Cystic Fibrosis Foundation: Venture Philanthropy Funding for Biotech," *Harvard Business School*, October 2007; revised July 2010.

69—72　Interviews with John Alam, Josh Boger, and Vicki Sato.

72—75　Interviews with Josh Boger, Ken Boger, Vicki Sato, and Mark Murcko. United States District Court, District of Massachusetts, In Re VERTEX PHARMACEUTICALS, INC. SECURITIES LITIGATION, Master File No. 03 11852 PBS.

75—77　Interviews with Josh Boger and Vicki Sato. Andrew Pollack, "Announcement on a Hepatitis C Drug Is Expected Today," *New York Times*, January 7, 2002; Tom Abate, "H&Q Conference Has Matured Along with the Biotech Industry," *SFGate.com*, January 7, 2002.

77—80　Interviews with John Thomson, Paul Negulescu, Mark Murcko, Roger Tung, and Eric Olson.

80—82　Interviews with Vicki Sato, Ann Kwong, Josh Boger, Roger Tung, and John Thomson. Ryan McBride, "How Eli Lilly Let a Billion-Dollar Molecule Slip Away, and Make a Fortune for Vertex," Xconomy, August 4, 2010.

## 第五章　2003年1月6日

83—86　Interviews with Josh Boger, Ian Smith, Ken Boger, and Vicki Sato.

86—88　Interviews with Ian Smith, John Thomson, Jon Moore, Vicki Sato, and Chris Lepre. Andrew Pollack, "Despite Billions for Discoveries, Pipeline of Drugs Is Far from Full," *New York Times*, April 19 2002; Andrew Pollack, "Awaiting the Genome Payoff," *New York Times*, June 14, 2010; Allison Connolly, "Bio-Layoffs Cool Once Booming Job Market," *Boston Business Journal*, June 30, 2003.

88—92　Interviews with Josh Boger, Vicki Sato, and Peter Mueller. Again, deeply reported academic case studies were invaluable here for piecing together critical developments during a formative period: Gary Pisano, Lee Fleming, and Eli Peter Strick, "Vertex Pharmaceuticals: R&D Portfolio Management (A)," *Harvard Business School*, June 20, 2006; Francesca Gino and Gary Pisano, "Vertex Pharmaceuticals: R&D Portfolio Management (B)&(C)," *HBS*, April 25, 2006.

92—93　Interviews with Ann Kwong and Josh Boger.

93—97　Interviews with Geoffrey Porges and Josh Boger. *HBS* case studies; *Time* cover story, "Medicine: What the Doctor Ordered," August 18, 1952; Jim Collins and Jerry Porras, *Built to Last*, HarperBusiness, 1994; "Vertex Slips 37% After Arthritis Test Halted," *Boston Business Jour-*

nal, November 11, 2003; Geoffrey Porges, "Vertex Pharmaceuticals: Still Floundering," *Bernstein Research Call*, October 17, 2003.

97—100　Interviews with John Alam, Josh Boger, and Geoff Porges. Charles Pierce, "Boston's Biotech Moment," *Boston Globe Magazine*, December 14, 2003; David Hamilton, "The FDA's Approval of Drugs Doesn't Ensure Biotech Riches," *Wall Street Journal*, October 29, 2003; Geoff Porges and Marshall Gordon, "VRTX: Investor Day Yields More Positives Than Negatives; Uncertainty Remains, Upgrade to Marketperform," *Bernstein Research Call*, December 4, 2003.

## 第六章　2004年2月14日

103—105　Interviews with Ian Smith, Josh Boger, Ken Boger, John Alam, and Ann Kwong. David Margolis, "11th Annual Retrovirus Conference," *Conference Reports for NATAP* (National Aids Treatment Advocacy Project), February 8–11, 2004; Ann Kwong, Robert Kauffman, Patricia Hurter, and Peter Mueller, "Discovery and Development of Telaprevir," *Nature Biotechnology*, November 2011.

105—108　Interviews with Peter Mueller, Mark Murcko, Josh Boger, John Alam, and Vicki Sato.

108—111　Interviews with Ian Smith, Vicki Sato, Trish Hurter, and Pat Connelly.

111—114　Interviews with Josh Boger, Bink Garrison, and Vicki Sato. Gardiner Harris, "Drug Makers Seek to Mend Their Fractured Image," *New York Times*, July 8, 2004; Jim Collins and Jerry Porras, *Built to Last*, HarperBusiness, 1994.

114—117　Interviews with Vicki Sato, Roger Tung, Paul Negulescu, Eric Olson, Peter Grootenhuis, Fred Van Goor, and Sabine Hadida. Jerome Groopman, "Open Channels," *New Yorker*, May 4, 2009 (Groopman was a member of Vertex's original scientific advisory board); Penni Crabtree, "Poised to Be a Star: Cystic Fibrosis Project Has San Diego Unit of Vertex on Verge of Treatment," *San Diego Union Tribune*, October 21, 2005; Matthew Herper, "A Drug of Your Own," *Forbes*, July 20, 2011.

117—120　Interviews with Josh Boger, Bink Garrison, Matt Emmens, and Trish Hurter. Anna Wilde Matthews and Barbara Martinez, "E-Mails Suggest Merck Knew Vioxx's Dangers at Early Stage," *Wall Street Journal*, November 1, 2004; Alex Berenson, Gardiner Harris, Barry Meier, and Andrew Pollack, "Despite Warnings, Drug Giant Took Long Path to Vioxx Recall," *New York Times*, November 14, 2004.

121—123　Interviews with Tim Neuberger, Paul Negulescu, and Vicki Sato.

123—127　Interviews with Robert Kauffman, John Alam, Josh Boger, and Ian Smith. Scott Gottlieb, "Magic Bullet for Hepatitis C," *Forbes*, January 24, 2005; Geoff Porges and Neil Agran, "VRTX: VX-950—'Billion Dollar Molecule' in New SCB Market Model," *Bernstein Research Call*, June 8, 2005.

127—130　Interviews with Trish Hurter, Bink Garrison, and Josh Boger.

130  Interview with Bink Garrison.

## 第七章 2006年1月9日

131—135  Interviews with Josh Boger, John Alam, John McHutchison, and Ian Smith. Andrew Pollack, "Hoping a Small Sample May Signal a Cure," *New York Times*, February 7, 2006; Scott Kirsner, "Why Biotech CEOs Need to Think Like Steve Jobs," *Boston Globe*, August 26, 2007.

135—137  Interviews with Eric Olson, Bob Beall, and Ken Boger.

137—140  Interviews with Josh Boger, John Thomson, Mark Murcko, and Roger Tung. Manuel A. Tipgos and Thomas J. Keefe, "A Comprehensive Structure of Corporate Governance in Post-Enron Corporate America," *CPA Journal*, 2004; Bruce Morton, "Two NC Democrats Vie for a Shot at Helms," *All Politics/CNN TIME*, May 6, 1996.

140—143  Interviews with Josh Boger, Ann Kwong, Tara Kieffer, and Ian Smith. Andrew Pollack, "New Medicine for AIDS Is One Pill, Once a Day," *New York Times*, July 9, 2006; "Vertex: A Promising Hep-C Play," *BusinessWeek*, October 9, 2006; Peter Kang, "Vertex's J&J Deal Key to Future Success: Analyst," *Forbes.com*, June 30, 2006; Brian Lawler, "Vertex's Billion-Dollar Drug," *The Motley Fool*, April 18, 2007; Andrew Pollack, "2 Winning Drug Tests, One Expected and One a Surprise," *New York Times*, November 2, 2007.

143—144  Interview with Bob Kauffman.

144—150  Interview with Josh Boger. Boger Blog, with permission from the author; "Case Study: The Brain Power," *Boston* magazine ranking of the city's most powerful people, May 2008; "Hawking Takes Zero Gravity Flight," *BBC News*, April 27, 2007; Luke Timmerman, "Gov. Patrick Travels West to Plug Massachusetts' Life Sciences Initiative at BIO," Xconomy, June 16, 2008.

150—154  Interviews with Josh Boger, Bink Garrison, and Trish Hurter.

154—156  Interviews with Josh Boger, Amit Sachdev, and Lisa Kelly-Crosswell.

156—158  Interviews with Josh Boger, Amit Sachdev, and John Alam. Jacalyn Duffin, *Lovers and Livers: Disease Concepts in History*, University of Toronto Press, 2005; Gardiner Harris, "Medical Marketing—Treatment by Incentive: As Doctor Writes Prescription, Drug Company Writes a Check," *New York Times*, June 27, 2004; Douglas T. Dieterich, MD, "IDEAL Study COMMENTARY: A Healthy Dose of Curiosity: Clinical Trial Results Require Careful Interpretation," *Liver Health Today*, January-March, 2008; Andrew Pollack, "2 Winning Drug Tests, One Expected and One a Surprise," *New York Times*, November 2, 2007; Robert Langreth, "Viral Vertigo," *Forbes.com*, November 26, 2007.

158—162  Interviews with John Condon, John Thomson, John Alam, and Josh Boger.

162—164  Interview with Josh Boger. *Boger Blog*©, with permission.

## 第八章 2008年2月11日

165—168 Interview with Michael Partridge. Vertex's Q4 2007 earning call transcript, available online: http://seekingalpha.com/article/64143-vertex-pharmaceuticals-inc-q4-2007-earnings-call-transcript; Vikas Bajaj and Louise Story, "Mortgage Crisis Spreads Past Subprime Loans," *New York Times*, February 12, 2008.

168—171 Interviews with Eric Olson, Virginia Carnahan, Paul Negulescu, Peter Mueller, Sabine Hadida, and Ken Boger. Kate Kelly, "Inside the Fall of Bear Stearns," *Wall Street Journal*, May 9, 2009; "Vertex Achieves Breakthrough in Treating Basic CF Defect," *Commitment* (news publication of the Cystic Fibrosis Foundation), Spring 2008.

171—173 Interviews with Josh Boger, Peter Mueller, Ann Kwong, John Alam, Bob Kauffman, Jack Weet, and Ken Boger. "Pharmasset Presents Results of 4-Week Combination Study of R7128 for the Treatment of Chronic Hepatitis C," *Drugs.com Mednews*, April 25, 2008; "Hepatitis C Drug Development Projects That Have Been Terminated, Transferred to Other Companies or for Which Information Is No Longer Available," http://www.hcvdrugs.com, August 3, 2009.

173—176 Interviews with Matt Emmens, Josh Boger, and Ian Smith. Andrew Pollack, "Genentech Rejects Takeover Bid from Roche," *New York Times*, August 14, 2008; "'Standstill' Agreements Limit Potential Buyout Deals," *IN VIVO*, September 11, 2008; Andrew Ross Sorkin, "Lehman Files for Bankruptcy; Merrill Is Sold," *New York Times*, September 15, 2008; Luke Timmerman, "Vertex Sells Royalty Rights to HIV Drugs, Bets on Hepatitis C," Xconomy, June 3, 2008; Elizabeth Bumiller and Jeff Zeleny, "First Debate Up in Air as McCain Steps Off the Trail," *New York Times*, September 24, 2008.

176—179 Interviews with Josh Boger and Matt Emmens. Matt Emmens and Beth Kephart, *Zenobia: The Curious Book of Business*, Berrett-Koehler Publishers, 2008.

## 第九章 2009年1月12日

180—182 Interview with Josh Boger. Ron Winslow, "Investor Prospects Look Grim," *Wall Street Journal*, January 12, 2009; Luke Timmerman, "Vertex CEO Josh Boger Retiring in May; Matthew Emmens to Fill Role," Xconomy, February 5, 2009. The Boger-Huckman interview can be viewed online, http://video.cnbc.com/gallery/?video=996324419.

182—185 Interviews with Josh Boger, Judy Lippke, Matt Fitzgibbon, Mark Murcko, Bink Garrison, Geoff Porges, and Ian Smith. Andrew Ross Sorkin and Duff Wilson, "Pfizer Agrees to Pay $68 Billion for Rival Drug Maker Wyeth," *New York Times*, January 26, 2009; Catherine Arnst, "Pfizer-Wyeth Merger Isn't the Cure-All," *BusinessWeek*, January 24, 2009; Mark Murcko, "This is a test," email to his colleagues, February 6, 2009, by author's permission.

185—187 Interviews with Matt Emmens, Ian Smith, Michael Partridge, and Josh Boger. Todd Wallack, "Vertex Feeling Growing Pains: Firm Scrambles for Workers, Space as Drug Shows

Promise," *Boston Globe*, November 2, 2007; Luke Timmerman, "Vertex Raises $320 Million in Secondary Stock Offering," Xconomy, February 19, 2009; Luke Timmerman, "Out with Hedge Funds, In with Blue Bloods," Xconomy, February 20, 2009; Natasha Singer, "Merck to Buy Schering-Plough for $41 Billion," *New York Times*, March 10, 2009; Toni Clarke, "Vertex Out-Foxes Big Pharma to Buy ViroChem," *Forbes.com*, March 4, 2009; Andrew Pollack, "Roche Agrees to Buy Genentech for $46.8 Billion," *New York Times*, March 13, 2009; "Biotech Could Follow Pharma's M&A Lead," *Investor's Business Daily*, March 20, 2009.

187—191　Interviews with Jack Weet, Matt Emmens, Peter Mueller, Josh Boger, Bink Garrison, and Amit Sachdev. The BIO podcast of Boger and Greenwood discussing the industry perspective can be heard online at http://www.bio.org/articles/bio-leaders-joshua-boger-and-jim-greenwood-discuss-challenges-and-opportunities-biotech-ind; "Consequences of Hepatitis C Virus: Costs of a Baby-Boomer Epidemic of Liver Disease," Milliman, Inc., May 2009; Peter Baker, "Obama Was Pushed by Drug Industry, E-Mails Suggest," *New York Times*, June 8, 2012.

191—193　Interviews with Bink Garrison, Mark Murcko, Ann Kwong, and Matt Emmens.

193—195　Interviews with Jack Weet, Ann Kwong, and Tara Kieffer. Andrew Pollack, "FDA Warning Is Issued on Anemia Drug's Overuse," *New York Times*, March 10, 2007.

195—199　Interviews with Matt Emmens, Nancy Wysenski, Bink Garrison, and Adam Koppel. Robert Langreth, "Hard to Swallow," *Forbes.com*, May 13, 2002; SEC Form 8-K for Endo Pharmaceuticals Holdings Inc., August 31, 2009 (Changes in Directors or Principal Officer, Financial Statements); "2009 Exits/Financings Deal of the Year Nominee: Vertex's Milestone Sale," *IN VIVO*, December 16, 2009; Adam Feuerstein, "Vertex Raising Money—Again! Biobuzz," TheStreet, December 2, 2009.

199—202　Interviews with Matt Emmens, Christopher Wright, Mark Namchuk, and Josh Boger. The Emmens/Huckman interview can be viewed online at www.cnbc.com/id/34845387. David Kirkpatrick, "White House Affirms Deal on Drug Cost," *New York Times*, August 6, 2009; Aelok Mehta, "Seizures, Epilepsy Linked to Immune Reaction," *The Dana Foundation*, April 2009.

202—205　Interviews with Nancy Wysenski and Matt Emmens. Michael Cooper, "GOP Senate Victory Stuns Democrats," *New York Times*, January 21, 2010; David D. Kirkpatrick, "White House Affirms Deal on Drug Cost," *New York Times*, August 6, 2009; Sheryl Gay Stolberg and Robert Pear, "Obama Signs Health Care Overhaul Bill, with a Flourish," *New York Times*, March 23, 2010.

205—208　Interviews with Bob Kauffman and Jack Weet. Luke Timmerman, "Vertex Maps Out Combo Drug Game Plan for Treating Hepatitis C," Xconomy, March 8, 2010; Andrew Pollack, "Hepatitis C Drug Raises Cure Rate in Late Trial," *New York Times*, May 25, 2010.

208—212　Interviews with Bo Cumbo, Jack Weet, Bob Kauffman, and Matt Emmens.

212—216　Interviews with Bo Cumbo, Jack Weet, Peter Mueller, Bob Kauffman, and Matt Emmens. Robert Weisman, "Vertex Seeks Fast Approval for Drug," *Boston Globe*, November

24, 2010; "Vertex Seeks FDA Green Light for Hepatitis C Drug: Chomps at the Bit for Fast Review," Xconomy, November 23, 2010.

## 第十章 2011年1月9日

219—220　Interviews with Matt Emmens and Jack Weet. Ed Silverman, "JPMorgan Event: Narrow Hallways and Velvet Ropes," *Pharmalot.com*, January 14, 2011; Mike Huckman, "Vertex Adds Color to the JPMorgan Healthcare Conference," *CNBC.com*, January 13, 2011; Adam Feuerstein, "Merck Beats Vertex to FDA Hep C Filing," TheStreet, January 6, 2011; Thomas Gryta, "Vertex CEO Unfazed by Matchup Against Merck," *Wall Street Journal*, January 10, 2011; Julie M. Donnelly, "Vertex Gears Up for Its Big Year," *Boston Business Journal*, December 31, 2010.

220—222　Interviews with John Condon and Jack Weet. Casey Ross, "City Draws Cambridge Drug Firm to Fan Pier," *Boston Globe*, January 25, 2011; Jerry Kronenberg, "Cambridge Prepares Counter-Bid to Keep Vertex Away from Hub," *Boston Herald*, February 14, 2011.

222—224　Interviews with Bo Cumbo and Josh Boger.

224—225　Interviews with Megan Pace, Peter Mueller, Jack Weet, Bob Kauffman, Ken Boger, and Josh Boger.

225—228　Christopher K. Hepp, "New Merck CEO Kenneth C. Frazier Has Philadelphia Roots," *Philly.com*, December 1, 2010; Linda A. Johnson, "Earnings Preview: Merck to Tout Pipeline in Report," *BloombergBusinessweek*, February 2, 2011; Tom Randall, "Merck's Risky Bet on Research," *BloombergBusinessweek*, April 23, 2011; Tom Randall, "Merck, Pfizer Research Strategies Diverge on Spending," *Bloomberg*, February 3, 2011; "Pfizer vs. Merck and the Future of R&D: Déjà Vu All Over Again," *INVIVO*, February 10, 2011; "Goldman Sachs Is Bullish on Vertex," *Bloomberg News*, February 9, 2011.

228—232　Interviews with Peter Mueller, Ian Smith, Ken Boger, Bob Kauffman, Matt Emmens, Geoff Porges, and Eric Olson. Andrew Pollack, "Trial Shows Cystic Fibrosis Drug Helped Ease Breathing," *New York Times*, February 23, 2011; Luke Timmerman, "Vertex Nails Pivotal Study for Cystic Fibrosis, Racing Toward Market with Second Drug," Xconomy, February 23, 2011; Matthew Herper, "Vertex May Make History with Cystic Fibrosis Drug," *Forbes*, February 23, 2011; Matthew Herper, "A Big and Dangerous Day for Personalized Medicine," Forbes, February 23, 2011.

232—235　Interview with Keith Johnson.

235—237　Interviews with Jack Weet, Bob Kauffman, and Matt Emmens.

238—240　Interview with Matt Emmens.

240—241　Interviews with Matt Emmens, Ann Kwong, Ian Smith, and Michael Partridge. Naomi Kresge, "Pharmasset to Challenge Vertex Hepatitis C Treatment, BMO Says," *Bloomberg*, March 8, 2011; Adam Feuerstein, "Pharmasset Hep C Data Wows Investors," TheStreet, March 8, 2011; Robert Weinstein, "Pharmasset: The Real Numbers Behind the Hype," *Seeking Alpha*,

March 11, 2011; Katan Desai, "Who Will Win the Hepatitis C Market?" *Seeking Alpha*, March 14, 2011; Adam Feuerstein, "Hep C Drug Stocks in the Spotlight," TheStreet, March 28, 2011; NBC Evening News, March 30, 2011.

## 第十一章　2011年4月27—28日

对于第十一章至第十四章中描述的场景，除非另有说明，否则我均在场。其他资料来源：

242—246　Interviews with Bob Kauffman, Josh Boger, Camilla Graham, Amit Sachdev, Nancy Wysenski, and Jack Weet. Emily P. Walker, "FDA Panel Endorses Boceprevir for Hepatitis C," medpagetoday.com, April 27, 2011; Heidi Ledford, "Regulatory Advisors Recommend New Hepatitis C Drug," nature.com, April 28, 2011.

246—250　Interviews with Nancy Wysenski, Jack Weet, Megan Pace, Bob Kauffman, and Matt Emmens. "Noteworthy Pharmacist, Patrick Clay, Pharm.D.," *TheBody.com*, HIV Leadership Awards 2005; on Clay's research funding from Merck, *American Journal of Pharmaceutical Education*, 65 (Winter 2001), p. 426.

250—253　Interviews with Peter Mueller, Jack Weet, and Bob Kauffman. Jason Brudereck, "New Drug Has City Woman Free of Hepatitis C," *Reading (Pa.) Eagle*, June 1, 2011; Luke Timmerman, "Vertex Wins FDA Panel's Recommendation for New Hepatitis C Drug," Xconomy, April 28, 2011; Robert Weissman, "Hepatitis C Drug from Vertex Sails Through Test," *Boston Globe*, April 29, 2011; Richard Knox, "New Drugs for Hepatitis C Called Game Changers," NPR.org, April 28, 2011; "Vertex Hepatitis Drug Still Holds Edge on Merck After FDA Panels," *Wall Street Journal*, April 29, 2011; Brian Orelli, "Coronations for New Drug Royalty," *The Motley Fool/Fool.com*, April 2011; "Goldman Sachs Raises Price Target on Vertex (VRTX), Sees 100% Chance of Approval Now," *StreetInsider.com*, April 29, 2011.

253—256　Interviews with Bo Cumbo and Ken Boger.

257—259　Interviews with Ian Smith and Matt Emmens.

260—261　Interviews with Bo Cumbo, Matt Emmens, and Nancy Wysenski. Luke Timmerman, "Merck, Genentech Team Up on Hepatitis C Drugs, Raising Ante in Vertex Rivalry," Xconomy, May 17, 2011; Brian Orelli, "If You Can't Beat 'Em, Use 'Em to Beat Your New Rival," *The Motley Fool/Fool.com*, May 18, 2011; Tracy Staton, "Can Merck/Roche Hep C Deal Put Victrelis on Top?" FiercePharma, May 18, 2011; "Merck and Co.: HCV Marketing Juggernaut," *UBS Investment Research*, May 17, 2011; Linda A. Johnson, "Merck, Roche Expand Hepatitis C Drug Promo Deal," *BloombergBusinessweek*, July 20, 2011.

261—264　Interviews with Nancy Wysenski, John Condon, Paul Daruwala, Josh Boger, and Adam Koppel. Matthew Herper, "Vertex's Biggest Advantage," *Forbes*, May 24, 2011; "Vertex's Sales Force Gears Up for 'David vs. Goliath' Marketing Push," *Wall Street Journal*, May 24, 2011;

Bill Berkrot and Lewis Krauskopf, "Vertex CEO Unfazed by Competition, Future Rivals," Reuters, May 25, 2011.

264—267　Interview with John Thomson.

267—269　Interviews with Matt Emmens and Josh Boger.

## 第十二章　2011年6月6日

270—273　Interviews with Ken Boger, Ian Smith, Peter Mueller, and Geoff Porges. Thomas Gryta, "Vertex Reports Positive Test of Cystic Fibrosis Combo," *Wall Street Journal*, June 9, 2011; "Vertex Cystic Fibrosis Combo Shows Promise," Reuters, June 9, 2011; Adam Feuerstein, "Vertex Cystic Fibrosis Drug Combo Hits Bump," TheStreet June 9, 2011; Marley Seaman, "Vertex Falls on Cystic Fibrosis Study Data," *Forbes*, June 9, 2011; Geoff Meacham, "Vertex Pharmaceuticals: Our Thoughts Ahead of VX-809/VX-770 Combo Data in Cystic Fibrosis," *JP Morgan North America Equity Research*, May 2, 2011.

274—278　Interviews with Bo Cumbo, Matt Emmens, Amit Sachdev, and Michael Partridge. Julie M. Donnelly, "Vertex CEO Emmens Keeps Emphasis on Science," *Boston Business Journal*, June 9, 2011; "Vertex Bolsters HCV Position with Potential $1.5B+ Alios Deal," *BioWorld*, June 14, 2011; Brian Orelli, "Going for Seconds in the Hepatitis C Space," *The Motley Fool/Fool.com*, June 14, 2011; Gardiner Harris, "Federal Research Center Will Help Develop Medicines," *New York Times*, January 22, 2011; Geoffrey C. Porges, Amrita Rahmani, and Aleksander Rabodzey, "VRTX: More on Cracking the Code in CF: Incivek Launch Early Signals Positive," *BernsteinResearch*, June 15, 2011.

278—281　Interviews with Keith Johnson and Ken Boger.

281—285　Interviews with Michael Partridge, Matt Emmens, Ken Boger, and Josh Boger. Peter Loftus, "Vertex Hepatitis Drug Takes Early Lead over Rival from Merck," Dow Jones Newswires, June 29, 2011; "Vertex Reports Strong Initial Incivek Sales, Sees 2012 Profit," *Wall Street Journal*, July 28, 2011; Adam Feuerstein, "Vertex Earnings: Incivek's Boffo Launch," TheStreet, July 28, 2011; Brian Orelli, "Vroom! There Goes Vertex," *The Motley Fool/Fool.com*, July 28, 2011; Bill Berkrot, "New Vertex Hepatitis Drug Shines Out of Gate," Reuters, July 28, 1011; Geoffrey Porges, Amrita Rahmani, Aleksander Rabodzey, "Vertex: Q2 Strong Early Incivek Result Suggests Consensus Could Be Crushed; CF Gathering Steam, New T/P $82," *BernsteinResearch*, July 29, 2011; Adam Feuerstein, "Dendreon: Parsing Provenge's Problems," TheStreet, August 4, 2011; Adam Feuerstein, "Biotech Stock Mailbag: Dendreon's Aftermath," TheStreet, August 5, 2011; Eric Rosenbaum, "Merck Hep C Drug Draws More Attention Than Job Cuts," TheStreet, July 29, 2011.

285—288　Interviews with Michael Partridge, Ian Smith, and Matt Emmens. For a survey of the federal debt ceiling "crisis," see "Times Topics," *New York Times*, http://topics.nytimes.com/topics/reference/timestopics/subjects/n/national_debt_us/index.html; Damian Paletta and Matt Phillips, "S&P Strips US of Top Credit Rating," *Wall Street Journal*, August 6, 2011; Partridge's note to employees, courtesy of the author; Luke Timmerman, "Dendreon Wounds Are Self-Inflicted, Not the Start of a Biotech Industry Virus," Xconomy, August 8, 2011; Val Brickates Kennedy, "3 Biotech Stocks Battle the 'Dendreon Effect,'" *MarketWatch*, August 18, 2011; Matthew Herper, "Biotech, Where Winners Lose," *Forbes*, December 21, 2010; Steve Worland, "Dramatic Changes in Hepatitis C Treatment Expected to Continue," Xconomy, September 6, 2011.

288—292 Interviews with Matt Emmens and Geoff Porges. Geoffrey Porges, Amrita Rahmani, and Aleksander Rabodzey, "Vertex—SCB HCV Focus Groups Point to Solid Launch, Strong Preference for Incivek," *Bernstein Research*, June 23, 2011; Matthew Herper, "Could Vertex Sell $1 Billion of Its Hepatitis C Drug This Year?" *Forbes*, August 8, 2011; Christine Levoti, "Vertex, Merck Face Little Payer Pushback with Newly Marketed HCV Drugs," *FT.com*, September 2, 2011; Adam Feuerstein, "Vertex Arthritis Pill Shines in Mid-Stage Study," TheStreet, September 6, 2011; Ed Silverman, "Vertex CEO Chides Analyst in Front of Investors," *Pharmalot.com*, September 14, 2011; Luke Timmerman, "Stirring the Pot Once in a While Doesn't Hurt, and It Could Help Biotech Break Its Malaise," Xconomy, September 19, 2011; Alex Philippidis, "Pfizer Edges Toward Lipitor Patent Cliff as Exclusivity Extensions Near End," GEN, October 18. 2011.

## 第十三章　2011年9月23日

293—297 Interviews with Matt Emmens, Josh Boger, and Mark Murcko. "Innovation and Research: The Human Factor," *Science Careers*, *Science*, September 16, 2011; Bill Berkrot, "Analysis-Vertex Takes Early Rounds of Hep C Bout with Merck," Reuters, September 29, 2011.

297—299 Interviews with Ian Smith, Michael Partridge, Josh Boger, and John Thomson.

299—305 Interviews with Michael Partridge, Ian Smith, Matt Emmens, and Geoff Porges. Adam Feuerstein, "Vertex's Hep C Drug Needs a Growth Injection," TheStreet, October 11, 2011; "Pharmasset Expands Hepatitis C Trial; Shares Rise," Reuters, October 10, 2011; "Vertex (VRTX) Shares Sink in Late-Day Trade, Volume Picks Up," *StreetInsider.com*, October 11, 2011; Alex Nussbaum, "Vertex Shares Rise on Optimism for Higher Incivek Sales," *Bloomberg*, October 13, 2011; Toni Clarke, "IMS Revises Incivek Drug Data; Vertex Shares Jump," Reuters, October 13, 2011; Julie M. Donnelly, "Vertex Shares Rise on Hep C Drug Sales Tracking SNAFU," *Boston Business Journal*, October 13, 2011; Adam Feuerstein, "Hep C Drug Updates: Vertex and Anadys," TheStreet, October 13, 2011; Emmens's cover letter to Vertex directors, courtesy of Emmens.

305—309 慕克和米勒的谈话显然我并不在场,但接下来的一些日子里,我参与了关于这个问题的数次交谈。在本节的其余部分,我都在场。Other sources include interviews with Mark Murcko, John Thomson, Jon Moore, Paul Negulescu, Eric Olson, and Chris Wright; Ransdell Pierson and Bill Berkrot, "Abbott Says Hepatitis C Combo May Be a Blockbuster," Reuters, October 21, 2011; Peter Mueller's R&D reorganization email, with permission from Mueller.

309—313 Interviews with Matt Emmens, Ian Smith, Michael Partridge, and Nancy Wysenski. Andrew Pollack, "Vertex Bests Merck in New Hepatitis C Drug Sales," *New York Times*, October 28, 2011; Adam Feuerstein, "Vertex Earns First Profit, Backed by Blockbuster Pace of Hep C Drug," TheStreet, October 28, 2011; Luke Timmerman, "Vertex Flips into the Black for First Time, as Hepatitis C Drug Beats Expectations Again," Xconomy, October 27, 2011.

## 第十四章　2011年11月2日

314—317　Interviews with Adam Koppel, Michael Partridge, Geoff Porges, Ian Smith, and Bob Beall. Adam Feuerstein, "11 Biotech Stocks Hedge Funds Love and Hate," TheStreet, August 17, 2011; Marshall Hargrave, "Bain Capital's Bet Against Romney," *insidermonkey.com*, October 5, 2012.

317—320　Interviews with Karolyn Cheng and Bo Cumbo. Liz Highleyman, "AASLD: PSI-7977 Plus Ribavirin Can Cure Hepatitis C in 12 Weeks Without Interferon," *www.hivandhepatitis.com*, November 8, 2011.

320—322　Interviews with Ian Smith, Michael Partridge, Nancy Wysenski, Amit Sachdev, and Bob Kauffman. Adam Feuerstein, "Pharmasset Takes Lead in Race to Develop Hep C Therapy by Pill," TheStreet, November 1, 2011; Luke Timmerman, "Vertex Stock Drops 17 Percent over Two Days, as Potent Hep C Rivals Emerge," Xconomy, November 8, 2011; Brett Chase, "Pharmasset Winning Hepatitis C Drug Race," *Minyanville*, November 7, 2011; Marley Seaman, "Vertex Continues to Slump on Threats to Incivek," *BloombergBusinessweek*, November 8, 2011.

322—326　Interviews with Adam Koppel, Geoff Porges, and Matt Emmens.

326—329　Interviews with Michael Partridge, Bo Cumbo, Ann Kwong, Nancy Wysenski, Ian Smith, Matt Emmens, Josh Boger, and Peter Mueller. Andrew Pollack, "Gilead to Buy Pharmasset for $11 Billion," *New York Times*, November 21, 2011; Kimberly Ha, Claudia Montato, Yana Morris, and Ashley Armstrong, "Gilead's 'Big Bet' on Pharmasset Hinges on Future Results," Financial Times, November 22, 2011; Bill Berkrot, "Gilead Could Have Had Pharmasset Cheap: Founder," Reuters, November 22, 2011; Bert Wilkison, "Vertex Trading Near 52-Week Lows After Gilead Acquired Pharmasset," *Seeking Alpha*, November 22, 2011; Todd Campbell, "Gilead's Pharmasset Acquisition Makes Vertex Look Cheap," *Seeking Alpha*, November 22, 2011; Luke Timmerman, "The Hepatitis C Market: Biotech's Version of the Daytona 500," Xconomy, December 12, 2011; Robert Weisman, "Jeffrey Leiden Will Head Vertex, Which Gets Priority Review for Cystic Fibrosis Drug Candidate," *Boston Globe*, December 15, 2011; Ryan McBride, "Interview: Vertex CEO Concerned About Investors' 'Hyper-Focu' on Hep C," *FierceBiotech*, December 21, 2011; Adam Feuerstein, "The Best Biotech CEO of 2011 Is ...," TheStreet, December 14, 2011.

## 第十五章　2012年1月10日

330—333　Interviews with Michael Partridge and Eric Olson. Robert Weisman, "In Hepatitis C Market, Vertex Gets a Big New Rival," *Boston Globe*, January 10, 2012; Luke Timmerman, "Vertex Vows to Fight On with Alios Drugs in High-Stakes Hepatitis C Race," Xconomy, January 24, 2012; Drew Armstrong, "Vertex Falls as Analyst Cuts Sales Estimates on Hepatitis C Pill," *Bloomberg*, January 30, 2012; Adam Feuerstein, "Vertex Hep C Sales Growth Nears End," TheStreet, January 31, 2012; Anna Yukhananov and Bill Berkrot, "FDA Approves Vertex Cystic Fibrosis Drug," Reuters, January 31, 2012; Robert Weisman, "Vertex Gets Early OK for New Drug," *Boston Globe*, February 1, 2012; Andrew Pollack, "FDA Approves New Cystic Fibrosis Drug," *New York Times*, February 1, 2012; Tracy Staton, "Vertex Backs Up Pricey New CF Drug with Co-Pay Help," FiercePharma, February 1, 2012; Tracy Staton, "How Do the 12 Priciest Drugs in the US Stack Up," FiercePharma, February 7, 2012; Luke Timmerman, "Vertex's Big Day Felt Like Moon Landing, Seattle Researcher Says," Xconomy, February 1, 2012; "In Trial, Hep C Patients Saw Viral Relapse: Gilead," Reuters, February 17, 2012; Luke Timmerman, "Vertex Stays in HepC Game, as All-Oral Combo Passes Small Study," Xconomy, February 23, 2012.

333—334 Interview with Keith Johnson.

334—335 Interview with Michael Partridge. "A Cystic Fibrosis Treatment Is Called 'Game-Changing,'" Reuters, May 7, 2012; Robert Weisman, "New Data on Cystic Fibrosis Drug Lifts Vertex Stock," *Boston Globe*, May 8, 2012; Matthew Herper, "A One-Two Punch Against Cystic Fibrosis, and Maybe Someday Other Diseases Too," *Forbes*, May 7, 2012; "Vertex Pharma Continues to Rise on Upgrade," Associated Press, May 14, 2012.

335—336 Interviews and correspondence with Josh Boger. Steven Syre, "Tiny Start-Up Lands a Former Vertex CEO," *Boston Globe*, May 23, 2012.

336—340 Interview with Michael Partridge. Meg Tirrell, "Vertex Revises CF Combo Data Showing Less Benefit," Bloomberg, May 29, 2012; Val Brickates Kennedy, "Analysts Still Upbeat on Vertex," *Marketwatch.com*, May 29, 2012; Teresa Rivas, "What Next for Vertex?" Barrons, May 29, 2012; Robert Weisman, "FDA Says Vertex Promotional Material Overstates Benefits of Hepatitis C Drug," *Boston Globe*, May 31, 2012; Matthew Herper, "Clearing Up Vertex's Data Bungle," *Forbes*, June 1, 2012; Beth Healey, "Two Vertex Executives Are Stepping Down," *Boston Globe*, June 8, 2012; Ed Silverman, "The Curious Timing of Those Vertex Stock Sales," *Forbes*, June 11, 2012; Casey Ross, "Vertex to Fund Partnership with Boston Schools," *Boston Globe*, June 18, 2012; Luke Timmerman, "After Big Oops, Vertex Plows Ahead with Cystic Fibrosis Drug Combo," Xconomy, June 28, 2012.

340—341 Interview with Keith Johnson. Katie Thomas, and Michael S. Schmidt, "Glaxo Agrees to Pay $3 Billion in Fraud Settlement," *New York Times*, July 2, 2012.

341—344 Interviews with Josh Boger and Bo Cumbo. John Carroll, "Vertex Surges as Rival Hep C Contender Plays Catch-Up in Clinic," *FierceBiotech*, July 31, 2012; Adam Feuerstein, "Bristol's Hep C Drug Blow Up May Benefit Gilead, Idenix, Vertex Pharma," TheStreet, August 2, 2012; "Idenix Shares Plunge on Hepatitis C Treatment Fears," Bloomberg, August 16, 2012; "CDC Recommends One-Time Test for Hepatitis C for All Baby Boomers to Check for Infection," Associated Press, August 16, 2012; Robert Weisman, "Hepatitis C Testing May Lift Vertex's Market," *Boston Globe*, August 18, 2012; Adam Feuerstein, "Vertex Advances One of Two Hep C Drugs," TheStreet, September 25, 2012; Meg Tirrell, "Vertex Joins Glaxo, J&J in Testing Hepatitis C Combos," *BloombergBusinessweek*, November 1, 2012; Ryan McBride, "Hep C Pill Race Report 2012," *FierceBiotech*, November 14, 2012.

344—346  Interview with Bo Cumbo. Susan Fernando, "Vertex' Kalydeco Faces UK Price Pushback Though Solid Cystic Fibrosis Data Warrants Funding Settlement," *Financial Times*, November 29, 2012; Martin Barrow, "Cystic Fibrosis Drug Kalydeco Gets NHS Funding Go-Ahead," *London Times*, December 20, 2012; Ben Hirschler, "Analysis: Entering the Age of the $1 Million Medicine," *Chicago Tribune*, January 3, 3013; Matthew Herper, "Inside the Pricing of a $300,000-a-Year Drug," *Forbes*, January 3, 2013; Ben Hirschler, "Cashing in on Rare Diseases," *Times Colonist*, January 6, 2012.

347—348  Interviews with Bo Cumbo, Mark Murcko, and Peter Kolchinsky. Robert Weisman, "Surge in Federal Approvals Buoys Drug Makers," *Boston Globe*, January 8, 2012; Meg Tirrell, "Vertex Refocuses Drug Development to Specialty Diseases," Bloomberg, January 9, 2013; Julie M. Donnelly, "Vertex Hepatitis C Drug Revenues Plummet," *Boston Business Journal*, January 29, 2012; Luke Timmerman, "If You've Got a Real Breakthrough, the FDA Wants to Talk," Xconomy, January 14, 2012.

348—350  Interview with Keith Johnson. John Carroll, "Vertex Plots a Race Through Phase III for 'Breakthrough' Combo CF Therapy," *FierceBiotech*, February 26, 2013.

## 后记

351—354  Interviews with Josh Boger, Ken Boger, and Bink Garrison. Boger's 2039 Annual Report, courtesy of the author.

# 附录1:年表

本书记述结束于2013年初,然而无论丙肝还是囊性纤维化,真正的战斗才刚刚打响。译者特将1989—2020年相关重要事件逐年列出,供读者参考。部分日期未在书中明确给出,根据背景资料补充。

## 1989年

1月,博格建立福泰。

本年,迈克尔·霍顿发现丙肝病毒;弗朗西斯·柯林斯识别导致囊性纤维化的基因。

## 1991年

7月24日,福泰上市。

## 1993年

1月,克林顿就任美国总统。

4月28日,博格在波士顿世贸中心展望行业前景。

5月,福泰选定VX-330作为抗艾滋病候选化合物。

6月,第九届国际艾滋病大会在柏林召开。

8月,福泰接触查尔斯·赖斯,启动丙肝项目。

12月,福泰和宝来惠康宣布合作开发VX-478。

## 1994年

1月,福泰解析了ICE的结构,并设计了先导化合物VX-740(普那卡生)。

## 1995年

2月,VX-478进入临床试验;宝来惠康与葛兰素合并。

4月,福泰解决了与瑟尔制药的专利纠纷。

下半年,福泰获得丙肝病毒蛋白酶。

## 1996年

10月,福泰解析丙肝病毒蛋白酶结构。

## 1997年

6月,福泰招募邝达仪;先灵葆雅解析丙肝病毒解旋酶结构;福泰和礼来宣布合作开发抗丙肝药物。

年底,福泰和鲁塞尔合作研发VX-740。

## 1999年

4月,VX-478(氨普那韦)上市。

年中,福泰开发激酶抑制剂VX-745。

## 2000年

2月,福泰与诺华合作开发激酶抑制剂。

4月,互联网泡沫破裂。

年底,奥德里奇离开福泰。

## 2001年

1月,小布什就任美国总统。

5月1日,福泰收购欧若拉。

9月,"9·11"事件;福泰的律师马克斯进行内幕交易;史密斯和肯加入福泰。

## 2002年

1月,福泰选定VX-950(替拉瑞韦)作为抗丙肝候选化合物。

11月,勃林格殷格翰宣布BILN-2061的效果;礼来退出抗感染领域,停止合作研发VX-950。

## 2003年

春天,葛兰素拒绝与福泰合作,福泰陷入财政危机;米勒加入福泰。

4月,福泰首次裁员。

11月,福泰宣布侧重研发丙肝药物的新策略,暂停VX-740的研发。

## 2004年

2月14日,福泰决定专注VX-950。

6月,福泰将VX-950在东亚的所有权出让给三菱制药;赫特加入福泰。

9月,默沙东的万络退市。

11月,福泰获得VX-950的Ia期临床试验结果。

本年,博格结识咨询师加里森;博格将埃门斯引入董事会。

## 2005年

1月,米勒在欧若拉得知囊性纤维化进展;萨托离开福泰。

4月,福泰获得VX-950的Ib期临床试验结果,即"福泰对勾"。

7月,福泰提出自己的核心价值观。

12月,福泰启动VX-950的小型中期试验,试验结果显示"全部治愈"。

## 2006年

3月,福泰与囊性纤维化基金会合作开发增效剂VX-770。

5月,博格不再担任董事长。

11月,福泰与强生合作开发VX-950。

## 2007年

1—4月,博格参与多种社会活动,包括4月与霍金一起体验零重力。

6月,格雷夫斯加入福泰。

10月,先灵葆雅宣布波普瑞韦Ⅱ期临床试验结果;福泰宣布VX-950的"证明"临床试验结果。

11月,博格和贸易代表团前往中国。

秋天,福泰开展VX-770的中期临床试验。

## 2008年

3月,投资银行贝尔斯登濒临破产,被摩根大通收购;福泰获得VX-770中期临床试验结果。

9月,雷曼兄弟破产,华尔街爆发金融危机。

春天,阿拉姆离开福泰。

秋天,董事会要求博格退休。

## 2009年

1月,奥巴马就任美国总统;辉瑞收购惠氏。

2月5日,博格宣布退休计划。

3月,默沙东收购先灵葆雅;罗氏收购基因泰克。

6月,博格正式退休,埃门斯接任董事长和CEO。

9月,格雷夫斯离开福泰。

12月,怀森斯基加入福泰。

## 2010年

2月,基恩·约翰逊参加VX-770临床试验。

5月,福泰获得VX-950的Ⅲ期临床试验结果。

8月,默沙东获得波普瑞韦的Ⅲ期临床试验结果。

11月6日,默沙东提交波普瑞韦新药申请。

11月23日,福泰提交VX-950新药申请。

本年,昆博加入福泰。

## 2011年

1月,弗雷泽出任默沙东CEO。

2月,福泰获得VX-770的Ⅲ期临床试验"奋斗"结果。

3月,法莫赛特宣布PSI-7977的小型Ⅱ期临床试验结果。

4月27—28日,默沙东与福泰的丙肝药物听证会。

5月初,福泰举行上市周培训。

5月14日,默沙东的波普瑞韦获批上市。

5月23日,福泰的替拉瑞韦(VX-950)获批上市,商品名Incivek。

6月6日,福泰获得联合使用VX-809和VX-770的Ⅱ期临床试验结果。

7月28日,福泰举行当年第二季度电话会议,宣布替拉瑞韦销量。

9月初,福泰宣布JAK3抑制剂VX-509的Ⅱa期临床试验结果。

9月23日,福泰举行"里程碑会议"。

10月10日,艾美仕误报替拉瑞韦的销量。

10月19日,雅培宣布将新药研发部门拆分出来,成立为艾伯维,2013年1

月实施。

10月23日,慕克等人被解职。

10月27日,福泰举行当年第三季度电话会议,宣布替拉瑞韦销量。

11月,法莫赛特宣布PSI-7977中期临床试验结果;吉利德收购法莫赛特。

**2012年**

1月,百时美施贵宝收购Inhibitex。

2月,福泰的Kalydeco(VX-770)上市,最初仅使用于4%的囊性纤维化患者;莱登接任福泰CEO。

5月,怀森斯基等人涉嫌内幕交易;怀森斯基随后离开福泰。

8月,百时美施贵宝停止研发从Inhibitex收购的药物。

**2013年**

1月,昆博离开福泰。

4月15日,波士顿马拉松爆炸案。(原文记述结束)

11月,强生的丙肝药物Olysio(通用名司美匹青)上市。

12月,吉利德的丙肝药物索华迪(即PSI-7977,通用名索非布韦)上市,被称为吉一代。

**2014年**

6月,默沙东以38.5亿美元收购Idenix。

8月,福泰将替拉瑞韦从美国市场退市,退出丙肝市场。

10月,吉利德的复方丙肝药物夏帆宁(通用名来迪派韦索磷布韦)即吉二代上市;米勒离开福泰。

12月,艾伯维的复方丙肝药物Viekira PAK上市。

## 2015年

1月,默沙东将波普瑞韦从美国市场退市;艾伯维的复方丙肝药物易奇瑞(通用名达塞布韦纳)上市。

7月,福泰组合VX-809和VX-770的复方囊性纤维化药物Orkambi上市,能治疗有F508缺失突变的患者;艾伯维的复方丙肝药物Technivie上市;百时美施贵宝的丙肝药物Daklinza上市。

## 2016年

1月,默沙东的复方丙肝药物择必达(通用名艾尔巴韦格拉瑞韦)上市。

6月,吉利德的复方丙肝药物丙通沙(通用名索磷布维帕他韦)即吉三代上市。

## 2017年

7月,吉利德的复方丙肝药物沃士韦(通用名索磷维伏)即吉四代上市。

8月,艾伯维的复方丙肝药物艾诺全(通用名格卡瑞韦哌仑他韦)上市。

10月,默沙东退出丙肝市场。

## 2018年

2月,福泰的复方囊性纤维化药物Symdeko获批上市,相对Orkambi更安全。

## 2019年

10月,福泰的复方囊性纤维化药物Trikafta获批上市,能治疗90%的囊性纤维化,该药于2021年以商品名Kaftrio在欧洲上市。

## 2020年

4月,莱登卸任福泰CEO。

10月,哈维·阿尔特、迈克尔·霍顿和查尔斯·赖斯因在发现丙型肝炎病毒中的贡献获诺贝尔生理学或医学奖。

# 附录2：人名译名对照表

阿卜杜拉 Abdullah bin Abdul Aziz Al Saud
阿迪达,萨比娜 Sabine Hadida
阿迪维查亚,班邦 Bambang Adiwijawa
阿尔布雷克特,贾尼丝 Janice Albrecht
阿拉姆,约翰 John Alam
埃利恩,格特鲁德 Gertrude Elion
埃门斯,马修 Matthew Emmens
艾森伯格,苏珊 Susan Eisenberg
艾森斯坦,弗雷德 Fred Eisenstein
爱迪生,托马斯 Thomas Edison
爱因斯坦,阿尔伯特 Albert.Einstein
安德鲁斯,瓦莱丽 Valerie Andrews
奥巴马,巴拉克 Barack Obama
奥德里奇,理查德 Richard Aldrich
奥朵尼斯,克劳迪娅 Claudia Ordonez
奥尔森,埃里克 Eric Olson
奥尔特,哈维 Harvey Alter
奥斯汀,杰基 Jackie Austin
巴伯,扎克 Zach Barber
巴迪亚,迈克 Mike Badia
巴克利,杰夫 Jeff Buckley
巴舍,菲利普 Phil Bashe
邦德,詹姆斯 James Bond
保尔森,亨利 Henry Paulson
贝德福德,史蒂芬 Stephen Bedford
贝拉方特,哈里 Harry Belafonte
贝利奇克,比尔 Bill Belichick

本·拉登, Osama bin Mohammed bin Awad bin Laden
比恩克兰特,德布拉 Debra Birnkrant
比尔,鲍勃 Bob Beall
波格斯,杰弗里 Geoffrey Porges
波拉克,安德鲁 Andrew Pollack
伯戴拉,玛丽亚 Maria Berdella
伯顿,莱瓦尔 LeVar Burton
博格,乔舒亚 Joshua Boger
博格,艾米 Amy Boger
博格,杰克 Jack Boger
博格,肯 Ken Boger
博雷尔,埃米尔 Emile Borel
博纳,约翰 John Boehner
布朗,鲍勃 Bob Brown
布朗,斯科特 Scott Brown
布朗,詹姆斯 James Brown
布隆伯格,迈克尔 Michael Bloomberg
布什,乔治(小布什) George Bush
布什,万尼瓦尔 Vannevar Bush
查图维迪,普拉温 Pravin Chaturvedi
程,卡罗琳 Karolyn Cheng
达芬,杰克琳 Jacalyn Duffin
达鲁瓦拉,保罗 Paul Daruwala
戴蒙,杰米 Jamie Dimon
戴宁格尔,戴夫 Dave Deininger
戴特里奇,道格 Doug Deiterich
德雷珀,唐 Don Draper

德卢西亚,玛丽亚 Maria DeLucia
德鲁克,彼得 Peter Drucker
德鲁克,布赖恩 Brain Drucker
德帕尔,南希-安 Nancy-Ann DeParle
邓,罗杰 Roger Tung
迪芬巴赫,卡尔 Carl Dieffenbach
迪伊,林达·玛丽 Lynda Marie Dee
蒂默曼,卢克 Luke Timmerman
蒂什勒,马克斯 Max Tishler
渡边京子 Kyoko Watanabe
厄本,阿曼达 Amanda Urban
凡泽,阿莉莎 Alissa Van Zee
范古尔,弗雷德 Fred Van Goor
菲茨吉本,马修 Matthew Fitzgibbon
菲略伊,埃米莉 Emily Filloy
费鲁奇,戴安娜 Diane Ferrucci
弗莱舍,拉斯 Russ Fleischer
弗兰克纳,比特里 Terry Francona
弗雷泽,肯 Ken Frazier
弗里德曼,戴维 David Friedman
弗里德曼,劳伦斯 Lawrence Friedman
弗里德曼,山姆 Sam Freedman
弗里登,托马斯 Thomas Frieden
弗林,特伦斯 Terrence Flynn
弗洛里,霍华德 Howard Florey
福克斯,特德 Ted Fox
福奇,安东尼 Anthony Fauci
福伊尔施泰因,亚当 Adam Feuerstein
盖茨,比尔 Bill Gates
盖茨,威廉 William Gates Sr.
盖尔斯,凯特 Kate Gales
盖尔辛格,杰西 Jesse Gelsinger
甘恩,爱德华 Edward Gane
冈萨维斯,卡罗尔 Carol Gonsalves

高尔森,史蒂文 Steven Galson
戈登,马歇尔 Marshall Gordon
戈尔,阿尔伯特 Albert Arnold Gore Jr.
戈利克,朱利安 Julian Golec
歌利亚 Goliath
格拉斯利,查尔斯 Charles Grassley
格雷厄姆,卡米拉 Camilla Graham
格雷夫斯,库尔特 Kurt Graves
格林伍德,吉姆 Jim Greenwood
古德曼,艾米 Amy Goodman
古德斯坦,史蒂夫 Steve Goodstein
古斯,凯西 Kathy Goos
哈丁,马修 Matthew Harding
哈里森,史蒂文 Steven Harrison
哈利南,约翰 John Hallinan
哈特曼,维克托 Victor Hartmann
汉堡,玛格丽特 Margaret Hamburg
豪顿,泰 Ty Howton
赫尔姆斯,杰西 Jesse Helms
赫卡比,迈克 Mike Huckabee
赫罗腾惠斯,彼得 Peter Grootenhuis
赫佩尔,马修 Matthew Herper
赫特,翠西 Trish Hurter
亨德森,巴特 Bart Henderson
亨德森,杰夫 Jeff Henderson
胡克曼,迈克 Mike Huckman
华盛顿,乔治 George Washington
怀森斯基,南希 Nancy Wysenski
怀特,克里斯托弗 Christopher Wright
霍顿,迈克尔 Michael Houghton
霍夫曼,贝斯 Beth Hoffman
霍金,斯蒂芬 Stephen Hawking
霍克,汤姆 Tom Hoock
霍罗威茨,丹 Dan Horowitz

基弗,塔拉 Tara Kieffer
吉尔马丁,雷蒙德 Raymond Gilmartin
加里森,宾克 Bink Garrison
加廷,克林特 Clint Gartin
贾尔迪纳,托尼 Tony Giardina
杰尔姆,克里斯 Chris Jerome
杰斐逊,埃丽卡 Erica Jefferson
杰克曼,休 Hugh Jackman
金,尤妮斯 Eunice Kim
金斯伯格,艾伦 Allen Ginsberg
卡尔马,道恩 Dawn Kalmar
卡尔维诺,伊塔洛 Italo Calvino
卡克里,拉杰 Raj Kalkeri
卡拉贝拉斯,阿吉里斯 Argeris Karabelas
卡伦,保罗 Paul Caron
卡纳汉,弗吉尼娅 Virginia Carnahan
卡普,乔纳森 Jonathan Karp
卡萨迪,尼尔 Neal Cassady
卡维特,迪克 Dick Cavett
凯利-克罗斯韦尔,丽莎 Lisa Kelly-Crosswell
凯鲁亚克,杰克 Jack Kerouac
坎贝尔,普雷斯顿,第三 Preston Campbell III
康登,约翰 John Condon
康奈利,彼得 Peter Connolly
康奈利,帕特里克 Patrick Connelly
康诺弗,达明 Damien Conover
考夫曼,罗伯特 Robert Kauffman
考克斯,乔纳森 Jonathan Cox
柯林斯,弗朗西斯 Francis Collins
柯林斯,吉姆 Jim Collins
科恩,莱昂纳德 Leonard Cohen

科恩-科尔,杰米 Jamie Cohen-Cole
科尔斯,安东尼 Anthony Coles
科克利,玛莎 Martha Coakley
科林森,斯图尔特 Stuart Collinson
科佩尔,亚当 Adam Koppel
科佐利诺,乔 Joe Cozzolino
克莱,帕特里克 Patrick Clay
克里斯坦森,克莱顿 Clayton Christensen
克林顿,比尔 Bill Clinton
克林顿,希拉里 Hillary Clinton
克鲁斯,汤姆 Tom Cruise
克西,肯 Ken Kesey
肯尼迪,爱德华 Edward Kennedy
库德洛,拉里 Larry Kudlow
库拉,利兹 Liz Kula
邝达仪(鄺達儀) Ann Kwong
昆博,亚历山大 Alexander Cumbo
拉姆齐,邦尼 Bonnie Ramsey
拉尼尔,吉姆 Jim Ranier
莱昂斯,史蒂夫 Steve Lyons
莱登,杰弗里 Jeffrey Leiden
莱普雷,克里斯 Chris Lepre
莱文,理查德 Richard Levine
赖斯,查尔斯 Charles Rice
雷辛克,亨克 Henk Reesink
里德,伊恩 Ian Read
里夫林,埃莉莎 Elisa Rivlin
里奇,莱昂纳尔 Lionel Richie
理查德,阿尔弗雷德 Alfred Richards
利普克,朱迪 Judy Lippke
利特尔,格雷迪 Grady Little
利文斯顿,戴维 David Livingston
林德伯格,埃里克 Erik Lindbergh

林德伯格,查尔斯 Charles Lindbergh
刘易斯,辛克莱 Sinclair Lewis
卢里,玛拉 Mara Lurie
鲁滨逊,马克 Mark Robinson
路易斯-哈尔,弗蕾达 Freda Lewis-Hall
罗德曼,戴维 David Rodman
罗斯福,富兰克林 Franklin Roosevelt
马丁,约翰 John Martin
马丁内斯,佩德罗 Pedro Martinez
马克斯,安德鲁 Andrew Marks
马库什,尤金 Eugene Markush
马歇尔,瑟古德 Thurgood Marshall
玛耶兹,杰森 Jason Mraz
麦基恩,约翰 John McKeen
麦凯恩,约翰 John McCain
麦科利,苏珊娜 Susanna McColley
麦克布赖德,瑞安 Ryan McBride
麦克哈奇森,约翰 John McHutchison
麦克明,蕾切尔 Rachel McMinn
曼-赫斯特,凯利·安 Kelly Ann Mann-Hester
梅尼诺,汤姆森 Thomas Menino
梅休,艾丽斯 Alice Mayhew
米查姆,杰夫 Geoff Meacham
米勒,彼得 Peter Mueller
米林顿,里克 Rick Millington
莫里亚蒂,迪安 Dean Moriarty
默克,乔治 George Merck
默里,达朗 Dallan Murray
慕克,凯西 Kathy Murcko
慕克,马克 Mark Murcko
穆尔,杰米 Jamie Moore
穆尔,乔恩 Jon Moore

纳拉斯基,维多利亚 Victoria Narausky
纳姆丘克,马克 Mark Namchuk
内古列斯库,保罗 Paul Negulescu
牛顿,艾萨克 Isaac Newton
纽伯格,蒂姆 Tim Neuberger
帕特里克,达里尔 Darryl Patrick
帕特里克,德瓦尔 Deval Patrick
帕特里奇,迈克尔 Michael Partridge
佩斯,梅甘 Megan Pace
皮蒂,黛博拉 Debra Peattie
普赖斯,舍费尔 Schaefer Price
普罗瑟,茱莉亚 Julia Prosser
钱恩,恩斯特 Ernst Chain
乔布斯,史蒂夫 Steve Jobs
乔治,谢利 Shelley George
琼斯,马克 Mark Jones
撒克里,阿诺德 Arnold Thackray
萨奇戴夫,阿米特 Amit Sachdev
萨托,维姬 Vicki Sato
桑德斯,查尔斯 Charles Sanders
桑丘 Sancho Panza
瑟斯顿,迈克尔 Michael Thurston
山下,梅森 Mason Yamashita
舍恩鲍姆,马克 Mark Schoenebaum
圣塞巴斯蒂安 Saint Sebastian
施密特,本诺 Benno Schmidt Sr.
施瓦辛格,阿诺德 Arnold Schwarzenegger
史考尼克,爱德华 Edward Scolnick
史密斯,伊恩 Ian Smith
斯蒂尔,梅甘 Megan Steel
斯蒂芬森,帕姆 Pam Stephenson
斯科尔尼,布赖恩 Brain Skorney
斯潘塞,辛西娅 Cynthia Spencer

斯皮策,埃利奥特 Eliot Spitzer
斯塔莫里斯,克里斯蒂安娜 Christiana Stamoulis
斯坦,戴维 David Stein
斯图尔特,玛莎 Martha Stewart
苏,迈克尔 Michael Su
索伦森,克雷格 Craig Sorensen
索瑟德,玛格丽特 Margaret Southard
索斯,艾伦 Alan Sosne
泰勒,史蒂文 Steven Tyler
汤姆森,约翰 John Thomson
堂吉诃德 Don Quijote
特哈尔,厄恩斯特 Ernst ter Haar
汀茅斯,菲尔 Phil Tinmouth
图里安斯基,乔治 George Turianski
瓦格洛斯,罗伊 Roy Vagelos
瓦克萨尔,塞缪尔 Samuel Waksal
瓦塞拉,丹尼尔 Daniel Vasella
威尔,乔治 George Will
威尔逊,基思 Keith Wilson
威廉姆斯,罗宾 Robin Williams
威特,杰克 Jack Weet
韦贝尔,亚龙 Yaron Werber
韦斯曼,罗伯特 Robert Weisman
温莱特,洛福斯 Rufus Wainwright
温特劳布,戴维 David Weintraub
文特尔,克雷格 Craig Venter
沃尔什,凯西·布菲迪斯 Cathy Bouffides Walsh
沃卡什,迈克尔 Michael Wokasch
沃思,埃米莉 Emily Werth
沃思,苏珊 Susan Werth
沃思,希尔达 Hilda Werth
沃思,亚历克斯 Alex Werth
西加尔,欧文 Irving Sigal
希钦斯,乔治 George Hitchings
席尔瓦,保罗 Paul Silva
夏皮恩,史蒂文 Steven Shapin
夏皮罗,玛丽 Mary Schapiro
肖,杰基 Jackie Seow
辛格尔,普里亚 Priya Singhal
雅各布森,艾拉 Ira Jacobson
雅各布斯,马克 Marc Jacobs
尤达大师 Master Yoda
约翰逊,埃尔文 Earvin Johnson
约翰逊,安德鲁 Andrew Johnson
约翰逊,基思 Keith Johnson
约翰逊,内德 Ned Johnson
张伯伦,威尔特 Wilt Chamberlain

# 译后记

许多朋友读完《十亿美元分子》后的第一反应是,"所以他们并没有做出新药?"的确,在有些行业中,能被收购就知足了,上市更是巅峰时刻。然而在制药界,上市仅是考验的开始,因此我在《十亿美元分子》出版后不久就开始翻译《解药》,想将这个故事的第二部分分享给大家。

我与《解药》一书结缘颇久。早在2014年,原书刚出版时,我就从《新发现》杂志的书评上看到介绍,并"海淘"了一本。我仍记得拿到书的时候:那天我下了课,可能是节实验课,因为还拿着实验服,在北医的留学生公寓楼下领了快递,一边去食堂一边拆包装。书的封皮是蓝色的,就像那天晴朗的天空。不过那时我学识尚浅,看了两章便放下了,当时我万万没想到有一天我会翻译此书,更不会想到,恰好会与《新发现》杂志中文版所属的出版社——上海科技教育出版社合作。

我在美国读化学研究生时,读到了《十亿美元分子》,对其爱不释手,进而翻译了那本书。但当我拿起《解药》时,说实话,觉得有点陌生,因为我熟悉的角色,比如博格等众多科学家不是陆续退场,就是存在感微薄,取而代之的是很多"搞商业"的人,而且他们往往没过两章就跳槽了!

不过,小到个人,大到国家,发展的过程中总会经历结构转型。福泰上市后,故事就不是几个科学家没日没夜地做实验能概括的了,《解药》也将重点从科学家转向了公司整体。虽然《解药》中实验台旁的情景少了,但是多了对临床试验、药物制剂与大规模生产、业绩报告电话会、CEO决策,以及最珍贵的FDA新药审评的描写。

《解药》故事主体发生的时间离我们仅有10年。那时候,很多人都在哀叹我国缺少创新型药企。但仅过了10年,类似《十亿美元分子》中创新药企的故事已经在神州大地上四处扎根,这让我相信,我国的《解药》故事已经含苞待放。另一方面,福泰最终专注罕见病药物开发,这是一个值得更多关注的领域。我高三时曾在英语课上看了以罕见病药物开发为背景的电影《良医妙药》(*Extraordinary Measures*),因此选择了药学专业,这可能又是一种缘分。希望这本书能够帮助对医药行业感兴趣的人,也让更多人关注罕见病。

在翻译过程中,我依然得到了包括作者巴里·沃思在内的众多新老朋友的鼎力相助。我首先要感谢谢丹,她是译稿的第一位读者,梳理了粗糙的译文。感谢刘卫中、王北南、蔡晓春、肖安对全书或部分章节的修改,他们为我提供了大量的建议。还要感谢张亚琦、刘纯和陈镕从不同角度向我介绍了近年临床试验的新范式。感谢上海科技教育出版社的匡志强副总编和伍慧玲编辑,在疫情期间克服许多前所未有的困难,确保了本书的顺利出版。

最后我还要特别感谢不断发展壮大的科普群体。本书详细描写了丙肝的复制过程及其靶点,但我对这个领域不熟悉,因此这段内容的翻译曾一度被搁置(丙肝的"复制子"是什么尤其令我困扰)。令人惊喜的是,2020年诺贝尔生理学或医学奖颁给了丙肝的研究,之后互联网上立刻出现了许多深度科普,使我得以准确地翻译这一部分内容。我与这些科普文章的作者素不相识,但真切地得到了他们的帮助。经济学的基本模型是"理性人",做科普显然不是经济效益最高的事,但理性人并不意味着一定要去追求最大的经济效益,每个理性人可以有不同的"效用方程",去追求自己认为最有意义的事。传播知识,帮助他人,我想这是所有做科普的人最根本的愿望吧。

钱鹏展<br>
2022年春,伦敦

图书在版编目(CIP)数据

解药:走进制药新世界/(美)巴里·沃思著;钱鹏展译.
—上海:上海科技教育出版社,2022.6
书名原文:The Antidote: Inside the World of New Pharma
ISBN 978-7-5428-7645-4

Ⅰ.①解… Ⅱ.①巴…②钱… Ⅲ.①纪实文学-美国-现代 Ⅳ.①I712.55

中国版本图书馆CIP数据核字(2021)第276168号

责任编辑　伍慧玲
装帧设计　李梦雪

JIE YAO
解药——走进制药新世界
巴里·沃思　著
钱鹏展　译

出版发行　上海科技教育出版社有限公司
　　　　　(上海市闵行区号景路159弄A座8楼　邮政编码201101)
网　　址　www.sste.com　www.ewen.co
经　　销　各地新华书店
印　　刷　常熟市华顺印刷有限公司
开　　本　720×1000　1/16
印　　张　25.75
版　　次　2022年6月第1版
印　　次　2022年6月第1次印刷
书　　号　ISBN 978-7-5428-7645-4/N·1146
图　　字　09-2020-1230
定　　价　78.00元

The Antidote:
Inside the World of New Pharma
by
Barry Werth
Copyright © 2014 by Barry Werth
Chinese (Simplified Characters) Trade paperback Copyright © 2022 by
Shanghai Scientific & Technological Education Publishing House Co., Ltd.
All Rights Reserved.